复杂城市系统中的规划原理：
新观点、新逻辑与新实验

The Theory of Planning within Complex Urban Systems：
New Perspectives，New Logic，and New Experiments

赖世刚 著

中国建筑工业出版社

图书在版编目（CIP）数据

复杂城市系统中的规划原理：新观点、新逻辑与新
实验 = The Theory of Planning within Complex Urban
Systems：New Perspectives，New Logic，and New
Experiments / 赖世刚著 . —北京：中国建筑工业出版
社，2022.3
ISBN 978-7-112-26937-2

Ⅰ.①复…　Ⅱ.①赖…　Ⅲ.①城市规划—研究　Ⅳ.
① TU984

中国版本图书馆 CIP 数据核字（2021）第 249608 号

责任编辑：黄　翊　陆新之
责任校对：王　烨

复杂城市系统中的规划原理：新观点、新逻辑与新实验
The Theory of Planning within Complex Urban Systems：
New Perspectives，New Logic，and New Experiments
赖世刚　著
*
中国建筑工业出版社出版、发行（北京海淀三里河路9号）
各地新华书店、建筑书店经销
北京雅盈中佳图文设计公司制版
河北鹏润印刷有限公司印刷
*
开本：787毫米×1092毫米　1/16　印张：23¹/₂　字数：447千字
2022年2月第一版　2022年2月第一次印刷
定价：**88.00**元
ISBN 978-7-112-26937-2
　　　（38666）

献给我的父母
他们的爱与牺牲

道生一，一生二，二生三，三生万物

——老子

Science has moved from an Age of Reductionism to an Age of Emergence.
— Robert B. Laughlin

自　序

　　城市规划的研究范畴大致包括两大主题：城市理论与规划理论，并进而形成了四个研究问题：城市实际如何发展？城市应该如何发展？规划实际如何展开？以及规划应该如何展开？几乎所有的城市规划研究的主题及课程均可依照这个架构加以划分。兹就此两个主题分别提出个人的看法。

　　理解城市有许多不同的观点，而系统观点，尤其是复杂系统，是我的主要切入点。复杂系统视城市为各自相对独立的个体互动、学习、适应而产生的集体现象。与20世纪的系统论不同的是，复杂科学视城市为远离均衡的开放系统，因此城市建模的目的不在于寻求均衡解，而在寻求其动态的规律。主要的原因是城市发展决策具备有"4个I"的特性：相关性（interdependence）、不可逆性（irreversibility）、不可分割性（indivisibility）以及不完全预见性（imperfect Foresight）（Hopkins，2001），进而使得城市形成难以达到均衡的复杂系统，而计划（plans）在这个系统中产生了作用。

　　传统的规划理论多着重于探讨市场的失灵以及提出解决的办法，例如通过集体行动提供集体财货（collective goods，指集体拥有的财货，如公共设施等），以及通过法规的制定解决外部性问题，并视这些问题是独立存在的。殊不知，这些问题不但是相关的，而且市场的运作尚有动态失灵，即市场的动态调整过程因交易成本（transaction cost）而使得均衡分析失效，因此便有规划的必要性。解决因4个"I"而造成的动态失灵现象，也是我认为计划以信号（signal）控制的方式所产生的主要作用及必要性。换句话说，计划同时解决了因城市的复杂性所产生的问题，这也是目前所知少数能处理复杂性问题的领域。

　　城市与规划两者的整合，可以划独木舟的譬喻作为出发点（Hopkins，2001）。划独木舟是规划，而湍急的河川是城市。以较为严谨的说法，这个比喻反映的是机会川流模式。城市不是由一个计划来控制，而是由许多个计划的网络从中来调控。综合而言，20世纪对城市及规划的理解是建立在还原论（reductionism）的科学范式之上，然而我认为建立在还原论上的科学知识或科技只能解决较简单的问题。城市是有组织的复杂的问题，因此我们需要科学典范的转移，以复杂科学中的涌现论（emergentism）的观点为出发点，对城市复杂性作出较正确的理解，进而从事规划以面对复杂的世界。以计划为基础的决策是面对复杂性的有力的行动模式之一。

我在 1985 年进入伊利诺大学城市与区域规划系博士班就读时，便对当时的规划理论感到失望，主要是觉得规划理论没有令人尊敬的科学基础，因此曾经一度想转系。但是经过 35 年的摸索至今，本书便是对当时规划理论失望后的一个回应。本书的英文版已由 Routledge 出版社出版（Lai，2021），英文版与中文版具有相同的架构逻辑，但是内容不同，希望两本书的出版能在国内外的规划界引起一些讨论。至于本书是否达到城市科学理论的标准，由读者来判断。

没有人天生便是好的决策者及规划者。我当初之所以以决策作为撰写博士论文的题目，就在于深刻感受到自己不是很好的决策者，而想一探决策分析的究竟。时光匆匆，至今我从事决策与规划相关的学习、研究、教学与实作超过四十个年头，深知规划界学者多探讨城市现象，而对何时、如何制定及使用计划并制定决策等规划议题较少着墨。了解现象固然重要，但如何从复杂的现象中借由规划以采取适当的行动或制定合宜的决策，方应是规划学者企求的目标。希望本书的出版能让读者对以城市复杂性为核心的规划理论有更深入的认识，并能将本书所提出的决策与规划分析原则应用在日常及专业活动中，让您在面对复杂且未知的世界时，能跟随着自然的脚步采取行动，悠然自得。

最后，感谢我的研究生及博士生参与相关的系列研究，使得本书得以付梓出版，他们包括（依姓氏笔画顺序）于如陵、王昱智、方明、吕正中、邱敬斌、汪礼国、张慧英、陈志阁、陈建元、陈增隆、柯博晟、洪旭、高宏轩、郭修谦、黄仲由、游凯为。本书有些内容散见于国内知名期刊，比如《城市发展研究》及《地理学报》等，在此一并致谢。在这里尤其感谢同济大学建筑与城市规划学院的经费资助，使得本书得以付梓。当然，一切文责由本人承担。

赖世刚　谨志于　台北

2021 年 7 月

目　录

第一章　复杂的城市

第一节　前言

本书将我们所处的规划情境，尤其是城市，视为一个复杂系统，也就是由许多人制定不同的决策与计划，相互影响、交织而成的因果网络。想象一下如何描述一座城市，比如上海市。你可以说它是中国的金融中心，但是它却包含千千万万个企业，你无法一一陈述。你也可以说它是超大型都会区，但是你也无法说出它所有街道的名称。你也许可以说得出建筑物的名称，比如和平饭店，但是你仍无法描述它们的一砖一瓦。换言之，你无法"完全"描述上海市，或者说若是你想要完整描述上海市，它的信息量可能是无限大。如果说一个事物的复杂性可以用描述它的最小语汇的长度来衡量的话，我相信你会同意，上海市或一般城市是十分复杂的，因为你无法完整地描述它。事实上，学界的共识是：城市是复杂系统。

城市是复杂系统的理解隐含两种意义：

①城市系统无时无刻不在变化而无法达到均衡的状态；

②这个特性使得计划的制定在面对多变的复杂现象时，扮演重要的角色。

本书的宗旨便在于说明在面对这样复杂而又不确定的情境下，我们如何能制定出有用的决策与计划，据此采取适当的行动，以达到我们的目的。因此，本书的撰写有两个主题。首先，本书要说服读者：城市是看似混乱却是乱中有序，有规律可依循的结构；城市发展是有组织的复杂过程。当您面对复杂多变的环境而想要采取合理的行动时，以计划制定为基础的决策是有帮助，而且会带来益处的。其次，本书尝试说明决策与规划分析的一般性原则，即如何随着自然行动。此处所谓的自然，是一种广泛的定义，约略地可以说是所面对复杂而未知的世界的自发性规律的通称。在深入介绍这些论述前，本章尝试说明面对城市的复杂性，我们在城市规划的理解思路上应该有何改变。

我们生活的这个世界不是空洞、单调的，而是充满着意外与惊奇。即使生活在孤岛上的一个人，他也要面对大自然的变化。这是因为我们生活的世界是由许许多多的构成元素所组成的，小到物质的原子及分子，大到生物体（包括人类），进而构成了群体的基本元素。也许有人要问，面对这些构成这个世界的无以计数的小分子，我们如何能理解这个世界，更何况要以决策及计划来解决所面对的问题。答案在于，我们不需要深入到人体解剖构造的生化现象，而从心理学的层面来了解人的行为便已足够了。因此，城市规划的理论基础是建立在对人类选择行为的了解之上，而不在于底层的生化作用，如从器官组织、细胞，一直到分子、原子的运动。

现在地球上超过一半的人口生活在城镇中，包括小自几十户人家的村落，大到有数千万人的超级都会区。一般这些聚落称为人居地，本书则通称为城市。因此，城市生活是大多数人必须每天面对的现实，从工作、购物、求学到休闲娱乐，林林总总的活动在城市环境中展开。而这些活动在时间、空间及功能上相互影响，使得我们所面对的世界可被视为一个复杂系统。例如，在大学中选课，这个学期所修的课将会影响到未来其他学期选课的方向，甚至毕业后就业或深造的取向，这说明选课的决策在时间上是相关联的。大卖场设置的位置影响主要道路的交通路线，而主要道路的交通路线又影响大卖场设置的位置，说明大卖场与道路路线的决策在空间上相互影响。当路人驻足在十字路口等待绿灯通行，顺便浏览杂货店橱窗的货品时，杂货店、十字路口及红绿灯设置的决策在功能上则是相关联的。这些错综复杂的决策影响网络，使得事物的因果关系极其复杂，难以明辨其间的关系，更使得预测成为困难的工作。然而这些看似混乱的城市发展现象有着隐藏而自发的秩序，城市规划便是在复杂城市系统中制定计划以适应这种自组且隐藏的秩序，而不是从外部来控制该系统。

本章简略阐述本书内容的科学哲学基础，主要说明实证论（positivism）的狭隘之处，因此取而代之的是自然科学的涌现论（emergentism）以及社会科学的一贯论（coherentism）。本章将说明城市的复杂性以及非均衡性，并通过复杂系统特性的解说，描绘面对复杂世界从事选择的困难性。第二节介绍城市发展理论的传统与过渡，概要说明城市发展理论的沿革以及未来的趋势。第三节介绍基于涌现论的城市观，主要说明城市的复杂性，并探讨城市系统演变的过程中，自发性秩序产生的原因及证据。第四节介绍一贯论的规划观点，强调在一般性规划理论不可能存在的条件下，一贯论的规划理论是有用的。第五节根据前面的陈述综合论证城市是复杂系统。

第二节　城市发展理论的传统与过渡

　　受早期机械化世界观与还原论思维所支配，过去一般探讨城市发展或城市演变的研究，多强调自上而下控制的传统策略和远离真实世界状况的技术结构，从而误解城市发展的本质，比如认为城市发展会达到均衡的状态。但这些在过去研究中被误解的本质，却是解释城市究竟是如何运作以及判断城市该如何发展的重要基础。本节拟针对各种关于城市发展的主流观点，或是理解城市演变过程的主要途径，提出综合性的论证与比较，借以探求更为完善且贴近真实世界状况的思考方式，并弥补过去在诠释城市发展及城市增长上可能的不足，特别是系统论、复杂性科学（complexity science）与城市科学兴起后所引发的思路转变。笔者认为，生物有机观点（organicism）及生物有机增长的思考方式实现了机械化世界观与还原论思维所无法提供的深刻洞察，而假若我们期望成功地以整体的与可持续的发展概念去规划一个城市甚至是整个城市体系，则未来应尝试掌握现代城市体系复杂的、不同构面的增长潜能，认清城市自发形成的异速生长本质，并依此原生属性来引导及评估城市发展计划与决策。

一、引言

　　综观历史进程，始终存在许多关于城市的概念与想法，并随时间推移正逐渐演化（Mumford，1961；Kostof，1991；Morris，1994）。各时期对城市"是如何形成""会如何演变"或"应如何发展"的理解与诠释，不仅深刻地影响当时"看待城市的方式"和"规划城市的方法"，更致使有关城市发展或城市增长的理论依据不断地积累与扩张。既有文献对于最早期的文明、国家乃至城市的探索，事实上常围绕着宗教神权、政治系统与半自治的社会团体，并倾向于将城市文明简化为一系列关于创建城市雏形和构造巨大公共建筑的英勇领袖征战比邻、攫取权力以及统治精英的主题或神话（Yoffee et al.，1988；Van de Mieroop，1997；Yoffee，2005）。而最初自然形成的城市，其运行发展及被理解的角度，则大多集中于以国王、神祇、社会阶级与各种职业角色为核心的思想议题（Mumford，1961；Pirenne，1969；Gates，2003；Pounds，2005）。除可作为上述宗教神权与人的权力结构结合后的衍生基础之外，最初自然形成的城市同时亦肩负防御的功能（例如防御工事和城堡）或是满足集权专制时期的王室意志（Lynch，1981；Marshall，1989；Lepage，2002）。

　　历经漫长的中世纪，随封建主义（Feudalism）的终结、资产阶级的兴起，以及借着现代哲学与科学体系创建者的相继贡献——伽利罗·伽利略（Galileo Galilei）

（1564~1642）、弗朗西斯·培根（Francis Bacon）（1561~1626）、约翰尼斯·开普勒（Johannes Kepler）（1571~1630）、瑞尼·笛卡儿（Rene Descartes）（1596~1650）、布莱斯·帕斯卡（Blaise Pascal）（1623~1662）、艾萨克·牛顿（Isaac Newton）（1643~1727），西方城市发展进程逐步迈入人类历史上第二次的重大转变——工业资本主义（Clark，1982；Morris，1994；Frankenberry，2008）。该时期的文明发展，主要得益于早期的机械哲学（Mechanistic Philosophy）或还原论的影响，使得过往对于自然或城市的想象（例如万物有灵论）或遭宗教威权压抑僵固的思想逐渐褪色式微，并被机械化的世界观所取代（Kline，1990；Shapin，1996；Mayr，1997）。主宰 17 世纪科学发展的笛卡儿即当时机械哲学最为重要的代表人物之一（Kline，1990；Devlin，1996），其所认知的世界为一个大型且拥有和谐设计的数学机器存在于时间与空间之中，认为：①可借由力学定律解释生命（包括人和动物）；②所有的现象皆服从不变的数学定理；③万物皆可通过数学形式来描述（但不包括上帝与灵魂）。除了宗教教会激烈排斥这样的思考与解释方式，笛卡儿哲学（Cartesian Philosophy）与笛卡儿科学（Cartesian Science）对 17 世纪（及其之后）的"科学"与"非科学"领域均形成广泛的影响且非常地盛行。

在此时空背景的推波助澜之下，将城市视为"万物机械观"中的一种大型机器的看法便自然地产生。人们开始认同城市是类似于许多相异的、功能分离的组件（例如交通工程、公共建物设施、不同的土地使用等），经由完善的连接和累加而成的整体（相关讨论见 Mumford，1961；Lynch，1981；Hall，1988；Morris，1994；Ball，2012）。此一概念同时亦直接影响了后续许多城市的规划与设计方式，典型的有欧洲建筑师勒·柯布西耶（Le Corbusier）所提倡的光辉城市和美国无数的方格形城镇（详见 McMichael et al.，1923；Fishman，1977）。

相对于万物机械观中过度简化与过度单纯的机器模拟，将城市比拟为生物有机体（organisms）的概念起源并不久远，它与 18~19 世纪兴起的现代生物学和生命科学息息相关，但却迟迟等到 20 世纪才在城市发展领域中得到著名学者如帕特里克·格迪斯（Patrick Geddes）与其继承者刘易斯·芒福德（Lewis Mumford）等人的拓展（Lynch，1981；Kostof，1991）。生物有机体的比喻在发展初期事实上几乎未造成任何回响或共鸣，直至第二次世界大战之后，因其融合了当时迅速迸发的科学发展思想，才逐渐落实为一个重要的理论和观点，而渥伦·伟佛（Warren Weaver）与简·雅各布斯（Jane Jacobs）即该理论分支最为关键的创始人与整合者（详见Weaver，1948；Jacobs，1961；Simon，1998）。以科学发展的历程为基础，伟佛（Weaver，1948）将涉及其中的科学问题的类型划分为三种：简单问题、无组织的复杂问题、有组织的复杂问题。所谓简单问题，即两个变量的问题，有着简单关系，可忽略其他因素的轻微影响，17~19世纪的古典物理学、线性数学和绝对决定论（strict determinism）处理的皆是简单问题。无组织的复杂问题，即假定大量变量皆为均质（homogenous）且彼此之间并无关联，虽个别变量或个体是未知的模式或状态，但整个系统状态却能开展出特定秩序或特性。而有组织的复杂问题则是须面对和处理诸多可能同时发生变动的异质（heterogeneous）变量，但是彼此之间并非无意义或毫无规则地任意碰撞或产生联结——它们"互相关联成为一个有机的整体"（Jacobs，1961；Batty et al.，1994）。随后，雅各布斯（Jacobs，1961）便沿袭同样的概念和架构，从科学发展的历程反思"城市问题的本质"，在众多相关发展理论中，首先提出城市固有的本质应为有组织的复杂性（organized complexity），并归类城市问题为有组织的复杂问题。雅各布斯认为当时出现诸多有意识或无意识仿效物理科学的规划手段或方法，皆是因为城市规划者或理论家误将城市当成"简单系统"或"无组织的复杂系统"，而把城市问题当成是"简单问题"或"无组织的复杂问题"。

除上述万物机械观以及融合科学发展思想的生物有机观点之外，近一个多世纪以来，对于城市本质的理解或城市发展现象的科学研究，还包括两个主流途径——传统经济学观点与复杂性科学观点。其中，传统经济学观点涉及或涵盖了产业区位理论、城市经济学或区域经济学等泛经济学分支（如Fischer et al.，2013），其系指应用经济原理及个体经济学的观点假设和研究分析的方法，作为探讨城市现象和城市空间形态的解释基础。而该途径的理论与模型建构，旨在增进对城市发展中的经济活动与其所引发的空间结构或形态，为何（why）于某区位（where）形成与如何（how）形成的理解，典型的包括冯·屠能（von Thünen，1826）的农业区位论、韦伯（Weber，1929）的工业区位论、克里斯塔勒（Christaller，1933）的中地理论、勒施（Lösch，1954）的经济地景论及阿隆索的（Alonso，1964）竞租理论等。

之后，自20世纪末复杂性科学兴起（Waldrop，1992；Cowan，1994；Kauffman，1995），以复杂性科学为发展基础的城市发展理论则试图跳脱传统思维（线性、对称、可还原、静态均衡的世界观），进而依循着复杂性概念（涌现、非线性、动态远离均衡的世界观），将城市视为由下而上演化发展、无中央控制单位且具备自组织（self-organization）等行为特性的复杂系统，并利用以个体为主（agent-based）的分析方式，探讨城市发展在不同层次间的涌现状况（包括宏观、中观和微观层面），以及城市个体或作用体（包括组件和元素）究竟是如何由下而上互动及组织成整体形态的变迁过程（Anderson，2001；Wolfram，2002；Batty，2005a；Briassoulis，2008；赖世刚 等，2009；Hoekstra，et al.，2010）。

故总的来说，所谓"城市发展理论"系指为了增进对城市发展是如何发生、城市空间形态是如何演变以及城市是如何运作的理解与诠释，而长期聚焦于研究城市发展现象和城市发展过程所逐渐累积形成的理论典范——这样的理论典范主要是为解释和辨析："为何会有城市的存在？其本质为何？""城市如何产生？一旦产生将如何演变？""城市可发挥什么样的作用？应具备哪些功能？""为何部分聚落持续增长为巨大城市而部分聚落最终却陨落消失？"等种种我们从过去至今所关切的问题（Lösch，1954；Mumford，1961；Lynch，1981；Clark，1982；Fujita et al.，1999；Pounds，2005）和长久以来持续寻求的答案。

若再由城市科学（如 Hopkins，2001；Ball，2012；Batty，2012；Portugali et al.，2012；Lai et al.，2013；Samet，2013；Lai et al.，2014）所涵盖的四个研究范畴来看（表1-1），则本节所关注的"城市发展理论"所扮演的角色及定位应较倾向于"第Ⅱ象限：城市是如何运作"与"第Ⅲ象限：城市应如何发展"的研究范畴，并与林奇（Lynch，1981）所定义的功能论（functional theory）相对接近。其中，关于"城市是如何运作"的研究范畴即对城市现象的解释，系指侧重于探究城市发展的本质，意图了解城市是由哪些行动主体（who）或元素（what）所构成，将会在何处（where）与在何时（when）发展成某种城市空间结构或城市形态，以及这样的整体形态和结构是如何（how）自各个个体、组件、次系统、阶层或组织之间的局部行动或交互作用所产生。而关于"城市应如何发展"的研究范畴即对城市现象的论证或辩解，系指侧重于判断城市究竟应具备什么样的价值特性（Mumford，1961；Jacobs，1961；Alexander et al.，1977），以及确认城市该朝向什么样的状态展开而产生的发展理论。由正向增进（bright side）的角度视之，过去传统上曾以可持续性、适宜性、高效能、高资源生产率作为长期的努力方向（Lynch，1981；Hargroves et al.，2005；Newman et al.，2009）；由负向减缓（dark side）的角度视之，地价昂贵、犯罪事件丛生、贫民窟林立、小型自用住宅短缺等普遍的城市病症之数量多寡与规模大小（Bettencourt et al.，2007；Huang et al.，2012），或许皆可作为评估城市是否呈现良好发展的准则及指标。

城市科学四个研究范畴的概念划分　　　　表1-1

研究范畴	城市现象	计划现象
解释	城市是如何运作 象限Ⅱ	城市发展计划与决策应如何制定 象限Ⅰ
辩解	城市应如何发展 象限Ⅲ	城市发展计划与决策应如何制定 象限Ⅳ

　　然而受到早期机械化世界观与还原论思维所支配，过去一般探讨城市发展的研究，多数过度偏重自上而下控制城市、刻画城市的传统策略和远离现实的、完美假定下的技术结构，从而轻视城市发展的本质，并缺乏对本质层次的论证或对话。但这些在过去研究中常被有意或无意忽略的本质和对话（如 Jacobs，1961；Mumford，1961；Alexander，1965；Lynch，1981；Batty，1995），不仅关系到能否适当地反映出城市形态演变的趋势，更关键的是，它同时也是"解释城市究竟是如何运作"与"判断城市应该如何发展"的重要基础。

　　因此，本节拟针对各种隐喻或模拟城市发展现象的视角，以及理解城市演变过程的数个主要途径，提出一个整合性的本质论证与比较，借以探求更为完善且贴近真实世界状况的思考方式，以弥补过去在诠释城市发展或城市增长方面可能的不足——特别是系统论、复杂性科学与城市科学兴起后（如 Bertalanffy，1968；Batty，1976；Waldrop，1992；Holland，1998；Colander，2000；Hopkins，2001；Wolfram，2002；Pumain，2006；Portugali et al.，2012；Lai et al.，2014）所连带引发的根本性转变。

　　据此，本节整体架构包括第一部分前言，共计由七个部分所组成。笔者在第二部分将讨论紧接在工业革命后发展，深受机械形式、物理规划概念与几何图形解构（例如饼状扇形、屠能环状）所影响的古典城市理论——产业区位观点与城市人文生态观点；第三部分则将深入探讨关于传统经济思维及其研究分析方法所呈现的城市发展本质，在近代演进过程中所面临的各种假设争议与挑战（例如递减报酬、负反馈效应、预先假定必趋于均衡的世界观）；第四部分则分别针对以复杂性科学与传统经济思维为基础之城市发展理论，就其概念和本质层次上的差异进行论证和比较（例如同质个体或异质个体的假定、完全理性或有限理性的决策模式）；第五部分则聚焦探讨生物有机观点在早期城市发展理论演进过程中与万物机械观（the classical concept of mechanism）的对抗与分歧，以及融合科学发展思想后在其理论层面以及方法层面的重大进展；第六部分则延续第五部分的脉络铺陈，借由近期的科学新发现——关于城市增长时所涌现的异速生长规律（allometric scaling law），并据此解释我们正处于"将城市视为机器（machines）"转变为"将城市视为有机体（organisms）"的过渡时期；最后，第七部分则将通过前述对话与论证，对现今城市规划的思潮及其诠释方式提出总结、补充及未来发展建议。

二、古典城市理论——产业区位观点与城市人文生态观点

　　早期的区位理论普遍假设于一个各向同质的平原（isotropic plain）或直线段

（linear segment）（如 von Thünen，1826；Hotelling，1929；Weber，1929），即意味着所讨论的区域上各不同处的差别仅在于距离，至于商品或产业非均匀分布与交通可及性差异等众多异质条件状况则被简化忽略（详见 Anas et al.，1998；Barnes et al.，2008）。当中，于 19 世纪和 20 世纪初期相对受忽视的冯·屠能的《农业区位论》（*The Isolated State*），因刊发时间更优先于韦伯的《工业区位论》（*Manufacturing Industry with the Economic System*）约一个世纪，而普遍被后续研究者视为现代区位理论的创始者（Isard，1956；Frambach，2012），而其提出的单中心经济模型（mono-centric economy model）对之后发展的相关理论分支的研究著作及代表人物，例如韦伯、勒施、渥特·艾萨德（Walter Isard）、阿隆索，皆起到莫大的影响（Samuelson，1983）。冯·屠能最大创见在于首先使用利润动机（profit motive）表现农业经济集聚（即农作行为、农地利用方式与农产品之集约程度），以及借由屠能圈（Thünen rings）系统阐述农业区位分布具有其自发特性，即自发形成的同心圆状态（详见 Alonso，1964；Fujita et al.，1999）。

勒施（Lösch）是继屠能之后该领域最为关键的研究者之一。勒施当时最大贡献在于整合既有研究成果，并修正部分不符现实条件或状况的考虑。譬如其中最重要的贡献之一，即勒施试图修正韦伯（Alfred Weber）所创立的成本极小化原则：①运输费用导向论；②劳力费用导向论；③集聚导向论（详见 Weber，1929）。勒施认为，影响个别企业区位的最终和唯一的决定因素应是损益结果——净利（net profit）（成本与收入的平衡结果）。因此，正确的区位选择应在净利最大处而非一味地追求或受限于成本极小原则（详见 Lösch，1954）。除建立净利最大化区位论之外，勒施在其研究著作中亦曾引入极大化个体和企业效用的概念（Lösch，1954），并利用代数和几何图像抽象化呈现冯·屠能的农业区位理论（Lösch，1954），是当时期最深入且最具代表性的相关研究。

进入 20 世纪中叶，沉寂多时之屠能模式经阿隆索（William Alonso）的复兴再获重生。阿隆索（Alonso，1964）以通勤者取代原始模式中的农民，以中央商务区（CBD）取代原始模式中的孤立城镇，重新诠释屠能模式。此单中心城市模型再度呈现土地使用的同心环状态，而该模型直至今日仍然是众多理论与实证文献的基础（Fujita et al.，1999）。屠能圈之集大成者藤田昌久（Masahisa Fujita）认为，冯·屠能一生的研究贡献不仅影响深远，且其概念早已预先考虑或涵盖了后续众多理论支线的发展：①产业集聚理论（The Marshall-Weber theory of industrial agglomeration）；②中地理论（The Christaller-Lösch theory of central place system）；③新经济地理（New Economic Geography，NEG）（Fujita，2012）。

在将近两个世纪后的今日回顾，我们可发现屠能模式及其众多追随者除了可能过度偏重非现实的假设条件（例如均匀的交通可及性、均匀的生产成本、均匀的生产力、需求弹性无限大），亦忽视了重要交通枢纽（例如港口、运河）所产生的空间集聚，同时也未能充分考虑通信或运输科技变迁所引起的连锁变化（如 Hargroves et al.，2005），特别是当城市增长时，土地利用和人口的迁移常沿着轨道交通放射状路线涵盖的可及范围、高速公路的节点或快速道路路线进行组织或扩张（详细回顾见 Anas et al.，1998），使得理想的屠能圈几乎无法实现。但屠能模式若加入运输网络支线所衍生的触角（finger）区域后，则近似于林奇（Kevin Lynch）在《城市形态》（*Good City Form*）一书中提出的星形城市（urban star）的发展概念，亦类似于麦克·贝提（Michael Batty）与保罗·隆黎（Paul Longley）著的《分形城市：形态与功能的几何学》（*Fractal Cities：A Geometry of Form and Function*）一书中表述的有机生长的自然城市形态，而持续延伸的触角区域有时甚至可直接联结另一个都会的中心（Lynch，1981；Batty et al.，1994；Frey，1999）。

相对于产业区位理论，接续其后发展的城市生态学派则较不倾向于排除若干复杂因素后，建立完美情境上的推论或演绎，而更普遍地是利用当时各大城镇实际状况的趋势与归纳通则，描述或解释城市形态及城市成长模式（详见 Bourne，1971；Gottdiener et al.，2011）。其中最典型者，依发展先后分别为：同心环模式（concentric zone model）（Burgess，1925）、扇形模式（sector model）（Hoyt，1939）、多内核模式（multiple nuclei model）（Harris et al.，1945）。同心环模式（即住宅区位论）旨在表达城市成长时将会自其中心处呈放射状向外扩张，在忽略城市细部的前提下，如欧尼斯特·伯吉斯（Ernest Burgess）所观察研究的美国芝加哥市，把城市的内部结构表现为由内而外且依序构成的一系列同心环区域（successive zones）：第一环为中央商务区，第二环为过渡区，第三环为工人居住区，第四环为较佳的住宅区域，第五环为通勤区。同心环模式为一个理想状态下的构造，借由圆形的几何特性，设定图形内任一点与中央商务区的距离为一定值（区间），以此定值（区间）为半径可划出一闭合的圆（环），而所划出之"同心圆"或"环带"范围内的土地利用模式皆相同。因此，同心环模式所认知的土地利用趋势是随距离而改变，而无方向上的差异（与距离有关而与方向无关）（详见 Burgess，1925；Harris et al.，1945；Nelson，1971）。

随后由霍伊特（H. Hoyt）所发展的扇形模式，则可视为同心圆模式的进阶模式或修订版本。霍伊特认为各种质量的住宅邻域（residential neighborhoods）的空间分配，既不是随机分布也无法构成多环状形式的同心圆。譬如霍伊特的研究显示，城市中的高租金区趋向坐落于一个或数个饼状扇形（pie-shaped sector）的地带，且该地带既无法围绕整个城市范围，更无法构成环状（Hoyt，1939；Nelson，1971）。在霍伊特的实证研究中，亦曾利用动态地图（dynamic maps）的方式，演示说明美国的六大城市的最佳居住邻域，实际上是随时间的改变而发生位移（例如霍伊特所观察的时间点：1900年、1915年、1936年），并非永恒不变的单调规则分布（详见Hoyt，1939：p. 115图形汇整）。

同心圆模式及扇形模式的运行机制均强调围绕单一中心发展，但哈里斯及乌尔曼（Harris et al.，1945）所提出的城市土地利用模式，其运行机制却是围绕于数个离散核心（discrete nuclei）。而这些离散核心的崛起，则常伴随以下四种因素：①特定的活动所需求的特殊设备（例如工业区需求较大区块的土地与便捷的运输设施）；②特定活动因聚集而产生效益（例如工业城镇的群聚）；③若干土地利用模式是相互排斥或相互不利的（例如高级住宅区发展与工厂厂房的扩增）；④某些活动无力支付最满足需求地址的高地租（例如批发与储存活动需要大量的空间和厂房）（Harris et al.，1945）。哈里斯及乌尔曼的多核心论大致包含了扇形论与同心圆论的重要含义，即以不规则的图形包围原中央商务区来呈现。间断且不规则图形的特性，则隐含说明随方向的不同则会有不同的土地利用形态，且土地利用形态随距离的不同则可能发生改变，也有可能维持不变再继续向外延伸至外围新的商务区。

总体而言，产业区位观点与城市人文生态模式最大的共通之处在于其理论内涵均属于间断的、封闭形式的描写甚至是简单情境上的构想，不涉及任何的动态特征或连续演化过程，仅能表现出极少数城市类型的发展变化。其中，借由几何图形、几何特性或诸多功能分离的块状（block）组合来表现城市发展本质的概念和手法，应皆源自于工业革命后所带动的机械化世界观。同时，因经典牛顿力学与还原论思维的连带影响，当时的地理学家、经济学家或城市生态学家，其中著名者如冯·屠能、兰哈德特（Wilhelm Launhardt）、韦伯、伯吉斯、赫特林（Harold Hotelling）、克里斯塔勒、霍伊特、勒施、哈里斯、乌尔曼、艾萨德、阿隆索，亦大多致力于将空间概念嵌入原先未含有空间概念的经济模型或统计归纳中，并使用欧几里得距离、经济考虑与物理模拟作为住居或产业模式的表征和成因解释（相关讨论见Bourne，1971；Barnes et al.，2008；Portugali，2011）。因此，诸多机械形式、几何图形解构（例如圆形、扇形、三角形、六边形）与物理规划概念，便在整个19世纪主导着人们"看待城市的方式"和"规划城市的方法"，而在此时期内，人们仍旧视城市为无序（disorder）和混沌（chaos）的体现，需通过实行理想化的几何计划控制方能改善城市环境（Batty，2008a；2008b）。

三、城市发展理论——传统经济观点的演进与争议

过去有关城市发展的理论研究，常借由经济学的理论架构及其分析工具展开探索，也因此造成长久以来传统的城市发展理论多从经济学的角度和思维来看待城市发展现象。该类型的城市发展理论可追溯超过一个世纪以上的历史，诸如产业区位理论或城市经济学等泛经济学分支皆隶属于其中的一环，它是以经济原理及个体经济理论（例如个人效用最大化、厂商净利最大化、厂商成本最小化）为基础，对单一城市里的经济行为、产业活动与空间组织进行最适效用和最适利益的配置，或者求取其最优化决策（如 von Thünen，1826；Lösch，1954；Isard，1956；Moses，1958；Alonso，1964；Muth，1969；Mills，1972；Samuelson，1983）。

但值得深入讨论的是，在传统经济学理论及其分析方法中有很大的部分是基于几项取代任何经验观察且可能严重脱离现实的前提和假设，譬如递减报酬（decreasing returns）、完全竞争（perfect competition）、理性预期（rational expectation）等（详见 Simon，1986；Fujita et al.，2002；Marcuzzo，2003；Walker，2003；Eckel，2004；Colander，2005；汪礼国 等，2008）。若以经济分析工具（或方法）建构模型时，这些基本假设对于能否顺利地求取出均衡解（最适均衡状态）常扮演关键性的角色，因其所追求的目标是究竟可否有效地简化诸多数理技术不易描述或处理的现实条件或状况，进而获取最终的解析解（analytical solutions）（Arthur，2000；Faggini et al.，2009）。若从递减报酬的假设条件来看，它是指当投入的某种要素越多，则平均增加的产出就会越少（越无利可图）。如此一来将促使经济体系逐渐趋向收敛、稳定与平衡状态，并且可避免出现发散或振荡值。而上述递减报酬或负反馈效应（negative feedback）的设定，同时亦说明了传统经济理论企图将经济体系以及城市系统塑造为"收敛、稳定和唯一均衡状态"的完美世界观。

若再以一般均衡分析为例，事实上，真实世界的运行在绝大多数的情况下乃是处于对初始值或初始条件敏感的混沌（chaotic）或紊乱（turbulent）状态（Colander，2000；Portugali，2000；Mainzer，2007；Buchanan，2009；Wilson，2012），而无力维持或者自行收敛至完美均衡，且系统的运作往往表现出持续、不间断的动态演化，亦并非停滞于特定少数的、平稳的或唯一的静态均衡点（Farmer et al.，2009；Arthur，2015）。若局限在本节所关注的城市发展领域，近年来诸多学派或学者（如 Hopkins，2001；赖世刚，2006；Hoch，2007；赖世刚 等，2012）同样强调城市和城市空间的演变，因其具备四种独特性质——相关性（interdependence）、不可分割性（indivisibility）、不可逆性（irreversibility）、不完全的预见（imperfect foresight），即 4 个 "I"，使得在传统经济理论中普遍可逆且调整过程无需任何成本的一般均衡概念和分析程序，实际上却无法适用于永远处在变动且每次调整或行动皆附带重大成本的复杂城市系统。

此外，传统经济观点下的完美世界观与真实世界普遍存在的递增报酬（increasing returns）或正反馈效应（positive feedback）相互抵触的情形，近几十年来已逐渐被察觉和接受（如 Arthur，1990b；Durlauf，1998；Anderson，1999；Kline，2001；Mainzer，2005；Lai，2021）。其中，最关键者应属著名经济学家布莱恩·阿瑟（Brian Arthur）在美国顶尖期刊《科学》（Science）的复杂系统专刊中，以复杂性（complexity）与经济（economy）为题，进一步将递增报酬理论带入经济学，用以说明许多产业于竞争过程中所产生的递增报酬、区域锁定效果（regional lock-in effect）及路径相依（path dependent）的非线性过程（Arthur，1999；2000）。在此所谓的 "递增报酬"，为一个自我再增强的机制，例如在产业经济上时常发生的规模经济、协同效应等，若从区位及空间竞争的角度而言，则其与经济理论的 "聚集经济" 有异曲同工之妙，但聚集经济的现象单指发生在空间上的规模再放大和吸引效果，而递增报酬理论则并不局限于空间尺度的探讨（于如陵 等，2001）。若以黑白球实验为例来解释（赖世刚，2006；柯博晟，2009），则是指将两种颜色（黑与白）的色球各一粒放入袋中，再随机从袋中一次抽取一球，每次抽完后将抽出的球再放回袋中，并视所抽到球的颜色再增加一粒同色球进袋。如此重复下去，则某种特定色球将由于过程中不断被抽取而使其数量不断增加，同时也会使其下一次再被抽取到的机率因而提升。当超过某个规模门槛值后，便会形成锁定效果（lock-in effect），而最终该特定色球将形成独大的状态。阿瑟（Arthur，1997）、赖世刚、陈增隆（2002）等的相关研究便是应用递增报酬理论来探讨、模拟或检验厂商在城市空间的竞争与聚集的锁定过程。

同时，所谓完全竞争的假设，则是一种经济学中可能过度理想化的市场状态（Keen，2003；Bouchaud，2008）——当市场处在完全竞争的状态时，产品不具有异质性，且市场中的行为者在作决定时不仅拥有完全的信息与认识能力，同时也具备自由进出市场的能力，而在新古典区位理论里，即隐含了此一重要前提。但就真实世界的情形视之，在绝大多数的情况下，新厂商要进入市场时则需承担交易成本，并非当新厂商认为有利益可图时便可自由地或无限制地加入市场。且进入市场的门槛高低不同，这又取决于其他厂商的市场力量、技术投资、资金投入多寡、产业集聚程度、区域产业结构的形态与国家产业发展政策等内在和外在因素（黄仲由，2007；Briassoulis，2008；Samet，2013）。若关系到历史发展的路径相依过程或递增报酬最终所形成的锁定效果，同样可能令厂商自由进出市场的能力受到限制（相关讨论与计算机仿真见 Lai，2006b）。因此，随着厂商或决策者的价值、功能、产业类别、驻居点的历史条件及所面对的经济和社会结构各异，完全竞争、稳定报酬与完全信息等重要前提和假设的适用性会降低，进而影响到其所获得的最适化及资源分配结果的合理性（Allen，1997；柯博晟，2009；Samet，2013）。

除了前述基本假设的争议外，关于传统城市经济理论的模型化，还包括作用体的选择以及关键影响变量的选择等问题（Jacobs，1961）。一方面，在作用体的选择上，传统城市经济理论及其方法并无意处理"所有的"或"大部分的"作用体，也极少顾虑到全部参与者的各个局部决定（local decision-making）所共组的联合决策（combined decisions）。该理论和方法往往仅倾向于考虑"最重要的"作用体及其决策，而这些作用体通常被设计为拥有完全信息或全知全能的行为人（omniscience）或制度（institutions），同时其行为表现则大多被简化为依循简单物理规则（例如局部磁场的牵引）且无自主意识和自主行为的机械反应（Arthur，1999；Kirchgässner，2008；Briassoulis，2008）。而如此单纯与简化的设定不但严重地与现实脱节，亦很可能忽略甚至扭曲某些作用体与其附属行为对于城市发展过程和土地使用变迁的影响（Bibby et al.，2000；Bouchaud，2008）。另一方面，诱发或促进城市发展的"政府行为"或"新加入的参与者的行动"等关键影响变量，亦常面临被漠视的情形，如此一来将可能导致模式中所考虑的变量和行为者往往都只是欲探讨问题中的一小部分而已（如 Batty et al.，2005；Lai，2006a；Briassoulis，2008）。

前述关于模型化过程中将系统行为直接模拟为依循简单物理规则的机械反应的方式，对于少部分的自然系统或许是成立的（例如天文观测）。因其对于初始条件并不具备敏感依赖性（sensitive dependence），但对于更大量的目前已知的自然系统而言（例如飓风、湍流、生物组织），其系统状态则是混沌的，是对初始条件敏感的，非常容易因为些微的噪声或干扰，就造成无法预料的最终结果（如 Bak，1996；Simon，1998；Mitchell，2009），特别是走在混沌与秩序边缘且具备自组织临界性（self-organized criticality）的复杂城市系统（Batty et al.，1999；Portugali，2000；赖世刚 等，2001；Batty，2005a；赖世刚，2006）。霍普金斯（Hopkins，2001）亦认为，尽管城市是一种由人类的各种活动所堆砌而成的自然复杂系统，但却又有别于其他自然界的复杂系统，具有 4 个"I"的特性，使得复杂城市系统永远处于一个动态的过程，任何人均无法驾驭整体城市的发展，而人们（包括规划者或规划单位）仅能从城市看似混乱复杂的发展过程中，尝试寻求机会和解决方案（Lai，2006a；Han et al.，2011）。

综合前述因素，使得近代的传统经济典范或传统城市经济典范所呈现的城市发展本质，成为一个时间不连贯的、片段刻画的与线性的发展过程，且对于城市、区域或社会空间系统仍不脱离静态的与单一均衡状态（cities-in-equilibrium）的描写，既不具有随时间演进所形成的整体系统环境，亦不具备个体行为上的动态变化及调整。而其观点下的系统行为则常被直接模拟为系统组件处在均衡状态时的相互作用，至于系统组件亦往往被简化为供给与需求中较具代表性的与较具影响力的少数作用体。尽管诺贝尔经济学奖得主保罗·克鲁格曼（Paul Krugman）在20世纪末所提出的新经济地理（NEG）（Krugman，1991）就已经开始强调递增报酬的基本假设，并试图借由迪克西特及斯蒂格利兹（Dixit et al.，1977）的垄断竞争模型（monopolistic competition model），设法将"不完全竞争市场结构"模型化（Fujita et al.，1999；Fujita，2010；2012），在传统经济典范或是传统城市经济典范中所采用的分析方式或关键概念，依旧在绝大程度上是构筑在平衡稳定、递减报酬以及预先给定的均衡状态（predetermined equilibrium state）等强烈假设之上。

四、城市发展理论——复杂性科学观点与传统经济观点之比较

复杂性科学、复杂系统或复杂性概念的开端，最早可追溯自路德维格·冯·伯塔兰菲（Ludwig Von Bertalanffy）于1928年在维也纳完成的有关于生物有机体系统的叙述性毕业论文。它除了标志着一般系统论（general systems theory，GST）的问世，亦同时唤醒了人们对现代科学的复杂性（complexity）的研究兴趣（Cowan，1994）。其试图描述所有系统的一般系统论，却因缺乏实质的科学成果而随即式微（Simon，1999）。最初建构在一般系统论上发展的复杂性科学或复杂系统论，则借由尔后持续的研究热潮与诸多科学家的原创贡献（例如图林、维纳），使得接续其后发展的研究者逐渐有能力利用复杂性概念及各种概念开发工具，例如图林机器（turing machine）、元胞自动机（cellular automata），从不同角度贴近、模拟和再造现实世界中的复杂现象。

而以复杂性科学为基础的城市发展理论，便是将城市视为一个复杂系统，并认为城市与城市发展的本质正如同其他自然界的复杂系统一般，必然具备下列三大显著特性。①非线性动态（nonlinear dynamics）：系统中的小事件在适当的条件下可能会令系统变得无法控制或难以预测，也就是说数量庞大的单一行动者或小型的城市代理人，其局部互动或行为对城市所造成的影响往往会比大型的或较高层次的城市代理人（例如城市规划团队或组织）来得更加剧烈、明显（汪礼国 等，2008；Portugali，2011）。②涌现（emergence）：城市中单一的或者小型的行动者

之间的局部互动时常可引发城市整体规模中才会存在的特性，譬如城市中的"族裔隔离"现象，并不等同部分的个体城市行为人的高度隔离行为（Anderson，1972；Holland，1995；Batty，2000；Portugali，2011）。③整体与局部的互动（global-local interactions）：上述涌现的观点，同时也意味着复杂系统或自组织系统中较高层次结构所显现出的秩序与形式无法与较低层次的组成分子的个别行为或特征相仿。换言之，在局部角度下，局部之间的互动将形成整体组织和形态，而在整体的视角下，这样的整体结构也可能影响局部行为，进而衍生新的属性或互动关系（Lai，2006a；赖世刚 等，2012）。

因此，其中所谓的"自组织"及"涌现"的概念，则与雅各布斯（Jacobs，1961）所描述的城市发展现象有诸多相互呼应之处——"城市街道与公共场合让许多认识或互不认识的人们聚集，并产生一连串的互动与活动，尽管每个人都是基于自己的需求和动机而行动的，但这些个别小规模的互动，其总和的效应却是非常巨大"。该段落正说明了以复杂性科学为基础的城市发展理论的观点，乃将城市视为由局部次系统（sub-systems）所累积形成的整体结果（Batty，2005a；2005b），且在特定结构或条件下，会由混乱、混沌中自发地产生规律和秩序，譬如著名的幂次现象（power law）已在不同城市聚落体系中被广泛地实证（Krugman，1996a；赖世刚 等，2010）。若由反向逻辑表述，也就是说，我们难以从整体系统所呈现的规律性去掌握局部次系统的运作情形，而这样的性质与概念，相对于原子还原论或是以原子还原论为核心思维的传统经济观点——试图从基本构件的结果去剖析或推敲整体形态究竟是由哪些基本元素、粒子所组装而成的运作方式，都存有根本性的不同。复杂科学由下而上、向上整合，而还原论由上而下、向下解析。

是以，复杂性科学及其思维的出现和发展，凸显了线性思考及从上而下的还原论方法有诸多不足之处。诚如前述，复杂系统所关注的自组织现象及涌现论（emergentism），是着重于探讨系统中数量庞大的作用体或个体会如何随着时间而互动，并逐渐形成怎样的整体特性与秩序。从个体和总体经济学的演进过程中可发现（Arthur，2000；Batty，2000），传统经济观点同样亦认为经济体系是由许多经济个体（economic agents）所组成的（例如厂商、银行、消费族群、投资族群），而整体的结果是由大量的经济个体的互动所产生。此一想法虽与复杂性科学认为系统是由下而上组织而成的概念类似（赖世刚 等，2010；Holland，2012；Batty et al.，2012），但传统经济理论及其研究者为避免由众多经济个体所创建的模式过于错综复杂，甚至可能会因此阻碍最终目的——求取解析解，故转而投向较易处理但很可能遭过度简化的处理方式。例如理性预期经济学所讲究的与追求的是局限在——什么样的预期或预想会与这些预期和预想所共同创建的模式结果是一致的且是平均可供验证的（Arthur，2000；2006）。又例如消费者效用理论则是建构在"消费者的效用是仅取决于其自身消费"的假定，并完全忽略其他消费者同样的消费行为所伴随的决策相关性。而局限于或规范于特定状况下的简化手段，不仅有利于将传统经济理论的看法以基于数学的形式简洁表达，亦方便研究者依循其架构及探究其结构与含义。

此外，为确保经济模式的可行性或易处理性，传统经济理论惯以简单的数学函数捕捉或描述复杂多样的代理人行为，同时必须附带假设代理人和他们的同伴是拥有足够聪明才智的且主观推论他们已善用其能力得到一切有益的信息，所以他们没有任何动机去改变其决策或行动（Arthur，2006；Bouchaud，2008）。当然，如此过于简化或严重脱离现实的假定，长期以来也一再地遭受诸多严厉批评与挑战（Kahneman et al.，1979；Tversky et al.，1981；1992；Mohamed，2006；Krantz et al.，2007；Ariely，2008；Kahneman，2013；Wang et al.，2014）。譬如其中认知科学领域的研究者便认为，新古典经济中的经济人被设定得太过聪慧——完美的深谋远虑、完美的信息整合能力，能完美地评价每个可能的替代方案且缺乏任何的情绪构成要素（Brocas et al.，2003）。新古典经济模型中的经济人和其行为几乎就像是个会行走的计算机穿梭于世上，仅仅考虑经济范畴，即究竟如何最大化货币收入和优化欲消费的商品项目（Kirchgässner，2008）。诺贝尔经济学奖得主史密斯（Vernon Lomax Smith）与著名的政治经济学家克奇加斯尼（Gebhard Kirchgässner）亦强调，所谓的理性并非意指个体无时无刻都在执行优化或最佳方案，也非意味个体或代理人总是可以瞬间反应或瞬间发掘全部有价值的替代方案中的最优选项，实际上根本没有人可以一贯地运用理性的逻辑原则于每件他（她）所进行的事情上（Smith，2005；2008；Kirchgässner，2008）。

反观以复杂性科学为基础的城市发展理论，在基本假设上，则认知每个代理人都是异质的（heterogeneous），具备不完全信息获得能力、有限认知能力与有限理性等特性，且彼此通常呈现互相适应或竞争的关系（Arthur，1991；Simon，1999；Briassoulis，2008；Holland，2012；Lai et al.，2014）。而其核心概念中所强调的"总体代理人的行为"是由"众多组件代理人的行为"所共同构成，但因"组件代理人"之间是有条件地产生互动，使得"总体代理人的行为"并不等同于"众多组件代理人"的行为的总和（Arthur，2006；Holland，2012）。若具象表述，复杂性科学中的复杂系统、基于代理人的计算模型（agent-based model，ABM）或元胞自动机（cellular automata，CA）等概念或开发工具，其实就是一种从传统的"聚合形态的理解方式"

转变为"非聚合形态的理解方式"的科学发展结果（如 Lai，2003；2006a；Batty，2005a），而该科学发展结果则是促进城市建模中的代理人、组件代理人甚至是总体代理人能更贴近真实世界中的实际行为与反应，譬如自主性（autonomy）、回应性（responsiveness）、持续性（durative）与适应性（adaptability）等（如 Batty，2005b；2009；Epstein，2009；Macal et al.，2010）。

　　总而言之，传统经济观点的思维与方法仍大多专注于构筑线性、对称、静态的世界观，并严格遵循单一、均衡的概念，利用还原论和还原论方法解释和解构城市或区域系统。反观由复杂性科学思维驱动的城市发展理论所强调的则是涌现、非线性发展、动态的世界观，试图通过以异质个体为主的分析方式，理解个体究竟如何由下而上互动组织成整体形态的变迁过程（视为有组织的复杂问题）。且为了效仿早期物理科学的成功以及追求方法论上的严谨度与逻辑性，传统经济理论讲究和执着的是合乎严格数理逻辑的先验模型与技术结构，而并非合乎真实世界的检验与观察。若以新古典经济理论中的标准效用理论为例，该理论即一个具合理逻辑的数学建构（mathematical construct），亦是效仿理论物理学的最佳范例（von Neumann et al.，1974）。对照传统经济典范及原子还原论思维的数式建构（equation based formulas），利用复杂性理论与复杂性概念探讨城市发展的最主要目的在于贴近真实世界中的行为反应与相互影响关系，并令其模型和仿真能体现实际城市体系所可能蕴含的复杂性、多样性及涌现性（表1-2）。

城市发展本质的观点比较——传统经济观点与复杂性科学观点　　表1-2

传统经济观点	复杂性科学观点
追求收敛、稳定和静态均衡状态	强调混沌、动态和远离均衡状态
基于递减报酬 / 负反馈	倡导递增报酬 / 正反馈 / 路径相依 / 锁定效果
代理人基于完全理性 / 完全信息	代理人具备有限理性与认知能力 / 不完全预见
代理人基于最优化 / 优化 / 利益动机	代理人追求满足感而非最优化
强调自私经济人或自身利益公理	无自私经济人或自身利益公理
合乎严格数理逻辑的先验模型与技术结构	合乎真实世界的检验与观察
效仿早期物理科学的成功	复杂性概念、生物有机概念、神经控制论
依循简单物理规则 / 模拟为机械相互作用	整体系统的演化 / 生物有机体的隐喻
时间不连贯、线性与片段的发展过程	个体的动态变化及调整 / 随时间演进的整体系统环境

然而，复杂性科学观点和其模型建构对于城市发展的诠释却也并非毫无缺点。一方面，在复杂系统的模型中，虽然试图同时改善"作用体数量"与"作用体所依循的逻辑规则"，使其变得更具真实性与多样性，但在作用体的选择上，却可能仍无法考虑到城市中所有的作用体，这点与传统城市经济典范的分析方法所遭遇的难题是类似的。另一方面，在个体的行为及其决策的假设方面，虽采纳了有限认知能力、有限理性、达到可接受的最低偏好程度（satisficing）等规则（Simon，1986；1998），试图改善传统城市经济典范中完全理性行为人过于单调及脱离现实的争议（Mohamed，2006；Wang et al.，2014），但却反过来也使其受限于同样的规则设定。对照真实世界情况，行为人的理性程度、效用函数、权变函数或价值函数实际上会随着其所遇到的"选择情境"或"问题框架"而改变，有时甚至是系统地、有一致趋势地发生改变，而非任意地或完全随机地变动游走（相关研究见 Kahneman et al.，1979；Tversky et al.，1992；McElroy et al.，2007；Krantz et al.，2007；赖世刚 等，2012）。且随着长期的社会、经济、科技变迁及计划效果等众多因素介入（Wang et al.，2014），人类个体在城市中的各种行为模式与伴随的相关行动会受到什么影响而发生什么样的改变，在现今的复杂系统模型中仍难以描绘出来，仍需留待后续的开发。综上所述，复杂性科学典范与传统经济典范的持续发展与进步仍是有必要的。对于城市发展过程的建模，目前虽难以完全避免还原论的简化思维（Batty et al.，2005；Arthur，2006；Manson et al.，2006；汪礼国 等，2008），但值得进一步思考的是我们究竟该如何"有策略性的简化"，使得在减少整体系统复杂性与不确定性的同时，又可确保建模和模拟能真实再造出城市发展的空间形态（space）和系统结构（place），并从中有效地厘清欲探讨的城市问题或城市复杂现象，这是未来应继续深究的重点课题。

五、城市发展理论——生物有机观点的演进与复兴

自 17 世纪科学革命历程后，"万物机械哲学"与"受限于牛顿物理形式的世界观或宇宙观"已俨然成为西方科学思想的主流，但其发展历程中所衍生的诸多反对运动却未曾因此消失，譬如与笛卡儿哲学相近时期问世的生机论（Vitalism）。生机论的拥护者主要抨击笛卡儿当时将世界的本质模拟或解读为机械装置的看法，并极力反对借由原子还原论或非生命的物质运动来强加诠释包括人类在内的所有的生物与生命现象（详见 Kline，1990；Mayr，1997；Mazzocchi，2008；Allen，2005）。演进后的各种理论和主义仍存在不同程度的争论，特别是应用于有关生物或生命系统的课题，常有许多相异观点，与机械哲学并存甚至产生激烈争辩（Mayr，

1982；Allen，1997；Pumain，2006；Hoekstra et al.，2010）。

　　类似的"主流理论"与"非主流的反对运动"之间的对抗和分歧也存在于城市发展领域。在生机论出现约两个世纪后，福德里克·哈里逊（Frederic Harrison）与帕特里克·格迪斯（Patrick Geddes）先后提出与当时主流观点（机械化世界观）相对立的历史生命整体（living whole of history）及生物有机体概念（organicism）。其主张城市（与城市建筑）即历史结果的体现，而历史结果则为经切割分离后即成死物（lifeless mass）的生命整体（Harrison，1894），倡导非逐件、逐日或零碎片段处理的整体规划，才能够满足城市或社会中"不断进展的事务"与"持续增长的人口"的各种复杂需求（Geddes，1915）。其观点下的人类文明及城市增长乃被认知为永恒不朽的历史的积累，而非经特定的物质、经济或历史事件所涌现；城市环境则是由居住在城市内的居民的集体力量所共同建成，而非通过不同利益团体的成员彼此互动来构造；城市建筑亦非仅用来满足人类需求的表现，而是对城市作为一个独立生命有机体的一项贡献（Welter，2002）。

　　时间推进至 20 世纪中叶，由福德里克·哈里逊与帕特里克·格迪斯用以诠释城市本质的有机观点（organic perspectives），主要借由哲学家刘易斯·芒福德与后续相近概念的研究者的加入，著名者如简·雅各布斯及克里斯托弗·亚历山大（Christopher Alexander），而得以茁壮延续。芒福德在其所撰经典《城市发展史》（*The City in History*）一书中强调：今日许多有关城市未来发展远景的思维假定（ideological assumptions），虽然是以人的本性和命运为基础的，但表面上它关注的是人们的生命与健康，内里流淌的却是对有机过程的轻蔑；且城市规划者（包括社会学家或经济学家）对未来经济和城市扩张的计划，均是建构在将巨大城市普遍化、机械化、标准化与完全失去人性的城市进化的终极目标之上，企图通过各种机械替代品取代能独立存在的有机形式。芒福德同时严厉地批判近代普遍的城市发展思想或城市规划行为仅仅是为了追求易受控制的便利性及有利可图的商业价值，而完全无意维持所有的有机形式复杂的合作关系（Mumford，1961）。

　　此外，克里斯托弗·亚历山大所撰《城市并非树形》（*A City is Not a Tree*）一文（Alexander，1965）中亦曾尝试利用城市内结构和组织形态的差异来解析城市增长时的"自然特性"。其将城市视为许多元素组成的母集，母集内包含众多子集，子集内的各元素因有相连贯的（coherent）或共同运作的（co-operative）功能而隶属同一集合，至于子集与子集之间的交迭方式则可区分为半格子状结构（semi-lattices）和树形结构（trees）两种组织方式。克里斯托弗·亚历山大认为所谓的自然城市是经由历史积累沉淀而来的，而通过城市设计者及城市规划者着意创造的城市，应被归类为人造城市。自然城市有着半格子状结构，但人造城市却被组织成简单的树形结构，两者的区别不仅仅在于子集与子集之间联结或交迭方式的差异，更重要的是，半格子状结构是由内生特性生成的，是由下而上生长的，显而易见地比简单树形结构通过从上而下的控制与人为的设计刻画来得更加复杂细微并具备较为丰富的形态。是以，我们应认清城市是遵照半格子状结构原则发展，且须依此自然原则来提供适当的空间结构，以维持城市的"自然特性、合理性和必要的重合性"，并促成"完整的、有机体形式的、复杂的合作关系"（Geddes，1915；Mumford，1961；Lai，2003；张松田 等，2009）。

再者，20世纪初以罗伯特·帕克（Robert Park）、欧尼斯特·伯吉斯（Ernest Burgess）与罗德瑞克·麦肯齐（Roderick McKenzie）等城市生态学家为首的芝加哥社会学派，因深受社会达尔文主义（Social Darwinism）所影响，亦常借由生物动机或生物原理（例如竞争、入侵、演替、隔离、代谢过程）来比拟人类行为、人类小区与城市发展过程，并试图在城市、社会组织与生物有机体之间建构联结（Robson，1969；Theodorson，1982；Schwab，1992；Parker，2004；Gottdiener et al.，2011）。其中，芝加哥社会学派核心人物罗伯特·帕克便曾借鉴查尔斯·达尔文（Charles Darwin）的生命网络（the web of life）理论概念，倡导所谓共生的社会（symbiotic societies）并非仅是居住在同一栖息地的植物和动物的无组织集体，相反地，它们应是通过最微妙复杂的方式彼此维系与依存（Park，1936a）。而当时城市生态学思想中的"城市"则进一步被诠释为参与城市居民的生命历程的"自然产物"，是人类本性的产物，而绝非只是居住在城市内的居民、机械装置、社会设施与人造建筑的简单聚集，因为城市环境与城市内的个体或群体是以潜藏的与有机的生态过程相互关联（Park，1936a；1936b；Park，Burgess et al.，1967）。

赖世刚（Lai，2003）立足于克里斯托弗·亚历山大、赫伯特·赛门（Herbert Simon）与简·雅各布斯等早期研究者的原创构想，借由单维元胞自动机（one dimensional cellular automata）作为探索城市空间演变的分析工具，用以隐喻抽象化后的传统、狭长状的线形城市（详见 Krugman，1996a；Frey，1999）的发展。笔者认为，城市整体与城市中的实质环境，实际上就是许多局部土地开发决策互动的产物，因此该研究中将每个元胞（cell grid）比拟为城市开发的宗地，至于每个元胞的状态变化（$k=2$）则代表不同的土地使用用途，而单维元胞自动机全数共256条演化规则（Mitchell et al.，1994；Wolfram，2002）在经过非决定性有限状态自动机（nondeterministic finite state automata，NDFA）与决定性有限状态自动机（deterministic finite state automata，DFA）的方式表现后，可适当地分类出亚历山大所定义的半格子结构原则与简单树形结构原则（Alexander，1965），进而作为单维元胞自动机模拟城市复杂空间演变时的演化规则与依据。笔者最终的研究模拟发现，史蒂芬·沃尔夫勒姆（Stephen Wolfram）在《一种新科学》（*A New Kind of Science*）一书中所划分的第四类复杂形态（Langton，1984；Wolfram，2002）中的直线形时空图必然是依照半格子状结构而非简单树形结构的转换规则演变而成。且该复杂形态的演化结果，除了符合城市复杂空间系统游走于秩序与混沌边缘的自组织特性，同时亦初步证实了克里斯托弗·亚历山大当初的假说（Alexander，1965；Waldrop，1992；Lai，2003）。从而我们可得知，看似混沌却隐含部分强烈秩序的城市演变过程，极可能是建立在少数的、具有决定性的简单规则之上，并通过大量的个体之间的局部互动由下而上共同涌现（赖世刚 等，2004；Batty，2005b；2008a）。杰弗瑞·卡卢索（Geoffrey Caruso）等相关学者认为，赖世刚的研究（Lai，2003）是他们所知范围内唯一成功借由单维元胞自动机（1D-CA）作为探索城市空间演变机制的重要研究，而相较于二维或三维以上维度的元胞自动机（2D-CA、3D-CA），单维元胞自动机对于理解城市空间动态演化提供了更直观、更简易的可视化方式（Caruso et al.，2009）。

笔者（Lai，2006a）更提出一个类似于个体建模的原创模型架构——空间垃圾桶模型（spatial garbage can model，SGCM），来仿真与解释有组织但无政府状态（organized anarchy）时的城市涌现现象。SGCM观点下的城市发展过程，由五种几乎独立的元素川流在时空中不停地游走、产生碰撞以及交互作用后所构成（图1-1）。该五种川流要素分别为：①决策者，即行动者或开发者，在公领域或者私领域，他们试图从事各种活动或对土地进行适当开发；②问题，即决策者所希望的状态和当前处境之间的差异；③解决方案，即土地、资本或任何其他能帮助了解状况及有益于决策制定的资源；④选择机会，即活动或开发决策是否可能被确定的机会；⑤土地和设施的区位，以土地开发的情境为例，即设施是否在适当的土地上进行开发（详见Cohen et al.，1972；Lai et al.，2013；赖世刚 等，2012）。简言之，SGCM可视作一种解析城市发展的抽象化和概念化的模式，意图将城市理解为"众多公部门与私部门大量决策与规划行为所共同涌现的发展结果"。该模式的运作机制与基于代理人的计算模型（ABM）相近，均强调众多无中央组织机构控制的个体依循一定的逻辑规则移动，且在特定条件下，个体会发生相互影响（但非必然地产生关联或毫无规则地发生作用），并在更高层次结构中涌现或衍生新的特性（properties）或组件（components），甚至进而影响整个复杂城市系统（整体与局部的互动，互相关联成为一个有机的整体）（Jacobs，1961；Alexander，1965；Batty et al.，1994）。

回顾生物有机体的隐喻概念的初期发展，实际上并未在城市发展领域形成广泛的回响或共鸣，若根据前述讨论，其根本原因或许可归纳为三个层面：①当时的优势观点仍然是以自上而下看待城市、控制城市与设计城市的"硬件技术"为主；②当时"倡议城市应自下而上演化发展"或者"反抗自上而下规划设计城市"的拥护者和学派数量相对较少；③生物有机体的隐喻概念的初期发展几乎仅停留在意识形态上或哲学概念上的阐述，且彼此之间缺乏结合或对话。这样的僵局存续至第二次世界大战后，因其融合了当时陆续迸发的科学发展思想，并受惠于大幅度降低成本的计算机软硬件（Weaver，1948；Jacobs，1961；Cowan，1994；Simon，1998），对城市如何形成与如何成长的思考方式才开始出现关键的改变。随后紧接发展的复杂系统观点或复杂性科学所主张的涌现论——强调总体的模式、行为和组织形态是由较小尺度的局部状态之间的互动所涌现，且各个组成构件的总和必然会小于整体（whole is greater than the sum of the parts），事实上与前文讨论的复杂性概念与生物有机体论的诠释方式及主张不谋而合（Park，1940；Deutsch，1951；Waldrop，1992；Cowan et al.，1994；Simon，1998；Batty et al.，2005；Mitchell，2009）。

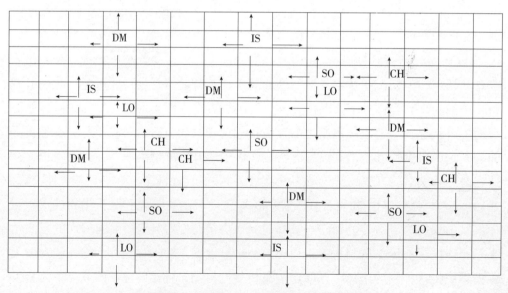

图例：DM—决策者；IS—问题；CH—选择机会；SO—解决方案；LO—区位
图1-1　空间垃圾桶模型仿真图
来源：Lai，2006a

六、城市发展理论——城市成长与扩张的自然规律

在最新的研究中，路易斯·伯坦克特（Luis M. A. Bettencourt）、荷西·罗伯（José Lobo）、德克·海尔宾（Dirk Helbing）、克里斯廷·库奈特（Christian Kühnert）与杰弗瑞·魏斯特（Geoffrey B. West）等学者及其研究团队在圣塔菲研究院（Santa Fe Institute，SFI）提出更具体的定量的科学根据与理论框架（Bettencourt et al.，2007；Bettencourt et al.，2010），借以说明城市个体尽管无法在外观或功能上一对一地将组织机构对应至生物有机体的部位（components）或器官（organs），但其生长和扩增的方式却符合生物有机体普遍适用的增长法则。也就是说，各种城市属性或城市变量设定为 $Y(t)$，众多规模大小有别的城市个体单元设定为 $N(t)$，若分别被模拟为生物有机体的生理特征量和各种生物物种的体积量级，则我们可仿照生物自然演化的异速增长规律（allometric scaling law）（Brown et al.，2000；West et al.，2005），适当地展现其非线性关系与增长变化（式 1–1）：

$$Y(t) = Y_0 [N(t)]^{\beta} \qquad (1-1)$$

式（1–1）所呈现的幂函数可直观解读为：当城市人口规模数量逐渐递增或扩大，相对应的城市变量亦必然随之递增（positive relationships），但其最重要的关键在于递增或扩大的程度是由参数 β 所控制。当 $\beta > 1$ 时，表示正向的异速增长（positive allometry），即城市变量增长的速度比城市规模增长的速度还快；当 $\beta < 1$ 时，表示负向的异速增长（negative allometry），即城市变量增长的速度比城市规模增长的速度还慢；当 $\beta = 1$ 时，表示呈等速增长（isometry），即城市变量与城市规模维持线性的、同比例的增长关系。此时，为便于拟合（fitting）众多城市变量或特征量，以线性形式简洁表达，故式（1–1）一般在取双对数后（log-log plots），将该幂律关系式由原先的指数非线性形改写为对数线性形（式 1–2）。以美国地区各城市的工资总额和超创意就业数为例，见图 1–2。

$$\ln Y(t) = \ln Y_0 + \beta \ln N(t) \qquad (1-2)$$

相反，扩展实验范围后的生物异速增长规律，如今被证实不仅适用于几乎完整的生命系统（West et al，1997；West，1999），更可延伸应用于规模更加庞大且更为复杂的城市体系（Webb，2007）。该重要发现意味着当任意城市体系内的众多城市个体人口规模在增长或扩张之际，其社会经济量或基础设施的物理量（相对于生物体的性状或生理特征量，例如新陈代谢率、心跳频率、股骨剖面）将会自发地、有组织地聚集于对数坐标平面的拟合直线上，并且依循特定的缩放幂指数（scaling exponents，β）相应增长变化。

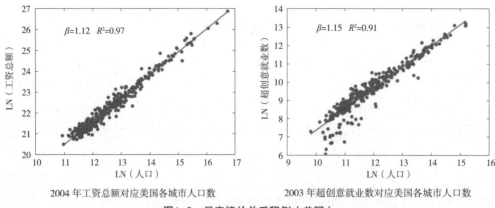

2004年工资总额对应美国各城市人口数　　2003年超创意就业数对应美国各城市人口数

图1-2　尺度缩放关系释例（美国）

来源：Bettencourt et al.，2007

由此，为深入确认城市的异速增长现象的普遍性与适用性，黄仲由、赖世刚（Huang et al.，2012；黄仲由 等，2012；2013）亦曾以中国台湾地区作为实证对象，根据异速增长规律来表现城市人口规模与众多城市变量或城市特征量之间的增长关系（式1-1、式1-2）。研究结果显示：除过去文献所关注的基础公共设施、城市供给系统与社会互动模式之外（Kühnert et al.，2006；Bettencourt et al.，2007），扩大检测范围后的项目（譬如交通运输乘载量）依然能在保有极为良好的拟合配适度的前提下涌现出可对比生命系统的异速增长关系（图1-3）。

是以可见，城市人口规模一旦出现增长或衰退的变动时，其局部特征量（traits）或次系统（sub-systems）几乎是以非等比例（non-proportional）进行缩放，而非传统规划或者实践中所熟悉的等比例（proportional）假定，如人口密度（等速增长仅

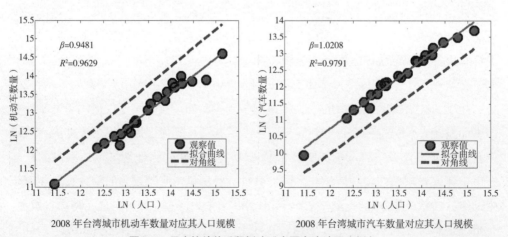

2008年台湾城市机动车数量对应其人口规模　　2008年台湾城市汽车数量对应其人口规模

图1-3　尺度缩放关系释例（以中国台湾地区为例）

来源：Huang et al.，2012

是异速增长中相对少数的特例）。且更重要的是，我们可借此城市体系与生命系统的共通特性进一步推论以下几方面。

①当缩放幂指数大于1时，平均而言，城市人口规模改变将造成较大规模城市（lager cities，LC）的局部次系统的增减量相对较多，较小规模城市（small towns，ST）的局部次系统的增减量相对较少。例如将ST的人口数设为100000，LC的人口数设为1000000，而其共同涌现的缩放幂指数β_1设为1.15（常数Y_0设为1）。当面临同样的人口增长数5000时，将造成ST的次系统的增量δ_1为32454单位，但造成LC的次系统的增量δ_2却达45691单位（即$\delta_2>\delta_1$，式1–3、式1–4）；而当面临同样的人口缩减数5000时，将造成ST的次系统的减量λ_1为32212单位，但造成LC的次系统的减量λ_2却达45657单位（即$\lambda_2>\lambda_1$，式1–5、式1–6）。

$$\delta_1=\{\exp[1.15\times\ln（105000）]-\exp[1.15\times\ln（100000）]\}\doteqdot 32454 \tag{1-3}$$

$$\delta_2=\{\exp[1.15\times\ln（1005000）]-\exp[1.15\times\ln（1000000）]\}\doteqdot 45691 \tag{1-4}$$

$$\lambda_1=\{\exp[1.15\times\ln（100000）]-\exp[1.15\times\ln（95000）]\}\doteqdot 32212 \tag{1-5}$$

$$\lambda_2=\{\exp[1.15\times\ln（1000000）]-\exp[1.15\times\ln（995000）]\}\doteqdot 45657 \tag{1-6}$$

②当缩放幂指数（scaling exponents）小于1（negative allometry），则平均而言，城市人口规模改变将造成较大规模城市（LC）的局部次系统的增减量相对较少，较小规模城市（ST）的局部次系统的增减量相对较多。例如将ST的人口数设为100000、LC的人口数设为1000000，而其共同涌现的缩放幂指数β_2设为0.85（常数Y_0设为1）。当面临同样的人口增长数5000时，将造成ST的次系统的增量δ_3为752单位，但造成LC的次系统的增量δ_4却仅为534单位（即$\delta_3>\delta_4$，式1–7、式1–8）；而当面临同样的人口缩减数5000时，将造成ST的次系统的减量λ_3为758单位，但造成LC的次系统的减量λ_4却仅535单位（即$\lambda_3>\lambda_4$，式1–9、式1–10）。

$$\delta_3=\{\exp[0.85\times\ln（105000）]-\exp[0.85\times\ln（100000）]\}\doteqdot 752 \tag{1-7}$$

$$\delta_4=\{\exp[0.85\times\ln（1005000）]-\exp[0.85\times\ln（1000000）]\}\doteqdot 534 \tag{1-8}$$

$$\lambda_3=\{\exp[0.85\times\ln（100000）]-\exp[0.85\times\ln（95000）]\}\doteqdot 758 \tag{1-9}$$

$$\lambda_4=\{\exp[0.85\times\ln（1000000）]-\exp[0.85\times\ln（995000）]\}\doteqdot 535 \tag{1-10}$$

七、结论：趋向生物有机增长的思考方式

过去超过一个世纪的时间以来，我们对于城市、城市发展或城市成长的理解与诠释正缓慢地反映出福德里克·哈里逊（Frederic Harrison）、帕特里克·格迪斯（Patrick Geddes）、刘易斯·芒福德（Lewis Mumford）、艾比尼泽·霍华德（Ebenezer Howard）、罗伯特·帕克（Robert Park）、亚伦·图林（Alan Turing）、诺伯特·维

纳（Norbert Wiener）、渥伦·伟佛（Warren Weaver）、路德维格·冯伯塔兰菲（Ludwig von Bertalanffy）、赫伯特·赛门（Herbert Simon）、彼得·霍尔（Peter Hall）、简·雅各布斯（Jane Jacobs）、克里斯托弗·亚历山大（Christopher Alexander）等早期研究者所提供的宝贵信息。如今，城市、城市发展或城市成长的本质，已不再被看作或被比拟为混沌的、无序的与机械论的系统或系统状态，而是逐步迈向远离均衡的、路径相依的与共演化的生物有机增长观点。

若从过去传统的模拟或隐喻的方式来省思，相较于漠视元素（elements）或组件（components）间关联的机械系统，或是根据既定蓝图进行构筑的巨大设计，城市增长必然更接近生物有机的增长方式。这是因为城市总体的形态和行为，皆是由较小尺度的、数量庞大的、行为自发的、具决策能力及适应的个体或组织自下而上地涌现，而仅偶尔伴随从上而下、集中控制的管制或者行动（Simon，1998；Portugali，2000；Batty et al.，2012；Batty，2013a）。

若就城市形态（urban morphologies）来检视，在城市混沌、紊乱和多样的表象和外观下，实际上却潜藏着城市发展和扩张时需要的无数个体或团体的决策和互动过程所共同涌现的秩序（order）和形态（pattern），且可通过遥感影像观测到城市的人口增长过程的分布与街道网络的蔓延路径，皆普遍、重复地呈现出近似于生物有机体增长时的自我相似性（self-similarity）与分形结构（fractal-like structures）（图1-4，详见 Batty et al.，1994；Batty，1997；2008a；Brown et al.，2000）。

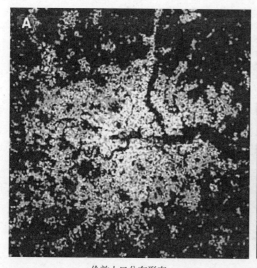
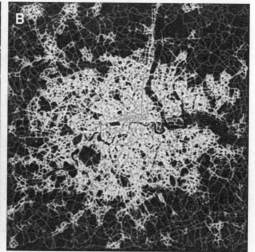

伦敦人口分布形态　　　　　　　　伦敦路网生长路径与连通程度

图1-4　分形城市（英国伦敦）
来源：Batty，2008a

若进一步以 20 世纪传统的系统观点来解释，随复杂性科学及其思维的出现和蓬勃发展，凸显了从上而下的、线性对称的以及由整体形态推敲局部次系统的还原论方法仍有诸多不足之处，进而促使过去对于完美均衡世界的向往与着重城市系统的静态结构的解析方式，逐渐蜕变为城市发展过程中的规律探索与自下而上演化发展的动态行为仿真（Batty，2008c；2009；2013a；Lai et al.，2013；Lai 2021）。相对于早期传统的将城市系统诠释为无组织的、还原论式的、树状结构原则的、效仿物理科学且执着于严格数理技术建构的简化性思考，我们正处在将城市系统视为有组织的、涌现论式的、远离均衡的、半格子状结构原则的、异构个体间有条件相互关联的、以生物有机概念为开端且追求合乎真实世界检验与观察的复杂性思考的过渡时期（表 1–2、表 1–3）。

城市发展本质的观点比较——机械化世界观与生物有机观　　　　表1–3

机械化世界观	生物有机观
原子还原论 / 决定论 / 线性对称思考	涌现论 / 整体论 / 非线性思考
简单系统 / 没有组织的复杂系统	复杂系统 / 有组织的复杂系统
模拟为功能分离的机械或无组织的集体	互相关联成为一个生物有机的整体
由整体形态剖析或推敲局部次系统	异构部件之间有条件地相互关联或影响
自上而下控制刻画 / 可还原 / 可逆性质	自下而上演化 / 自组织 / 不可还原 / 不可逆性质
树状简单结构原则 / 单一功能与单一用途	半格子状结构原则 / 多重附属与重叠的可能性
普遍化 / 机械化 / 标准化的终极目标	有机生长 / 集体进化的实体 / 能独立存在的有机形式

整体而论，本节的目的不在于对所有的城市发展理论的相关文献提供全面性的回顾，而是尝试与传统的机械化世界观和还原论思维支配下的城市发展理论的诠释方式做一个对话。同时，针对各种隐喻或模拟城市发展的主流观点（例如机械化世界观、以利益动机为核心的经济思维），或是理解城市空间演变过程的数个主要途径（例如产业区位观点、城市人文生态观点、传统经济学观点、生物有机观点与复杂系统观点），提出整合性的本质论证与比较，借以探求更为完善且贴近真实世界的思考方式，并弥补过去在诠释城市发展及城市增长方面可能的不足。

时至今日，将城市本质视为生物有机体（organisms）以及将城市增长过程比拟为生物有机增长（organic growth）的思考方式，是因城市个体间普遍具有潜在的、原生自发及适应的、彼此紧密关联的自然生长规律与自我相似的城市形态（urban morphologies），且其各个社会经济量（social quantities）或设施物理量（physical links）皆严格地遵循众多城市个体所共同涌现的生物生长幂律（biological scaling relationships）。过去所遗留的未经检验但显然成立的发展概念（Jacobs，1961；Alexander，1965；Alexander et al.，1977）现今已通过以复杂性科学为基础的城市科学的持续推进和前述发展概念之间的相互援引而获得较具体的初步解释——城市应为一个复杂的、自组织的、彼此紧密有机关联的、自下而上生长且非有意控制刻画完成的"生物有机整体"（Geddes，1915；Jacobs，1961；Mumford，1961；Alexander，1965；Batty et al.，1994；Batty，2005a）。

本研究认为，生物有机观点（organicism）及生物有机增长的思考方式实现了过去机械化世界观（the classical concept of mechanism）与还原论思维所无法提供的深刻洞察，而假若我们期望成功地以整体的、可持续的发展概念去规划一个城市甚至是整个城市体系，而非仅是设计、翻搅或者复制大量的机械硬件或公共建筑设施，则未来需开始去学习和掌握现代城市体系复杂的、不同层面的增长潜能，认清城市自发形成的异速生长本质，并依此原生特性来引导及评估城市发展计划与决策（表1-3）。这个议程除可作为复杂性科学与城市科学兴起后对于传统的城市发展典范（如 Jacobs，1961；Mumford，1961；Lynch，1981；Fujita et al.，1999；Fujita et al.，2002；Ball，2012；Wilson，2012；Batty，2013a；Arthur，2015；Lai，2021）的补充，亦可增进人们对城市发展是如何发生、城市是如何运作、城市空间形态将如何演变以及城市未来应如何发展等本质层面及其决策过程的预测和理解。

第三节　涌现时代的来临

除了规划领域，科学发展方面目前正处于一个"战国"时代，因为在西方以希腊哲学为基础的还原论（reductionism）正在或即将遇到瓶颈，取而代之的将是涌现论（emergentism）（Laughlin，2005）。前者主张通过探究宇宙或系统的基本组成分子以及它的原理，我们可以掌握并控制宇宙或系统；而后者认为宇宙或系统的奥妙在于这些组成分子的组织原理，因此理解宇宙或系统的奥秘在于发觉现象涌现的定律。涌现（emergence）指的是组成系统的分子间互动，进而形成整体系统的质变。兹举一简单的例子说明两者的差异。假设在一个孤岛上有许多车辆在环岛公路上行驶。刚开始时，有的车辆靠右行驶，而有的车辆靠左行驶，使得交通打结。但是，基于细微的原因，为了大家的便利，最后所有的车辆均会靠同一边行驶，于是驾驶人的自组织行为使得交通变为顺畅。还原论认为，车辆靠同一边行驶是因为事先有一个定律存在，造成秩序的产生；然而涌现论却认为，秩序的产生是自发的，没有先验的定律存在。显然后者较贴近事实且具说服力。换句话说，所有的物理定律皆为自发的，而非事先存在的。目前世界的科学图像正处于空前的典范移转（paradigm shift），而且根据 1998 年物理学诺贝尔奖得主劳林教授（Robert B. Laughlin）的观察，我们将面临涌现论的新时代。

在这个涌现论的时代中，以往被视为金科玉律的基本物理原理将被打破，包括爱因斯坦的相对论，取而代之的是新的科学典范，包括复杂性（complexity）。基本物理原理虽然仍然维持了其在科学界的崇高地位，但是日常生活的现象背后的成因在涌现论的时代也随之显得重要。以计算机为例，了解计算机的基本运作方式（甚至包括量子力学）虽然重要，但是如何使用计算机处理日常的事务也同样重要。在涌现论的时代，基本物理原理与日常生活结合，它们不再是曲高和寡、被少数专家垄断的知识。在涌现论的时代，科学知识所追求的终极目标是构成宇宙层级间现象涌现的规律，而不仅仅是针对某一层次现象成因的解释。而在涌现的世界中，并不存在解释所有事物的终极理论（a theory of everything），而是有许多的理论解释不同的现象。这个观点与传统科学还原论所引发的实证论（positivism）不同。

还原论认为，人类靠理解能获得客观的知识，而实证论是唯一获得客观知识的科学工具，而且观察者与被观察的事物是分离并可控制的。这个看法在前三个世纪自牛顿以来的物理学获得空前成功，深深影响我们的生活。因此，以还原论为基础的实证科学俨然成为现代科学哲学及方法论的代名词，不仅深深影响了自然科学的进展，也同时改变了社会科学的科研导向。比如，传统的城市规划认为城市是客观存在且可控制的，便深受还原论的影响。其中最明显的莫过于经济学的发展。

如前所述，新古典经济学其实就是效仿古典力学的发展，想要尝试将经济学构建成如古典力学的硬科学（von Neumann et al.，1974）。例如，新古典经济学假设经济人是完全相同的理性个体，追求预期效用的最大化。于是，经济体便像巨型的物理系统，不仅经济人成为相同的分子或粒子，在这些经济人互动下所组成的巨型经济体也如同物理系统一般，最终达到一个均衡的状态。然而人的行为受到生理、心理及社会层面的影响，与分子及原子运动完全不同，而且系统通常是开放的，也不可能达到均衡静止的状态。

这个概念深深影响了城市规划理论的发展。1960 年代所盛行的数理城市建模便假设城市的发展最终趋向均衡。在均衡状态下，每一位居民根据他的所得以及交通成本，最终均能找到最适的居所。因此，当城市处于均衡状态时，不会有迁移的活动，而土地使用也将维持固定的形态。城市规划无非是通过干预让城市发展达到所期望的均衡状态。

新古典经济学的假设以及传统城市规划理论显然与事实不符。每一个经济人因所面对的决策情境不同，他的思考逻辑以及行为都不尽相同。此外，经济体因为个人行为及互动的复杂性，也不会达到均衡的状态。城市发展亦是如此，没有居民的区位选择行为是相同的，城市发展也不会达到均衡的状态，城市永远在变化。在经济学的领域中，已逐渐有越来越多的经济学者持着这样的观念架构，称为复杂性经济学（complexity economics），其中的代表人物是布莱恩·阿瑟（Arthur，2015）。

复杂性经济学是新古典经济学的延伸，它在基本假设及研究方法上不同于后者。复杂性经济学认为经济人是多样的，理性是有限的，而且是以归纳而不是演绎的方式从事选择。尤其重要的是，复杂性经济学不认为经济体会达到均衡的状态，而是一直处于远离均衡的状态，不断地更新与变化。在这样动态的变化当中，经济个体的互动又能涌现出有序的结构，例如各种组织。简而言之，复杂性经济学强调的是经济人的互动涌现出总体的结构，而总体的结构又使得经济人必须重新适应新的环境，周而复始，进而形成个体与总体共同演化。在研究方法上，传统以数理建模的方式很难捕捉经济复杂体运行的机制，因此复杂性经济学的分析绝大部分仰赖计算机仿真进行理论的探讨。

城市的发展也是如此。开发商类似复杂性经济学的经济人，而城市犹如经济体。开发商以有限理性的归纳方式进行区位的选择，而这些大量选择行为的互动结果形成了我们所观察到的城市环境。有趣的是，这些看似无序、互动的开发行为竟然能涌现出有序的局部结构。例如，通过计算机仿真，我们发现在一个假想的城市中，在没有干预的情况之下，商业活动或者居住活动倾向于聚集在一起，并且形成统计上的幂次法则（power law）（Lai，2021）。

涌现论宣告了经济学中均衡分析时代的终结，也宣告了城市学中追求均衡发展时代的终结。它意味着城市是远离均衡的复杂系统，而传统规划依赖均衡分析、通过集体选择来解决市场失灵的问题（集体财及外部性）不足以应付多变的城市复杂性。城市发展还面临因4个"I"所造成的动态失灵：相关性（interdependence）、不可逆性（irreversibility）、不可分割性（indivisibility）以及不完全预见性（imperfect Foresight）使得城市发展无法达到均衡的状态。因此，规划除了面对不确定性外，还必须面对复杂性。面对城市的复杂性，计划有必要解决动态失灵的问题，此正凸显了行为规划理论的迫切性，这在本书第四章将有深入的探讨。

第四节　一贯论的规划观点

一贯论（coherentism）的主要观点是要打破行动理由恒定论（covering law）的解释，而认为行动的理由乃视采取行动的当时情况所作的事后解释（Hurley，1989）。这个概念与曼德邦（Mandelbaum，1979）所提出完全一般规划理论的不可能性是一致的。曼德邦认为一个完整且一般性的规划理论应包括所有与规划过程相关的叙述、这些过程发生的环境以及结果。而且这个理论应包括所有与过程、种类、环境与结果相关的命题。曼德邦的结论是这种理论不可能存在。根据赫利（Hurley）的一贯论以及曼德邦的不可能理论，多纳希及霍普金斯（Donaghy et al.，2006）提出一贯主义的规划理论，认为每一个计划所面对的情境不尽相同，而计划的制定不在于追求行动理由的恒定论解释，而在于追求计划一贯性的逻辑。

这个概念与笔者所提出的框架理性（framed rationality）有异曲同工之妙（Lai，2017）。框架理性认为人们的偏好判断会因问题框架呈现方式的不同而有所差异。相同的报酬在不同问题框架下，它的评价会有所不同（洪旭 等，2014）。计划可被视为一组框架，因此即使针对同一结果进行偏好判断，不同的计划因框架的差异也将导致不同的偏好判断结果。由此可知，计划之间的不协调是一个常态。在城市的发展过程中会有许多规划产生，例如交通、住房、土地及基础设施等。这些规划之间往往存在冲突，例如同一块宅基地，交通规划建议作道路使用，住房规划建议作住房使用，土地规划建议作商业使用，而基础设施规划建议作污水处理厂使用。重点不在于追求这些规划的一致性（consistency），而实际上这些规划的制定因框架理性的关系也不可能达成一致。我们应在从事土地开发的同时，提供相关规划的信息让开发主体进行协调，以作为制定最终决策的参考。一贯论规划观点的实证应用在第五章中会介绍。

在城市中，纵使开发决策互相影响交织成复杂的因果网络，两两决策间的关系不外乎三种情况：独立、相依及相关。当我们说甲、乙两决策是独立的时候，表示甲的决策不会影响乙决策的选择，反之亦然。如果甲决策影响了乙决策的选择，而乙决策不会影响甲决策的选择，就可说这两个决策是相依的。例如，河川上游的发展因对水质的破坏会影响到下游的用地决定，但是下游的用地决定不会影响上游的发展，显示上下游用地的决策是相依的。当两个决策相互影响时，我们说这两个决策是相关的。例如，现在的选课决定与毕业后未来的就业方向互为影响，表示选课的决策与就业取向是两个相关的决策。决策间独立、相依及相关的关系，可以用博弈来表示，如表 1-4~ 表 1-6 所示（Hopkins，2001）。

独立博弈 表1-4

		参与者B	
		住宅	零售
参与者 A	住宅	12, 8	12, 13
	零售	9, 8	9, 13

相依博弈 表1-5

		参与者B	
		住宅	零售
参与者 A	住宅	1, 8	10, 13
	零售	17, 8	9, 13

相关博弈 表1-6

		参与者B	
		住宅	零售
参与者 A	住宅	11, 8	10, 12
	零售	17, 8	9, 5

假设有两个土地所有者 A 与 B 分别拥有相邻的两块地，而他们可以就所拥有的基地从事住宅或零售使用的开发。假设表 1-4 至表 1-6 中的数字分别代表采取相关行动后 A 及 B 所获得的报酬。例如，在表 1-4 中，当参与者 A 进行零售开发而参与者 B 采取住宅开发时，两者所获得的报酬分别为 9 与 8。假设报酬数字越高越好。在独立博弈中（表 1-4），不论 B 采取何种行动，A 均会从事住宅开发，因为 A 会因此获得 12 单位的报酬，比从事零售开发的报酬 9 更高。同理，不论 A 采取何种行动，B 都会从事零售开发。因此我们可预期这个博弈的结果是 A 从事住宅开发而 B 选择零售开发，两者所获得的报酬分别为 12 及 13。值得注意的是，A 与 B 的决策互不影响，也就是说它们是独立的。

换句话说，城市的复杂性除了因为 4 个"I"的发展决策特性外，也建立在城市个体的关系上，这些关系包括个体之间组织的关系，比如团体或结盟，以及个体之间互动的关系，比如独立、相依以及相关的博弈。

第五节　城市是复杂系统

城市问题究竟是什么样的问题？到目前为止学界还没有一个定论。甚至我们也无法确认城市的运作是否有规律可依循、城市系统与其他复杂系统有何异同。针对城市的理解，学者从社会学、经济学以及生态学等方面入手，莫衷一是。如前所述，美国知名城市理论家简·雅各布斯早在1960年代就对城市问题有深入的剖析。她引用渥伦·伟佛（Warren Weaver）博士的论点，认为科学思考的历史进程有三个时期：

①处理简单（simplicity）问题时期：此类问题包括两个相关的因子或变量，例如17~19世纪的物理学想要解决的问题，如气体压力与容量之间的关系。

②处理无组织复杂（disorganized complexity）问题时期：这类问题包括20世纪物理学要解决的另一个极端问题，例如应用概率理论及统计力学来解释极多个粒子碰撞现象。

③处理有组织复杂（organized complexity）问题时期：这类问题介于前两者之间，例如生命科学，包括大量的因子相关而形成有机的整体，而且直到20世纪后半叶解决这类问题方获进展。

笔者认同雅各布斯的观点，认为城市问题如同生命科学，是有组织的复杂问题，因为它包含数十到数百个变量同时变化，并且以微妙的关系相互影响，而这个概念与复杂性科学对巨型系统的诠释如出一辙。事实上，21世纪科学界所面对的最大挑战是如何理解复杂现象以及解决因复杂系统所产生的种种问题，包括新冠病毒（COVID-19）的灾难，而城市便是一种有组织的复杂问题。

大约与雅各布斯同时，克里斯托弗·亚历山大（Alexander，1965）以集合论中树形（tree）及半格子（semi-lattice）结构表示集合元素之间的关系，用以说明城市结构的特性。其中，人造城市的结构往往是简单的树形结构，而自发生成的自然城市的结构则是半格子状的复杂结构。具体而言，树形及半格子状结构的定义分别如下：

①树形结构的定义是：一组集合元素形成树形的关系，如果其中任意两个子集合属于这个集合的话，它们不是有着包含关系便是有着互斥关系。也就是说它们没有部分重叠的现象。

②半格子状结构的定义是：一组集合元素形成半格子状的关系，如果其中两个重叠的子集合属于这个集合的话，它们的共同元素也属于这个集合。也就是说它们有部分重叠的现象，而且重叠的子集合也属于这个集合。因此，任一树形的结构也是半格子状的结构，但是半格子状结构不同于树形结构。

克里斯托弗·亚历山大认为人造城市之所以是树形结构，是因为设计者将城市分割为不互相重叠的小区，而小区之下又包括不互相重叠的邻里，进而构成简单的树形结构。反观自然城市，不同设施所涵盖的功能区互相重叠，如教会或庙会、邮局、小学等，形成相互重叠的、复杂的半格子状结构。

延续雅各布斯以及亚历山大对城市问题及结构的观察，麦克·贝提（Batty，2013a）整合了20世纪学者从城市经济学、交通运输学以及区域科学等的计量建模的研究成果为基础，尝试建立城市新科学（the new science of cities），并认为以复杂性理论理解城市有以下的基本概念：

①均衡及动态（equilibrium and dynamics）：城市发展常处于不均衡的状态，而对于城市发展动态的了解显得十分重要。

②形态及过程（patterns and processes）：城市发展由许多个体决策及其互动在时间及空间上积累而成，并涌现出整体动态稳定的形态。

③互动、流动与网络（interactions，flows，and networks）：城市是由不同的个体在时间及空间上互动而形成；这些互动关系构成了网络，而各种物质在物质网络上产生流动。

④演化与涌现（evolution and emergence）：城市发展在时间上整体演变进而涌现出空间及时间上的秩序。

⑤尺度化法则（the laws of scaling）：城市在不同的尺度下呈现相似的形态，而且某些系统参数维持不变。

此外，城市发展在很大程度上受到递增报酬（increasing returns）的机制所影响。根据布兰登·欧福拉赫提（O'Flaherty，2005）所述，规模递增报酬是指同一类型的输入（inputs）使用的量越多，产出（outputs）的效果越佳。城市具有规模递增报酬的特性，这也是城市增长的原动力。例如，军事城市的城墙长度与所能保护的面积成非线性的正比，当城墙的长度以倍数增加，所能保护的面积以超越倍数的比例增加。与规模递增报酬相似的概念是规模经济（economies of scale），以强调生产的成本面。聚集经济（agglomeration economies）是城市增长的最重要的规模经济。另外，布莱恩·阿瑟（Arthur，1997）也用规模递增报酬解释科技竞争的现象。其主要的论点在于当某科技在市场取得领先的地位，由于规模递增报酬的关系，一旦该科技领先的幅度超越某一门槛值时，便会垄断该市场而形成锁定效果（lock-in effect）。我们无法预测哪种科技会锁定该市场，因为这取决于竞争过程中的小事件。城市系统中城市间的竞争与消长也可采用类似科技竞争的规模递增报酬的概念。我们可以视每一城市为一种科技，市场占有的规模表示城市的人口规模，在允许人口在城市间迁移的情况下，考虑了地理优势及迁移成本等因素，我们可以建立计算机仿真来探讨这些城市间人口规模的消长关系（Lai，2021及本书第三章）。

随着对城市复杂性的了解越来越深入，人们开始认识到城市作为复杂系统的特性之一是非均衡或远离均衡的发展过程。换言之，城市中物质环境（建筑物和土地）与城市活动两者均不能达到均衡，原因如下：

①如前所述，刘易斯·霍普金斯（Hopkins，2001）认为城市发展的投资决策具备4个"I"的特性：相关性、不可逆性、不可分割性以及不完全预见性。这造成土地使用的置换产生交易成本，并使得区位的动态调整（dynamic adjustment）无法及时反映环境的变迁以达到最适的投资选择，进而形成城市的发展无法达到均衡的状态。

②布莱恩·阿瑟（Arthur，2015）认为经济体（城市活动的主体）内生产生非均衡性，主要有两个原因：基本的不确定性（fundamental uncertainty）以及科技的变迁（technological change）。前者指的是经济个体均面临不确定的选择，如果再考虑策略行动的话，更造成极不确定的行为，使得整个经济体的演变无法以演绎的方式加以推理；后者指的是科技改变过程本身即充满了不确定的因素，而科技演变也支撑着经济体结构的变化，使得经济体的演变难以预测。这两个因素相互强化，更使得经济体的演变难以达到新古典经济学所假设的均衡状态。

另外，递增报酬是复杂性经济学重要的基础概念，而且与聚集经济有着密切的关系。布兰登·欧福拉赫提（O'Flaherty，2005）认为聚集经济是城市增长的原动力，而聚集经济指的是当更多的活动在城市中产生时，造成生产成本下降。聚集经济包括两种形态：地方化经济（localization economies）及城市化经济（urbanization economies）。地方化经济为在某种产业内因有许多厂商的存在而使得生产成本降低。城市化经济指的是当有许多人聚集在一起，不论他们的产业为何，都会造成生产成本降低。更具体而言，聚集经济可以下列方式呈现而造成城市的成长：

①分工化（specialization）：在大城市中因分工而产生许多特殊的产业，使得生产成本降低、生产过程平顺。

②需求流畅(demand smoothing)：在大城市中，因为高可达性使得资源能够共享，可以降低生产成本并提高生产效率。

③中间生产要素的规模经济（intermediate input economies of scale）：中间生产要素的规模经济可吸引下游厂商到城市中交通便利的地点设厂，比如机场或交通通道附近。

④外部性（externalities）：有时某厂商的产品影响另一厂商的生产成本，尤其是知识，这类厂商在城市中的聚集可以造成生产成本的下降。

⑤较低的搜寻成本（lower search costs）：在城市中较乡村更容易找到人们所需要的产品或生产要素。

综合而言，所谓复杂系统指的是该系统是由许多组成分子互动所构成，而城市发展便是这些组成分子互动所造成的过程及现象。也许这个定义过于简单，但是从复杂性科学的角度来看，城市确实具有构成复杂系统的要素。城市往往由数十万甚至上百万、上千万的人们所组成。这些人们扮演着不同的角色，或是政府公务员，或是公司职员，或是开发商，或是居民等。他们因不同的角色在特定的场所从事不同的活动，而这些活动通过交通及通信网络来联系。他们或在办公大楼工作，或在购物中心购物，或在公园从事游憩活动，或在学校上课。这些活动、场所及交易网络构成了城市的基本元素，而元素间的互动形成了城市的复杂现象，且这些现象是不断变化、难以捉摸的，也是从事城市规划所面临的主要挑战。即使说我们都生活在城市的丛林中，也不为过。

城市活动可以说是由决策所触发形成的，因为有了决策才会采取行动，进而造成后果。购物的活动是因为住户决定要在何时何地进行采购而发生的。因此，构成城市的组成元素包括人、解决方案、问题、决策情况以及场所在时间上以类似随机的方式互动，形成了决策，进而促成了行动，产生了后果。这些元素的互动没有一定的形态或规律，难以捉摸。我们很难预测某开发商在何时、于何地会从事何种开发，如果我们具有这种预见的能力，那么在城市中从事活动的规划便没有它的必要性了，或者说解决城市的生活问题便是一个简单的工作。因此，城市系统可以被视为一个松散的组织，之所以称之为组织是因为这些元素的互动并非毫无限制。例如特殊的活动只能在特定场所开展。一般而言，购物活动不能发生在公园或交通网络上，而只能在购物中心进行。这些活动的限制通称为制度。

简单地讲，制度就是对决策或行动通过法规及设计等方式的限制。制度形成的主要原因是降低决策的不确定性，以减少交易成本，而制度又分为正式与非正式制度。正式制度多以法规的形态显现，例如土地使用分区管制规则；而非正式制度多指的是风俗、习惯及文化等。不论是正式或非正式制度，一旦在体制内外形成了，便限制了可采取的行动或决策的选项，也就是说，制度限制了制定决策及采取行动的权利。在没有土地使用分区管制的城市，一宗土地可作任何形式的发展，包括商业与住宅等。然而当实施土地使用分区管制后，一宗土地能作何种开发形式或强度，都视该土地坐落于哪一个分区。因此开发决策的选择权利被限制了。制度不是一成不变的，它随着人们的需求而有所改变。一般而言，制度会随着时间缓慢演变，而人类的历史也可以说是一个制度演变的过程。

　　我们所生活的城市便是这些城市的基本元素，即人、场所、解决方案、问题及决策情况，以一种难以预期的方式相遇，并在既有的制度限制下产生了决策。例如，当我们要从事购物的活动时，购物者是决策者，购物中心是场所，解决方案为所欲购置的财货，问题是我们的日常需求，而决策情况则是形成决策的时机，例如家庭会议等。当这五个元素在适当的时机巧遇，购物的决策便有可能产生。例如，当家庭成员在某购物中心逛街时，碰巧看到一个新型的空调器，而经过考虑价格、收入因素以及家庭需求时，可能决定购买；或者是，发现该型号空调器价格太贵，无法负担，便放弃购买。几乎城市内所有的活动都可以用这个概念来解析并说明。这个概念说明在城市中人、事、时、物、地的流转呈现出复杂、多变而难以预料的现象。这个流转的过程也隐喻着为何制定优质的决策是如此困难，更何况是制定更长远的计划。本书的宗旨就是要说明，正因为我们所面对的世界是如此复杂而难以驾驭，反而更显出规划的重要性，而不是贬低规划的效力。

　　垃圾桶模式（garbage can model）由科恩、马奇及奥尔森（Cohen et al., 1972）所提出，本是用来描述有限理性下组织运作的有组织的无政府特性（organized anarchies）。笔者（Lai, 2006）认为它也适合用以描述如城市发展的复杂系统运作过程。例如，金登（Kingdon, 2003）便运用修正后的垃圾桶模式来描述政府政策制定中议程（agenda）形成的复杂过程，并指出该模式与目前正流行的混沌理论（chaos theory）有异曲同工之妙。因此，本书尝试基于垃圾桶模式，将城市活动区位的空间因素考虑在内，认为特定的决策者（decision makers）、解决之道（solutions）、选择机会（choice opportunities）、问题（problems）及设施区位（locations），在机会川流中随机性地不期而遇，在一定的结构限制条件下产生了决策，进而解决了问题。笔者（Lai, 2006a）应用这样的概念设计一项计算机实验，以 4×4 希腊拉丁方阵（graeco-latin square）的设计考虑元素互动的限制结构及形态间的相互影响。实验结果发现管道结构（access structure）（什么问题在何种情况下可解决）的主效果（main effect）在影响系统效能上，其在统计上是显著的。但空间结构（spatial structure）（什么选择机会在哪里可发生）的影响却不显著。这意味着城市系统演变中其传统上以空间设计的方式来改善该系统的效能不如以制度设计的方式来改变活动的行为有效。也许两者应同时并行，以改善城市发展的质量。笔者（Lai, 2006a）所提出的空间垃圾桶模式（spatial garbage can model）应可触发许多其他城市模式所未探及的有趣课题，包括交易成本（transaction cost）与城市系统演变的关系、复杂空间系统中制度产生的缘由以及计划对城市发展的影响等，而这个模式也是本书观察城市运作的主要视角。

城市无疑的是复杂系统，而涌现（emergence）更是城市的特有现象。许多复杂系统表现出涌现的现象，而我们才刚开始发觉它们的存在，并尝试以此观点解释事物（Laughlin，2005）。我们可以根据霍兰（Holland，1998）的受限发生程序（constrained generating procedures），结合空间垃圾桶模式，并以瓦茨等（Watts et al.，1998）的网络科学为依据，建立一个一般性的城市发展模式。具体而言，我们可以视城市发展为一连串复杂而相关的开发决策，决策的复杂性建立在受限发生程序的计算机仿真上。一个受限发生程序由一组互动的机制所形成，而每一个机制包含了状态（states）、输入（inputs）及转换规则（transition rules）。我们甚至可以视一个垃圾桶为一个机制，而这些垃圾桶构成了城市发展模式的基石（building blocks）。在这一机制中，问题、解决之道、决策者以及地点是四个输入，而决策规则为转换规则。如此建立的决策情况网络，以受限发生程序表现出来，可通过元胞自动机（cellular automata）建立模式，如此，我们便可将元胞自动机、受限发生程序以及空间垃圾桶模式加以整合，建立城市发展模式。根据瓦茨等（Watts et al.，1998），我们可以建立不同的网络关系架构，包括"规则"（regular）、"小世界"（small world）及"随机"（random）。"规则"指的是每一元胞仅与其邻近的8个元胞相连；"小世界"指的是每一元胞与其他少数元胞相连，而形成松散的集结；"随机"则表示每一元胞随机地与其他元胞相连。通过计算机仿真，我们能观察并比较这些不同组织架构下系统演变的形态，以探讨秩序会在何种组织架构下产生。我们也可以借由这个模式来探讨真实的城市发展情况中开发决策间是否以"小世界"的结构相连接。这样的探讨将有助于我们从事城市发展的管理及规划。

第六节　小结

综合而言，本书内容的逻辑框架如下：

1. 有摩擦的城市（frictional city）

设想有一个流动的城市，在那里人和建筑物都能够无成本地自由移动。城市能够迅速进入一个动态均衡，使城市维持一个动态稳定的状态。而在现实生活中，无论是人还是建筑物的移动，都需要花费成本。也就是说，人和建筑物的动态调整存在摩擦，这种动态调整具有典型的四个"I"的特性。在存在摩擦的条件下，城市不再能够达成稳定的动态均衡状态，而是不断地演化，形成一个充满着惊奇与问题的复杂系统。在日常生活中，城市系统诸如住房质量恶化、空气污染和土地弃置等问题随处可见，虽然城市系统也会带来如规模经济等好处。

2. 复杂性理论（complexity theory）

复杂性理论解释了一个由无数互动要素所构成的系统如何产生、运行以及带来影响（Waldrop，1992）。通过微观的局部互动，复杂系统能够自组织形成一个宏观样式。由于四个"I"的特性，有摩擦的城市是复杂系统的一个典型表现，就像一个瀑布从远处看像是静态的，但在近处看却充满着细节的变化。交通流和地块群都以类似的一种有秩序的方式，通过个体的不断互动而涌现为一种动态稳定的整体形态。与四个"I"特性一起，复杂性理论说明了规划在有摩擦的城市中能发生作用（Lai，2018）。

3. 规划的逻辑

要应对因四个"I"的特性而产生的城市问题，一种方式是在确定当前的决策时，通过协调相关决策来制定和使用规划，进而影响城市的发展。制定和使用规划是有其逻辑的，即考虑城市中的诸多利益相关者及其互动，包括地方政府、开发商、土地所有或使用者以及规划师。根据四个"I"的特性来制定和使用规划就像在河中划独木舟，你需要不断地规划和行动，否则将会被河水带到你不想去的地方（Hopkins，2001）。

4. 规划行为

规划的逻辑引发了规划行为，以完成规划的制定和使用（Hopkins，2001）。例如，我们可以提出并回答以下问题：我们如何开发工具来帮助规划师在制定当前的城市发展决策时考虑相关决策？规划师如何与某个规划所想要实现的共同利益或公共利益结成联盟？在为垃圾焚烧厂等邻避设施选址时规划师应采用何种策略？

5. 基于城市复杂性的规划理论框架

以上所有想法可以表现为基于城市复杂性的规划理论框架（详见本书第六章的论述）。以最简单的方式来描述就是，基于四个"I"的特性，复杂性理论和规划的逻辑分别形成了城市复杂性和规划行为的基础。城市复杂性和规划行为通过规划的机制彼此互动，从而形成了城市环境。

从第二章起，本书将笔者过去曾经发表过的论文以比较完整的逻辑呈现在读者面前，其中每一篇论文都可以独立阅读。如果说这些论文每一篇都是一个理论空间的向量的话，这些向量都指向同一个逻辑或理论方向。这个逻辑或理论笔者称为"复杂城市系统中的规划原理"，该原理在笔者另一本姊妹作品专著《复杂城市系统中的规划》（*Planning within Complex Urban Systems*）中有详细的论述（Lai，2021）。笔者建议读者参考该书的内容与本书所罗列的论文一并阅读，将会对该原理有更深刻的认识。换句话说，这一姊妹作品的英文版着重于理论的陈述，中文版则是研究成果的展现。本书第二章探讨复杂城市系统中的发展规律；第三章说明复杂城市系统间的发展规律；第四章罗列决策分析与规划行为的相关研究；第五章举例说明和展示前述概念的实证运用；第六章为全书概念的整合。

最后，贯穿本书的逻辑架构及内容可以简要地归纳为下列十个重点：

①规划发生在复杂城市系统中，以适应城市自组织，而不是发生在城市之外以控制该系统；

②规划应该是人瞰（human-view）而不是鸟瞰（bird-view）视角；

③城市是远离均衡的自组织复杂过程；

④除了结果，时间及过程也是重要的；

⑤规划以人为本且以决策为中心；

⑥规划通过信息的操作来协调决策；

⑦有关城市规划与城市复杂性的概念应该结合起来；

⑧逻辑与实验是规划科学的基石；

⑨城市需要计划的网络，而不是单一计划；

⑩以计划为基础的决策是有效规划行为的核心。

第二章　城市中的复杂性

第一节　城市自组织

摘要

　　本节假设城市空间中的土地使用变迁主要为空间单元与周围相邻单元开发决策互动的结果；并视城市为一复杂空间系统，且空间决策者具有限理性（bounded rationality），通过二维元胞自动机（cellular automata）进行土地使用变迁的计算机仿真。实验设计中将城市每一宗土地视为一细胞（cell），其土地使用形态的转变是依据周围的状况从一组开发决策筛选进行。开发决策则由问卷方式取得，作为模拟实验中开发决策库建立的基础。经由实验结果显示，系统中相同使用类别（如住宅使用）的宗地聚集规模与频率呈现出幂次法则（power law）的自我组织（self-organization）现象。造成此自我组织现象的原因，可能与有限理性适应性土地开发行为的特性有关。

一、前言

　　城市的发展是城市中许许多多的部门及个人在错综复杂的决策行为（decision making behavior）下，交互作用及影响所产生的综合现象。而过去相当多的规划逻辑及空间模型是建立在传统的经济理性基础上，如假设经济人（economic man）追求最大利润或效用的特质，及信息搜集的完全充分（perfect information）等。以这些为基础所发展出来的城市空间模型虽然描述了一些城市发展的现象，但和真实生活中的状况不免有一些差距。此外，近年来以经济计量分析方法为基础的城市经济学以拉格兰格（Lagrange）法寻求个人最大效用（或利润）与限制式之间的平衡，其背后亦存在着经济学中个体为最大效用或利润追求者的理性假设；且即使在行为决策领域中，以效用最大化为基础的纯理性假设，在叙述性决策领域中亦受到质疑（Robin et al., 1987）。

基于以上的想法，本研究尝试以空间演化的观点观察城市的变迁，通过"由下而上"（bottom-up）的探讨方式，强调组成分子之间的差异性，从个体分子为有限理性的角度，对城市变迁与发展的形态通过复杂理论探讨城市中的自我组织现象。并以元胞自动机（cellular automata，CA）为工具，通过城市中宗地开发的动态仿真，寻求城市空间演化过程中的规律。

元胞自动机的概念应用到城市系统的仿真可追溯到城市系统仿真发展的初期。例如恰宾（Chapin）在模拟土地开发的过程中，其土地使用的改变即受到周围土地使用变动的函数所影响，这和元胞自动机中的邻里效果（neighborhood effect）是类似的（Chapin et al.，1979）。然而完整的元胞自动机概念应用到空间演化的模拟则应追溯至纯理论计量地理。托布勒（Tobler）在 1979 年以底特律的发展为背景建构了细胞—空间模型，其在《元胞地理学》（*Cellular Geography*）一文中描述了如何将元胞自动机概念应用到地理空间系统。1980年代后期，随着计算机影像处理技术的进步及相关理论如分形（fractal）、混沌（chaos）及复杂（complexity）等的进一步发展，元胞自动机应用在都市空间演化的模拟有了更进一步的进展。

例如，怀特（White）及英格兰（Engelen）以元胞自动机模拟城市土地使用变迁的演化过程中，发现一些呈现幂次法则的现象。其土地使用变迁的转换规则是建立一组数学式及加权矩阵，模拟范围为纵横 50×50 总共 2500 笔宗地，使用种类设定为空地、住宅、工业及商业四种。且其土地使用间的转换只允许低阶的土地使用变更成高阶的土地使用种类（如空地可转换为住宅，但住宅不可转换为空地），其土地使用转换方程式则以几率数学模式加以建构，作为二维元胞自动机的转换规则。并通过实际数据整理出各种土地使用转换的参数值。

仿真结果显示，商业用地的聚集规模和其频率次数逐渐呈现反比的幂次关系。且由实际资料统计发现，1971 年美国的四个城市（亚特兰大、辛辛那提、休斯敦及密尔沃基）中的商业使用土地的聚集规模和其频率次数也同样呈现反比的幂次关系。怀特及英格兰认为这样的关系（取对数之前或之后）若呈现线性，则其空间结构将具有分形的特征（Bak et al.，1989）。

本研究首先以复杂科学近年来的发展及其主要的特征与含义，作为探讨空间向度中复杂现象描述的基础；再经由对传统空间区位模式所提出完全理性（perfect rationality）假设其真实性的补充，以近年来经济学中有限理性及适应性（adaptive）系统的应用与发展为基础，尝试将其与空间区位演变计算机仿真结合；最后再以近年来元胞自动机应用在城市空间演化模式中探讨自我组织现象的发展，作为研究设计的参考，并以计算机仿真为工具，观察具有上述空间行为特性的系统，其空间演化的规律或秩序。

二、复杂科学与自我组织

本研究拟从空间演化的角度观察空间组构秩序的产生是否有可能为复杂科学中的自我组织现象。自我组织存在于复杂系统之中，该理论认为系统在某些情况之下会从混乱中自发地呈现某些秩序。而秩序的形成并非起源于某些物理学或经济学等学科所描述的定理法则，而是由系统中组成分子互动所产生的。亦即，可观察到有规律的系统形态其形成的原因无法单就个别组成分子行为的了解而明了，此为两种不同层次的问题。要判断一个系统是否呈现自我组织的现象，只要观察系统所呈现出的秩序是否经由"由下而上"的规则演化所形成。系统具有自我组织的现象通常有几项特质：

1. 个体间的互动（local interaction）

系统由许许多多的个体组合而成，单一个体的行为不但受到其他个体的影响，其本身也会影响其他个体的行为，最后系统的整体形态是个体间不断互动所达成的结果。不同系统中个体互动的诱因或缘由亦不尽相同。例如原子及分子的互动源于作用力，而经济个体的互动诱因在于从交易中获取利润。就土地开发而言，其互动的因素则包括相邻开发基地因空间性及机能性所造成的相互影响。这些相互影响过程在本书中为便于概念陈述，通称为"互动"。互动也同时产生涌现，因此复杂系统中整体会大于所有组成分子的总和（The whole is greater than the sum of the parts）。

2. 非线性动力学（nonlinear dynamics）

复杂系统中的组成分子间息息相关，小骚动不会一直维持。在适当条件下，小小的不确定会膨胀扩大，使得整个系统完全无法预测。自我组织现象存在于具有正回馈（positive feedback）的互动系统中（Arthur，1990b），而一个蕴含正回馈的系统仅能通过非线性方程式来描述。这些方程式通常很难处理，但在计算机功能逐渐发达后，便可通过计算机来探讨许多非线性的动态过程。

3. 数量庞大的"作用体"（many agents）

自我组织现象是建立在系统中组成分子联结（connection）、互动（interaction）及回馈（feedback）的基础上的。也就是说，呈现自我组织现象的复杂系统中必定存在着数最庞大的作用体（agents）。作用体可能是分子、神经元或消费者，甚至企业。

无论它们是什么，作用体由于相互影响都会逐渐不断地自我组织或重组成巨大的结构。因此，分子会形成细胞、神经元会形成头脑、物种会形成生态体系、消费者和企业会形成经济体，新产生的整体结构会形成不同层次的行为模式。

4. 涌现（emergence）

此论点认为系统整体会大于组成分子的加总，而整体形态所呈现出的结构与秩序是在组成分子互动之下产生的。涌现也表示复杂系统所表现出的结构与秩序并非与较低阶组成分子的个别演化规则相同（Green，1993）。因此有机体在共同演化中合作或竞争，形成协调的生态系统。人们为了满足物质需求彼此交易物品，而创造了市场的涌现结构等都是突现的例子。

5. 整体与局部的互动（global-local interaction）

涌现的论点也同时点出了自我组织系统中的整体与局部之间的相互影响效果。局部角度下的个体之间的互动形成整体组织的结构与形态，这样的结构又影响到个体的行为而产生不同的相互影响关系。

在复杂科学的基础之下，巴克（Bak）及陈（Chen）（Bak et al.，1991）发展了一个概念来解释自然及人为复合系统（composite system）的行为。在这个系统中有数以百万甚至无以计数的单位组成并在有限的期间内互动。他们提出自我组织临界性（self-organized criticality）的概念：许多复合系统自然演化到一个临界状态，而处于这个状态之下，细微变化可能产生连锁反应并导致大变动，进而影响系统中的每一个组成分子。根据这个理论，导致小事件和大变动发生的机制是相同的。进一步说，复合系统最终不会有均衡状态的产生，但是可形成几近稳定（metastable）的状态，持续进化。

巴克及陈（Bak et al.，1991）通过沙堆（sand-piles）实验观察并解释自我组织的现象。其将实验仪器以固定的频率一次将一粒沙子从相同高度任其掉落至平面上，一段时间后，沙堆逐渐形成并开始呈现出一个大致稳定的状态。虽然沙粒持续掉落而影响到沙堆上其他已静止的沙粒，因而造成一些规模不等的崩塌，整个沙堆表面基本上仍维持相同的斜率，且崩塌规模与频率呈现幂次法则。亦即特定规模的崩塌频率与其规模的某些次方成反比。沙粒从高处落下，除非达到一静止的位置，否则会继续滑落，此外，虽然静止了也可能会受到其他的沙粒撞击而开始移动。这样的连锁反应不断进行，就每一粒沙子而言，其何时会受到其他沙子的撞击影响而产生崩塌是不确定的。但整个系统却似乎自行呈现一种几乎稳定的状态，被称为自我组织临界性。此观念说明事件的发生并非都是由于直接的原因，而是源于许多其他事件交互作用的连锁反应。

三、有限理性行为

迄今为止，已有许多有限理性的定义，其中赫伯特·赛门（Hebert Simon）的定义如下（Kreps，1990）：有限理性行为（bounded rational behavior）是指主观上期望合理，但客观上受到限制的行为。也就是说，主观上期望达到某些目标，但是追求这些目标的方式反映出个人认知能力的局限性（cognitive limitation）与计算能力的局限性（computational limitation）。修正纯理性假设而衍生出来的行为决策理论有许多。其中布莱恩·阿瑟（Arthur，1994）在探讨经济理论中的复杂现象时，以有限理性描述个体的决策行为，修正完全理性在叙述性行为决策理论解释上的不足。他认为有两个因素使得个体在作决策时无法保持完全理性：

①随着所面对问题的情境愈趋复杂，逻辑思维的能力将逐渐降低。例如玩井字游戏时，人们可以很轻易地知道下一步该怎么进行。但是随着游戏越来越复杂，如象棋或国际象棋，要判断该如何布局便非易事。

②行为者在作决策时其实就是处于一个博弈（game）情境中研拟最佳对策。但由于无法确切知道其他人会作出何种决策，所以只好去"猜"其他人的行为以作出反应。

阿瑟（Arthur，1994）引用现代心理学的概念认为人类在应用推论逻辑时只能算是适应理性的。我们只能在某一程度下拥有完全理性，但当面对复杂的问题时，行为者首先尝试将问题简化并在心中建构自己的一套假设逻辑或模型（此阶段尚属于完全理性），待结果呈现后行为者将依据结果的好坏巩固其原先假设所持信念或修正该信念（此阶段则进入有限理性的情境）。也就是说当问题复杂得使决策者无法善用其推论逻辑（deductive）时，将改以归纳（inductive）的方法。同样以下棋为例，棋手往往是先了解彼此的布局之后再试着回忆或归纳判断对手的棋步，作为研拟下一步的依据。

根据前文概念，阿瑟设计一计算机实验，以仿真人们在有限理性的假设下，于一简化的复杂系统中从事决策，并观察该系统演化的特性。其模拟设计及假设归纳如下：

①有 100 个人喜欢在每个周末夜晚去固定的一家酒吧，如果每次酒吧里的人数少于 60 人，表示不太拥挤，则去消费的每个顾客可以获得较大的满足。

②每个顾客无法预测下一周末酒吧会有多少人，只能猜如果下一次人数过多（大于 60 人）就不会去，反之就会去。

③没有勾结（collusion）的情况发生，也就是顾客彼此间不会事先约定安排去

酒吧的时间。

④每个顾客所拥有的唯一信息是先前去酒吧的消费人数。

因此想要在这个周末到酒吧的顾客都会先"预测"酒吧中可能的人数：某甲也许认为和上个星期一样是35人，某乙则认为是过去四个星期的平均数49人，某丙则认为和五个星期前的周末人数相同（五周一次循环）为76人等。而每个决策者采用的是从其经验中选取表现最佳的预测方式。如当某甲预测周末会有35个人至酒吧消费，低于拥挤认知的门槛60人，而实际上周末酒吧里也的确少于60人，则某甲下一次仍会采用相同的预测方式，即和上个星期一样的人数；若酒吧中实际的消费人数超过60人，和其低于60人的预测不同，则某甲下一次将改用其他的预测方式。

通过计算机的仿真，阿瑟的复杂系统呈现规律性：到酒吧消费的人数变化呈现稳定的波动，且平均出席人数维持在60人左右，而这些出席的顾客并非固定的一群人。预测下次出席人数超过60人的约占60%，低于60人的约占40%。也就是说消费者个别的预测行为使整个出席人数呈现自我组织的动态均衡。此种60：40的比例可视为复杂系统中的吸子（attractor）或是临界点（critical state），以博弈理论的观点来看或许可算是一种纳什解（Nash equilibrium）（图2-1）。虽然从总体的角度来看，我们很轻易就可以预知酒吧顾客应该就是维持在60人左右。但若从个体的角度来看，由于没有"勾结"，且每个人的预测方式是有限理性，其是很难预知会有什么样的吸子出现的。

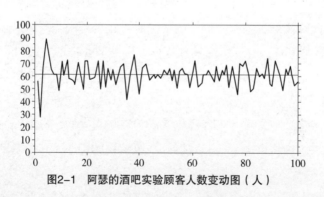

图2-1 阿瑟的酒吧实验顾客人数变动图（人）

阿瑟的计算机仿真的主要贡献在于将个人有限理性的行为及其间的互动关系以一简化的复杂系统表示。令人好奇的是，即使在这种几率性的行为假设下，由于个人之间的自我调整，竟使得系统整体的演化呈现某种自我组织的规律性现象。然而阿瑟的实验设计并未考虑空间因素。如果决策行为具有空间性，如土地开发，或许复杂空间系统在类似的行为假设下，其演化会呈现某种自我组织的规律。此亦为本研究设计的主要考虑因素之一。此外，卡斯提（Casti，1999）亦引用阿瑟有限理性的模拟，作为未来视城市为复杂适应性系统计算机仿真系统建构的方向之一。

有限理性表现在土地开发行为中，可通过信息收集及财产权操作的过程说明。亦即开发者由于信息不完全，通过对开发基地周边环境进行信息收集，作为制定开发决策的依据，其目的无非企图在公共领域（public domain）中，通过土地或不动产交易以获取最大财产权（Lai，2001）。本书虽未能完全将此种土地开发的经济意义表现在计算机仿真中，但研究设计已将类似的有限理性概念写入程序中，以符合真实情况。例如，开发基地仅与城市邻近基地互动，表示开发者的信息有限性。

四、研究设计

本研究将有限理性及适应性两项特质纳入考虑，设计一个二维平面的土地开发行为计算机仿真实验。经由问卷设计及调查获得基本的开发行为描述，作为模拟实验中土地开发行为的决策规则；开发行为决策规则的选取标准是通过问卷调查所获得的简化的相邻环境损益或报酬（payoff）矩阵，作为对开发行为中适应性特质的考虑。

本研究主要探讨复杂空间系统演化中的自我组织现象，而非进行实际城市空间演化模式的建立，因此在模拟实验中简化了部分现实中的土地开发情境，即空间组构（spatial configuration）假设为格子状基地。但这应不影响对基地使用变迁演化过程的解释能力，因为格子状基地与不规则基地在仿真建构的概念上并无甚大差异，例如其均可以邻接矩阵（contiguity matrix）来表示空间单元间相邻的状况。此外，本研究将阿瑟对个体行为的解释应用于土地开发行为的描述，即开发个体决策过程随着时间的改变具有筛选较佳策略的归纳学习能力。为了比较不同开发行为的基本假设，本研究也考虑固定开发规则与随机开发策略两种情况。

为考虑空间形态上的演化，本研究主要以二维元胞自动机为架构，将每一细胞视为平面上的一宗土地。为避免过于复杂，在每一期的模拟步骤中，单一宗地的开发形态仅考虑住宅与商业两种；此外，演化规则是以阿瑟建议的有限理性的行为模式为基础的（即个别开发者通过归纳式的推理，具有学习的能力），与传统元胞自动机的单一演化规则不同，据以撰写计算机仿真程序，作为实证分析的工具。

由于对宗地数量的考虑过多将延长模拟时间且增加不必要的复杂性，在参考怀特和英格兰（White et al.，1993）的模拟设计后，本研究设定模拟的范围为纵横各50笔宗地，总共2500笔宗地。每一笔宗地当期的开发形态决定于上一期的状态及相邻宗地的整体开发形态，而开发决策规则由问卷获得，建立在开发决策数据库中。

至于下一期是否要维持原来的开发决策则取决于每一笔宗地原先采取的开发决策根据损益矩阵计算所得的满意度。在获得模拟实验结果后，除观察各时点（期）住宅、商业比例的变化趋势，另从其演化发展的形态，测度是否呈现分形的结构。并和复杂理论中所描述的各项特征进行比较，以判定所建构的复杂空间系统中可能出现的自我组织现象。

　　本研究虽以阿瑟的模拟实验为基础，但不同的是本研究在实验中进一步考虑了空间因素。为了对照有限理性的决策思考模式，本研究拟以随机猜测的决策模式及固定性决策模式进行空间演化实验，将其结果与有限理性模式进行比较，希望在空间形态的演变上得到差异点，以评估自我组织临界性产生的可能原因。具体而言，假设在一平面上每一宗土地的开发决策是根据土地开发者就其宗地所面对不同的周边环境而拟定。初始时从某特定周围环境所对应该组开发决策中随机选取一开发决策进行开发，开发后计算周围环境开发行为与该基地互动的报酬总和作为回馈。开发者再视回馈评断下次面对同样环境形态时，会保留原来开发决策或重新由数据库中随机选取另一开发决策。其流程如图 2-2 所示。

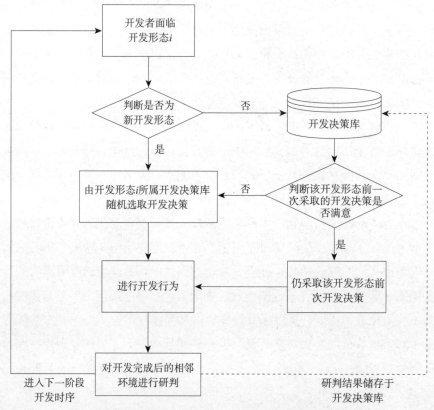

图2-2　有限理性决策模式之土地开发仿真细部流程

为简化起见，以及考虑程序撰写的困难度，本计算机仿真基本限制如下：

①开发行为的模拟限制在二维平面互动关系，故不考虑立体空间的处理。

②每宗土地为同质的，且有相同的形态与大小，故以相同大小网格表示。其间网格线段即代表联络道路，因此每一宗土地有 8 笔相邻宗地。

③开发行为的类别限制在两种：住宅使用与商业使用。

④系统为封闭的且其互动属自发性，不受外力干预。由于开发过程的规则选取是采用问卷方式进行，以上的限制不应完全否定模拟结果对真实城市空间演化的解释能力。

此外，每一宗土地和周围开发行为不断相互影响演化过程的基本假设如下：

①每一种开发形态的开发决策是否保留视周围的环境而定。例如某一开发者采用 j 开发决策后，经开发损益矩阵的计算（损益矩阵的建立如后叙），其与周围邻接宗地互动的得分和若低于其周围邻接宗地损益得分计算的平均值，则其将重新选取开发决策；反之则维持原开发决策，表示其对该开发决策感到满意。

②开发者无法预知下一期周围的开发环境形态，其只能从决策库中（决策库的建立如后叙）择一作为其开发决策或沿用原有开发决策。如在 t 期遇到某一特定开发形态（如相邻 8 笔宗地有 3 笔为住宅使用，5 笔商业使用），其决定从开发决策库中选择 j 开发决策。待开发完成后评估结果，若为满意（参考第一项假设）则下一期若遇到同样的开发环境形态将仍采用 j 开发决策，否则将重新由决策库中随机选取另一开发决策。

③同样没有勾结的情况发生，也就是开发者彼此间不会事先约定如何进行开发。

④每个开发者所拥有的唯一信息是过去一期的开发环境形态的开发结果。

至于每一宗土地当期是否采用前一期的开发规则，则是依据开发损益矩阵计算而得。其是根据罗瓦克（Nowak）及梅（May）（Nowak et al., 1993）将囚徒困境结合二维元胞自动机的做法，先简化囚徒困境模式得分矩阵，再由每一细胞（即一宗土地）分别与其固定距离 r 的邻近细胞互动，而邻近细胞再分别与其距离 r 的邻近细胞互动，其互动结果以囚徒困境的得分报酬计算。如图 2-3 所示，就 a_1 而言，若设定其邻近细胞数为 $n=4$（a_2, a_3, a_4, a_5），总共为 5 个细胞，其得分高低决定下一刻 a_1 所应采取的策略。每一细胞其本身与邻近细胞分别与其本身及最邻近的上、下、左、右的细胞彼此互动，并根据囚徒困境模式得分矩阵计算出 a_{s1}、a_{s2}、a_{s3}、a_{s4} 及 a_{s5} 的得分总和。若 a_{s5} 的得分总和为最高，且 a_{s5} 所采取的策略为合作，则 a_1 下一刻所采取的策略便为合作（赖世刚 等，1996）。

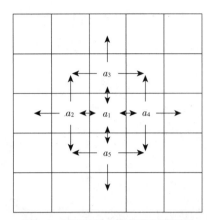

图2-3　罗瓦克及梅的细胞互动范围

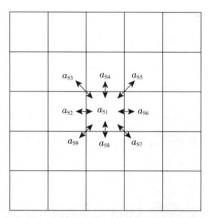

图2-4　计算机实验开发损益矩阵示意图

本研究参考罗瓦克及梅的做法，设定互动范围 $r=1$，即每一细胞分别与其相邻的 8 个细胞互动，则对每一细胞来说，总共有 a_{S1}、a_{S2}、a_{S3}、a_{S4}、a_{S5}、a_{S6}、a_{S7}、a_{S8} 及 a_{S9} 9 个得分总和（图2-4）。每一期演化结束若宗地本身的得分总和高于相邻宗地的得分总和平均值，表示该开发决策为成功的决策，下次若遇到同样的开发环境形态则仍采用原来的开发决策，否则将从决策数据库中随机选取另一开发决策。

如前所述，怀特及英格兰模拟城市演化的结果得到商业用地聚集规模和其频率次数呈现负斜率的幂次关系，且其从美国 1960 年四个城市实际的土地使用数据中也获得商业用地聚集规模和其频率次数关系呈现幂次法则的规则。巴克及陈（Bak et al.，1991）认为幂次法则是系统呈现自我组织临界性的证据，因此城市中商业用地聚集规模和其频率次数呈现负斜率的幂次关系相信也是自我组织临界性的证据之一。然而，怀特及英格兰的仿真实验所采用的规则是依实际数据整理后主观判断的转换参数矩阵。虽然其后来重新以 1971 年辛辛那提市实际土地使用数据校估该矩阵，并得到同样的幂次法则结果，但由于这样的方式其规则为决定性（deterministic）及固定的，无法表现出个体的选择行为学习的特性。因此本研究拟以个体有限理性模式作为转换规则，尝试探讨其演化结果整体形态中是否同样出现商业用地聚集规模和其频率次数之间负斜率的幂次关系，亦即开发决策的转换规则是可随情况改变的，而转换规则数据库建立的步骤如后叙。

1. 转换规则的问卷设计

依据上述观点，本研究以问卷方式列出模拟实验假想的空间情境，调查受访者的空间偏好，作为本研究土地开发决策数据库的基础。首先依据模拟实验假想的空间情境，在不考虑空间分布差异的情况下，列出井字单元 8 种相邻宗地情况，如表 2-1 所示。

模拟实验相邻宗地情况

表2-1

	形态0	形态1	形态2	形态3	形态4	形态5	形态6	形态7	形态8
周围相邻商业宗地数	0	1	2	3	4	5	6	7	8
周围相邻住宅宗地数	8	7	6	5	4	3	2	1	0

在问卷中就这 8 种形态依序询问受访者当面临该情况时，其下一期的开发偏好为住宅或商业，及其偏好所依据的原因，再将所有受访者的偏好及原因编码整理成开发决策库。例如当所面临的情况为形态 3（周围相邻宗地有 3 笔为商业，5 笔为住宅），若受访者的偏好为"当周围商业宗地数介于 3 笔及 5 笔之间将开发为商业"，则决策数据库中形态 3 将记录（3，5）以供程序的读取。本问卷共发出 60 份，回收 48 份，其中有效问卷 40 份。为求代表性，受访者中具规划背景及非规划背景者各占 20 份。所谓具规划背景者为曾受过规划教育或正从事规划工作者，包括在建设公司及顾问公司任职者；而不具规划背景者则以一般民众为填答对象（原始问卷内容可参考高宏轩，1998）。

2. 计算机实验开发损益矩阵的建立

计算机实验中，每一宗土地下一期是否采用当期的转换规则或决策，乃依据开发损益矩阵计算得分总和而定。损益矩阵的建立是在问卷中列出开发者可能面临的情况，如本身是商业使用而他人是住宅使用，或本身是住宅使用而他人是商业使用等四种状况，请受访者填写其偏好（最高 4 分，最低 1 分），再将所有受试者填写分数加以平均，得出各种相邻情况的平均偏好矩阵，作为仿真实验每一宗土地计算得分总和之依据（参见图 2-4 及其说明）。

因此，每一笔宗地每一期皆须经如下的损益判断流程：

如果 $a_{S1} > \dfrac{a_{S2}+a_{S3}+a_{S4}+a_{S5}+a_{S6}+a_{S7}+a_{S8}+a_{S9}}{8}$，则采用原来的开发决策，否则便重新选取一组开发决策。

其中，a_{S1}、a_{S2}、a_{S3}、a_{S4}、a_{S5}、a_{S6}、a_{S7}、a_{S8} 及 a_{S9} 为各相邻宗地得分总和。

以上的相邻宗地得分比较的决策规则，便作为本研究个别开发行为中规则保留或重新选取的基准。

五、模拟结果分析

本研究中计算机仿真主要以 Microsoft Visual Basic 4.0（简称 VB）程序语言为工具，撰写土地开发行为的仿真实验（原始程序可参考高宏轩，1998）。由于 VB 具有对象导向（object oriented）的特性，因此将程序分为三部分：模拟初始状态的随机设定、土地开发决策数据库、土地开发决策的拟定。而每一期每一宗土地的土地开发决策是经由程序的决策拟定部分，再经由问卷获得的开发损益矩阵评估前一期的开发情况后，进行筛选储存于 Microsoft Excel 7.0 中，作为宗地使用转换的依据。至于模拟边界的处理，则是采用一般元胞自动机的方式，即上面边界与下面边界互相连接，左边边界与右边边界互相连接的方式。模拟结果如下所示（图2-5 ～图2-9）。图中左方显示空间结构（灰色为商业使用，白色为住宅使用），右方为住宅使用细胞聚集（clusters）分布（纵轴为频率而横轴为聚集细胞个数，皆取对数）。

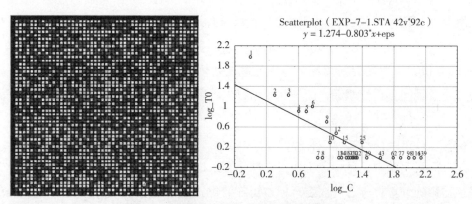

图2-5　有限理性决策模式仿真结果（第0期）

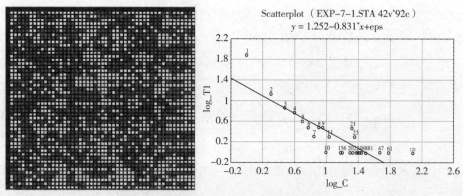

图2-6　有限理性决策模式仿真结果（第1期）

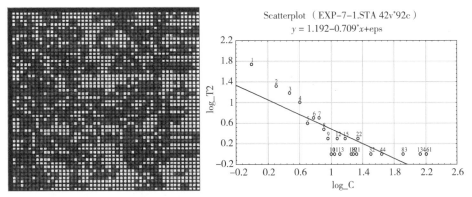

图2-7　有限理性决策模式仿真结果（第2期）

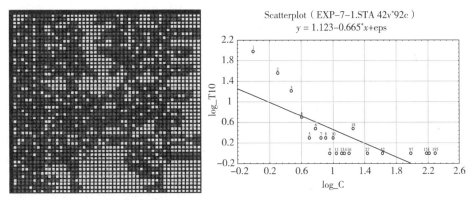

图2-8　有限理性决策模式仿真结果（第10期）

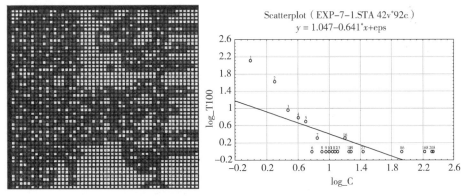

图2-9　有限理性决策模式仿真结果（第100期）

细胞聚集指的是同一种使用细胞具相邻边而构成的独立区块。以图 2-5 为例，右上方为回归方程式，横轴 log_C 表示细胞聚集数，取对数，纵轴 log_T0 表示细胞聚集区块在时间 T0 出现的个数，取对数，而图中的圈点则表示根据左图所描绘的细胞聚集分布。其中斜线部分由线性回归方程式求得，即 x=log_C，y=log_T0，故与实际数据有所出入。

由以上模拟结果可以看出从一开始的随机散布，随着期数的增加，住宅宗地开始呈现某些区块的聚集。从每一期的住宅宗地聚集数与其频率的对数关系图来看，仅在宗地聚集数较小的情形有类似等级—规模（Rank–Scale）的分布情况，随着宗地聚集规模越大，此现象就越不明显。在观察住宅与商业宗地数量的长期变化方面（图2–10），则得到类似阿瑟（Arthur）在酒吧实验的结果（参见图2–1），即形态上虽有改变，但宗地数的变化大致在稳定的范围内变动。

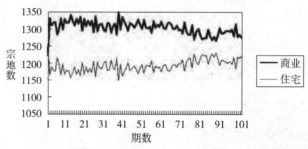

图2-10　住宅、商业宗地数长期变动趋势（100期）

此外，若以城市等级分布的例子为基础，将模拟结果宗地（细胞）聚集亦予以分级的情况如表2–2所示。

宗地聚集规模等级分类表　　　　　　　　　　　　　　　　　　表2-2

住宅宗地聚集数	等级
1	1
2~4	2
5~8	3
9~16	4
17~32	5
33~64	6
……	……

以表2–2的分类基础，统计各期模拟结果，观察各期的聚集规模与其频率之间是否合乎幂次模式，即 $Y=b_0 \times t^{b_1}$ 模式，其中 t 为时间，b_0 及 b_1 为参数。再将聚集规模与频率取对数，以对数分布图和相关统计数据表来判读其是否呈现自我组织临界性的幂次分布特性。图2–11中的符号说明与图2–5同，所不同的是横轴 log_C

在此表示 2-2 的等级，取对数。

　　从以上各期对数分布图来看，各组资料的整体形态令人惊讶地逐渐趋近线性回归方程式的直线形态。且从各期线性回归式的判定系数（即回归相关系数 R 与修正系数 Adj-R）的长期趋势可以看出，空间互动形态有逐渐趋近幂次法则所描述的现象（图 2-12）。此种现象在另两种模拟实验（随机及固定性决策模式）中并未发生。随机决策模式指的是每一期各开发者任意由决策库中选取开发策略，而固定性决策模式指的是开发者无选择开发策略的余地，亦即如同传统元胞自动机模式其转换规则是固定不变的。在此两种极端的行为假设情况下，其空间组构的演化并未如同有限理性模式般逐渐收敛在一个自我组织临界状态中（限于篇幅，有关其他两种模拟

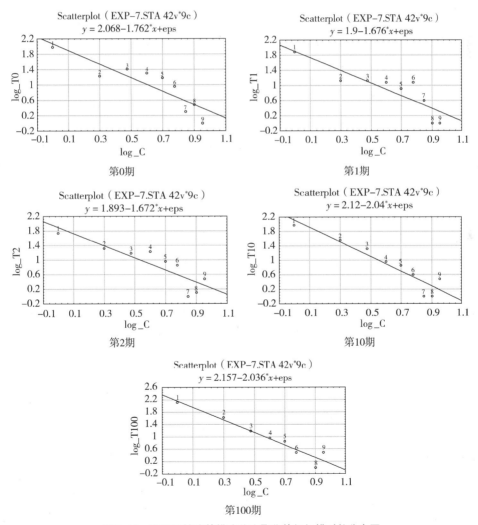

图2-11　有限理性决策模式住宅聚集等级规模对数分布图

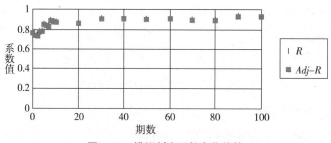

图2-12　模拟判定系数变化趋势

结果的分析可参考高宏轩，1998）。

六、讨论

虽然本研究以简化的开发行为在简化的二维元胞自动机上解释城市空间如何演变，在设计及假说的检视上，也许有不够严谨之嫌。然而不同于一般实验设计之处在于本研究属于实证的计算机仿真实验，通过开发行为与城市空间结构特性的捕捉，从仿真实验数据及结果中寻找规律，并引申说明城市空间演变可能的缘由。仿真结果与其他应用实际数据从事类似研究的结果雷同（例如，White et al.，1993）。故在研究方法设计及城市理论创作方面应有所贡献。

本研究虽以二维空间作为立论基础，其结果似应可推论至三维空间，因为根据一维空间的理论性探讨（例如Lai，2003）亦认为史蒂芬·沃福兰（Stephen Wolfram）的第四类复杂结构（详见后述）与自我组织有密切关系，而史蒂芬·沃福兰似乎暗示不论维度大小，元胞自动机皆可归纳为此四大类（Wolfram，1994；2002）。至于网格大小与数量，本研究认为网格数量越多则所获结果的可靠性越高。因为复杂系统系由无数个组成分子所形成，而涌现现象在庞大复合系统中最为明显。然受限于计算机速度及数据整理的繁复度，本研究将网格数量设定在一般研究二维元胞自动机的规模（即 $50 \times 50 = 2500$）。此外，为求研究的真实性，计算机仿真规则采用问卷调查方式汇整而成，而非自行设计。问卷对象包括具有规划背景的专业土地开发人士及非具有规划背景的一般民众以反映一般开发特性。问卷内容设计以严谨的逻辑及封闭式的简单形式为基础，便于规则的汇整。此方式虽不能完整反映开发行为特性，但较一般类似研究自行设计规则更具真实性。而一般开发过程所考虑的邻近环境适应性、经济聚集性及开发利得等因素，其实已在本研究中直接或间接涉及，例如地区性互动（local interaction）、细胞聚集及问卷中的损益矩阵等，主要差异在于语汇的不同。

　　过去十数年，地理学及规划学学者对于城市的形式与成长的思考方式已有重大的改变。以个体决策者为基础强调其互动而观察其整体形态表现的研究方式已逐渐引起重视。城市的空间结构被视为由个体互动下涌现出自我组织结构的一种范例（Holland，1995）。自我组织结构的特征"幂次法则"，已在很多城市地理相关研究中被提及（例如 Krugman，1996a）。本研究则提出以有限理性行为作为空间上个别决策者思考的基础，强调不再有"信息搜集充分"与"完全理性"的经济人，而采用归纳逻辑的有限理性思维作为个体行为模式的基础。研究结果显示，在此个体行为的基本假设下，个体间的互动在空间形态上有逐渐朝向自我组织临界状态演化的趋势。自我组织临界性是描述系统呈现动态平衡的极佳范例，此刻当物质空间上的秩序日趋复杂、不易掌握且理性规划的效果不明确之际，其在空间上及规划上的含义或许值得进一步探究。另外，以经济学为滥觞的纯理性思考及分析架构在近年来已逐渐受到质疑，思考空间向度的演变或许也应重新考虑个体的特质，以较真实的有限理性来描述空间上互动的主体，其结果相信将更趋近真实状况。然而欲更深入地进行类似本研究的探讨，至少应厘清自我组织临界性的含义。

　　沃福兰（Wolfram，1984）将元胞自动机的演化情形归类为四种：第一类为无论开始时是何种形态的细胞，皆会随着时间而死亡，最后呈现单一同质的形态；第二类为活细胞和死细胞随机散置的初始状态会很快合并成一组静止的块状，其所产生的简单结构不是一种很固定的结构，而是循环着的某种固定结构；第三类为无限制的成长，完全不稳定而无法预测，且不具周期性的混沌状态；第四类为既不是静止的死亡状态，也不是混沌而无法预测，虽然混乱但也存在着某种秩序。

　　对于第四类的复杂结构为何仅出现在介于秩序与混沌之间的相变阶段，考夫曼（Kauffman，1995）以随机布尔代数网络（random Boolean network）提出了解释。在此网络中，每一节点的状态决定于布尔代数逻辑转换规则而受制于与其相连接的节点。当某些规则使得一些节点被锁定在某种固定状态，于是网络处于冻结（frozen）状态，当造成节点被冻结的规则比例较低时，则网络基本上是处于混沌状态。相反，当比例较高时，则网络将形成静止或固定周期循环的稳定状态。若令节点被冻结的规则比例处于某个临界值，使得系统中除了有节点被冻结外，同时也有被冻结节点开始渗透（percolate）而恢复活力的平衡状态时，系统开始呈现动态稳定且秩序也开始产生。只有系统处于此临界状态，其动态演化才得以顺利进行，否则系统将除了死亡外就只有混沌一片。这意味着经由自我组织所呈现的复杂结构决定于秩序与混沌之间的平衡（White et al.，1993）。本研究中衡量自我组织的特性——幂次法则乃是经过数据的转换，即等级分组之后才显现出来。可能的解释为数据经过转换后，减少了一些噪声（noise），但同时也失去了一些信息（information），而等级分组的数据转换方式正好为这两个因素之间的平衡。

分形或幂次的分布形态同时也是系统介于秩序与混沌之间的特征（Bak et al.，1991；1991 等；Kauffman，1996a）。本研究在回顾的城市空间研究中，得知除了实际社会经济资料中城市的发展呈现分形的分布外，怀特及英格兰以单核心发展模式进行的城市仿真及本研究从个体为有限理性决策模式的空间互动亦得到演化形态呈现幂次的分形空间结构。从考夫曼的随机布尔代数网络来看城市的演化，或许可以说明城市的空间结构之所以维持在临界点的相变状态，乃是因为只有在此种状态之下城市才能持续地演化。另外，保罗·克鲁格曼（Paul Krugman）（Krugman，1996a）在整理美国城市规模与个数关系时，亦得到类似幂次定律的关系，其他尚包括地震规模与频率的幂律关系。目前学界对于复杂现象的研究似乎仅止于秩序的发现，至于其成因为何，则较少涉及（Simon，1955b 除外）。其在经济上的意义也许在于某一层次，包括经济、政治及生态等复杂系统其演变可能朝向自我组织临界性的吸子进行。

七、结论

本研究对城市演化及其自我组织现象提出一个研究设计，并以计算机实验方式进行简化的城市空间演化模拟。虽然本研究对土地开发行为及空间结构的假设过于简化，但研究设计仍着重在个别行为及空间演化的基本持性。研究结果显示自我组织临界性的现象是在自下而上的个体互动过程中所产生的，且仅有某些规则特性可形成幂次的分形空间分布，而有限理性行为应是其中的一种。以土地开发为例，此有限理性意味着开发者无法完全掌握相关信息，而必须通过归纳的推理方式，由经验中学习，以拟订令人满意的开发策略。因此，本研究中计算机仿真得到的临界点幂次分布，与城市空间结构中普遍存在的分形现象极为相似，可推论有限理性行为或许就是实际上空间互动个体行为模式的基础。然而此项推论的验证尚有待进一步对模拟过程中每一宗地采用规则的转换情形进行观察才能获得。本研究虽尚未以实际城市空间演变资料作为验证仿真结果的依据，但林如珍（1998）以分形维度为基础检视中国台湾三重市及南投县名间乡的土地使用混合度的空间分布，亦发现类似幂次定律的关系，可间接支持城市空间结构具有自我组织的特定的推理。然而本研究成果显示，在无外界干扰的情况下，复杂空间系统若具有自我组织临界性的倾向，则其土地使用分布将随着时间逐渐朝临界点的平衡状态发展。亦即，该临界点似为空间演化的吸子。

第二节 分区管制与城市变迁

摘要

本节运用美国麻省理工学院（MIT）所设计研发的 StarLogo 仿真软件进行土地使用变迁研究的设计，在仿真规则中以经济财产权值指标所建立的开发几率，配合代表土地使用分区影响方式的容许几率作为土地使用变迁的准则，最后以基因算法 100 回所获得的参数来进行本研究的土地使用仿真模型分析。

从本研究的模拟结果可获得几个重要结论：①利用本研究所建立的基因算法而获得的相关参数配合土地使用转换规则，确实可以仿真出某些城市土地使用分布的形态样貌；②模拟范围内的土地使用分区确实会对土地使用的产生与分布造成影响，但影响的对象则为限制工业土地使用数量的发展与影响商业土地使用的分形样貌；③从本研究的模拟图层与单因子多变量分析进行比较后可推论，土地使用分区对于土地使用分布的影响并非影响其分布的分形样貌，而是决定了其分布的位置。

一、前言

最近十几年来，运用计算机仿真城市的历程中，许多研究者利用元胞自动机来进行有关城市的模拟。早期包括库克拉里斯（Couclelis，1985；1988；1989）检测元胞自动机在城市规划使用的可能性上，柴琴尼（Cecchini）及韦欧拉（Viola）（Cecchini et al.，1990；1992）则使用元胞自动机模拟城市成长的过程，并指出城市就像一个连续成长的复杂物体，整体的结构是局部简单决策执行累积的结果（While et al.，1993）。

而近期，由于相关数字图层的提供以及在一些计算机软件如 StarLogo 或 Swann 的支持下，城市模拟更趋发展成熟。克拉克（Clarke）、霍彭（Hoppen）及盖杜斯（Gaydos）（Clarke et al.，1997）以一个具有自我修正性的元胞自动机模型，成功地描绘出旧金山海湾（San Francisco Bay）地区的城市化成长；怀特（White）、英格兰（Engelen）及乌尔吉（Uljee）（White et al.，1997）则在元胞自动机模拟中加入了环境上的因素，建立了俄亥俄州辛辛那提市土地使用形态的变迁模型；迪尔（Deal）及弗恩尔（Fournier）（Deal et al.，2000）则以 StarLogo 仿真软件建立芝加哥肯尼县（Kane County）的米尔溪流域（Mill Creek Watershed）地区 2020 年的城市成长预测模型。中国台湾则有蔡宜鸿（1999）以元胞自动机模拟嘉义县中埔乡的土地使用变迁，林士弘（2002）也以元胞自动机进行台北都会区土地使用变迁模拟等；另外，魏伯斯特（Webster）及吴（Wu）

（Webster et al., 1999a；1999b）更尝试运用元胞自动机模拟的方式来探讨是否给予住宅区土地所有权人财产权，而允许其可要求工业区开发者针对所造成的污染进行补偿，使得住宅区土地所有权人与工业区开发者之间成本效益的变化，以及住宅区与工业区分布的形态呈现在其研究结果中。利用计算机仿真来探究城市空间的演变俨然成为一种新的风潮（Beneson et al., 2004）。

当从城市仿真的研究主题进行区分时，过去都市模拟的类型大致可分成三大类：第一类为以城市或人口作为整个城市模拟的主体，而进行探讨其城市化的过程或城市蔓延的现象，如贝提（Batty）及谢（Xie）（Batty et al., 1994）以及克拉克、霍彭及盖杜斯（Clarke et al., 1997）；第二类为以土地使用作为模拟的主体而了解其在都市成长过程中分布的形态，如怀特及英格兰（White et al., 1993）、怀特、英格兰及乌尔吉（White et al., 1997）、蔡宜鸿（1999）与林士弘（2002）等；第三类则为魏伯斯特及吴（Webster et al., 1999）此种以经济学理论作为仿真规则的基础进行城市模拟研究。本节着重在第二类以土地使用作为计算机仿真探讨的主体。

从上述第二类以土地使用为对象进行土地使用形态变迁的城市仿真中可以发现，研究者在进行仿真规则制定时，主要是依照各种土地使用彼此互动的关系，如聚集与排斥；或是各种土地使用对邻近设施的需求（如道路）来决定各种土地使用的产生与分布位置，但是其却往往忽略了土地本身的特性对于某种土地使用是否能产生的关键因素，尤其对具有土地使用分区管制的城市而言，如怀特及英格兰（White et al., 1993）的城市土地使用形态仿真研究即是一例。在具有土地使用分区的国家或城市，各种土地使用分别被限定在政府所划定的一定范围之内，也就是说，开发者开发土地使用的权利受到政府的管制而无法恣意施行，其欲开发的土地使用除了必须考虑与周围的既有使用是否能配合之外，还需获得土地使用分区的允许，才会且能进行相关土地使用的开发，反之则否。然而过去的相关研究却忽略了此影响土地使用产生与变迁的重要因素。

除了缺少对土地使用分区影响因素进行相关的研究与分析外，过去以土地使用形态变迁为主题的城市仿真，其土地使用间互动的含义也未曾说明。若对其各种土地使用变迁与互动的过程以财产权理论概念的角度观之，则可以说是土地开发者进行经济财产权的操作，进而进行土地使用转变决策的制定。根据科斯（Coase, 1960）的看法，没有任何地主可以"拥有"土地，地主顶多拥有该土地使用的"权利"（例如耕作、建筑、其他方式的改善、出租与出售），并利用该土地的使用权利获得利益（赖世刚；2002）。上述权利即所称的经济财产权（economic property rights），而开发者开发土地即利用其所拥有的土地经济财产权以获得利益价值。一般来说，土地经济财产权的价值是会变动的，影响其变动的因素则包括有土地本身既有的影响因素，如其所在的分区类型；或是受到土地周围使用类别的影响，如周围为商业使用或是道路使用等。不同的分区类型与不同的周围土地使用则将造成开发者欲开发土地的经济财产权值有不同的变化。

由此可知，当开发者欲进行土地使用的开发与决策时，由于欲开发土地的经济财产权值会因本身土地分区因素与周围土地使用因素的不同而改变，因此其将会成为开发者进行何种土地使用开发的决策依据，进而产生不同的土地使用。此外，由于过去的城市仿真在规则的参数搜寻上往往仰赖 AHP（analytic hierarchy process）或是试误法（trial and error）的方式来进行，除了可能过于主观外，这也可能造成寻找参数时的时间成本耗费，因此本研究也尝试对其进行改进。

综上所述，鉴于过去相关城市土地使用形态仿真在规则制定上有欠周密，本研究将尝试以台北市、台北县（现已改制为新北市）与基隆市所组成的都会区域内部的各种土地使用作为研究对象，在规则建立的过程中加入分区影响因素，并以财产权理论的基本观点作为仿真规则建立的基础。此外，在规则的参数搜寻上，本研究将尝试以基因算法的概念融入规则建构中，试图缩短并降低过去搜寻参数所需耗费的时间成本与主观性。

二、理论基础

本研究的理论基础可从三个方面说明，包括复杂科学、财产权分析及基因算法。

复杂科学起源于圣塔菲学院（Santa Fe Institute）（赖世刚 等，2001；蔡宜鸿，1999），而这一理念则可追溯到四十多年前。当时由于科学的进步，许多研究者认为旧有的研究方法其对所研究的个体均假设为均质是不适当的，所以不断地提高其研究内容的复杂性（Batty et al.，2001）。

复杂科学对过去的研究方法提出了一些异议，认为系统中的元素并非皆为简单的均质性，且不是每个系统都以均衡的状态呈现。复杂科学强调个体单元的重要性，希望通过观察个体的特性、个体与个体间的互动、个体与环境的互动，探究系统涌现出的某些特性。这种局部—总体（local-global）互动所涌现的秩序，往往是过去一般传统研究方法所无法发现的。

由上可知，复杂科学的研究具备两个主要的特质：第一是系统的广泛度，即系统并不限制个体的一致性与均质性，也就是说在系统中的个体是具有歧异性的；第二则是系统在空间及时间向度进行的过程中会有非预期的结果产生，已存在的物体互动的整体会改变或是会有新的状态涌现。

本研究的基本前提是，城市物质环境是由个别的土地开发决策互动而产生的结果，因而复杂科学的概念适用于本研究。而个别土地开发行为其目的不外乎谋求财产权的极大化。根据巴札尔（Barrel，1997）对财产权的定义可知，财产权在经济的相关文献中包含两个重要的含义，一个为由阿尔奇安（Alchain，1965）与张五常（Cheung，1969）所发展出来，指的是使用财产某一部分的能力；另一个为较为人所熟知且流传较久的，指的是国家分派给人使用。巴札尔认为上述第一种可称为经济财产权，第二种则为法律财产权（legal property rights）。本研究后续所设计与探讨的为经济财产权，因为经济财产权可以充分描述土地开发行为的诱因。巴札尔进一步针对经济财产权提出解释，认为"经济财产权为个人使得某一物品或资产成为该个人所有的能力，更具体地说，个人能直接消费物品或得到资产所带来的服务，或者是通过交易的方式来消费。"

笔者（Lai，2001）则以土地的观点具体指出经济财产权的特性与含义，可变动的经济财产权可以说是那些影响土地价值的属性，如交通网络的可及性等。如果某人拥有某物的经济财产权，便可通过此种权利的操作而获得利益（效用）。

在土地使用变迁规则建立后，由于自然界的问题通常是非常复杂的，所以如果遇到的问题为非简单的线性函数，而在求非线性函数的解时，许多研究者选择采用基因算法作为其求解的方法。

基因算法的基本概念以达尔文所提出的天择说为基础，即"物竞天择、适者生存"，也就是说大自然界的生物在其演化过程中会不断地淘汰不适合的物种，而最后能存活下来的物种应最能适应大自然的环境。而基因算法即运用这一步步淘汰不适合解的演化过程来求得全域最佳解（global optimal solution），其为20世纪后期由密歇根大学教授约翰·荷兰（John Holland）与他的学生依照达尔文的理论所建立的基本演算过程。在这个启发下，郭德伯格（Goldberg，1985）系统化地研究了基因算法的机制，确定了三种基本演算子：选择（selection）、交配（crossover）、突变（mutation）（张宏旭，2000）。

一般来说，进行基因算法应经过初始设定、随机建立初始族群、解码及计算适合度、选择与复制、基因交配、突变与建立终止条件等流程。在本研究中，基因算法的运用为仿真规则的参数校估，主要为改进过去相关城市模拟文献进行参数校估时大部分皆以试误法来进行，这往往一次进行一个，需要过多的时间，同时也过于主观。若以基因演算的方法，则可通过求解的染色体的基因不断地交配与突变，有条理地淘汰较劣而产生较优的解的方式，并搭配计算机的运用，得以更快速地寻到最优的参数解。

三、研究设计

从相关文献中发现，由于过去土地使用变迁仿真模型在规则的建立上仍有可改进的地方，因此，本研究尝试参考过去文献建立规则的方式及相关理论基础以进行改良，如增加土地使用变迁的影响因素及加入基因算法搜寻参数的方式，并提出以下两个假说，以期能从模拟结果来进行相关的验证，增加仿真规则与仿真模型的可信度。①新土地使用的变迁依循某一规则而进行，而本研究所新建立的土地使用转换规则与其经校估后所得的参数值则可模拟出某些城市土地使用变迁过程与分布形态；②土地使用分区管制此一变量对土地使用变迁的仿真规则具有一定影响，即其对模拟结果的影响可达显著水平。本研究利用分形维度式来验证第一项假说，并以单因子多变量分析来验证第二项假说。

在说明研究设计之前，先叙明研究范围及对象。在本研究中，研究的空间范围为以台北市、台北县与基隆市所组成的都会区域为主要的仿真空间范围。时间范围方面，因考虑土地使用分区管制规则在台北市为 1983 年发布实施，而许多政府的普查数据，如房屋或工厂数景，多以 2000 年起每五年为一个单位来进行，故仿真的时间范围定为 1983~2000 年，总计共 18 年。仿真对象参考 1994 年国土利用现况调查数据的第三级土地使用分类的定义后进行整理而得，本研究将其归纳为住宅使用、工业使用与商业使用三种。

本研究计算机仿真平台乃采用由美国麻省理工学院所设计研发的 StarLogo 仿真软件来进行，其允许使用者进行由下而上的研究方式以探讨许多复杂系统的本质，例如鸟类群聚的现象、交通系统拥塞的现象等。研究设计将依照下述四大部分来进行，包括第一部分网格形态建立，第二部分仿真规则建立，第三部分基因算法以决定最佳化参数，以及第四部分最佳化参数计算机仿真分析。

（一）网格形态的建立

由于本模拟为物质空间的具象研究，而模拟所需环境则有赖于相关地理图层的输入。因此，本研究即通过地理信息系统将相关数字图层预作收集与整理以便于输入仿真软件中作为环境图层。考虑到便利性与资料充足，相关环境图层以 2000 年台北市、台北县与基隆市的数位图层为主。本研究将其整理成模拟所需要的基本环境网格信息及形态，包括都会区界、国道与省道道路线、捷运路线与土地使用分区等。分区图层整理方式为依照 2000 年土地使用分区数字图层，将其中台北市土地使用分区图所定的住宅区，与台北县及基隆市都市计划图中所划定的住宅区合并作为分区图层的住宅区，用相同方法将台北市土地使用分区所定的工业区与台北县及基隆市都市计划所定的工业区合并划为分区图层的工业区，并将台北市土地使用分区所定的商业区与台北县及基隆市都市计划所划定的商业区合并划为分区图层中的商业区。除此之外，在2000年的数位图层中，若未有台北市分区与都市计划而适用区域计划的非都市土地使用管制者，则将其中的乡村区与工业区合并划为分区图层中的可发展区。未属于上述各项分区者则皆归为限制发展区。本研究将以此作为后续模拟所需的分区环境。

在整理与输入相关环境图层之后，必须进行的是各种土地使用分布的输入。本研究的模拟目的与时间定为1983~2000年间的各种土地使用分布变化，但由于欲建立1983年的初始状态时，各种土地使用分布与网格数在数据缺乏情况下较为不可行，因此本研究初始状态建立方式乃以1994年国土利用调查所得的台北县各土地使用现况分布图与网格数，预先进行各种土地使用整理以供数据计算，即将各土地使用先进行归纳整理并计算其网格数。而后，再根据1994年度台北县统计要览的相关资料，即房屋建筑面积的总楼地板面积、工厂登记家数与商业登记家数与上述所整理的各土地使用网格数来求得相关统计要览的资料与网格数间的比例关系。最后配合1983年的统计要览资料，即房屋建筑面积总楼地板面积、工厂登记家数与商业登记家数依比例来推估1983年各土地使用网格数并以随机分布的方式将其分派到各图层中，以作为模拟的初始状态。亦即，本研究拟以所推估的1983年土地使用分布状况与2000年实际土地使用分布状况作为模式检验的起始及模拟时间点。其推估数量结果如表2-3~表2-5所示。表2-3、表2-5的网格数虽非逐年增加，但是若比较1983年及2000年的资料，可发现是有增加的趋势。至于网格大小的标准化，乃受限于电脑运算所花的时间，且网络大小只影响分析的空间解析度，应不会影响模拟结果的分析。例如，林如珍（1998）以不同的网格尺寸衡量台北县三重市及南投县名间乡的分形结构，其所得的结果均一致。

各年度房屋建筑面积的总楼地板面积与住宅土地使用网格数对照表　　　表2-3

县市要览统计资料与网格数	1994年		1983年		2000年	
	房屋建筑面积总楼地板面积（m²）	住宅土地使用现况网格数	房屋建筑面积总楼地板面积（m²）	住宅土地使用推估网格数	房屋建筑面积总楼地板面积（m²）	住宅土地使用推估网格数
台北县	6839933	541	47104	4	77476	7
台北市	—	—	1680693	133	3489183	276
基隆市	—	—	463177	37	139233	11
总计	6839933	541	2190974	174	3705892	294

各年度工厂登记家数与工业土地使用网格数对照表 表2-4

县市要览统计资料与网格数	1994 年		1983 年		2000 年	
	工厂登记家数（家）	工业土地使用现况网格数	工厂登记家数（家）	工业土地使用推估网格数	工厂登记家数（家）	工业土地使用推估网格数
台北县	25393	224	3275	29	2173	19
台北市	—	—	10831	96	27435	242
基隆市	—	—	384	3	342	3
总计	25393	224	14490	128	29950	264

各年度商业登记家数与商业土地使用网格数对照表 表2-5

县市要览统计资料与网格数	1994 年		1983 年		2000 年	
	商业登记家数（家）	商业土地使用现况网格数	商业登记家数（家）	商业土地使用推估网格数	商业登记家数（家）	商业土地使用推估网格数
台北县	88561	25	73479	21	66393	19
台北市	—	—	51993	15	107824	30
基隆市	—	—	9203	3	10482	3
总计	88561	25	134675	39	184699	52

　　本研究的网格形态分为固定的分区形态，即各网格所属分区的状况与可开发的土地使用形态，即土地使用现况。每个网格皆具有一个固定分区形态来代表各网格的分区属性，此一网格形态将不会随着仿真的进行而有所改变，即假设分区的划设不随时间而变动。依据研究目的，本研究的分区经整理后，网格的分区属性包括七种，分别为限制发展区、可发展区、住宅区、工业区、商业区、国道与省道以及捷运路线等。每个网格除了至少具有一个固定分区形态外，还将可能存在第二种形态，即可开发的土地使用形态，包括住宅、工业、商业及空地四种。可开发的土地使用将在所允许的分区网格中出现（存在），如图2-13所示。也就是其将只能出现在住宅区、工业区、商业区及可发展区的分区网格上。其相关特性整理如表2-6。简言之，在一个固定的分区范围内，依分区管制规则所允许的土地使用类别，土地使用可作任意的空间分布。

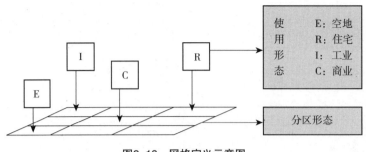

图2-13 网格定义示意图

网格形态与特性表 表2-6

网格属性	定义	特性
固定的分区形态（道路及住宅、工业与商业分区状况）	限制发展区	其形态不能进行转变
	可发展区	
	住宅区	
	工业区	
	商业区	
	国道与省道	
	捷运	
可开发的土地使用形态（使用现况）	住宅使用	存在可发展区、住宅区、工业区与商业区的分区网格上，并可进行形态上的转变
	工业使用	
	商业使用	
	空地使用	

（二）仿真规则的建立

城市内的土地使用形态变化虽然看似复杂，但是就如同雅各布斯（Jacobs，1961）所述，城市的变化其实是依照着某种规则在进行的（White et al.，1993）。因此，本研究将建立一个土地使用转换规则作为后续各种土地使用变迁模拟的依据。为了建立仿真规则，本研究参考先期国内外既有的有关城市土地使用变迁模拟研究，如怀特及英格兰（White et al.，1993），怀特、英格兰及乌尔吉（White et al.，1997），蔡宜鸿（1999）与林士弘（2002）等相关文献后，发现其仿真规则的制定主要建立在各种土地使用变化将受到周围土地使用与道路的影响的基础上。本研究除了延续上述相关影响因素外，更尝试融入土地使用分区的影响因素以探讨各种土地使用形成的原因。此外，本研究将以财产权的基本论述说明各土地使用转换的原因。本研究的仿真规则主要根据下述三个逻辑来进行，即：

第一，开发者在进行土地开发形态的决定时，会受到周围土地使用形态的影响；而周围土地使用形态的影响程度则因其使用形态以及欲开发土地使用形态的不同而有所不同。

第二，土地使用分区的因素限制某些土地使用开发。

第三，每一块土地使用的形态与最终土地使用的分布形式为在开发者追求利益的前提，以及欲开发土地的经济财产权值受周围环境以及土地使用分区交互影响的因素下，开发者制定土地使用开发决策的相互影响的结果。

城市是其内部个体通过与其他人互动而进行空间决策所产生的结果（Lai，2001）。城市的形态与个体进行决策互动的结果息息相关，而个体的决策则多半是为了追求本身利益，并经由计算、比较利益得失来制定。由于土地并非独立的个体，其属性常常会受到外在因素的影响，因此其经济财产权值也就会受到外在环境的影响而不断变动。对于一块土地的经济财产权值而言，其最重要的影响因素莫过于周围各种土地使用的形式，包括产业或道路，而土地受影响的属性则包括外部性或可及性。开发者为了获得较大利益，会针对欲开发土地周围的各种土地使用形式，进行其对欲开发土地的经济财产权值影响评估，以制定开发决策。然而，开发者能够如此恣意地开发吗？对于像中国台湾地区或那些具有相同土地使用分区管制的地区而言，答案是否定的。因为当开发者决定进行某种土地使用的开发时，是受到土地使用分区管制限制的。因此，在土地使用分区的限制之下，开发者仅能就土地使用分区中所容许开发的土地使用类别从事选择，并比较可获得的各种经济财产权值效益来进行土地之开发。

从以上论述可知，土地使用的变动为受周围土地使用形态及土地使用分区管制的双重影响下，开发者进行土地使用选择的结果。因此，以下将以两阶段土地开发模式来建立土地使用转换规则式，作为土地使用变迁模拟依循的准则。由于土地的经济财产权属于概念的陈述，难以操作。本研究拟以经济财产权值指标来表示。经济财产权值指标指开发者欲开发的土地受周围土地使用的影响，形成某一种土地使用所能产生的总经济财产权值。至于某种开发形态是否容许在某分区中进行，则以容许度参数值表示之。容许度参数值即可代表某一土地使用分区对另一土地使用项目容许的程度。这样的设计是因为在本研究中，土地使用项目的分类过于粗略，使得某一分区得以某种容许程度允许另一土地使用的开发。

式（2-1）为计算开发者欲开发的土地受周围邻近 8 块土地使用的影响，开发者所能拥有的开发各种土地使用的经济财产权值，即经济财产权值指标。

$$S_i = \sum_{j=1}^{n} a_{ij} x_j \qquad (2-1)$$

式中：$0 \leqslant x_j \leqslant 8$ 且 $0 \leqslant a_{ij} \leqslant a$；

  S_i——i 为使用的经济财产权值指标，为开发者欲开发的土地受所有周围土地的影响，开发成 i 种土地使用所能产生的经济财产权值总和；

  x_j——为根据 Moore 规则，周围某一土地使用 j 的数量；

  a_{ij}——为土地使用 j 影响周围邻近土地转换成 i 土地使用的经济财产权参数值，受限于一数值 a 内。

对于式（2-1）中，根据本研究内容可知，$i=1$、2、3，分别为住宅、工业与商业开发的土地使用，而周围的土地使用 $j=1$、2、3、4、5，则分别可为住宅、工业、商业、国道与省道以及捷运。

但式（2-1）中必须要注意的是，周围各种土地对开发者欲开发土地的经济财产权值的影响，即 a_{ij}，并非为无限的，而是受限在一最大限制数 a 中。其代表的意思为每一块周围土地对于开发者欲开发土地形成各种土地使用可产生的经济财产权值的影响是在一定的限度内。举例来说，即若欲开发土地周围 8 个网格中的其中一块土地为住宅，其对欲开发土地开发成商业土地使用能产生的经济财产权值是有限的，即在限度 a 内。a 为一个外生变量，其大小则看模拟所需时间与准确度的需求可进行改变，在本研究中将其定在 $0 \leqslant a \leqslant 9$，并应经后续参数校估而得。

当通过式（2-1）计算后获得每个土地转换成各种土地使用的经济财产权值指标后，如何决定何种土地使用的产生呢？由于土地使用的产生与转变并非仅靠周围土地使用影响就能立即确定的，还有其他的影响因素，如资本与劳力等，因此本研究以几率的方式来表示，即经济财产权值指标会影响开发者选择何种土地使用开发的几率。本研究将建立开发几率式，即式（2-2）来说明每一块土地转换成何种土地使用的几率。即：

$$P_i = \frac{S_i}{8 \times a \times c} \qquad (2-2)$$

式中：$0 \leqslant P_i \leqslant 1$；

  P_i——开发几率，土地开发成 i 土地使用的几率；

  S_i——i 使用的经济财产权值指标，为开发者欲开发土地受所有周围土地的影响，开发成 i 种土地使用所能产生的经济财产权值总和；

  a——周围某一土地能影响欲开发土地开发成某一种使用的经济财产权值变化的最大值；

  c——外生的几率校估参数。

式（2-2）中，由于开发者欲开发土地周围皆有 8 个网格，而周围每个网格对欲开发土地开发成某一种土地使用的经济财产权值的影响皆在一限度 a 内，因此 $8 \times a$ 即代表周围 8 块土地对欲开发土地开发成某一种土地使用能产生的经济财产权值的最大值。而土地开发成 i 土地使用的开发几率的计算方式则定义为：土地受周围土地使用的影响能产生的经济财产权值指标，即 S_i，与土地所能受影响的最大值间的比例关系。除了上述说明外，本研究认为，由于土地开发非实时且迅速的，还包括开发者的资金筹措、社会与政治等非空间性质的影响，即土地开发使用的决定尚存在许多不能以空间方式（网格间的关系）呈现的影响因素。因此，本研究在建立各土地的开发几率时，在分母部分乘以 c，即代表即使当欲开发土地受周围土地使用的影响而达到转换成某种土地使用的经济财产权值指标为最大值 $8 \times a$，其也只能决定土地开发成某种土地使用 c 分之一的几率。c 在本研究中为一个外生变数，其数值为何将完全视研究者的校估结果来确定。

对于土地开发者而言，其欲开发何种土地的决策依据可先根据式（2-1）计算开发成住宅、工业与商业的经济财产权值指标变化，然后，再根据式（2-2）计算土地开发几率，以了解各种土地使用被开发的几率。

但是，根据转换规则逻辑的叙述，若土地受到了土地使用分区因素的限制，是无法任意进行各种土地使用的开发的。因此，除了计算转换成各种土地使用所能产生的经济财产权值的指标以及开发几率外，以下将进一步说明第二阶段土地使用分区容许与限制土地使用转换的方式。

以本研究的模拟地区——台北县、台北市与基隆市地区土地使用分区的角度来观察，若将其城市土地的使用分区大致划分成住宅区、工业区及商业区，对于住宅区而言，其所完全容许使用的对象为住宅使用本身，而对于工业与商业使用而言，则多是容许使用强度较小或公害较轻微的工业与商业使用进入，而并非限制所有的工业与商业的使用进入。商业区与工业区管制的方式亦相同。也就是说，土地若受到分区的管制，开发者在某一分区开发另一种土地使用的经济财产权则受到部分限制，但开发者在住宅区并非完全不能进行商业使用，而是其中一些商业使用是被容许，有一些商业使用则被限制。

因此，虽然某一块土地，先经式（2-1）的计算转换成各种土地使用所能产生的土地经济财产权值指标，再依据式（2-2）了解转换成各种土地使用的开发几率，并通过蒙地卡罗法决定了某一种土地使用是可以开发的，但其将因为这种欲开发土地使用位于不同的土地使用分区上而限制其能开发的可能性。例如，某一块周围环绕住宅使用的土地，经计算为非常适合且能够发展商业，但其却可能因为此土地为住宅区而受到限制、不能发展。根据中国台湾地区相关规定，并非所有的商业使用都不能在住宅区发展，因此本研究给定各土地使用分区容许几率的方式作为其容许其他土地使用产生（或说转换）的机会。

通过以上描述，由于属于土地使用分区的土地仅容许某些其他土地使用的产生，因此，在本研究土地使用转换规则中将尝试在具有分区的土地上建立容许几率，用来代表某一分区容许别种土地使用产生的几率，也可以说某种土地使用在另一分区下可以产生的几率。详细地说，若一土地使用分区容许另一土地使用的产生，则会有一个几率值代表此土地使用分区容许另一土地使用产生的几率。当某种土地使用分区容许另一种土地使用的容许几率值为1的时候，代表此土地使用分区不限制具有上述性质土地使用的产生；反之，当其容许几率值为0的时候，则在此土地使用分区上将不会有上述性质的土地使用产生。上述关系我们将以式（2-3）来代表。

式（2-3）中 P_{iz} 代表某一土地使用分区 z 容许某一土地使用 i 产生的几率，必须经由参数校估获得。由于在本研究中所使用的仿真软件具有产生随机数的功能，所以容许几率 P_{iz} 参数将通过不断产生随机数并由校估的方式来获得。但也由于仿真软件所能产生的随机数仅限为正整数，因此本研究建立一个容许度（即 b_{iz}），而 P_{iz} 将等于仿真软件所产生的随机正整数，即容许度 b_{iz}，与给定产生随机正整数的最大值 b 进行相除的几率来代表。

$$P_{iz}=\frac{b_{iz}}{b} \qquad (2-3)$$

式中：$0 \leqslant b_{iz} \leqslant b$ 且 $0 \leqslant P_{iz} \leqslant 1$；

b_{iz}——土地使用分区 z 给予 i 种土地使用类型的容许度，受限在一给定范围最大值 b 内；

P_{iz}——在 z 土地使用分区内，容许 i 种土地使用产生的容许几率；

b——为一外生校估参数。

举例来说，令 b_{21} 为住宅区容许工业使用产生的容许度参数值，$0 \leqslant b_{21} \leqslant b$。当 $b_{21}=0$ 可代表住宅区完全不容许任何工业的产生，但若容许度 b_{21} 经校估后为 b 值，则代表住宅区容许任何工业的产生，因为其容许几率将等于1。从式（2-3）中可知，当 b_{21} 越高而越接近 b 时，则代表在住宅区容许工业的容许几率越大，也就是说工业使用在住宅区中产生的几率也就越大。

综上所述，整体的土地使用转换规则为土地转换将由开发者根据式（2-1）计算周围各种土地使用影响欲开发土地转换成各种土地使用的经济财产权值指标，然后再根据式（2-2）计算土地开发成各种土地使用的开发几率，最后在土地使用分区的容许几率下，即式（2–3），进行土地使用转变。

（三）基因算法校估参数

在本模型的仿真规则中，参数共有两大类型：第一类为周围的土地使用影响欲开发土地转换成各种土地使用经济财产权值与指标变化的参数；第二类则为土地使用分区的容许度参数值，参数总共有 21 个（表2–7、表2–8）。本研究将利用基因算法进行上述参数的校估。

周围土地影响欲开发土地经济财产权值的参数对照表　　表2–7

周围土地形态（ j ）	影响各种土地使用产生的经济财产权值（ i ）	参数值（ a_{ij} ）
住宅使用	住宅使用	a_{11}
	工业使用	a_{21}
	商业使用	a_{31}
工业使用	住宅使用	a_{12}
	工业使用	a_{22}
	商业使用	a_{32}
商业使用	住宅使用	a_{13}
	工业使用	a_{23}
	商业使用	a_{33}
国道与省道	住宅使用	a_{14}
	工业使用	a_{24}
	商业使用	a_{34}
捷运	住宅使用	a_{15}
	工业使用	a_{25}
	商业使用	a_{35}

土地使用分区容许欲开发土地转换各种土地使用的容许度参数对照表　　表2–8

土地使用分区（ j ）	容许何种土地使用（ i ）	参数值（ b_{ij} ）
住宅区	工业	b_{21}
	商业	b_{31}
工业区	住宅	b_{12}
	商业	b_{32}
商业区	住宅	b_{13}
	工业	b_{23}

　　本研究初步先定义参数值可能产生的范围，作为基因算法中各基因（参数）转换的依据。由于本研究考虑在寻找好的参数值的过程中，若基因能选择的参数值范围太大将会影响获得最佳解的模拟时间，因此本研究分别定义周围的各种土地使用能影响欲开发土地转换成各种土地使用的经济财产权参数值为一正整数且介于0~9之间，即式（2-1）中的 a 等于9；而土地使用分区容许度参数值则同为一正整数且介于0~9之间，即式（2-3）中的 b 等于9。另外，通过几次的预先仿真，发现外生变量 c 等于20时能产生较合理的模拟结果，因此，设定 c 为20。

　　在基因算法中，决定参数是否为最佳的依据为依研究目的所建立的适应度函数（fitness function）。由于本研究的研究时间范围起点为以1983年的住宅、工业与商业使用网格数量在分区图层上随机分布来进行模拟，而迄点则希望模拟结果能符合2000年土地使用网格数。因此，本研究将以2000年的各土地使用网格数来建立适应度函数以进行仿真规则的参数校估。但是，2000年各土地使用网格数的获得，将参考上述计算1983年各土地使用网格数的方式，配合2000年台北县、台北市与基隆市统计要览资料来推估2000年各土地使用的网格数。经计算得2000年住宅土地使用网格数为294个、工业土地使用网格数为264个，商业土地使用网格数为52个，可参考表2-1~ 表2-3。

　　式（2-4）为依据上述推估方式所得的各土地使用网格数所建立的适应度函数。唯有染色体的基因参数值经模拟越接近2000年的推估值时，其适应度函数值才会越大，存活于下一世代的几率就越高，也就越能在下一世代中出现，进而再通过染色体内基因的交换与突变来产生更好的染色体（即较佳的一组基因）。基因算法将通过所设定的演算代数模拟完成后，来获得能较接近2000年推估的土地使用网格数的参数值。

$$\frac{1}{(r-294)^2+(i-264)^2+(c-52)^2} \quad\quad （2-4）$$

式中：r ——模拟2000年的住宅使用网格数；

　　　i ——模拟2000年的工业使用网格数；

　　　c ——模拟2000年的商业使用网格数。

四、模拟结果分析

　　首先，本研究将先利用基因算法进行最佳化参数的搜寻。在进行100代的基因演算后，表2-9为所获得的一组最佳化基因参数值。

最佳化参数值对照表　　　　　　　　　　　　表2-9

参数代码	住*住	住*工	住*商	工*住	工*工	工*商	商*住	商*工	商*商	道*住	道*工	道*商	捷*住	捷*工	捷*商	住宅区*工业	住宅区*商业	工业区*住宅	工业区*商业	商业区*住宅	商业区*工业
参数值	7	4	0	2	9	0	6	3	1	5	8	2	6	1	0	4	5	1	1	3	6

表 2-9 中前 15 个参数代表 a_{ij}，即土地使用 j 影响周围土地转换成 i 土地使用的经济财产权参数值，例如住 * 工，即代表住宅土地使用影响周围土地转换成工业土地使用的经济财产权参数值；表格后 6 个参数值则为 b_{iz}，为土地使用分区 z 给予 i 种土地使用类型的容许度，例如住宅区 * 工业，即代表住宅土地使用分区给予工业土地使用的容许程度。

本研究将先以 t 检定的方式检定经 100 回基因算法演算代数后所得的上述参数值的显著性。由于模拟过程用到蒙地卡罗模拟法，也就是以计算机产生随机数的方式与本研究制定的开发几率及容许几率的比较来决定何种土地使用形态的转换，因此每次的仿真结果可视为一样本值。本研究将假设运用上述参数进行土地使用变迁模拟所获得的所有可能仿真结果其分配为常态，进而分别以相同的参数进行 5 次仿真以获取样本值。而后，本研究针对 5 次仿真的样本值结果进行样本平均值计算，并与 2000 年土地使用推估网格数进行 t 分配的检定。

经 5 次模拟结果得知住宅的土地使用模拟网格数平均值为 288.8，工业土地使用模拟网格数平均值为 267.6 及商业土地使用模拟网格数平均值为 57.6，与 2000 年的住宅土地使用推估网格数 294、工业土地使用推估网格数 264 及商业土地使用推估网格数 52，经过 t 检定后得到住宅土地使用的检定值为 -0.80437，工业土地使用的检定值为 0.452954，商业土地使用的检定值为 2.292311，在 95% 的信赖水平下，皆在合理范围内（右边临界值 -2.776，左边临界值 2.776），没有足够证据否定通过本研究 100 回的基因算法所获得的 21 个参数值，配合本研究所拟定的转换规则，已有能力模拟出 1983~2000 年住宅、工业以及商业土地使用网格数的变化。

本研究在此将利用怀特及英格兰（White et al., 1993）参考弗兰克豪瑟（Frankhauser）及沙德勒（Sadler）（Frankhauser et al., 1991）所提供之一种分形维度计算公式，如式（2-5），进行分形维度计算与分形结构的检测来进行假说一之验证。

$$\lg B_T = c + D \lg r \qquad (2-5)$$

式中：B_T——所占据网格数之总量；

c——常数；

D——分形维度；

r——物件之半径长度。

本研究参考怀特及英格兰（White et al.，1993）以图层的中心点作为 $r=0$，半径 $r=1$ 代表距中心点一个网格，并以每 5 个网格距离计算在此范围内各土地使用网格数一次。虽然图层为一个 220×210 的网格图层，r 最高可达 105，但由于本研究的模拟范围台北县、台北市及基隆市区域并非完整的圆，因此，仅有 r 在 75 以内，每个网格才皆具有各种分区及土地使用的形态，若 r 超过 75，则计算将会受到非模拟范围的背景网格影响。因此，本研究 r 的最大值将计算至 $r=75$，而每 5 个网格计算一次，从 $r=0$ 至 $r=75$，将计算 16 次，此时，其 B_T 即其相对应 r 半径范围内欲计算的各土地使用网格数。

根据 5 组仿真样本经过分形维度计算式的计算后，本研究将其计算所得的各土地使用分布分形维度 D 值与各土地使用分形结构计算式的解释能力 R^2 值整理如表 2-10。

从表 2-10 的各组各土地使用分形维度 D 平均值以及分形结构式 R^2 平均值可知，分形维度 D 的平均值以住宅土地使用为最高，为 3.0806；商业土地使用次之，为 3.0362；工业土地使用最低，为 3.0176。分形维度 D 值在本研究式中，为代表土地使用的分形样貌，也代表距离模拟图层中心点 r 值与各土地使用形态分布网格数 B_T 之间的变化关系。式（2-5）似乎可以说明，D 值越大，代表当距离模拟图层中心点 r 值增加一个单位时，土地使用网格数 B_T 增加的数量越多，其聚集于模拟图层中心的倾向也就越低。此时，土地使用形态网格数也较容易受 r 值的变

模拟分析（一）之各土地使用分形维度 D 值与分形结构 R^2 值　　表2-10

类别\组别	住宅土地使用分形维度D值	工业土地使用分形维度D值	商业土地使用分形维度D值	住宅土地使用分形结构式R^2值	工业土地使用分形结构式R^2值	商业土地使用分形结构式R^2值
第一组	3.093	3.070	3.185	0.950	0.895	0.986
第二组	3.385	3.172	3.249	0.841	0.944	0.930
第三组	3.389	3.043	3.536	0.925	0.885	0.965
第四组	2.655	2.662	2.526	0.973	0.979	0.896
第五组	2.881	3.141	2.685	0.955	0.951	0.907
平均值	3.0806	3.0176	3.0362	0.9288	0.9308	0.9368

化影响而产生较大变化。因此，从上述相关各土地使用分形维度 D 的平均值可知，住宅土地使用将比商业土地使用与工业土地使用更易受距离模拟图层 r 值的变化影响而改变其网格数量，且聚集于模拟图层中心点的倾向最低，其次为商业，最高则为工业。

除此之外，从表 2-10 各土地使用分形结构式的解释能力 R^2 平均值可以发现，各土地使用的解释能力皆非常高，且皆大于 0.9。由此可知，各土地使用的分布形态上其距离仿真范围的中心点与其所分布的数量间有高度的线性关系，即为分形结构的关系。也就是说，各土地使用在模拟范围内的分布呈现出非常高度的分形样貌。并满足假说一的说明："土地使用的变迁为依循着某一规则而进行，而本研究所建立的土地使用转换规则与其经校估后所得的参数值则可模拟出某些城市土地使用变迁过程与分布形态。"

欲了解土地使用分区是否会对土地使用分布产生显著的影响，本次模拟将以前述经 t 检定结果呈显著的参数，扣除掉土地使用分区影响因素的参数值，即令 b_{iz} 为 9，进行土地使用变迁模拟，并进行假说二的验证。此意味着每一分区可允许各种土地使用的开发，如同没有分区的限制一样。

在同样进行 5 次扣除土地使用分区影响参数的模拟后，本研究得到表 2-11 的 5 组扣除土地使用分区影响参数的各土地使用模拟网格数及分形维度 D 值。

扣除土地使用分区影响因素之各土地使用模拟网格数与分形维度D值　表2-11

类别 组别	住宅土地使用模拟网格数	工业土地使用模拟网格数	商业土地使用模拟网格数	住宅土地使用分形维度D值	工业土地使用分形维度D值	商业土地使用分形维度D值
第一组	261	284	59	2.990	2.813	2.868
第二组	294	313	76	3.066	3.071	2.376
第三组	296	336	62	2.973	3.186	2.401
第四组	291	361	55	3.375	3.092	2.233
第五组	310	375	62	3.301	3.391	2.309
平均值	290.4	333.8	62.8	3.141	3.1106	2.4374

将上述模拟结果与先前未扣除土地使用分区影响因素的模拟结果进行单因子多变量分析后，其呈现结果如表 2-12 所示。

单因子多变量分析表——受试者间效应项的检定　　　　表2-12

来源	应变数	Ⅲ型平方和	自由度	平均平方和	F检段	显著性
校正后的模式	住宅土地使用模拟网格数	6.400[a]	1	6.400	0.022	0.886
	工业土地使用模拟网格数	10956.100[b]	1	10956.100	12.640	0.007
	商业土地使用模拟网格数	67.600[c]	1	67.600	1.352	0.278
	住宅土地使用分形维度	9.120E-03[d]	1	9.120E-03	0.134	0.724
	工业土地使用分形维度	2.162E-02[e]	1	2.162E-02	0.503	0.498
	商业土地使用分形维度	0.896[f]	1	0.896	7.551	0.025
截距	住宅土地使用模拟网格数	838681.600	1	838681.600	2869.740	0.000
	工业土地使用模拟网格数	904204.900	1	904204.900	1043.213	0.000
	商业土地使用模拟网格数	36240.400	1	36240.400	724.808	0.000
	住宅土地使用分形维度	96.771	1	96.771	1418.133	0.000
	工业土地使用分形维度	93.887	1	93.887	2185.337	0.000
	商业土地使用分形维度	74.901	1	74.901	630.977	0.000
区划	住宅土地使用模拟网格数	6.400	1	6.400	0.022	0.886
	工业土地使用模拟网格数	10956.100	1	10956.100	12.640	0.007
	商业土地使用模拟网格数	67.600	1	67.600	1.352	0.278
	住宅土地使用分形维度	9.120E-03	1	9.120E-03	0.134	0.724
	工业土地使用分形维度	2.162E-02	1	2.162E-02	0.503	0.498
	商业土地使用分形维度	0.896	1	0.896	7.551	0.025
误差	住宅土地使用模拟网格数	2338.000	8	292.250	—	—
	工业土地使用模拟网格数	6934.000	8	866.750		
	商业土地使用模拟网格数	400.000	8	50.000		
	住宅土地使用分形维度	0.546	8	6.824E-02		
	工业土地使用分形维度	0.344	8	4.296E-02		
	商业土地使用分形维度	0.950	8	0.119		
总和	住宅土地使用模拟网格数	841026.000	10		—	—
	工业土地使用模拟网格数	922095.000	10			
	商业土地使用模拟网格数	36708.000	10			
	住宅土地使用分形维度	97.326	10			
	工业土地使用分形维度	94.252	10			
	商业土地使用分形维度	76.747	10			

续表

来源	应变数	Ⅲ型平方和	自由度	平均平方和	F检段	显著性
校正后的总数	住宅土地使用模拟网格数	2344.400	9	—	—	—
	工业土地使用模拟网格数	17890.100	9			
	商业土地使用模拟网格数	467.600	9			
	住宅土地使用分形维度	0.555	9			
	工业土地使用分形维度	0.365	9			
	商业土地使用分形维度	1.846	9			

注：a —— R^2=0.003（调过后的 R^2=-0.122）；

b —— R^2=0.612（调过后的 R^2=0.564）；

c —— R^2=0.145（调过后的 R^2=0.038）；

d —— R^2=0.016（调过后的 R^2=-0.107）；

e —— R^2=0.059（调过后的 R^2=-0.058）；

f —— R^2=0.486（调过后的 R^2=0.421）。

　　通过表 2-12 的单因子多变量分析可知，土地使用分区的有无，在 95% 的信赖水平下，不对住宅土地使用模拟网格数、商业土地使用模拟网格数、住宅土地使用分形维度与工业土地使用分形维度产生显著影响。但会对工业土地使用模拟网格数与商业土地使用分形维度产生显著影响。本研究认为，土地使用分区会对工业使用数量产生显著的影响，且在没有分区的情况下，工业数量会增加的原因或许是由于住宅与商业区的划设排挤了工业在模拟范围内能产生的机会；土地使用分区也对商业分布的分形维度产生显著的影响，在没有分区的情况下，商业分形维度较低，也代表其将更倾向于聚集于模拟图层的中心。

　　虽然单因子多变量分析的 6 个变量分析结果并非完全显著，但本研究从上述单因子变异数分析结果仍相信假说二："土地使用分区管制此一变量对土地使用的变迁的仿真规则具有一定的影响力，即其对模拟结果的影响可达显著水平"。但其并不会对住宅及商业的土地使用数量与住宅及工业土地使用分形分布产生影响，而仅限于减缓工业土地使用数量的增加及影响商业土地使用的分形分布。所以，分区管制虽对都市发展形态有所影响，但该影响却有限。

　　由于模拟为物质空间的具象研究，因此本研究将有无土地使用分区的模拟结果进行更进一步的模拟图层比较，图 2-14 为原始模拟的环境图层，表 2-13 则为各个图样的说明。图 2-15 为有土地使用分区影响因素下的树林、新庄与板桥区的土地使用分布；图 2-16 为没有土地使用分区影响因素下的树林、新庄与板桥区的土地使用分布。

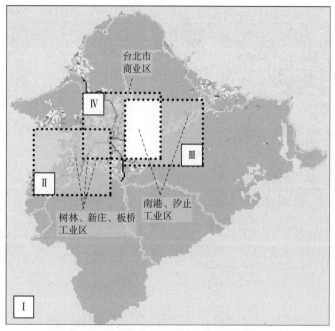

图2-14　模拟的分区图层与分析范围示意图

仿真图层之图样与形态对照表　　　　　　　　表2-13

图样	形态	图样	形态
	住宅区	■	初期捷运线
■	工业区	■	道路与捷运线重迭处
■	商业区	E	空地
■	可发展区	R	住宅土地使用
	限制发展区	I	工业土地使用
	国道与省道	C	商业土地使用

从图2-15中可发现住宅区内以住宅使用聚集为主，其他则为零星的工业使用与商业使用；工业区内皆以工业使用聚集为主，其他则为零星的住宅使用与商业使用。然而，从图2-16中则可发现板桥、新庄与树林工业区中，住宅使用与工业使用在各地点内皆有聚集的现象发生，但不同于图2-15，商业使用零星遍布于各个地区。

五、讨论

仿真的目的即希望通过计算机科技的进步，摒弃过去由上而下主观建构模式所产生的问题，改为采用个体为基础模式建立（agent-based modeling）的概念，以期

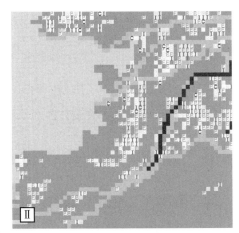

图2-15　第一组样本仿真期数t=18之Ⅱ区各
土地使用分布图

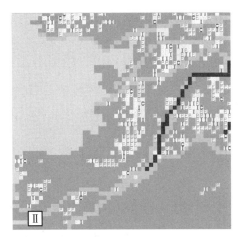

图2-16　第一组扣除土地使用分区影响因素
样本仿真期数t=18之Ⅱ区各土地使用分布图

给予每个在研究系统中最基本的单元对于所面对的问题，能自行产生解决方式的行为模式，就如同现实社会中每个个体的行为一样，并通过其彼此间的互动，来创造出一个近似现实社会的仿真系统。如此，研究者将可通过这样一个仿真系统，了解社会可能发展的趋势与可能产生的问题，进而作为制定决策的依据。

从过去土地使用变迁仿真模型的发展历程中，已证实仿真模型确实可以仿真出与现实世界中许多城市土地使用分布相同的特性，如幂次法则与分形（White et al., 1993）。土地使用变迁仿真模型除了可以了解土地使用分布的一般性特性，许多研究者当然更期望能够通过仿真模型预测各个地区未来可能的发展以作为相关决策的依据，就如同上述所提到的模拟的目的一样，因此，近期也有学者进行这方面的研究，如迪尔及弗恩尼尔（Deal et al., 2000）的米尔溪流域地区2020年的城市成长预测模型。

虽然土地使用变迁仿真模型的建构方式大致相同，也在不断改进，如本研究将过去所忽略的土地使用分区对土地使用会产生影响的特性，以及以基因算法的方式来求取相关参数等融入模型当中，但仍有许多人抱有怀疑："未来的土地使用确实会如仿真系统般的发展吗？"答案到现在为止可以说仍是不确定的，或许这是因为影响土地使用变迁的影响因素是非常繁杂的，包括空间因素（通过网格间距离远近所产生的土地使用变迁）与非空间因素（突然的政治经济决策或国际情势演变）。而对于仿真模型而言，如何将非空间因素予以融入，尚有待发展。唯一可以确定的是，只要针对仿真模型的规则能够制定得更为细致，如增加更多重要的局部性因素、土地使用的分类更为仔细，就可如同怀特、英格兰及乌尔吉（White et al., 1997）所述：

"像道路……与一些现况的土地使用分布形态，就可彼此互动并限制城市发展的可能形态。如此，尽管系统可能具有随机性，但它将会使城市土地使用形态的预测变得更可信赖。"

因此，对于未来土地使用变迁仿真模型的发展，本研究认为除了应朝向如何将非空间决定性因素融入其中，也就是将可能的临时用地变更或经济决策方面的信息在仿真过程中予以加入，还需要更完善的基础数据建置，如过去各土地使用的发展地点等，因为仿真模型的数据校估需要的是完整的资料背景来增进参数的准确性，如此，以模拟结果来作为规划决策之用将更有保障。

此外，关于土地使用分区在仿真模型中对各土地使用分布所造成的影响，从本研究的模拟结果中可以知道。观察模拟结果的土地使用分布图层（图2-3、图2-4）后可以发现，住宅土地使用与工业土地使用的聚集分布明显受到土地使用分区的影响。在具有土地使用分区影响因素的模拟图层中，住宅使用与工业使用明显地在其受允许几率较大的地方聚集成长；反之，在扣除土地使用分区影响因素的模拟图层中，住宅使用与工业使用则同样会聚集成长，但却与上述地点有所差异，也就是虽然住宅与工业土地使用仍会聚集，但其分布却不受土地使用分区地点所限制。此外，商业使用的分布则是在具有土地使用分区的模拟图层中较为集中，而在扣除土地使用分区影响因素的模拟图层中则较不集中。

而后，观察模拟结果分析的土地使用分区影响因素单因子多变量分析，从分析表2-12中可知，土地使用分区仅对工业土地使用网格数及商业土地使用分形分布的影响较为显著，其余则否。

比较土地使用在可见的模拟图层的分布与通过单因子多变量分析的分形维度分析所得的结果，似乎有所出入。为什么在可见的图层上各土地使用分布有显著的不同，但多变量分析的结果中各土地使用分布的分形维度却仅有商业土地使用产生显著效果？难道土地使用分区仅对商业土地使用的分布造成影响？

原因即在于，本研究的土地使用分形维度仅决定了土地使用分布的分形样貌，却无法决定其分形样貌的位置坐标。如图2-17与图2-18所示，虽然黑色网格分形样貌相同（分形维度皆约为0.940），但其分布的位置坐标却不同。也就是说，土地使用分区影响了商业土地使用的分形样貌与位置，但却未影响到住宅与工业土地使用的分形样貌，而仅影响了其坐标位置。这样的观察引发了一个有趣的问题，即直觉上分区管制限制了开发形态，也应改变土地使用分布的样貌，但本研究却发现分区对土地使用分布样貌的影响是有限的，原因为何？可能的解释之一是城市物质发展的过程也许与制度发展没有强烈的关系，且制度所造成的"下滤"（filtering

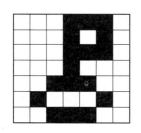

$r=0 \quad B_T=1$
$r=1 \quad B_T=6$
$r=2 \quad B_T=11$
$r=3 \quad B_T=17$
$D \approx 0.940$

图2-17 Log范围——半径示意图（一）

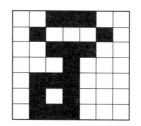

$r=0 \quad B_T=1$
$r=1 \quad B_T=6$
$r=2 \quad B_T=11$
$r=3 \quad B_T=17$
$D \approx 0.940$

图2-18 Log范围——半径示意图（二）

down）效果并不会影响开发行为的基本特性，只会通过资讯及权利限制影响开发决策，但这个解释需要进一步求证及深入探讨。

六、结论

通过上述之计算机分析结果与相关讨论，本研究认为以经济财产权与经济财产权值指标的变化说明土地使用彼此互动所产生的结果，并作为土地使用转换的依据，有助于了解土地使用进行转换的背景原因，即土地互动影响的内容与土地使用转换的决定因素。而从基因算法所获得的21个参数值可知，住宅使用与工业使用对于周围土地经济财产权参数值的影响，以能产生相同类型的土地使用为主，能达到较高的经济财产权值。也就是说，住宅使用与工业使用具有极高吸引相同类型使用的特性。而从分区容许度参数值来看，则可发现工业区允许其他土地使用的程度最低，开发者在工业区能进行的经济财产权也就受到较高的限制。从土地使用分区影响因素的单因子多变量分析可知，土地使用分区会对土地使用分布产生影响，而其影响的内容包括：影响模拟范围内工业土地使用产生的数量及商业土地使用分布的分形样貌。而对于其他土地使用产生的数量及分布的分形样貌则无显著影响。但若进一步与模拟图层进行比较，土地使用分区影响的方式则主要为各土地使用分布的位置而非样貌。也就是说，不论是否有分区管制的因素，分形的城市空间样貌都极具韧性的特色。

此外，为配合计算机技术的进步，本研究认为应以基因算法的方式进行各土地使用间影响参数值的校估，而从校估的结果来看，可发现所获得的参数值皆达到显著水平。因此，通过此基因算法的参数校估方式确实可减少需耗费时间与人力的试误法校估导致的缺失，也可弥补运用主观方法给予参数值可能产生的问题。

最后，从本研究的仿真模型与仿真结果来看，本研究的土地使用变迁模型确实能仿真出近似真实世界的各土地使用分布形态，不但有利于进行各影响因素及其影响程度的观察与分析，并可提供可见的动态土地使用变迁过程。

第三节　城市中规划的作用

摘要

　　规划作用对复杂空间系统的演化产生何种影响？这是本书尝试探讨的问题。本节以单维元胞自动机（one-dimensional cellular automata）进行计算机仿真，并根据囚徒困境模式（prisoner's dilemma），探讨规划行为中信息收集活动对空间互动决策者所产生的集体行为演化的影响。元胞自动机考虑离散的空间与时间向度，依据其设定的规则经由细胞与细胞间彼此互动，演化出多样的组织及时空形态。本研究认为单维元胞自动机为复杂系统演变的基本模式，可以仿真其他具有普遍运算（universal computation）功能的复杂系统，包括城市空间系统。基于这个假设，本研究进行以囚徒困境互动机制为基础的单维元胞自动机计算机仿真，以细胞互动范围与决策比较范围为两项控制变量。因此本研究欲探讨在囚徒困境中不同得分报酬、不同规划作用大小、不同初始结构及不同互动范围情况下，单维元胞自动机将会演化出什么样的组织及时空形态。仿真结果显示规划作用确实对单维元胞自动机演化时空形态有所影响，具体而言，规划作用的增加会使系统演化变得更多样。

一、前言

　　城市是一个复杂系统，因为城市的形成是由许多开发决策及其间的互动关系在时间及空间上累积而成的。目前学界对于复杂系统特性的理解有限，而研究复杂系统最常用的分析工具不是数学模式的建立，而是计算机仿真（Casti，1997）。其主要原因在于传统数学在描述复杂的自然及社会现象有其限制。沃福兰（Wolfram，2002）对传统数学在描述复杂现象的困境方面有深入的探讨。他认为通过传统数学所认知的世界十分有限，而通过类似单维元胞自动机的简单计算机程序，可以模拟许多传统数学无法描述的现象，例如流体的动态。本研究认为传统数学模式虽有其成功之处，但仍有许多复杂现象（包括城市空间演变）难以用数学模式驾驭。建构在合理机制上的计算机仿真应可帮助我们了解城市空间演变的基本原因。从另一方面来看，关于规划作用对城市空间演变所造成的影响，学界所知有限（Hopkins，2001），主要是因为若从实证的方法入手，研究这样的课题其资料收集及因果关系的界定十分困难。因此，本研究一方面尝试通过简单的计算机仿真模式——单维元胞自动机作为城市空间演变的基本模式；另一方面通过该模式机制的操作来表现规划的作用，用以检视该作用大小的改变对城市空间演变的影响。本研究所定义的规划作用狭义上指为信息收集降低所面临的不确定性以拟定最佳行动策略。

　　本研究认为，要建立有用的模式，不见得要从具象的城市空间模型着手，而可从简单而抽象的架构入手。毕竟模式不是仿真物体的表象，而是对物体现象本身特性发生的一种解释。许多传统城市空间结构模式便是用抽象的数学语言为之（Anas et al.，1998）。同理，本研究所采用的计算机仿真模式是单维元胞自动机，虽然该模式乍看之下与物质城市空间结构无甚关联，但现已发现该模式能解释许多自然界及人文环境的复杂现象，包括股票市场的变动、自然演化及相对论等（Wolfram，2002）。有些单维元胞自动机甚至因具有普遍运算的功能而能模仿任何复杂的运算。如果我们视城市空间演变过程为一种复杂的运算过程，那么应用单维元胞自动机来模拟城市空间的演变过程虽不具表面的具象特色，也不足为奇了。换句话说，本研究视单维元胞自动机如同数学模式一般，为一种模式语言，而不是一种物象（iconic）模式。目前规划界将元胞自动机作为物像模式的研究方法，针对模拟结果与实际城市空间演变进行比较，虽有其贡献，却有失元胞自动机的本意。因为元胞自动机作为解释复杂现象的一种抽象模式语言，似不应将其图像直接与实体的物像作比较。

　　近代科学的发展在还原论的驱使下，旨在寻求构成所观察到复杂事物的基本成因，且获得了相当程度的成功。传统科学以数学作为分析工具，成功地解释了许多自然现象，且成果多指向这些自然现象背后隐藏的不变的基本规则（即自然定律）。但笔者同意沃福兰的说法，认为数学语言所能解释的现象仍十分有限，且多为简单系统。最明显的例子莫过于物理学上三种粒子的运动，至今仍无法以数学模式解释。城市空间演变何其多变，但作为复杂系统之一，笔者相信其背后应隐藏着简单的规则。而沃福兰的单维元胞自动机模式可以作为探讨城市变迁缘由的分析工具（Lai，2003）。

　　规划行为是一种普遍现象。任何决策者在执行较为繁复的任务时皆会拟妥计划据以采取行动。城市发展尤其需要规划，因为城市发展特性与新古典经济学的均衡理论的假设有很大的不同（Hopkins，2001）。对于计划的定义与规划行为的描述（即计划拟订的过程），虽然学者的意见莫衷一是，但从信息经济学的角度切入，似乎颇具说服力。制定好的计划如同作出好的决策一般，需要依赖正确而有用的信息。因此，虽然规划的定义有许多，但从信息操作的角度来看，一个很重要的概念便是"信息收集"，如霍普金斯（Hopkins，1981；2001）将规划定义为"信息的收集以降低不确定性的一种活动"，薛佛（Schaeffer）及霍普金斯（Schaeffer et al.，1987）更以系统性的架构来描述土地开发的规划行为内涵。他们亦将规划视为"一种收集及产生信息的过程"，视信息为决策者制定决策时的输入变量，目的在于减少决策判断中的不确定性。所以"信息收集以降低不确定性"是规划行为理论中很重要的概念。笔者（Lai，2002）亦曾以信息经济学的概念证明信息的收集原则为准确性与报酬相关性。因为规划往往不可避免地发生在一个复杂而充满不确定性的环境中，不确定性的原因在于环境的复杂性而导致信息的不完全，所以在复杂的空间环境中决策者所收集的信息，往往视其所处的环境不同而有所不同。因此，收集信息具有空间上的限制。然而在目前大部分规划行为的研究中并未将空间因素直接界定为决策变量（如 Hopkins，1981；2001；Knaap et al.，1999；赖世刚 等，1996；Lai，1998 等）。因此，研究规划行为中将信息收集的活动纳入空间范畴考虑，以观察决策者在空间系统中互动演化的结构特性，是一个很重要且迫切需要探讨的主题。因此，本研究对规划的定义从狭义的信息操作入手，并不拟将规划作通盘性的解释。

　　传统数学模型在描述城市空间发展的应用上有其限制，主要原因在于数学语言在描述复杂现象上的不足。而计算机仿真便可以补足这样的缺失，因为计算机仿真的计算能力可以描述许多数学模式无法建构的复杂系统动态，包括城市及区域系统。当然，计算机仿真无法取代数学模式，两者应是相辅相成的。本研究便尝试以简单但具有解释力的计算机仿真模式，探讨在空间因素的考虑下，规划行为中信息收集范围的改变对空间演化的影响。虽然描述城市空间演变的理论可由不同角度入手，如生态学、社会学、经济学及政治经济学等（Kaiser et al.，1995），但博弈理论作为土地开发者间的互动机制似乎在描述开发策略拟订以谋求利益最大化上更为贴切（Rudel，1989）。而博弈理论中著名的"囚徒困境"模式可简单勾勒出部分具有真实性的决策者互动机制。该模式亦可说明双方在不断累积经验及学习的信息中，找出对自己有利的最佳策略（Axelrod，1984；1997）。由于本研究重点在于探讨信息收集范围的影响，并未深入探讨策略形成的博弈演变，因此不拟针对博弈理论作深入的探讨。无论如何，本研究以"囚徒困境"的简单博弈架构为城市发展机制的假设，应可捕捉部分土地开发互动的真实情况。例如，相邻基地不同地主决定是否要共同重建以改善居住环境便是"囚徒困境"的典型例子。为求简化，本研究定义信息收集的目的在于模仿空间模式周遭最佳决策者的决策，而不包含盘算对方可能行动及策略的行为等。这种信息收集的定义可视为规划行为，为降低有关环境不确定性的一种活动。[①]

　　探讨处于囚徒困境的人类行动最深入者莫过于雅克萨罗德（Axelrod，1984；1997），该研究主要了解在何种情况下合作行为会发生。本研究则欲探讨在囚徒困

---

　　① 弗兰德（Friend）及西克林（Hickling）（Friend et al.，1997）从决策的观点，认为规划所面临的不确定性可分为外部规划环境、未来相关选择、价值判断三种，而霍普金斯（Hopkins，1981）认为还有替选方案的不确定性。因此，规划所面临的不确定性共有四种。

境的互动架构下，规划作用的大小对城市空间变化有何影响。原始囚徒困境博弈无空间上的考虑，此时元胞自动机模型便提供一个具有考虑空间因素的模型（Nowak et al.，1993），本研究仅考虑以单维元胞自动机模型建立互动模式，因其为最简单的元胞自动机（所有细胞在一维空间或线形空间上排列），且相关文献已有深入研究（如 Wolfram，1994；2002；Wuensche et al.，1992 等）。根据此模式导入囚徒困境模式与规划作用，建立其演化（evolution）规则，探讨不同信息收集范围下，决策者以模仿行为在单维元胞自动机中整体互动演变的情形。而根据计算机模式仿真结果，可以观察信息收集活动，在这简单的空间互动模式中，对其演化结构特性的影响，并进而说明此模式可以运用在解释实际规划问题上的可能性。

二、元胞自动机与囚徒困境

元胞自动机概念的提出最早从冯诺曼（von Neumann et al.，1966）所思考的一部自我复制机（self-reproducing automata）后，到康为（Conway）等（Conway et al.，1985）的生命游戏（game of life），可以说已开启了一个探讨复杂现象的分析方式。此后多位学者发表一系列研究之后，元胞自动机模型更趋成熟（Nowak et al.，1993）。之后便迅速在城市规划领域中应用[1]。此观念目前广泛应用在生态（如 Nowak et al.，1992）、经济（如陈树衡 等，1994）及规划界（如 Batty et al.，1994）等。元胞自动机产生的方法很简单，即由一个简单的规则产生复杂的现象。其主要概念是，在很大的相位空间中，真正影响下一时刻某细胞值的，只有在其附近有限个细胞的值。于是下一刻的值的决定就由左右 r 半径内的细胞所决定。例如，假设有 $2r+1$ 个单维元胞自动机如式（2-6）所示：

$$a_{i-r}, \ a_{i-r+1}, \ \cdots, \ a_i, \ \cdots, \ a_{i+r-1}, \ a_{i+r}$$

它的动态方程式就是一个离散时间的函数：

$$a_i^{(t)} = F\left[a_{i-r}^{(t-1)}, \ a_{i-r+1}^{(t-1)}, \ \cdots, \ a_i^{(t-1)}, \ \cdots, \ a_{i+r-1}^{(t-1)}, \ a_{i+r}^{(t-1)}\right] \qquad （2-6）$$

式中：a_i ——第 i 个细胞；

　　t ——时间；

　　r ——互动半径。

假设 F 之值域为 1 或 0，即 $\{1, \ 0\}$，如式（2-7），则 F 可定义为：

$$F: \{1, \ 0\}^{(2r+1)} \rightarrow \{1, \ 0\} \qquad （2-7）$$

---

[1]　例如期刊 *Environment and Planning B*：*Planning and Design* 1997 年第 24 期第 2 卷有针对元胞自动机作深入探讨的专辑。

F 函数状况的个数是有限的，共有 $k^{k^{(2r+1)}}$ 个，其中 k 表每个细胞可能值的个数。例如当 $r=1$ 且 $k=2$ 时，$2r+1=3$ 个相邻细胞的组合中间细胞共有 8 个可能性，即 111、110、101、100、011、010、001 及 000。而每个组合对应的 k 值为 0 或 1，使得 F 函数的状况有 $2^8=256$ 种。因此其简单的函数模式产生的行为便能造成一个很复杂的情况。从上述看来，元胞自动机的联结只是区域性的 $2r+1$ 个（具有空间因素的考虑），而不是总体的相连。但依据其传播定则（propagation law）却可说明每一个细胞的影响作用仍是整体性的。

沃福兰单维元胞自动机的 256 个规则看似简单，其意义却是深远的。如果我们将这 256 个规则视为复杂系统（含城市）运作基本规则（及自然定律）的全集，便可用这个模式来解释包含城市变迁的复杂现象。例如，沃福兰将这 256 个规则分成四个大类（后有详述），其中一大类称为复杂结构，其演化的形态变化多端，具有生机。笔者推论城市空间变迁便应具备这种特性，而其所属的基本规则共同形成几率性的演变规则，使得城市变迁充满不确定性（Lai，2003）。

罗瓦克及梅（Nowak et al.，1992）曾将囚徒困境与元胞自动机相结合进行计算机仿真，以观察复杂形态如何从简单的规则涌现（emerge）出来。他们先将囚徒困境模式的得分报酬间的关系加以简化（图 2-19），将前述原始囚徒困境得分矩阵中四种不同的得分组别，简化为两种得分组别。即采取合作策略则得分报酬为 1，即（C，C），而采取对抗策略以应付合作策略的得分报酬为 b，即（D，C）。其他的情况如（D，D）、（C，D）皆加以简化使其得分为 0，这样便使得系统行为的动态完全取决于变量 b 的值，因而使囚徒困境的情况简化为一个参数。虽然此简化的结构与原始囚徒困境的结构略有出入，但当 b 大于 1 时，双方的优势策略皆为对抗策略，此逻辑与原始囚徒困境一致。其元胞自动机的规则设计为本身细胞与其固定距离的邻近细胞互动，而邻近细胞再分别与其相同距离互动范围的邻近细胞互动，其互动结果以囚徒困境的得分报酬计算。之后，细胞本身与邻近细胞间分别有得分总和，从中取得分最高者所采取的策略为其下一刻该中间细胞所采取的策略，类似模仿优胜者的策略。再根据此种规则，在二维元胞自动机中演化，观察在不同 b 值区间内细胞的演化结果。此简化的囚徒困境在实例上可描述公共财力的提供、邻避设施及重建决策等多种城市规划问题。以相邻两块土地

图2-19 简化的囚徒困境模式的得分

注：C—合作策略，D—对抗策略，b—（D，C）报酬的变数。

所有者考虑重建为例，视 C 为重建而 D 为不重建。若两土地所有者皆不重建，双方报酬均为 0；若双方均重建，报酬皆为 1；若一方重建而另一方不重建，不重建的一方获得 b 报酬，较重建的一方获利为大（即为 0）。此结果与标准囚徒困境的逻辑是一致的。

本研究修正此二维模式以结合部分规划作用（即信息收集或细胞得分值比较的范围）于单维元胞自动机之中。这是因为，如前所述，单维元胞自动机似乎是任何复杂系统的基本形态（Wolfram，2002）。计算机仿真设计改变囚徒困境博弈报酬矩阵参数（b）、模仿行为信息收集范围（n）及细胞互动范围（r），进行元胞自动机演化，观察 C 及 D 增加或减少的演化情形。

三、计算机仿真设计

本研究的计算机仿真设计乃是基于囚徒困境模式与单维元胞自动机的结合，也就是将前述罗瓦克及梅（Nowak et al.，1992）的观念表现在单维元胞自动机之中。所不同的是，本研究重点乃欲探讨规划作用作为一种控制变量，其对空间演变结构的影响。而单维元胞自动机的规则，如前所述，是下一时刻细胞的数值或策略决定于这一时刻本身的细胞与其邻近左右细胞互动的结果。因此其互动的范围为左右两个方向，较二维元胞自动机互动的方向来得少。以下分别详细说明本研究所设计建立的元胞自动机的计算机仿真内容所考虑的控制变量。

（一）每个细胞的值域 k 的范围

本研究中每个细胞所可能拥有的值 k，在此表示每个细胞不是合作就是对抗的情况，因此 $k=2$。以 1 代表对抗（D）而 0 代表合作（C），如式（2-8）所示：

$$a_i \in \{1, 0\}, \text{其中} \tag{2-8}$$

式中：1=（D），对抗策略，0=（C），合作策略。因此，k 值在本模拟实验中是固定不变的。

（二）界定互动范围 r 与比较策略范围 n

互动范围 r 即代表其左右互动相邻细胞的距离，n 为比较策略的细胞数。而在此说明的是罗瓦克及梅（Nowak et al.，1993）并未考虑 r、n 的关系，即互动多少细胞为其比较决策的范围。在罗瓦克及梅（Nowak et al.，1993）的二维模式中以 $r=1$ 为例，表示其与上、下、左、右共 4 个细胞分别互动，而比较决策范围亦是 $r=1$ 半径内的 4 个细胞（$n=4$）。因为本研究利用规划行为理论中将规划作用定义为比较相邻细胞的策略并从中选取最优的策略模仿之，而将 n 与 r 分别独立考虑。以 n 代表比较策略的范围，所以 n 值的大小视作信息收集范围的大小。另外 r 值在此代表互动范围的大小，即每个细胞以囚徒困境模式为互动的范围，其互动表空间上具有利害关系的细胞。因此，互动范围 r 可视作决策相关性的影响范围。以 $r=1$、$n=3$ 为例，$r=1$ 表示细胞本身分别与其各自本身及左右最邻近的一个细胞互动，而其互动结果便是依据囚徒困境模式的报酬得分计算方式，即图 2-19 的得分矩阵。而 $n=3$ 则表示在前述互动方式下，本身及其左右相邻细胞分别得到三组互动得分总和而取其得分最高者决定下一刻所采取的策略。

（三）加入规划作用

将规划的信息收集作用加入元胞自动机运行规则之中，就是每个细胞收集信息的能力扩大，即 n 的个数的增加。在实例上，规划有如进行样本抽样或实验，借以取得信息以改变决策。如果抽样或实验的结果改变了决策的策略，规划作为信息操作的作用便能彰显。就城市规划而言，抽样有如基地的数据收集而实验便有如数学模式的建构，以预知城市政策所造成的可能影响，进而改变城市策略。此处的规划范围如同前述并未考虑策略行为，即猜测对方可能采取的行动，然后根据预测采取相应的策略。因此，信息收集的目的在于了解周遭决策者的行动，进而采用或模仿最佳或最有利的策略，故可解释为有关决策环境的信息收集。以前述 $r=1$、$n=3$ 的情况来说，加入规划作用便形成 $r=1$、$n=5$ 的情况（即 n 增加）。而互动范围 r 亦可以类似的方式控制。本研究所设定的情况包括互动范围 $r=1$、$n=3$ 的情况和增加规划作用后形成 $r=1$、$n=5$ 的情况，以及互动范围增加为 $r=2$、$n=3$ 的情况和增加规划作用后形成 $r=2$、$n=5$ 等的情况，共形成四种情况的设定，如表 2-14 所示。接着便在这四种不同情况下，随着囚徒困境的报酬参数 b 的改变，产生不同规则的内容。

计算机仿真设定对应表　　　　　　　　　　　　　　表2-14

互动范围 ＼ 比较策略范围	$n=3$	$n=5$
$r=1$	$r=1$、$n=3$	$r=1$、$n=5$
$r=2$	$r=2$、$n=3$	$r=2$、$n=5$

本研究计算机仿真的主要内容，如前述依照 $r=1$、$n=3$；$r=2$、$n=3$；$r=1$、$n=5$ 及 $r=2$、$n=5$ 四种情况，分别设定每种规则不同的元胞自动机仿真初始结构。本研究所设计的初始结构参考沃福兰（Wolfram，1994）以往的做法设计两种情形。一是单一端点的情况（seed），其初始结构为只有一个 D 在中央细胞，余则为 C 的情

况；二是随机的情况（random），其初始结构为 C、D 随机排列的情况。进而分别利用计算机仿真这两种不同的状况所演化的结果（表 2-15）。

计算机仿真内容表

表2-15

	单一端点（seed）	随机（random）
模拟内容	$r=1$、$n=3$	$r=1$、$n=3$
	$r=2$、$n=3$	$r=2$、$n=3$
	$r=1$、$n=5$	$r=1$、$n=5$
	$r=2$、$n=5$	$r=2$、$n=5$

在实际的元胞自动机演化规则计算上，本研究依据罗瓦克及梅（Nowak et al.，1992）的观点将原始单维元胞自动机的转换规则加以修改。以 $r=1$ 其本身与邻近细胞共为 3 个（$n=3$）的情况来说，因邻近细胞需与其各自邻近细胞互动，故互动范围共为 5 个。故除了原有 3 个细胞之外，左右需各增加一个细胞。而所增加的细胞其值为未知。为考虑所有可能的情况，根据所增加细胞其值组合的可能，每列各增加四种情况，并得每列计算后依各细胞互动值的总和，取总和分数最高的细胞确定为下一刻所采取的策略。以 $r=1$、$n=3$ 的 101 三个细胞为例，左右各增加一个的情况下便有 01010、01011、11010、11011 四种情况，分别计算出每个情况 101 各个细胞的得分再予以加总，然后计算各细胞最后总分并取其最高者，若为 101 中 0 的总分最高，则下一刻的值则继续为 0，若其中左右两端的 1 的任一得分最高，则下一刻值则转换为 1（若 1 与 0 得分相同则细胞维持与上一刻相同的决定）。由此建立本研究的规则内容，总共产生 40 种规则，其分布如表 2-16 所示。

规则数分布

表2-16

参数设定	规则数
$r=1$、$n=3$	5
$r=2$、$n=3$	3
$r=1$、$n=5$	14
$r=2$、$n=5$	18

四、计算机仿真结果分析

本部分主要说明利用前述设计的规则，分别以单点及随机起始状况两种情况，利用计算机仿真将此仿真结果依照沃福兰（Wolfram，1994）所分类元胞自动机的方法予以分类，探讨在不同互动范围与因改变规划作用而对元胞自动机演化造成的影响，并描述 C 群与 D 群在不同初始情况下及在不同 b 值的规则间演化的情形。本研究主要利用温哲（Wuensche）及莱瑟（Lesser）（Wuensche et al.，1994）所设计的元胞自动机仿真程序为基础进行仿真测试。其程序为单维元胞自动机的演化程序，仿真相邻个数以 3 个及 5 个为限（即 $n=3$ 及 $n=5$）。

（一）元胞自动机模拟结果之分类

元胞自动机的演化复杂而多样，但根据沃福兰（Wolfram，1994）研究指出的单维元胞自动机演化情形都可以归类为四种普遍性的种类（univewalily class），如下所示，其中规则编码（code）系根据沃福兰（Wolfram，1994）的总和（totalistic）编码方式产生。

1. 第一类（class 1）

无论刚开始时的细胞表现什么形态，皆会演化至一个单一同质的形态（图 2-20）。

2. 第二类（class 2）

第二类的元胞自动机演化结果产生了一些个别、独立的简单结构（图 2-21）。

3. 第三类（class 3）

此类的元胞自动机，演化结果为一个不具周期性、混乱的情况（图 2-22）。

4. 第四类（class 4）

第四类的元胞自动机所演化的形态是一个很特殊的结构，看似混乱却也存在着某些秩序，非常难以预测。沃福兰（Wolfram，1994）也发现第四类元胞自动机的产生在 $k=2$ 与 $r=1$ 的情况下十分罕见，然而当 r 变得越来越大时，则第四类元胞自动机发生的情况也越来越多（图 2-23）。

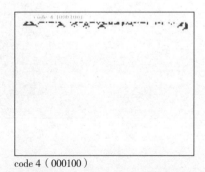

code 4（000100）

图2-20　第一类元胞自动机演化形态

code 24（011000）

图2-21　第二类元胞自动机演化形态

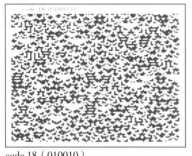

code 18（010010）

图2-22　第三类元胞自动机演化形态

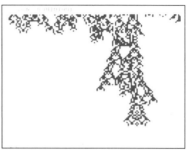

code 20（010100）

图2-23　第四类元胞自动机演化形态

而本研究元胞自动机种类的判断是根据前述四类元胞自动机的分类，而由于第三、四类元胞自动机混乱或复杂的形态甚难分辨，须利用熵（entropy）的测度方能正确分辨（Wolfram，1984）。因此，本研究只对第一、二类元胞自动机进行辨认，对于第三、四类元胞自动机则不加以区别。

根据沃福兰的分类，本研究所设规则的演化结果大多属于第一类与第二类，仅出现一种混乱的第三、四类元胞自动机（即 $r=2$、$n=5$ 且 $9/7<b<4/3$）（表 2-17）。由此看出，本研究所模拟的结果，大多随着演化并很快产生一种固定结构或均质的稳定形态。若视城市为第四类复杂结构，则意味着城市的形成是不易的。

模拟结果分类表　　　　　　　　　　　表2-17

类别 设定情况	第一类（个数）	第二类（个数）	第三、四类（个数）
$r=1$、$n=3$	3	2	0
$r=2$、$n=3$	2	1	0
$r=1$、$n=5$	9	5	0
$r=2$、$n=5$	10	7	1

（二）互动情况不同下的情况（n 固定而 r 改变）

根据表 2-18 可知，互动范围增加的情况下（由 $r=1$ 增加为 $r=2$），共同点是 b 值区间的减少，亦即不同规则所对应的 b 值范围减少。另外从相对敏感度而言，即以 b 值区间除以规则数以表现规则变动的平均 b 值差距，敏感度高（平均 b 值差距越小）表示 b 值些微改变便会导致规则的改变。其意义表示系统的演变规则随着 b 值的变化而趋多样化，导致系统演变因细胞互动范围的增加而呈现较不稳定，即当互动范围增加时，各个元胞自动机的规则变化对于 b 值呈现较为敏感。而在规则数方面，当 $n=3$ 时，则互动范围增加时，规则数减少，而 $n=5$ 时，规则数反而增加。此外根据沃福兰的分类，当 b 值位于区间范围的两端时，系统演化为第一类，而当 b 值位于区间中段时才有可能出现其他较复杂的形态分类，表示（D，C）的 b 值相较于（D，D）的 1 过大或过小均导致系统倾向均质演化。很显然，若因政策或环境因素导致 b 值的改变，将使得城市的演变机制产生改变。

不同互动范围及邻近细胞组合后元胞自动机的演化特性表　　　　表2-18

	规则之 b 值区间	差距	规则数	敏感度（差距/规则）	演化结果分类		
					第一类（个数）	第二类（个数）	第三类（个数）
$r=1$、$n=3$	$2/3 \leqslant b \leqslant 5/3$	1	5	0.20	3	2	0
$r=2$、$n=3$	1 为临界值	0	3	0.00	2	1	0
$r=1$、$n=5$	$1/2 \leqslant b \leqslant 3$	2.5	14	0.18	9	5	0
$r=2$、$n=5$	$1/2 \leqslant b \leqslant 8/5$	1.1	18	0.06	10	7	1

（三）规划作用大小（ n 改变而 r 固定）

根据表 2-18 可知，增加规划的作用即是表示信息收集范围的扩大或 n 值增加，其共同点为 b 值区间的扩大，与前述互动范围增加的 b 值的情况完全相反。此外，从相对敏感度来看，发现当规划作用增加时，$r=1$ 时各个元胞自动机对于 b 值呈现较敏感，而在 $r=2$ 时各个元胞自动机对于 b 值反而呈现较不敏感，但差别不明显。除此之外，规划作用增加后，不管 $r=1$ 或 $r=2$ 规则数都增加许多，演化形态也较为多样。很显然，作为信息操作的规划作用将会改变城市变迁机制以及互动报酬值 b 的敏感性。

（四）C、D 增减变化情况

依据本研究模拟的结果发现，C 群与 D 群在不同 b 值间，随着演化其增减亦随之变化。以下从当 $r=1$、$n=3$；$r=2$、$n=3$；$r=1$、$n=5$ 与 $r=2$、$n=5$ 四种情况下，分别依照其初始结构设定为单点与随机两种情况依序说明。

1. 初始结构不同对于最后演化结果并无差异

由前述不同初始状况的计算机仿真分析中，可知在初始单一端点情况下，很快演化形成一个有秩序的固定结构或均质的结果。这与随机情况下最后所演化的结果非常类似，只是在随机情况下出现较晚。但除了 $r=2$、$n=5$ 且 $9/7 < b < 4/3$ 时其初始结构因随机与单一端点不同其最后演化结果有所不同外，其余则并无例外。因此，初始结构不同对于最后演化结果并无影响。

2.合作群体（C）聚集时相对于对抗群体（D）具有优势

从前述计算机所仿真各种情况分析来看，发现 C 群聚集时（即细胞间具有相邻边）相对于 D 群具有优势，也就是说当 C 聚集时 D 无法轻易地侵略它。因为当 $b > 1$ 时，根据前述简化的囚徒困境报酬矩阵（见图 2-19）双方应该会选择 D（对抗），然而从模式结果中发现 C 群聚集时具有优势，仍然会继续生存下去，而需将 b 值相对提高到一定程度时才能渐渐打破 C 所聚集的群体。此种优势主要来自报酬矩阵的结构非对称性。因不论 b 值为何，（C，C）=1 的报酬必大于（D，D）=0。因此，相对地，由于 D 不具有聚集的优势，其在 $b < 1$ 时便很快消失了，且即使 b 稍大于 1 仍无法打破 C 群的聚集。表 2-19 更能说明此种情况。从该表中发现 b 只要接近或小于 1 则很快演化出被 C 群所占据的情况，而 b 大于 1 时，则因 C 群具有聚集的优势并不会很快地发生被 D 所占据的情况，而需待将 b 值渐渐相对提高后才会被 D群所占据。此等现象的发生，乃是因为囚徒困境报酬矩阵的结构与空间因素所致。另一种可能的解释为在重复性囚徒困境博弈中，因为双方均防范未来对方采取报复行动，便倾向采取合作的策略，本研究结果似与雅克萨罗德（Axelrod，1984）的发现不谋而合。此意味着此种博弈情状适合解释重复博弈出现几率比较高的城市地区，如发展较成熟的城市变迁和缓地区。

不同种类演化至均质（均为C或D）其b值比较表　　　　　表2-19

	何时被C群全部占据	何时被D群全部占据
$r=1$、$n=3$	$b<3/4$	$b>5/3$
$r=2$、$n=3$	$b<1$	$b>1$
$r=1$、$n=5$	$b<5/4$	$b>2$
$r=2$、$n=5$	$b<7/8$	$b \geqslant 4/3$

五、讨论

本研究将囚徒困境模式与规划作用结合于单维细胞自体的运行规则当中，并将设计的运行规则利用计算机仿真加以归纳整理。但这些模拟及分析虽仅止于抽象的系统说明，但本研究仍尝试利用前述归纳所得的特性，解释现实世界的有关土地开发行为。也许有人会质疑本研究所采纳的单维元胞自动机模式过于简单，而无法解释现实世界的复杂空间系统其变化趋势。但最近已有证据显示单维元胞自动机可用来解释许多物质的物理及其他复杂现象（Wolfram，2002），表示单维元胞自动机的演化特性似可以解释或模拟包括城市空间演变的复杂系统通性。以本研究所探讨

的互动范围参数 $r=1$、$r=2$ 及规划作用参数改变的 $n=3$、$n=5$ 来说，其意义并非真如其数字所说的大小，而是一个相对性的概念。即互动范围小（$r=1$）、互动范围大（$r=2$）、信息收集范围小（$n=3$）、信息收集范围大（$n=5$）的相对性概念。囚徒困境报酬矩阵中的变量 b 在解释土地开发行为中亦仅表达一个总体外在影响因素的概念，其中可能包含政府的税收、开发行为的收入与支出，甚至实际环境演变的过程不确定性。以下便分别从信息收集范围（n）及互动范围（r）这两方面逐一对模拟结果就土地规划上的意义进行说明。

（一）规划作用改变因素（n）的解释

从前述 n 的定义中可知，其在元胞自动机的模式中为"决策比较的范围"，而加入规划作用因素就是 n 个数从 $n=3$ 增至 $n=5$。决策比较范围的增加可解释为信息收集范围的增加。而从前面的分析中（见表 2–18）得知信息范围扩大，规则数增加，演化结果增多，可表示当个体细胞规划作用增加时，系统演化结果变得多样与复杂。此结果似应可排除经济学者对规划作用的疑虑，认为市场本身具有效分派资源的功能而不需规划的介入。规划作用至少以本研究的狭义定义为例，确实对空间系统的演化产生影响。

（二）互动范围（r）的解释

互动范围（r）在前述中的定义为细胞彼此以囚徒困境模式互动的范围，进而从其互动中产生得分报酬。从现实世界来看其互动表示决策者间具有某种空间利害关系存在（即互动者间的决策互相影响对方的报酬）。而 b 值的改变也决定博弈情况是否为囚徒困境。例如前述中说明囚徒困境须 $b>1$ 才能成立，若 $b<1$ 则困境无理由产生。因此，互动范围 r 可视作"决策相关性"的影响范围，即其决策的利害关系大，则互动范围增加。以土地使用为例，首先假设每个细胞为一个街区，而每个街区只有两种土地使用，不是住宅使用就是零售使用，其得分矩阵利用本研究前述囚徒困境转换如图 2–24 所示。

得分计算如同前述将其转化为两者皆作住宅使用的得分报酬为 1，而零售使用面对住宅使用其报酬为 b，其余情况得分为 0。此假想的报酬关系虽无法解释所有的状况（如聚集经济），但其目的乃在说明本研究结果可如何应用来描述真实世界情况。互动范围增加也就是决策利害关系影响范围增加，如在一个新建小区的土地

	C	D			住	商
C	1	0		住	1	0
D	b	0		商	b	0

C：合作策略，D：对抗策略　　住：住宅使用，商：零售使用，b：（D，C）报酬的变数或（住，商）报酬的变数

图2-24　住宅、商业使用报酬矩阵图

使用类别间其利害关系范围较小、单纯，而由于该地区渐渐发展，人口迁入、商业发展等的关系使得利害关系复杂化，其范围、个数增加。而从前述分析中得知，若互动范围（r）增加，b 值区间明显减少，系统对 b 值的反应特别敏感。

根据以上所述，可知在不同的互动范围（r）与信息收集范围（n）下对于报酬 b 值的反应亦不同。而 b 值为一个外生变量，可由我们来控制其规则演化的结果。可解释为如前述土地使用作为住宅使用或零售使用的例子中，政府利用税收、土地变更利益回馈等手段来控制报酬 b 值的大小，使其欲将该区的土地使用形态演化为纯住宅使用避免零售使用入侵（如同前述演化结果为均质 C 的演化形态），或是欲将住宅使用转化为零售用途的土地使用形态（如同前述演化结果为均质 C、D 均成长的形态）的政策目的。这种对于元胞自动机的解释及其在政策上的应用，则须另外进行深入及严谨的探讨。

六、结论

本研究以简单的单维元胞自动机模型根据囚徒困境为空间互动机制，利用计算机仿真观察规划作用对系统演化的影响。研究结果显示，规划作用增加使得 b 值空间的扩大，系统的演化也受到影响而更多样化。且互动范围的增加使得 b 值区间减少，各个细胞对于 b 值相对于规则呈现较为敏感，b 值些微改变，便会导致规则的改变。另外从计算机仿真中发现 C 群聚集时相对于 D 具有优势，也就是说当 C 聚集时 D 无法轻易地侵略它。此种优势主要来自报酬矩阵的结构非对称性以及重复性囚徒困境博弈中合作行为的涌现性（emergence）。既有文献已证实单维元胞自动机对现实世界复杂系统的解释能力，因此对如城市等复杂空间系统的演变，该模式应具有一定的可信度。本研究便是在这样的概念背景下进行类似的尝试，至于如何将研究成果应用在规划实务的操作上，则需更深入及严谨的计算机仿真设计以及新的解释观点。

第四节 制度与空间演变的模拟比较

摘要

复杂性科学自兴起以来，已逐渐成为探讨城市发展演变的典范。相较于传统的数理模型，以复杂性理论探讨城市发展可弥补其不足，包括可处理不同类型的个体，以及可模拟出更贴近真实世界中个体的有限理性等特性。近年来，基于个体的建模（agent-based modeling, ABM）在社会科学的研究逐渐受到重视。其概念与元胞自动机

（cellular automata，CA）相似，但是基于个体的建模相对于元胞自动机在探讨城市发展上更贴近真实环境。虽然如此，基于个体的建模仍有其局限之处，如甚少涉及抽象的个体，如决策的选择机会。

空间垃圾桶模型（spatial garbage can model，SGCM）正是以一种概念性的模型来探讨城市发展过程，因此本研究以 ABM 来重新诠释空间垃圾桶模型，并加入了适应性与可逆性的概念，将空间垃圾桶模型重新表现为一个人工社会，用来探讨此系统是否为一个自组织的系统，以及制度与空间何者对于城市发展影响较为显著。最后结果发现，系统呈现自组织的现象，而且发现制度在解决问题的效率上较空间为高，空间的相对自组织性较制度为高。为制度与空间之间相互作用显著，显示在城市发展中，制度与空间是互相影响的，因此城市规划应同时注重两者，而非仅以空间规划为主。

一、前言

自从复杂性科学于 1980 年代在美国圣塔菲学院（Santa Fe Institute）发展以来，已渐成为探讨城市发展演变的典范（paradigm）（Batty，2005a）。相较于传统的数理模型（如 Anas et al.，1998），以复杂性理论探讨城市发展可弥补其不足，包括可处理不同类型的个体，以及可模拟出更贴近真实世界中个体的有限理性等特性（Briassoulis，2008）。但最让人注意的是，以复杂性理论为基础的城市发展模型往往可发现自组织[①]的现象（如 Batty，1997；Clarke et al.，1997；Wu et al.，2000）。

然而，对于城市发展的变化，如同传统的模式一般，迄今依然没有一个以复杂性理论为基础的模型能够完美地重现城市发展的过程，或是能完全解释城市发展的机制（Batty，2005a）。因为城市的复杂性高，城市内包含几近无限多的要素，以及城市内个体之间相互作用的不可预测性，因此，要完全模拟出城市过程几乎是不可能的，因为任何模式都只是真实世界的简化。对于城市我们只能掌握其结构化、概念性的架构，以此发展出城市发展演变模型。

空间垃圾桶模型（Lai，2006a）便提供了一种概念性的模型架构来看待城市发展。空间垃圾桶模型从决策制定的机制来看待城市发展的过程，将城市发展视为是决策积累的现象，包括五种因子：参与者（participants）、问题（problems）、解决方案（solutions）、选择机会（choice opportunities）及区位（locations）。这五种因

---

① 自我组织指一种有序结构自发地形成及维持其演化的过程，即在没有特定外部干预下由系统内部组成单元相互作用而自行由无秩序到有秩序、从低层级秩序到高层级秩序的一种演化过程。

子如河川的水流般随机移动，在特殊的时机及场合中决策被制定。而决定因子个体间的组合是否能制定决策的关键之一便是系统内的结构限制，即建立五个元素之间关系的限制条件，详述如后。其概念接近于基于个体的建模的观念：个体在虚拟的空间上依循一定的规则移动，而在一定的条件之下，个体之间会相互作用，并影响整个系统。以基于个体的建模方式来探讨社会科学问题已逐渐受到重视（Troitzsch，2009）。空间垃圾桶模型并无针对城市空间的形态与变化作明确地描述，而是将城市发展中制度（无论是正式的或非正式的）与空间视为城市发展的结构限制，来探讨其对于城市发展的效率。

在空间垃圾桶模型中，结构限制是固定且为外部给定的，而在真实世界中，该限制（如制度）应是缓慢的改变，因此该模型可针对这个限制加以改善。笔者（Lai，2006a）大胆假设，若结构限制并非固定，其应会在仿真中与系统共同演变，就如同法规管制（regulation）在城市发展中涌现（emerge）一般。因此，本研究希望赋予结构限制内生变动而非外生给定的机制，使其可以随着系统共同演化，并观察其是否呈现自组织的现象。

一般探讨城市自组织性的模型多数皆以空间的形态和演变为研究主体（如赖世刚 等，2001），在空间垃圾桶模型中已经发现在城市发展的过程中，制度设计比空间实质设计会对城市发展产生更大的影响力，说明制度在城市发展中是重要的因素之一。然而对于制度是否会呈现自组织的特性，文献上却很少研究探讨，因此综上所述，本研究希望以基于个体的建模重现空间垃圾桶模型，以验证下列假说：

①结构限制在允许其变动的情况下，该结构限制是否会随着时间的演进而产生秩序性？换言之，此系统是否为自组织的系统？

②在确定此系统为一个自组织系统的情形下，制度与空间究竟何者对城市发展较具有影响性？或是其互相影响？

二、文献回顾

（一）自组织与城市发展

"自组织"这个概念为罗特卡（Lotka）于1920年代首先提出，他认为生态系统为一个网络能量流动的模式（Lotka，1925）。为了解释这一新的概念，罗特卡将自组织视为最大的能量输入及产出现象。自组织是开放的复杂系统的基本特性，其理论含义为如果向系统输入能量使得某一参数达到临界值，系统往往会形成某种秩序。也就是说，系统演化时不需要外界的特定干扰，只需依靠系统内部要素的相互协调并能达到某种状态时，便可称此系统为具有自组织的特性。

自组织系统通常存在以下几项特质（赖世刚 等，2001）：

1. 个体间的互动（local interaction）

系统由许多个体组合而成，单一个体的行为不但受到其他个体的影响，其本身也会影响其他个体的行为，最终系统的整体形态是受到个体间不断互动所达成的结果。不同系统中个体互动的诱因或缘由不尽相同，如原子及分子的互动源于作用力，而经济个体的互动诱因源于从交易中获取利润。城市中的个体互动则源自不同的个体为各自的利益而制定了不同的决策，而这些决策又互相影响，也就是城市发展的决策具有相关性（Hopkins，2001）。这种相关性促成了互动的作用力，例如兴建捷运系统的决策会影响周遭土地开发的决策，进而成为城市发展的动力。而个体的互动同时产生整体型态的涌现，也因此复杂系统中整体会大于所有成分的加总（The whole is greater than the sum of the parts.）。

2. 非动力线性学（nonlinear dynamics）

复杂系统中的成分息息相关，小骚动有可能不会一直维持其小骚动。在适当条件下，小小的骚动会膨胀扩大，使得整个系统完全无法预测。自组织现象存在于具有正反馈（positive feedback）的互动系统中，传统假设静态均衡的数理模型难以解释及预测真实的城市发展现象。

3. 数量庞大的个体（many agents）

自组织是建立在系统中组成分子链接（connections）、互动（interaction）及反馈（feedback）的基础上，也就是说呈现自组织现象的复杂系统中必存在着数量庞大的个体。个体可能是分子、神经元或消费者，甚至于企业。无论个体是什么，皆会因相互影响而逐渐不断地自组织或重组为巨大的结构。因此分子会形成元胞，神经元会形成头脑，物种会形成生态系，消费者和企业会形成经济体，设施和活动会形成城市，而这些新产生的整体结构都会形成不同层次的行为模式。城市中正因为有着数量庞大的个体，且个体种类及特性繁杂，因而难以预测个体之间的互动情形，但能借由赋予个体移动及决策的规则，通过计算机仿真观察个体间互动的结果。

4. 涌现（emergence）

此论点认为系统整体会大于组成分子的加总，而整体形态所呈现出的结构与秩序是在组成分子互动下所产生。涌现也意味着复杂系统所表现出的结构与秩序并非与较低阶组成分子的个别演化规则相同。因此有机体在共同演化中竞合，形成协调的生态系统；人们为了满足物质需求彼此交易物品，而创造了市场的涌现结构等，这些都是涌现的例子。涌现与自组织的意义常令人混淆，沃尔夫（Wolf）及霍尔伟特（Holvoet）（Wolf et al.，2005）认为，涌现与自组织的关系存在三种看法：①自组织是涌现产生的原因；②自组织是涌现的结果；③自组织是涌现的一种特殊形式，甚至是同一种并可以互相替代。当将自组织看作微观机制和动态过程的时候，一般持第一种看法；将自组织看作系统的一种性质的时候，往往产生第二种看法；而结合前两种看法或对涌现和自组织在概念上不加区分的时候，就会得到第三种看法。

5. 整体与局部的互动（global-local interactions）

涌现的论点同时也点出了自组织系统中的整体与局部之间的相互影响效果。局部个体之间的互动形成整体组织的结构与形态，这样的结构又影响到个体的行为而产生不同的相互影响关系。

城市系统符合上述几项特点，因此可说其是个自组织的系统。关于城市呈现自组织现象的论证，克鲁格曼（Krugman，1996a）曾以美国1993年的统计资料，以130个城市的规模数据套入幂次定律或法则（power law）[①]模型，并发现高度吻合。统计结果显示，模型的斜率约为-1，表示人口大于某一数量 S 的城市个数与 $1/S$ 呈比例关系。而后克鲁格曼建立起多核心城市的空间自组织模型，其模型以厂商之间的吸引力、离心力及其相互作用的分析为基础，阐述了由一只看不见的手形成大范围内的有规则经济空间模式的内在纹理。国内亦有类似的研究（薛明生 等，2001）。其研究将台湾本岛分为三组规模[②]，发现亦符合幂次律。而赖世刚及高宏轩（2001）则认为城市空间中的土地使用变迁主要为空间单元与周围相邻单元开发决策互动的结果，并视城市为一个复杂空间系统，且空间决策者具有限理性（bounded rationality），借由二维元胞自动机进行土地使用变迁的计算机仿真。实验结果显示，系统中相同使用类别（如住宅使用）的宗地聚集规模与频率呈现出幂次法则的自组织现象。而波图盖利（Portugali，2000）则将目前对于城市的自组织性之探讨作了整理[③]。

城市无疑是个自组织的系统，目前对于城市自组织性的研究仍是方兴未艾，但对于城市自组织性的探讨仅局限于空间模式上，对于城市空间模式为何呈现自组织

---

① 公式为 $R(x)=ax^{-b}$。其中，x 为规模，$R(x)$ 为其名次（第1名的规模最大），a 为系数，b 为幂次，为自我组织的特性之一。

② 大规模：台湾本岛、中山高速公路经过城市与非经过城市；中规模：依中山高速公路经过与否，再细分北中南三区、北中南东区等；小规模：台湾本岛各县市。

③ 其中理论分为耗散城市（dissipative cities）、协同城市（synergetic cities）、混沌城市（chaos cities）、碎形城市（fractal cities）、元胞城市（cellular cities）、沙堆城市（sandpile cities）及元胞空间自由个体（free agents on a cellular space，FACS）与相互代表网络（inter-representation network，IRN）城市等。

系统仍没有一致的解释。尽管如此，城市自组织发展的特性，仍然有隐藏其后的秩序和自身的规律。贝提（Batty，2005a）于其所著《城市与复杂性》（*Cities and Complexity*）一书中提出城市应被视为一层层相迭代的城市变化，而非传统所认为的整体的空间结构与形态。该书中将城市变化的关键视为随机的、历史性的偶然，而城市的优势（无论是资源上或是经济上的）则被认为是由物质决定论（physical determinism）所决定。城市发展则与正反馈（positive feedback）相关，因而有规模报酬递增的现象，而这种现象使得最为基本的动态形式产生出混乱形式的复杂性。这显示了城市系统是一种远离均衡（far-from-equilibrium）[1]的状态，这也是城市结构经常被观察到是规律但却处在混沌的边缘（edge of chaos）的原因。

（二）基于个体的建模及城市发展

"agent-based modeling"（ABM），目前并无统一的译名，可称为"基于个体的建模"或"以代理者为基础建模"。其是从1940年代一个简单的概念发展而成。因为它需要精深的计算程序，因此在1990年代以前并不普遍。基于个体的建模的历史可以追溯到冯诺曼机器（von Neumann machine），首先建立一个具有5个邻域、29个状态，并能自我复制的初等元胞自动机（Elementary CA），后来转变为一般的元胞自动机（von Neumann，1966）。而后康为（Conway）创造出众所皆知的生命游戏（Game of Life）理论（Gardner，1970）。但至此为止都只限于网格之间的相互作用，而基于个体的建模是个体可以在网格上自由移动并与环境相互作用的建模方式。一个个体（agent）需要具有某些特性，包括行动性（activity），即个体具备行动、决策的能力；自主性（autonomy），即个体在成达成目标的前提下，有自主能力采取行动；相互作用（interaction），即个体之间会有相互作用产生；社会性（sociality），即个体与个体会有短距离的沟通行为；回应性（responsiveness），即个体会针对环境而作出回应；持续性（durative），即个体的行为是持续不断的，除非操控者使之停下，否则个体的行动将持续；适应性（adaptability），即个体具备学习并能随经验而增长；可移动性（mobility），即个体可在系统内任意移动（Batty，2003）。

相对于传统数理模型，这些特性会使得模拟环境更像真实的社会。到目前为止学术界尚未达成对个体统一且确切的定义，但尽管在不同领域中对个体的理解有一定的区别，但大多数学者都认为个体是一种实体（entity）（薛领 等，2004）。它

---

① 远离均衡是一种动态平衡，指的是系统随着时间的推移而不断变化的原因是外部能量（或问题）的投入（Pacault et al.，1978）。

能够因应周遭环境给予的信息自发性地运作，具有学习能力并与其他个体并存且互动，也就是说，它们的行为是自发的，是推理后决策、学习及与其他个体、环境互动的结果。然而在城市中，个体所代表的是具有决策能力的个体，如政府、开发商、土地所有者等。

根据基于个体的建模的概念创造社会系统研究的发展则归功于计算机科学家克莱格·雷诺兹（Craig Reynolds）。他曾尝试将真实的生物个体建模，也就是人工生命（artificial life）（陈建元 等，2005）。随着 1990 年代中期软件 SWARM 及 2000 年软件 RePast 的问世，有着部分可自行编撰的编码（custom-designed code），让越来越多的基于个体的建模具体化。如班能森（Benenson，1998；2002）由一个棋盘所模拟的城市，根据居民的经济状况、房地产价格变动以及文化认同性等模拟了城市空间演化的自组织现象、居民种族隔离及居住分异现象（黎夏 等，2007），但模型只考虑居民个体。里格坦伯格（Ligtenberg，2001）提出基于个体的建模与元胞自动机结合的模型，引入了政府主导规划因素。而黎夏则结合元胞自动机模拟了广州市海珠区的发展，并比对模拟的结果与现况发现两者大致吻合（黎夏 等，2005）。翰立及霍普金斯（Hanley et al.，2007）则以基于个体的建模来评估单户住宅（single-family house）发展模式，以仿真在下水道管线扩充的大小、区位和时机的规划下，土地所有者和开发者的反应带来的影响及其连带的影响。

（三）空间垃圾桶理论

空间垃圾桶模式则是由笔者（Lai，2006a）提出，将垃圾桶模式（garbage can model）（Cohen et al.，1972）的决策因子加入区位，并增加解决方案结构与空间结构两种结构限制，用以叙述城市发展决策制定的过程。此理论认为城市（类似组织）是一种有组织的无政府状态（organized anarchy）。城市是由许多决策与规划累积而成的，这个结果是由公、私部门大量个体相互影响并制定决策而形成。城市发展过程可以通过了解整个模拟过程来观察整体发展形态涌现的现象，即源于五种几乎独立的元素流的交互作用，包括决策者（参与者）（decision makers）、解决方案（solutions）、问题（problems）、决策情况或选择机会（decision situations or choice opportunities）与区位（places or locations）。如图 2-25 所示，当五种个体碰撞在一起时，决策有可能被制定。决策者可视为公共部门或私有部门的开发者，公开或私下寻找适当的土地

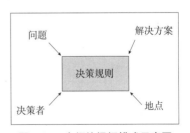

图2-25　空间垃圾桶模式示意图

开发；解决方案则是对开发的土地、资本或是对决策有益的资源；问题是决策者的预期与当下状况的差距；决策情况是开发决策是否会被制定的机会；区位则是决策情况发生的地点。决策者一开始可能有可利用的土地，但不知如何利用。当机会来了，如贷款利率低或主要道路的建设使土地价值上升，决策者与其他合伙人（如土地所有者）或许会决定在该地进行开发以期获利。因此五种元素间的关系是不明确、不清楚的。解决方案也许已经存在于问题发生之前，元素间并没有明显的因果顺序关系。

此外，城市事件充满变化，而事件触发活动。例如，商家提供服务进而影响用户的选择，如住宅区位、购物选择、工作地点、选择哪家餐厅吃晚餐、看哪部电影、去哪家医院看病、走哪条路、上哪间学校等。每个活动都是照计划或是不按计划进行的，都会引起复杂的结果，相互影响着决策者、解决方案、问题、决策情况及区位。例如，一个家庭会先有购物的预算，再开始搜寻位于不同区位的商店所贩卖的物品，最后在一个特定的店里找出符合其需求的商品，决策就是这样被制定的。当决策者、解决方案、问题在特定的决策情况下，决策是否会被制定还要看这五个元素的契合度。开发决策与行动决策彼此间是互相影响的。一个成功的高速公路建设项目将会吸引更多旅游活动的产生，且会依次影响到高速公路沿线交流道附近的土地使用。在更基本的层面上，开发决策以及活动行为是否会发生，也要看这五个因子相遇时，是否满足某些空间及功能上的限制条件。例如，购物活动仅能在商场发生，而休闲活动多发生在公园内。由此可知，开发决策与活动行为受到一套正式或非正式的规则及制度的限制，而这些规则便构成空间垃圾桶模式的结构限制。分区管制就是一个很好的例子。它规定了何种形式的开发及强度是被允许的，如开发的区位与密度，且依此决定何种活动在特别的地区是不能进行的。例如，在住宅区内，公寓或类似的设施只能作为居住用途，而禁止作其他用途的使用。

对于城市发展的过程有了这样简化的概念及想法后，在空间垃圾桶模型呈现的仿真主要是建立在某种推测上，此推测是把城市当作一种混乱的组织，在某些有规则的结构限制中，通过无法预测的方式，凌乱且缓慢地结合了五种元素的契合度，产生出决策的结果。而这五种元素就像五道河水，有时候各自流动、互不相干，有时又会形成交集。换句话说，什么问题会浮上台面，成为热门的议题，然后定下一个决策来试图解决（只能说是试图解决，因为有时候问题是解决了，有时候问题并没有解决，有时候则解决了一部分问题，但又衍生出另外一些问题），就看这五种力量的消长和互动。图2-26为空间垃圾桶模型仿真图，五种个体在虚拟的空间上随机移动，箭头表示该个体可能的移动方向。

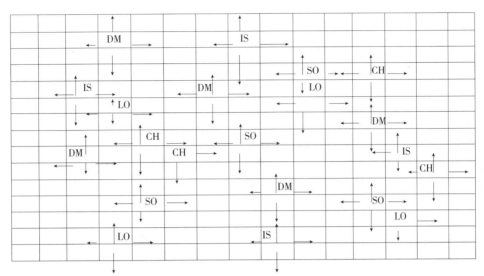

图例：DM-决策者；IS-问题；CH-决策情况；SO-解决方案；LO-区位
图2-26 空间垃圾桶模型仿真图
来源：Lai，2006a

结构限制表示元素间的关系共有四种：管道结构（access structure）、决策结构（decision structure）、解决方案结构（solution structure）以及空间结构（spatial structure）。管道结构说明哪些问题可以在哪些决策情况中讨论；决策结构限制决策者可参与的决策情况；解决方案结构说明哪些方案可以解决哪些问题；空间结构则规范决策情况与区位间的关系。这些结构以0—1矩阵表示；0表示行列元素不能同时存在，1则可。

在空间垃圾桶模型的仿真结果中发现，只有管道结构对总净能量有显著影响。换句话说，规划上制度结构的改变较实质设计更有效率。举例来说，要创造新城市主义所提倡的可步行小区（walkable communities），增加社会资本的制度结构设计会比实质设计更有效率。我们应该增加社会的公平性，不是仅仅提供相等的街道可及性，而是应该通过管制分配相等的路权给每个人，如此就可以获得相同的步行权利，且会使每个人到设施的可及性也平均分配。

空间垃圾桶模型的结构限制是以垃圾桶模型为基础，虽然增加了两种结构限制，但也无法完全将现实城市模拟。最大的原因在于仿真中的结构限制是外生给定的，其认为管道结构与决策结构可视为在结构制度下的权利分配，因为结构限制代表的是决策者对于问题以及选择机会的接触权限。因此笔者认为空间垃圾桶模型若不设定结构限制，而让其元素自由碰撞，结构限制应会随着系统发展而涌现，如同制度在城市发展中涌现一般，此正为本节探讨的主要方向。

（四）以基于个体的建模改写垃圾桶理论

空间垃圾桶模型是以垃圾桶模式为主体所提出，而原始垃圾桶模型所探讨的是组织的决策模式，因此，以基于个体的建模改写更可贴近于真实世界的决策情形。菲欧略提及罗米（Fioretti et al.，2008）将垃圾桶模式以基于个体的建模改写，将垃圾桶模型的四个元素设定为四种不同的个体，在网格上随机移动，每一网格代表的是一个组织，最后发现系统有涌现的现象。其文中最后提到模拟尚有不足之处，包括可以将参与者决策更加贴近现实，如决策行为的路径化（routinisation）、稳定化（stabilisation）及差异性（differentiation），甚至是使参与者有记忆，对未来有学习及搜寻战略。特罗伊兹（Troitzsch，2008）则以垃圾桶模型为概念，但将其简化，将参与者以"工作者"代替，能量值以"技巧"代替，不同的技巧对应不同的问题，而工作者会依照自身的技巧去解决问题。上述研究可说是将垃圾桶模式改写为人工社会（artificial society）系统。

人工社会研究起于人工生命（artificial life），人工生命的研究侧重于生命系统的过程特性，如自组织、合作、涌现、学习和进化等。而"人工社会"是人工生命的延伸。社会本身是一个人造和主要由人组成的系统，是一个客观的事实，而人又是社会的产物。因此，将人工生命的思想扩充到人工社会，可以用来研究社会自身的生命力、发展动力及其相关现象，以个体行为的局部微观模型产生社会的整体宏观规律。在《增长人工社会：由下而上的社会科学》（*Growing Artificial Societies：Social Science From the Bottom Up*）（Epstein et al.，1996）一书中，人工社会的研究开始展开。其作者便是采用基于个体的建模来打破学科界线，从生死、性别、文化、冲突、经济、政治等各种活动与现象的动态着手，综合地由个体的行为模型开始分析社会结构和群体规律（王飞跃 等，2004）。

人工社会是真实世界的缩影，若应用于计算机仿真研究上，其特点是可以设定不同的情境，并可重复仿真，产生大量数据以供分析，故不同于纯演绎法偏重于定理的证明。此外，计算机仿真有一定的逻辑架构作依循，故又不似纯归纳法的主观论述。同时，传统的数理演绎适合用来描述简单现象，对于复杂现象的阐述有其局限性。因此，针对此数学的局限性，学界发展出了实验数学（experimental mathematics）的领域。而计算机仿真便可视为实验数学的主要研究方法之一（赖世刚，2006）。

（五）小结

城市毫无疑问是个复杂系统，其发展是动态的、复杂的，若要探讨城市发展的过程，以传统的数学模式去诠释有其困难性，因为必须处理庞大种类及数量的个体，以及动态的变化性。因此当复杂性理论兴起时，对于城市发展的议题似乎找到了另一种方法。近年来基于个体的建模对于城市发展相关议题的研究越来越热烈，因为其更能贴近现实的城市现象。且这些研究也发现，模拟中与现实城市一样，皆具有涌现及自组织的现象，虽无法完全地将城市建模，但却弥补了传统数理方法的缺失，如无法处理多种个体之间的互动等。

基于个体的建模大多将城市中显在的实体当作行为者，在虚拟的空间上依照设计者的规则任意游走，与其他个体互动并制定决策，同时影响着空间演变，但对于触摸不到的实体（intangible entities），如决策情况或是决策机会却较少提及。而空间垃圾桶模型正是以一种概念性的模型将决策情况视为城市发展决策的重要因子，以不同的结构限制（分别代表制度与空间）探讨城市的发展。但空间垃圾桶模型的结构限制为初始外生给定的，是固定不变的，但真实世界中制度与空间却不断在改变。因此本研究以基于个体的建模改写空间垃圾桶模型，将结构限制赋予每种个体，并使两种结构限制（分别代表制度与空间）随着时间的演进，进行具有简单规则的转换，使得空间垃圾桶模型近似为一个人工社会，观察此系统是否会呈现自组织的现象，并检验制度与空间何者会影响城市发展。

三、仿真参数、规则与设计

本研究所提出的假说为：在不可逆性下，具有适应性的结构限制会随着时间而呈现自组织的现象，以及比较制度与空间何者对于城市发展有较显著的影响。若令所有结构限制都具有适应性，则太过于繁杂，因此，本仿真挑选两个结构限制，分别为代表制度的决策结构、空间的空间结构，并赋予两者适应性；而管道结构和解决方案结构则是依空间垃圾桶模型中的三种形态而设定，即无分隔性（unsegmented）、阶层性（hierarchical）及专业性（specialized），不考虑随机性的因素。

（一）参数设定

1. 个体数量、网格数量与模拟时间

这三项设定与空间垃圾桶的设定相同，模拟空间组成分为两部分——网格与个体。网格部分设计为长、宽各为50格，共2500个网格。个体则又分为参与者（决策者）、问题、解决方案、选择机会与区位五种不同类型个体。

初始给定系统500个决策者及500个区位，于模拟初始随机散布在系统网格上。而解决方案、问题以及选择机会则在每一时间点（指整体系统仿真时点）下各加一个进入系统，共加入500个为止。共模拟20000个时间点。

2. 个体所带之能量值

在空间垃圾桶模型中，每种个体皆带有能量值，此能量值代表的是制定出决策所需耗费的各种成本。因此，能量值有正负号的差别：符号为正代表供给了决策制定所需的资源技术；符号为负则表示决策制定所需的成本。为方便比较起见，在本模拟中，能量值的设定则沿用空间垃圾桶模型的设定：参与者为 0.55；区位为 2.55；解决方案为介于 0 与 1 的随机数；选择机会与问题皆为 –1.1。这些参数值可表示效用（utility），其虽无稳固的实证量测基础，但表达了元素间特质的相对差异性，在一定程度上反映了真实性，且应不至于影响模拟所得到的结论。例如，区位是决策制定的重要因素，其影响效果一般较参与者为大。以土地开发为例，地段往往决定了不动产投资案的成败。

3. 个体所带的属性

除了能量值外，每个个体进入此系统时，皆会带有属于自己的"身份字号"（以下以 ID 表示），以诞生的顺序来给定，但每种个体分开排序。例如第 10 个诞生的参与者其 ID 为 10，第 10 个诞生的选择机会其空间垃圾桶模型亦编为 10，但两者不同而不会重复排序。ID 的用意为表达结构限制的方式，后面将详述其如何操作。选择机会除了上述 ID 与能量值之外，还另外带有三种属性，分别是决策结构序列、空间结构序列以及是否制定过决策。决策结构序列与空间结构序列，分别以长度为 500 的 0—1 表列表示，初始以随机分配，也就是 0 或 1 出现的几率各为 0.5，表示无序的状态，尔后随着时间的演进，我们可观察到这些序列是否会涌现出有序的 0—1 排列。而是否制定决策则以 0 或 1 表示，0 代表未制定过决策，1 则表示制定过决策。

（二）结构限制与移动规则

空间垃圾桶模型中结构限制的作用如下：当一个网格上有五种个体相遇，若此网格上所有个体相加的总能量值为正值，则再依结构限制的元素决定决策是否能够制定；若为 0 则决策无法制定，若为 1 决策被制定。在本仿真中，将结构限制以个体的移动规则来表示，原本的结构限制为 0，代表对应的两种个体不能制定出决策，在本模拟中则是使特定两种个体无法接触，进而无法制定出决策，使个体更符合基于个体的建模的特性。

1. 管道结构决定问题与选择机会的移动规则

（1）无分隔性

无分隔性移动规则为完全不受限，任一问题与任一选择机会皆可碰撞。

（2）阶层性

阶层性则是指重要的问题比不重要的问题可以进入更多的选择机会中，换句话说，阶层较高的问题可以碰触到阶层较低的选择机会，选择机会无法碰触到比自己阶层高的问题。而此规则利用个体所拥有的 ID 来实现，问题在移动之前，会搜寻自己所在网格周遭一格内是否有选择机会存在。若没有，则随机移动一格，但若有选择机会，则会比较自身 ID 与选择机会的 ID，若选择机会 ID 较大，则可移动；若有一个选择机会 ID 较自身 ID 小，则此时间点停止不动；而选择机会亦然，判断规则也相同，若自身 ID 较问题 ID 大，则可以移动，若有一个问题 ID 较自身 ID 大，则此时间点停止不动。

（3）专业性

专业性则是单一选择机会只能与特定的问题产生碰撞，是一对一的关系。因此判断规则为：若问题自身 ID 等于选择机会 ID，则可移动；若不相同，则此时间停止不动。选择机会与问题的判断规则相同。

2. 解决方案结构决定解决方案与问题的移动规则

解决方案结构决定解决方案与问题的移动规则与前述管道结构移动规则类似，故不再赘述。

3. 决策结构决定决策者与选择机会的移动规则

选择机会中决策结构序列中的元素顺序对应的就是参与者的 ID。当参与者移动前，会搜寻周围一格内是否有选择机会，若没有，则随机移动一格，若有选择机会，则会搜寻其序列所对应的元素，若为 1 则可移动，若为 0 则此时间停止移动一格。选择机会则无此限制，原因为让原本无法制定决策的情形有机会可以制定出决策，代表制度变迁中偶发性的事件。

4. 空间结构决定区位与选择机会的移动规则

空间结构决定区位与选择机会的移动规则与前述决策结构移动规则类似，故不再赘述。但值得一提的是，区位由于其本身的不可消灭性，故在决策制定后仍保留在系统中。

（三）决策制定规则

制定出决策的种类有两种，除了空间垃圾桶模型中的决策，还引入了垃圾桶模型决策种类的无意义决定（oversight），原因为适应性的转变其中之一便是需要有效率的转变。而无意义决定与空间垃圾桶模型中的决策差别在于，空间垃圾桶模型的决策是五种个体需都在同一网格上，且其余条件成立，才能制定出决策；而无意义决定则是不需要问题，也就是说，除了问题之外的其他个体在同一网格上，且其余条件成立，就会制定出无意义决定。换言之，此种在决策中问题并没有被解决的

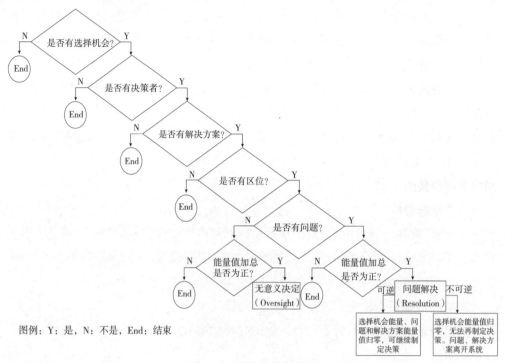

图例：Y：是，N：不是，End：结束

图2-27　决策制定流程图

情况可被视为较无效率的决策。而空间垃圾桶模型的决策在本模拟中则被称为问题解决（resolution）。

决策制定与否由网格来判定，在每一时间点，系统内每个网格皆会作判定，其规则如图2-27所示。

①如果至少有一个决策者，至少有一个机会，至少有一个解决方案及一个区位上在同一个网格上，如果没有问题已经存在，且此网格上所有个体的总能量值为正，则产生无意义决定（oversight）。如果是有多数参与者，所有这些参与者都参与；如果有多数机会在同一方格上，随机挑选一机会参与决策；如果有数个解决方案及数个区位是在同一方格上，其中一个解决方案及一个区位随机被挑选参与决策。

②如果至少有一个决策者，至少有一个机会，至少有一个解决办法，并至少有一个问题，且至少一个区位，发现自己在同一方格上，且此网格上所有个体的总能量值为正，则产生问题解决（resolution）。

③制定出决策后，决策者、区位及选择机会留在系统内，而问题及解决方案则被抛出系统外。此外，选择机会的能量值会归零，并给予标记，使其不可再次参与决策，用以计算熵值（详述如后）。

（四）可逆性

本研究所指的不可逆性是指空间的不可逆性以及制度变换的不可逆性。空间的不可逆性是指霍普金斯（Hopkins，2001）所提出的城市发展的四个"I"① 其中之一，也就是决策的不可逆性（irreversibility）。

其意为，当决策被制定时会直接落实在空间上，且一旦实行之后则无法不花费显著的成本恢复成原来的样子。换言之，城市发展的决策创造出一种真实纹理的惯性（Hoch，2007）。

制度变换的不可逆性，则是缘于制度的变迁并不是经常的，亦非常规，因为制度的变迁意味着成本高昂以及相应的困难度，因此只有在短暂的危机或关键性干预才得以突出，随后便是长时间的稳定状态或形成路径依赖（薛晓源 等，2007）。因此，本研究将制度变迁可逆的成本视为非常显著，显著到可逆几乎是不可能的，此为制度变换的不可逆性。

可逆性指的是决策的可逆性以及制度变换的可逆性，因此，可逆性的设计必须同时考虑两者。将可逆性的设计用以改变选择机会的规则最为适当，因为其同时拥有结构限制及决策所需个体的两种因子。前文已论述过，在真实世界中，若要改变制度，或是对已建设的空间恢复先前的状态，都必须付出巨大的代价，也就是具有不可逆性。因此，本研究的不可逆性是建立在若要将原有的制度，或是已实行的规划恢复到先前的状态，其成本过大，而导致不可逆性；而可逆性则是在不考虑恢复的成本，即可以任意恢复原有的状态（当然也可以再次制定决策），也就是结构限制中 0 与 1 的互换次数并无限制，要看选择机会是否参与决策以及是否制定出决策。以下将对不可逆性与可逆性模作一介绍。

（1）不可逆性

为了实现不可逆性，即当某一选择机会制定出决策后，结构限制矩阵中所对应行列元素的值就固定下来，因此本应让选择机会制定出决策后就被抛出系统，但如此一来会无法计算系统内的决策结构与空间结构的熵值。因此选择机会制定决策后会被加以"标记"，若拥有此标记，其则无法再次参与决策。

（2）可逆性

可逆性则是指个体可以重复制定决策，即制定出决策后，所有个体皆不被抛出系统外，可继续于系统内制定决策。

---

① 如前所述，四个"I"指的是决策的相关性（interdependence）、不可分割性（indivisibility）与不可逆性（irreversibility）以及面对不完全预见性（imperfect foresight）。

（五）适应性

本研究的假说认为，空间垃圾桶模型的结构限制在可变动的机制下，系统会产生自组织的现象，而其变动的机制必须要有目的，而非随机变动。因此，本研究的假设为：城市中的个体希望追求本身制定决策的效率，换言之，个体会倾向制定出有效率的决策，进而改变系统的结构限制，使其更有效率。也就是说，制度是具有适应性的。所谓制度的适应性则是指诺斯（North，1998）所提出的"适应性效率"（adaptive efficiency），即社会随时间演进而产生的各种规则。该论述包含两个重点：一是制度的适应性是通过决策的制定而改变；二为个体具有学习、适应的能力，以提升本身的效率。而本研究将以这两种概念加以简化并融入空间垃圾桶模型的结构限制的改变机制中。

因此，结构限制适应性的改变必须借由决策的制定来决定其改变的规则，若结构限制经过改变，此改变会影响该个体再次制定决策的规则，即学习、适应的概念。结构限制的改变规则如下。

1. 正常情况

若五种个体在同一网格上且能量值加总为正（即制定出问题解决决策），则区位 ID 所对应的元素变为 1（若原为 1 则保持不变）。其意为当制定出问题解决决策时，代表制定出有效率的决策，因此下次参与者或区位再遇到选择机会时，可以碰触到该选择机会，使得制定出问题解决决策的几率较高。

2. 其他情况

若任一区位制定出无意义决定，或是五种个体在一网格上，但能量值加总为负值，则参与者 ID 所对应元素变为 0（若原为 0 则保持不变）。其意为当制定出无意义决定，或是有机会制定出问题解决决策，但却没有制定时，代表没有效率的决策，因此参与者或区位再次遇到该选择机会时，将选择不碰触，以提高决策效率。

上述规则描述出，若是结构限制具有适应性，代表参与者与区位具备学习及适应的能力。当参与者与区位制定的决策越多，其所累积的"记忆"也随之增多，因此会更有效率地制定出决策。

（六）系统记录方式

在仿真程序中记录三种数值动态的趋势图，记录了每一时间点的系统能量值、决策结构与空间结构个别的熵值以及无意义与问题解决决策的数量。系统内的总能量值计算方式为将系统内所有个体所带的能量值加总，并于每一个仿真时间点进行记录。

除了检视系统内总能量值来观察系统是否会呈现稳定现象外，本研究还希望以信息熵（information entropy）来量测决策结构与空间结构的秩序性，以观察两者的稳定度。最早提出熵的学者为哈特利（Hartley）（引自叶季栩，2004），而后香农（Shannon，1948）加以修改，定义试验的熵值表是一个试验的平均随机性，数值越大代表该试验的结果越不易猜测。熵值系根据决策结构与空间结构矩阵中的0—1序列依下列公式计算：

假设 x 代表一个随机变量（random variable）X 所可能发生的状态，又假设各个状态 x 发生的几率为 $P(x)$。熵值越低代表系统内的秩序性越高。X 熵 $H(X)$ 的算式如下：

$$H(X) = -\sum_x P(x) \log_2[P(x)] \tag{2-9}$$

其中 $P(x)$ 的随机初始值为0.5。

信息熵代表的是系统混乱的程度，其值是小于0的负值，值越大代表系统越混乱。因此在本研究中，熵值所代表的是事件的惊奇度。原始给予序列中0与1的几率各是0.5，也就是依照几率，序列中0与1的数量应是相同的，熵值代表的就是序列中0较多（相对来说就是1较少）或是0较少（相对来说就是1较多）的比例。进一步说，序列中0与1的总数是相等的，因此计算上可借由计算序列中0的数量再减去1的数量，再取绝对值，如此就可计算出序列中0与1失衡的比例。这种失衡若逐渐增加就是表示系统秩序性越高，相反地，若是这种失衡的比例能够维持在一定范围内，那便可以说此系统有秩序性。自组织的表现便是从无秩序到有秩序的过程，若是此系统的两种结构限制的熵值最后呈现收敛至较低值的现象，则可称之为是自组织的。

（七）模拟设计

决策结构与空间结构的熵值动态记录在仿真系统中用图表显示，因此借由观察图表是否有递减现象便可知结构限制是否趋近于稳定。检定决策结构与空间结构对于总能量值的影响，则是参考空间垃圾桶模型对于结构限制的检定方法，但与之不同的是，空间垃圾桶模型的四种结构限制形式种类相同（即四种结构限制皆有相同的四种类型），因此采用希腊—拉丁方格设计，再作方差分析（ANOVA）检定。但是本研究在结构限制的设定上，管道结构与解决方案结构具有相同的三种形式（无分隔性、阶层性及专业性），而决策结构与空间结构则是具有与前两种结构限制不同的两种形式（有适应性及无适应性），换言之，检定决策结构与空间结构的影响无法使用拉丁方格设计。但若以原始36种组合对四种结构限制作方差分析检定，将无法看出决策结构与空间结构对能量值的影响，因为管道结构与解决方案结构的三种形式对于总能量值的影响过于显著，因此将管道结构与解决方案结构组合内分为两组，分组方式则依管道结构与解决方案结构的组合中对于个体移动规则的约束性，也就是系统内秩序性的高低区分，若管道结构与解决方案结构的组合为无分隔性／无分隔性、无分隔性／阶层性、阶层性／无分隔性、阶层性／阶层性则为秩序性低的组合，而剩余的组合则为秩序性高的组合。

　　组别分为两组，第一组为秩序性低，第二组为秩序性高，再使每组分别以决策结构与空间结构为自变量，总能量值为依变量，进行方差分析检定，以排除管道结构与解决方案结构对总能量值的影响。分组种类如表2-20。

结构限制分组表 表2-20

管道结构	解决方案结构	决策结构	空间结构	组别
无分隔性 阶层性	无分隔性 阶层性	无适应性 适应性	无适应性 有适应性	1
无分隔性 阶层性	专业性	无适应性 适应性	无适应性 适应性	2
专业性	无分隔性 阶层性 专业性	无适应性 有适应性	无适应性 有适应性	

四、模拟结果

　　本研究在 NetLogo 4.0.3 平台上用个人计算机自行撰写程序展开前述仿真设计。NetLogo 为基于个体的建模的软件之一，以 Java 程序语言开发而成，已被广泛使用于复杂的人工或自然现象的模拟。NetLogo 系统由三大部分组成模拟空间，分别是观察者（observer）、个体（turtles）以及网格（patches）。观察者即系统程序的用户，可以操作网格及个体的系统变量，设计个体与个体、个体与网格以及网格与网格之间的互动。网格和个体则组成了系统的仿真空间，网格为可重设大小方形，坐标原点（0，0）位于正中央。网格可在每个时间点同时变化，与元胞自动机的元胞（cell）概念类似。个体即"agent"，可在网格环境中在观察者的允许下自由移动。个体依模拟的需要可设定为不同的种类，所有个体可在每个时间点同时作出反应。而个体及网格借由简单的规则互动得出复杂的结果。图 2-28 为仿真界面（interface）范例，其中左图为仿真图形进行的呈现，不同颜色及符号代表五种元素在网格中的移动，而右图则表示可从按钮中从事参数的选择。

　　（一）决策结构与空间结构熵值

　　如图 2-29 所示，决策结构与空间结构两者在有适应性的情形下，熵值会呈现

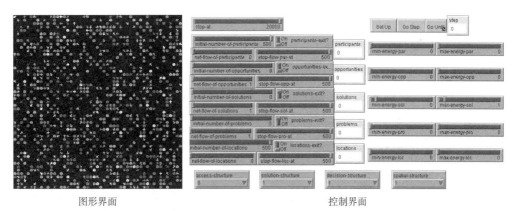

图形界面　　　　　　　　　　　　　　　控制界面

图2-28　仿真界面范例

递减的现象，且这种现象超出管道结构与解决方案结构的组合限制之外，即无论管道结构与解决方案结构的组合为何，熵值递减的现象皆存在。

　　这种现象代表系统内决策结构与空间结构中的 0 与 1 的比例自模拟开始后便不是 1：1，虽无法知道两种结构限制中 0 与 1 两种元素的实际比例为何，但可以确定的是，随着模拟时间的增加，这两种元素的比例会愈趋失衡，不再维持 1：1 的比例。前 500 个时间点熵值呈现快速减少的现象，原因为选择机会于前 500 个模拟时间点陆续加入，因此熵值呈现快速减少，而 500 个时间点之后，随着系统内无意义决定与问题解决的数量的增加所带来的改变是：决策结构与空间结构中 0 与 1 的数量改变，在模拟中无意义决定的数量较问题解决多，即 0 的数量较 1 更多，因此，决策结构与空间结构的熵值皆会呈现递减的现象。此现象表示，系统内的秩序性随着模拟时间的增加是趋于有序的，因此，依照此结果，系统具有自组织的现象。当结构限制具有适应性时，熵值呈现递减的现象，而这种现象是超出管道结构与解决方案结构以及可逆性限制之外的。图 2-29 为取在不可逆性下，管道结构与解决方

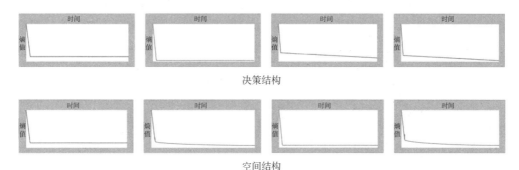

图2-29　不可逆性下决策结构与空间结构熵值

注：x 轴为模拟时点，y 轴为熵值；每种结构由左而右共 4 种组合。

案结构分别为（无分隔性、无分隔性），决策结构与空间结构的组合为（无适应性，无适应性）（无适应性，有适应性）（有适应性，无适应性）（有适应性，有适应性）四种组合。

（二）决策结构与空间结构对总能量值的影响

模拟设计中依秩序性高低将不同的结构限制组合分为两组，又将模拟分为不可逆性与可逆性两种情形，以下分别说明结果。

1. 不可逆性

在不可逆性中，在第1组中（低秩序性），决策结构与空间结构两者对于总能量值皆无显著影响，且决策结构与空间结构两者之间并无显著交互作用。而第2组的检定（表2-21）因最后一个组合（管道结构为专业性、解决方案为专业性），似乎规则过于严格，导致在决策结构与空间结构的四种组合中几乎无决策制定，因此作因子检定时将此组合排除在外，以增加精确度。而检定的结果发现，决策结构与空间结构皆不显著，但两者之间的交互作用显著，显示决策结构与空间结构是否会影响总能量值并不可由此结果推定，必须再作两个因子的单纯主要效果比较。结果显示无论空间结构是否有适应性，决策结构皆对总能量值无显著影响；空间结构则在决策结构有适应性的情形下对总能量值无显著影响，但是在决策结构无适应性的情形下，空间结构对于系统的总能量值有显著的影响（表2-22）。

不可逆性下第2组两种结构限制检定表　　　　　　表2-21

依变数：总能量				
来源	平方和	自由度	平均平方和	F	显著性
决策结构	2.184	1	2.184	0.119	0.736
空间结构	1.820	1	1.820	0.099	0.758
决策结构 × 空间结构	200.946	1	200.946	10.961	0.006[*]
误差	219.993	12	18.333	—	—
总数	8209042.514	16	—	—	—

注：* 表示在 $\alpha=0.05$ 时显著。

因此可推论出，以决策不可逆为前提，在结构限制秩序性较低的状况下，决策结构与空间结构两者皆没有对总能量值有显著的影响。其原因可能为因秩序性较低而使得系统内制定出决策的几率变高，因而虽然决策结构与空间结构限制了部分决策者与区位的移动性，而不足以影响系统内制定决策的数量。而当系统内秩序性提高时，虽然单看决策结构或是空间结构并不对总能量值产生影响，但经检定后发现

不可逆性下决策结构为无适应性的空间结构检定表　　　　表2-22

依变数：总能量				
	平方和	自由度	平均平方和	F	显著性
组间	120.509	1	120.509	11.596	0.014[*]
组内	62.353	6	10.392	—	—
总和	182.862	7	—	—	—

注：* 表示在 $\alpha=0.05$ 时显著。

空间结构在决策结构没有适应性的情形下，对能量值有影响，即在秩序性高的情形之下，制度限制与空间限制会相互影响，进而影响能量值，而两者之间决定性的因素在于制度的结构限制，而此结果也与空间垃圾桶模式的结果近似。

另外，若是观察结构限制的组合与系统制定出问题解决的数量，会发现以不可逆为前提，低秩序性的情形下，决策结构与空间结构的有无也会影响决策的数量，两者在有适应性的情形下，皆会减少决策制定的数量，但有适应性的决策结构减少决策的数量低于有适应性的空间结构所减少的问题解决数量；而在高秩序性的状况下，有适应性的空间结构几乎都会减少问题解决数量，而有适应性的决策结构则会增加问题解决数量，且在越严苛的移动条件之下，此状况越为明显。直觉上，若决策结构与空间结构具有适应性，系统所制定出问题解决的数量应会下降，前面已提到决策结构与空间结构若有适应性则会随着模拟时间的增加而熵值下降，也就是代表秩序性的提升。秩序性的提升代表有越多的决策者或区位会受到选择机会限制其移动，因此能制定出问题解决的几率应是降低的。但是决策结构却与之相反，在有适应性且秩序性高的情形下，其对于系统制定出问题解决的数量有正面的影响。以此结果，或许可以假设在此种适应性下，决策结构在秩序性高的情形下对于决策的制定有正面的影响。

2. 可逆性

决策是可逆的情形下，在第1组与第2组中，决策结构与空间结构皆不对总能量值产生显著影响，两者之间也没有显著的交互关系。换言之，无论是在低秩序性或高秩序性的情况下，决策结构与空间结构两者都不影响总能量值。若观察决策结构与空间结构的适应性对于系统制定出问题解决的数量，会发现在秩序性高的情形下与决策不可逆性一样，也就是当决策结构或空间结构有适应性时，会降低系统制定出问题解决的数量，而决策结构所带来的影响依然较空间结构少；但是在高秩序性的情况下，决策结构与空间结构的适应性几乎不会影响问题解决制定的数量。

（三）决策结构与空间结构的解决问题效率及相对自组织性

由前两节的模拟结果可判定此系统具有自组织性，但此系统依然有其余特性值得探讨，如决策结构与空间结构的解决问题效率以及两者的相对自组织性。这两种特性呈现出一种规律，说明如下。

1. 决策结构与空间结构解决问题效率

仿真结果发现在管道结构与解决方案结构组合相同的情形下，若比较决策结构有适应性、空间结构无适应性，以及决策结构无适应性、空间结构有适应性这两种组合，会发现决策结构有适应性、空间结构无适应性这种组合所产生的问题解决数量大部分是较多的。在不可逆的情形下，其差距还不是很大，但若是在系统是可逆的情形下，因制定决策的几率不随着模拟时间的增加而变低，因此制定出问题解决的数量也增加许多，两者之间的差距也愈趋明显。决策结构与空间结构的适应性定义相同，但最后的模拟结果，在问题解决效率上，却是决策结构的适应性较空间结构的适应性的效果为佳，这或许可解释为空间垃圾桶模型的模拟结果中，认为在城市发展中制度设计较空间设计更有效率的观点。

2. 决策结构与空间结构相对自组织性

结构限制的熵值有正负号的意义时，在管道结构与解决方案结构组合相同的情形下，比较决策结构有适应性、空间结构无适应性，以及决策结构无适应性、空间结构有适应性这两种组合，以及两者皆具有适应性的情形下，皆可发现空间结构的熵值皆低于决策结构。由此结果可知，空间结构所呈现的自组织特性较决策结构相对更为显著。

五、结论

城市无疑是个自组织系统，城市发展存在着某种规律，使城市呈现秩序性。这种秩序性展现于城市的各项特征，如空间结构、人口数等。近来对于城市的自组织研究也大多以此为主，认为城市的形成与发展是从一个（或多个）枢纽点，无论是军事要地、商业重心抑或是交通的枢纽点。一旦此枢纽点确定，便开始城市结构的演化，其在演化过程中受到政治、经济、文化的影响，而在形态上呈现了分形，也就是具有自组织性。对于这种现象有许多不同的解释。而这些研究都注重于对空间结构的探讨，但是对于其自组织的机制却没有统一的解释。

因此本研究将城市视为一个整体，不去探讨内部各种不同影响城市发展的作用力，而是聚焦于"限制"这些作用力的结构，也就是制度对于城市发展的影响，以及各种决策制定的过程。而空间垃圾桶模型正是探讨这些结构限制对城市发展的概念性模型，因此本研究以基于个体的建模改写空间垃圾桶模型，并将适应性概念加入结构限制，最后有下列发现：

①利用信息熵的计算发现，熵值呈现递减现象，也就是系统确实呈现自组织的现象。

②在解决问题的效率上，决策结构的适应性较空间结构的适应性更高。仿真结果发现决策结构在解决问题的效率上较空间结构更好，即在城市发展上，制度设计比空间设计更有效率，而此观点也与空间垃圾桶模型的模拟结果是符合的。

③空间结构的熵值较决策结构熵值更低。仿真结果发现，在管道结构与解决方案结构组合相同的情况下，若结构限制具有适应性，空间结构熵值会较决策结构熵值更低，即空间结构的相对自组织性较决策结构更高。这或许可以解释目前对于城市的自组织为何大多注重于空间的形态。由模拟结果可知，空间结构的秩序性较为明显，相对于制度，更易被察觉出其自组织的特性。

④城市发展中制度会影响空间，进而影响城市发展，为城市规划提供了不同的思考角度。

现今国内对于城市规划的思潮几乎都以空间为导向，较轻视制度对于城市发展的影响力。因此，根据此研究结果，在城市发展的过程中，制度与空间是相互影响的，若是只顾及制度或是只顾及空间的规划对于城市发展都是比较没有效率的，应该两者兼顾，才能使城市规划有更好的效果。

第五节　城市发展过程中耗散结构特性的探讨

摘要

城市是否为耗散结构？我们该如何证明？其对于城市研究及规划思维方面有何启示？以上三点便是本研究主要探讨的问题。耗散结构理论是物理学及化学家伊利亚·普列高津（Ilya Prigogine）所提出的，本节尝试结合该理论来探索城市发展的本质（包括运作原理及机制等）。该理论用来探索自然界中各种远离均衡状态的开放性系统从无序迈向有序结构的规律性，发展至今对于自然及社会科学领域都具有相当的影响力。在研究方法上，本研究先建构一个城市发展的仿真系统，应用多主体为基础模型作为工具，并以空间垃圾桶模型作为建模的理论基础，延续先前的模拟实验方法，尝试修改原先模式架构中封闭性系统等部分规则设定，使该系统更贴近真实的城市运作，并能针对耗散结构理论所揭示的三个基本特性（开放系统、能量值持续增加、熵值递减）来观察，借以检视其模拟结果是否支持城市是一个耗散结构的论点。

目前所有实验组合的仿真观察结果都显示当模式处在开放状态之下，大致符合耗散结构的三个基本特性。因此，我们认为城市应可被视为耗散结构，从而能再进一步去思考其对于规划思维及城市发展现象的意义，以及后续进一步实证研究的探讨。

一、前言

近来，全球环境变迁及全球城市化（global urbanization）等现象的发生，使得人们也面临空前的城市问题，譬如城市蔓延、贫民窟、小面积自用住宅短缺（homelessness）、高档化（gentrification）等。与此同时，有关"城市科学"（science of cities）的探讨亦渐受到更多关注（例如 Batty，2012），因其有助于帮助人们更加理解城市运作的原理，进而解决城市问题。在这样的背景之下，本节尝试结合"耗散结构"的观点来探索城市发展，作为"城市科学"范畴里的一种研究方式。

主张将城市视为复杂系统、有机体或耗散性结构等观点，皆属于新兴的、有潜力的典范思维，使人们对于城市的理解及解析方式有了新的转变。譬如以复杂性科学为基础的城市发展理论（Batty，2005a；汪礼国 等，2008；Batty，2012），便聚焦于探索城市发展中许多复杂系统的特性（如非线性、自组织及涌现等）。再者，耗散性结构理论的概念亦符合复杂性科学理论中所描述的自组织（王江海，1992；方大春，2007）、非线性及涌现等特性，且经长年研究发现在自然界当中有许多系统皆属于此结构，如生物体、城市等，其中认为城市为耗散性结构者包括如里卡尔多（Riccardo et al.，2005）、袁及徐（Yuan et al.，2010）及笔者等（Lai et al.，2012）。换言之，对于城市耗散性结构性质的探讨可作为探索复杂城市系统的一种方向。

与此同时，笔者（Lai，2006a）所提出空间垃圾桶模型则提供了另一种对于城市发展系统的观点，即尝试从复杂的组织决策行为出发，加以扩充来描绘出城市动态系统的发展过程。其认为城市是由一组在空间中随机互动和游走的元素彼此交互作用，并在一定的结构限制下所构成的，而我们所见的城市发展及空间形态，便是由在空间垃圾桶模型中一连串相互关联的事件触发及决策制定所堆砌而成。由上述可知，空间垃圾桶模型的概念亦符合复杂系统中许多特性，故可采用基于个体的建模来进行模拟（Lai，2006a）。例如，王昱智（2008）便通过基于个体的建模重建空间垃圾桶模型。

然而，在空间垃圾桶模型的动态系统中，有关于整体环境的规则设定、各项元素间的互动规则及参数值（如元素数量、网格数量及能量值等）的设定等，似仍有许多值得延伸探讨的地方。以系统整体环境为例，若尝试修改整体系统设定为开放性系统，即系统中问题、选择机会等各类元素应会随着时间演进而持续产生，而非封闭式的系统（各元素的数量为固定，不会再增加），是否会对模拟结果产生影响？此外，控制不同元素（包括数量、规则、能量值等）是否会对决策制定及自组织的发生造成不同的效果？这些皆是值得再进一步探讨的议题。

因此，本节的研究目的便是探索城市是否为耗散结构，研究方法上则以前述空间垃圾桶理论为基础，应用基于个体的建模建构空间垃圾桶模型（主要参考及延续王昱智，2008；赖世刚 等，2012；Lai et al., 2012 以及 Ko et al., 2013 的实验设计架构[①]），并进一步尝试将该模型修改成一个开放性系统，以期使模型更加贴近真实世界的情形，以凸显复杂、开放系统的状态，并借由调整每种元素所带的能量值，来观察其对于整体结果将会造成何种影响。借由模拟实验的结果，本节将可检验其结果是否符合耗散结构的特性，进一步借由一个针对台北市三个行政分区的问卷调查研究（赖世刚 等，2012）来作进一步的实证分析。

二、文献回顾

（一）耗散结构理论

"耗散结构"系指一个开放且远离均衡状态的系统，在不断和外界环境交换物质、信息与能量的条件下，仍能维持动态均衡，形成新的、稳定的有序结构。此一概念由普列高津（Prigogine，1969）所创立，而后续在不同领域的研究中亦发现自然界许多结构及现象皆属于耗散性结构[②]，如生物体、城市等。且如今，耗散性结构理论除了能解释许多自然界系统的现象外，亦对于其他社会科学领域有所启示，如企业管理领域；其中认为城市为耗散性结构者，包括里卡尔多（Riccardo et al., 2005）；袁及徐（Yuan et al., 2010）[③]及赖、韩及柯（Lai et al., 2012），而以耗散结构理论探讨区域发展者则包括：夏锦文及廖英杰（2005）应用耗散结构理论探讨不均衡成长；李翠兰与许婧婧（2006）探讨区域经济系统的耗散结构特征；冯士

---

① 王昱智（2008）及赖世刚、王昱智及韩昊英（2012）以计算机仿真软件 NetLogo 重建了空间垃圾桶模型的实验操作平台，而赖、韩及柯（Lai et al., 2012）及柯博晟与赖世刚（2012）则提出了如何以空间垃圾桶模型的观点来探索城市耗散结构特性的可能方式，柯及赖（Ko et al., 2013）则进一步尝试将模拟实验的结果结合实证分析（赖世刚 等，2012）来探讨。

② 耗散结构系统具有能借由不断与外界交换物质及能量而使其由混沌状态逐渐走向有序、稳定状态的特性。

③ 袁及徐（Yuan et al., 2010）运用了一个问卷统计调查研究，将耗散结构理论应用于探讨城市与人文发展。

森（2007）研究基于耗散结构理论的区域主导产业选择；以及刘明广（2013）探讨珠三角区域创新系统的耗散结构特征等。但这些研究多属于定性的陈述，而本节将以定量的方式检视城市系统耗散结构的特性。

将城市及区域视为耗散性结构，有别于以传统经济学理论为基础的观点（因传统经济学的基本假设倾向于均衡，而耗散结构则假设系统为远离均衡），同时复杂系统[①]或是有机体[②]的思维亦属于另一种新兴的、有潜力的理论典范，然而三者虽并非完全相同，却有所关联，以下便进一步说明。

1. 耗散结构理论与有机论

诚如贝提（Batty，2012）所言："我们正处于将城市视为机器（as machines）转变为将城市视为有机体（as organisms）的过渡时期"，而视城市为一个有机体的"有机论"（organic theory）者，亦认为整个有机体是动态的结构，但它是一个原状稳定或自我平衡的物力论（homeostatic dynamism）——每当它受（外力）干扰，内部调整的机制将使它回复某种平衡状态（黄仲由 等，2012；柯博晟 等，2012；详见本书第一章第二节），此一论述似与普列高津（Prigogine，1969）提出的耗散性结构理论有异曲同工之妙，亦与回复力（resilience）的概念不谋而合，而无论是有机论或耗散结构理论，两者皆认为整体系统在受到外力影响下，最后皆能不断自我完善，维持稳定状态。唯一不同的是，耗散结构强调系统之所以能维持稳定，其前提必须是开放系统，即系统需借由不断与外界环境互动来吸收和释放能量和物质。

2. 耗散结构理论与复杂系统理论

如前所述，所谓的"耗散性结构理论"是用以探讨和研究自然界中的复杂系统及开放系统所存在的"耗散结构"性质。在此结构下，系统具有能借由不断与外界交换物质、信息及能量，并使其由混沌状态逐渐走向有序及稳定状态的特性（与复杂系统的重要机制——自组织概念相似）。换言之，耗散性结构亦符合复杂系统中自组织及涌现的特性，例如它假设系统发展会借由众多元素（个体）的互动及碰撞，

---

① 有关于城市发展中许多复杂系统特性的探讨，可参阅赖世刚（2006；2010）、黛安娜及卡尔门（Diana et al.，2013）、贝提（Batty，2013a）、赖及韩（Lai et al.，2014）等专著。

② 关于城市的本质是否可是为有机体，亦有不同的观点切入探讨，如胡宝林（1998）有关生态城市的运作的著作中，聚焦于探讨城市的生态资源、粮食与垃圾等循环流动、管理和分配，并从自然生态链、生物生态链、人文生态链三种自然界的生态系统出发，将城市定位为新陈代谢的有机体（将自然资源转变为人类生活所需产品及垃圾的循环过程）与管理分配这些质能的机器；而魏斯特、布朗及恩奎斯特（West et al.，1997）则是从尺度缩放律（scaling law）的方式来说明城市发展与有机体的关联（黄仲由 等，2012）。

逐步自发性地产生某种秩序性。

再者，若城市或区域为一个耗散性结构，则必须符合以下几点条件：

①此城市系统必须为一个开放系统，各项元素会不断进出，即符合耗散结构须不断与外界交换物质、信息及能量的特性。

②此城市系统必须能在总能量（净能量）持续增加的情形下，仍维持秩序性，并保持在一个稳定的状态（具有动态性、多样性），且具备高层次的秩序和复杂性，正如同城市能使人们互动并一起工作及娱乐，通过有形及无形的联系建构出人们间互动的情形（Glaeser，2012）。

③倾向于最小熵（entropy）状态（即有序状态），并吸收来自外部环境的负熵。

综上所述，对于城市及区域耗散性结构性质的探索，将可作为理解其系统本质的特性，本节在后续的模拟实验中，便将依上述三项条件，来观察城市区域是否可能被视为一个耗散结构系统。

（一）空间垃圾桶模型 [①]

何谓空间垃圾桶模式？试假想城市是一个大容器，而五种元素会被扔入其中搅和，包括：决策者（参与者）、问题、选择机会、解决方案及区位。这五种元素便像是组成城市的基本元素的各种人、事、物、地，会在此容器中随机碰撞及产生互动，进而形成各种活动或社会事件（赖世刚，2010）。比如一般人生活中的决策行为，包括要去哪用餐、去哪看电影、去哪里看病和工作等，以及要选择什么路线去，或是厂商或政府的决策及规划制定进而决定购买哪里的土地来开发或是公共设施开辟的区位选择等。这些种种的决策行动都可视为由上述五种基本要素在空间中流动、互动而在一定的结构限制下产生各种城市活动、制度及形态演化，进而形成空间形态及土地使用变迁的过程。

根据赖世刚（Lai，2006a）及赖世刚、郭修谦及游凯为（2012）的说明，五种元素的含义如下：

①决策者：也就是行动者、参与者，包括政府或开发者，以土地开发的决策过程来说，决策者在公共部门或者私有部门中都试图将土地做适当的土地开发。

②解决方案：土地、资本或者任何其他的资源能帮助解决开发问题。

③问题：决策者的预期与当前处境之间的差异。

④选择机会：开发决策可不可能被制定的场合，比如开会。

---

① 空间垃圾桶模型，由笔者（Lai，2006a）所提出，此一概念延伸可汉、马区及欧尔森（Cohen et al.，1972）所设计的垃圾桶理论，将原本形成决策制定的四项要素：决策者（参与者）、问题、选择机会及解决方案，再新加上一项空间（区位）要素。

⑤区位：活动的场所选择，以土地开发的情境为例，则指设施是否在适当土地上进行开发。

图2-30 空间垃圾桶模型的决策制定过程示意图
来源：Lai，2006a；Lai et al.，2012

再者，空间垃圾桶模型系作为一个理解及诠释城市区域发展过程的抽象性理论模式，将城市及区域系统的发展过程描绘成一个混乱、动态的组织决策过程，由上述五种基本要素在一定的限制条件下在时间及空间中流动、碰撞，而此一过程是通过无法预测的方式来使其他四种要素在决策情况、选择机会或是垃圾桶中组合，如图2-30、图2-31所示。

王昱智（2008）以及赖世刚、王昱智及韩昊英（2012）则利用NetLogo 4.0.3（一套基于个体的建模的程序撰写软件）重新建构了赖世刚（Lai，2006a）的模拟实验（图2-32）。在实验设计中，融入决策结构与空间结构两种结构限制，用以说明城市中存在某些空间或非空间、正式或非正式的权利限制（可视为制度）。此外，也加入了适应性与可逆性的概念来结合前述不同的结构限制，以对照组合的仿真实验，验证各种情境假设下系统的自组织情形。其仿真结果显示在封闭系统的条件下，城市存在自组织的特性。具体而言，空间的自组织特性存在于制度结构中，而制度设计的解决问题的效率则会比空间设计更好。然而在空间垃圾桶模型的实证研究（赖世刚 等，2012）中，却显示了与计算机仿真实验不同的检验结果，例如

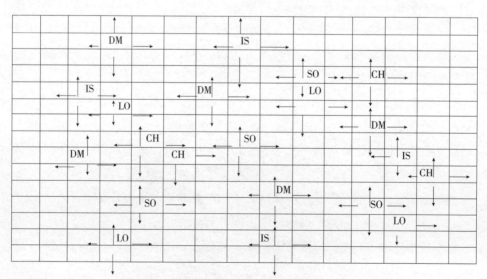

DM：决策者　SO：解决方案　CH：选择机会　IS：问题　LO：区位

图2-31 空间垃圾桶模型的动态仿真示意图
来源：Lai，2006a；Lai et al.，2012

决策结构较空间结构有更佳的自组织特性。

综上所述，有关于空间垃圾桶模型的实验虽已设计出完备的仿真控制平台，却仍有许多可延伸讨论的空间，譬如系统中各元素的数量是否应为一开始便给定的固定数量。为探讨此问题，柯及赖（Ko et al.，2013）便尝试延续先前（王昱智，2008；赖世刚 等，2012）的空间垃圾桶模型的仿真架构，进而调整其系统的开放性（原先为具有固定元素上限值即 N=500 的封闭系统，逐步地放宽其上限值），来观察规则设定的变化是否会影响其结果。同时，各元素所具

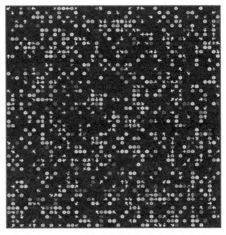

图2-32　以基于个体的建模重建空间垃圾桶模型的仿真画面

来源：王昱智，2008；赖世刚 等，2012

有的能量值是否应为固定值（原先的理论中，已指定参与者能量值为 0.55，解决方案为介于 0 到 1 的随机数，选择机会与问题皆为 –1.1，区位为 2.55）？而这些参数的设定是否会对于模式的结果产生影响？这些仍是值得探讨的问题，也将在本节中进行研究分析。

（二）计算机仿真方法论：基于个体的建模与元胞自动机

自 1980 年代开始，元胞自动机[①]的计算机仿真技术逐渐被应用于探索城市成长与土地使用变迁的建模上。诚如表 2-23 的整理，元胞（cell）为其组成基本单元，可以用来代表土地单元，也可以象征某种特定作用个体（agent），而通过建立数据库及元胞间的信息转换规则（通常会按照城市发展的规律、原则或理论）来模拟其整体空间演变的过程（柯博晟 等，2012）。到了 1990 年代，基于个体的建模的应用则使得仿真模式中能同时考虑到一个（种类或层次）以上可移动的作用体（可以代表不同行为者、土地单元或其他欲探讨的抽象个体），而元胞自动机和 ABM 的比较则见表 2-23。

而伴随着计算机仿真技术的日益进步，研究者一方面逐渐可以处理过去无法处理的复杂现象与问题，例如城市中存在庞大规模和数量的作用体（Briassoalis，2006）[②]，以及其间复杂的互动关系（演化规则）。也就是说，城市及区域复杂系统在建模技术方面可结合元胞自动机或基于个体的建模等以个体选择模式为主的计

---

① 元胞自动机应用于地理学相关领域的回顾及整理可参阅黎夏 等（2007）。

② 可参考 Briassoulis（2008）所整理的"城市中不同类型的个体（行动者）"，引自柯博晟，2009，p. 12。

元胞自动机与基于个体的建模的比较　　　　　　　表2-23

元胞自动机（CA）	基于个体的建模（ABM）
以元胞为基础 庞大数量的元胞（cells，或称网格）组成空间单元	以个体（agents）为基础 庞大数量的 agents，包括 NetLogo 中的 turtles（又可代表实体或是抽象的个体概念）、patches（网格空间，可代表土地或是虚拟的区位）、links（链接规则）及观察者组成空间单元
由下而上（bottom up）（局部到整体的涌现）；具有动态自组织、非线性、难以预测、自相似性等特性的系统	
元胞本身不能移动（形成不连续的空间结构限制），只能通过周围环境影响（邻近关系）及一定规则转换来行动	个体的移动可不受网格的空间数据结构限制（可与 patch 的概念分离），且个体本身可存在同一网格上

来源：整理自刘兴堂 等，2008

算机仿真方法，来针对城市中各种特定主题及不同层次的复杂系统进行建模。再者，SWARM、MASON、Starlogo 及 NetLogo 等都属于目前基于个体的建模常使用的软件，该模型技术已能涵盖元胞自动机中网格（grid）概念的使用，故近年来较元胞自动机更为盛行（有关于元胞自动机与基于个体的建模的比较，请参见表 2-24）。其中 NetLogo 为一套撰写基于个体的建模的软件，其应用相当多元，除模拟设计之外，亦可用于制作简易的小游戏（例如柯博晟，2012）。而诚如前所述，本节在模式建构上，也将采用基于个体的建模来进行。

元胞自动机与单一主体、基于个体的建模的比较　　　表2-24

元胞自动机	以元胞（cells）为基础，元胞可代表某种实体或抽象概念的事物，系统的运作是通过规则设定使网格产生一连串互动的过程。元胞本身不能移动（形成不连续的空间结构限制），只能通过周围环境影响（邻近关系）及一定规则转换来行动，这点与基于个体的建模有所区别
单一主体为基础模式（individual-based model）	以单一的个体（agent）为基础，个体亦可代表某种实体或抽象概念的事物（如制度、生命体、选择机会等），此种系统模式的目的多聚焦于个体内部的决策过程
基于个体的建模	以多个类别的个体为基础，每一种个体可扮演不同的角色，此种模式多聚焦于不同个体之间的交互作用关系以及个体的自适应性；常被用以探讨系统动态过程中所展现的自组织、涌现、反馈机制等现象

来源：整理自 Torrens，2010

三、研究设计及方法

本节将说明本研究的模拟实验设计，运用的模式为以 NetLogo 为平台的基于个体的建模。而诚如前节所述，本节采用的模式是参考并延续赖世刚（Lai，2006a）、王昱智（2008）、赖世刚、王昱智及韩昊英（2012）的研究架构（包括空间垃圾桶模型的基本参数设定、结构限制及决策制定的情形），并依循赖、韩及柯（Lai et al.，2012）、柯博晟与赖世刚（2012）的模式调整方向进行更深入及完整的探讨。

实验设计包括以下内容：①实验目的说明；②参数设定；③决策及空间结构的限制；④决策制定达成的情形；⑤模式数值估计方法等，分别陈述如后。

（一）实验目的

实验的目的包括两个重点：①进一步探讨笔者（Lai，2006a）的空间垃圾桶模型在修改其开放性以及调整能量值的情况下，观察系统是否会受其变动而影响结果。②借由空间垃圾桶模型作为描绘城市发展系统的概念模式，并结合普列高津（Prigogine，1969）的耗散性结构理论，借由模式中输出的数据（总净能量变化及熵值变化图），观察城市发展过程是否符合耗散结构的性质。

另外，所谓的修改其开放性以及调整能量值，主要是指尝试调整下述两项要素：①设定模式为一个开放系统，即系统中各种基本元素的数量会随着时间推进而持续产生，而非固定值（之前的研究中，决策者及区位数固定在500，而各基本元素的上限皆为500）；②调整各基本元素所带的能量值，而原先按可汉、马区及欧尔森（Cohen et al.，1972）的设计，变更为参与者为0.55，解决方案为介于0到1的随机数，选择机会与问题皆为 −1.1，区位为2.55，作为控制变项，以探讨能量值组合的变化对仿真结果产生的影响。此处所指的能量值指解决问题所需的能力或资源，与自然科学中的能量值定义虽有不同，但并不妨碍本研究对耗散系统所作的定义。

（二）参数设定：规模、仿真变量状态（初始状态、个体数量、回合数）及能量值

①空间规模：本研究采用一个 50×50=2500 大小的网格规模（整体抽象的城市空间规模），而决策者、选择机会、解决方案、问题及区位这五种类型的元素将会在这网格中移动及产生互动，进而在一定的条件下形成决策。

②仿真变量状态：本研究设定在初始状态（$t=0$）的时候，网格上并没有任何"元素"（在 NetLogo 中这些元素又可称为 turtles），即五种基本元素的初始值皆为0。而随着时间推进，每一个新时间点（$t+1$）时，会有一个新的决策者、解决方案、问题、选择机会与区位进入系统中，即每回合各增加一个单位元素，直到仿真结束为止，且这样的增加会持续下去（无上限值），以凸显开放系统的特性。模拟停止的回合数（ticks）设定为10000回合。

③能量值及序号（ID）给定：共有五种基本元素，每种元素每回合新进入的那一个个体会带有自己相应的 ID 及能量值，ID 用来区别不同的个体，而选择机会这

项元素还具有决策及空间结构列表；这些属性同时代表结构的限制，此为参照赖世刚、王昱智及韩昊英（2012），以 0 和 1 的样态出现，将说明于后，以及是否制定过决策（同样以 0 和 1 的属性来分辨）。此外，能量值则依据表 2-25 来作控制设计，让能量值区分为两种极端值（高：2.5；低：0）来作组合比较，正负号则按照原先空间垃圾桶的设定不变；即决策者、解决方案及区位为正；而选择机会及问题为负，一共会有 $2^5=32$ 组的样本组，样本组的设计主要测试模拟结果是否受能量值分布的影响。

能量值的控制设计组合（$2^5=32$ 组实验群组）　　　　　　　　表2-25

实验组别	决策者	问题	选择机会	解决方案	区位
1	2.5	−2.5	−2.5	2.5	2.5
2	0	−2.5	−2.5	2.5	2.5
3	2.5	0	−2.5	2.5	2.5
4	2.5	−2.5	0	2.5	2.5
5	2.5	−2.5	−2.5	0	2.5
6	2.5	−2.5	−2.5	2.5	0
7	0	0	−2.5	2.5	2.5
8	0	−2.5	0	2.5	2.5
9	0	−2.5	−2.5	0	2.5
10	0	−2.5	−2.5	2.5	0
11	2.5	0	0	2.5	2.5
12	2.5	0	−2.5	0	2.5
13	2.5	0	−2.5	2.5	0
14	2.5	−2.5	0	0	2.5
15	2.5	−2.5	0	2.5	0
16	2.5	−2.5	−2.5	0	0
17	0	0	0	2.5	2.5
18	0	0	−2.5	0	2.5
19	0	0	−2.5	2.5	0
20	0	−2.5	0	0	2.5
21	2.5	0	0	0	2.5
22	0	−2.5	0	2.5	0
23	2.5	0	0	2.5	0
24	0	−2.5	−2.5	0	0

续表

实验组别	决策者	问题	选择机会	解决方案	区位
25	2.5	0	−2.5	0	0
26	2.5	−2.5	0	0	0
27	2.5	0	0	0	0
28	0	−2.5	0	0	0
29	0	0	−2.5	0	0
30	0	0	0	2.5	0
31	0	0	0	0	2.5
32	0	0	0	0	0

注：能量值的大小代表各基本元素对系统带来的外力干扰程度，譬如当带负值的问题大量增加时，便可能会造成总能量值下滑。

（三）决策及空间结构的限制

本研究对于决策及空间结构的限制，采取下列设定：

1. 管道结构（决定"问题"与"选择机会"的关系及移动规则）

原本的空间垃圾桶模型中，有三种类型的约束限制，由左至右分别是：不分阶层的、阶层性的及专业性的，分别如图 2-33 所示。

图2-33　空间垃圾桶模型的管道结构限制
来源：Cohen et al.，1972；Lai，2006a

在图 2-33 的三种矩阵 A_0、A_1 和 A_2 中，A_1 中的矩阵行列意指相应的列中的"问题"可以在相应的行的"选择机会"中讨论，而矩阵中的 0 便是指不存在这样的关系，即若为 0，则决策不能制定，反之 1 则可以制定。譬如 A_0（不分阶层的）便是指所有问题都可以在所有的选择机会中考虑，A_1 则是指矩阵上半部有较多对应的选择机会，即高阶层的问题可以在低阶层的选择机会中加以考虑。在本节中采取阶层性结构（即 A_1），并认为其较接近一般组织的结构。

2. 解决方案结构（决定"解决方案"与"问题"的关系及移动规则）

本研究采用无分隔性结构，即任一问题皆可由任一解决方案加以处理，不受限制，使系统可增加决策制定的几率值。

3. 决策结构（决定"决策者"与"选择机会"的关系及移动规则）

依据王昱智（2008）的设定，"决策者"将会在其 8 个相邻区域里（图 2-34）寻找是否有任何选择的机会。若决策者在这一回合中没有发现可以被选取的选择机会，则该决策者将随机往周边相邻的 8 格随机移动一步。反之，若有选择机会被其发现，决策者将会进行数组的检查，如果相应行的值是 1，决策者便会移动，否则将会停止。而选择机会本身并不会有这样的规则限制。

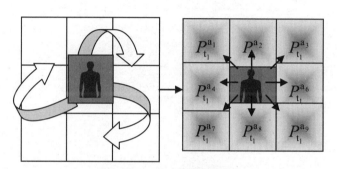

图2-34　决策者的移动规则

注：在上图中，若决策者在每一回合会先搜寻周围 8 个邻格是否有选择机会（左图），一旦没有的话，便会随机往周围走一步（右图）。

此表示决策结构的形态随系统在时间上的推进而演变，以测试系统自组织的特性。

1. 空间结构（决定"区位"与"选择机会"的移动规则）

如同决策者的情形一样。

2. 决策制定规则

空间垃圾桶模型的决策制定规则延伸自垃圾桶模型（Cohen et al., 1972）的设定，其基本条件如表 2-26 所示。

空间垃圾桶与垃圾桶模型的决策制定条件　　　　表2-26

垃圾桶理论	$DM_n+SO_n \geq IS_n+CH_n$
空间垃圾桶理论	$DM_n+SO_n+LO_n \geq PR_n+CH_n$

注：表中分别代表 5 种基本元素及其所带的能量值 n，DM_n 代表决策者，SO_n 为解决方案，LO_n 为区位，IS_n 及 PR_n 为问题，CH_n 选择机会的能量值。

来源：赖世刚 等，2012

按照表 2-29 的情形，当 5 种基本元素至少有一个位于同一个网格上时，且此时加总的净能量值大于或等于 0（符合表 2-29 式中左侧供给能量值大于或等于右侧的需求能量值时），将产生决策制定（即问题可能被解决）。此外，当决策者（参与者）、选择机会、解决方案及区位4种元素至少各一个聚在同一个网格上时，虽缺少"问题"要素，但若四者加总的能量值仍符合式中要求的话，仍会产生决策制定（但因为没有解决问题，会被归类于无意义的决定）。而上述情形，决策者、解决方案或问题若为一个以上，将同时可参与此决策，而若选择机会为超过一个时，则随机挑选一个机会参与此决策。

另外，在本研究中，当基本元素的个体达成决策制定的条件后，其所带的能量值会归零，并离开系统 [①]。

3. 模式变量值

在本研究中，须采用的变量包括：①总净能量值（用于检验耗散结构特性）；②秩序度，而这部分将用"熵值"来衡量系统结构的有序程度。按照香农（Shannon，1948），熵是通过下面的公式计算（王昱智，2008）：

$$H(X) = -\sum_{i=1}^{n} P(x_i) \log_b P(x_i) \qquad (2-10)$$

在式（2-10）中，H代表的即x_i的熵值（在结构中i行的一个随机变量）；P则是x_i发生的几率；b则被设定为2。依据赖世刚、王昱智及韩昊英（2012），在每一个决定的初始数组和空间结构中，0和1各为二分之一（原始设定出现几率各是0.5，也就是随机分配的状态），然而随着时间的推移与仿真中系统的发展，0和1的比例会随时间变化，因此若当0和1的比例出现差异时，系统的秩序就会因而产生变化，概念上，0意味着特定个体间的关系受到限制（如前一小节"决策及空间结构的限制"中所说明），即决策无法被制定，反之，1则代表特定个体间的关系不受限制，决策可能可以制定。因此，当系统中若0比1多（或反之）且差异越大时，意味着越有秩序，说明这个系统具有某种规律及秩序，越来越多的决策者及区位元素在运作时会受到选择机会的限制，而非任意移动碰撞，而此时的熵值也将会变成负值。

同时，0与1的变化取决于决策制定的情况（受到无意义决策与正常决策被制定的状况所影响）。在规则中，选择机会这项元素具有的决策及空间结构列表，由0和1所组成，且每个选择机会皆会具有这样一个属性（0或1），如同前面参数

---

① 在空间垃圾桶模型的模拟中，原先的决策者、选择机会及区位是不会离开系统，且决策者及区位数为固定值（500）。而后在柯博晟与赖世刚（2012）的初步成果中，尝试逐渐修改其系统开放程度，将5种元素设定为无上限值、逐渐增加，而决策者、选择机会、解决方案及问题可随着决策制定过程进出系统（区位则持续增加至模拟结束）。本研究则将5种元素设定成皆在随决策制定后离开系统，以凸显系统为开放的且与环境的互动。

设定中所述，而当一个选择机会进入系统后，随着时间的发展，并按照前述结构限制的关系运行后（包括决策结构中与决策者的关系以及空间结构中与区位的关系），会发生以下情形：①对应的属性（序号）由 1 变为 0（或继续保持 0），这是产生无意义决策制定或是 5 种元素聚集（但能量值为负）时的情形；②对应的属性（序号）由 0 变为 1（或继续保持 1），这是决策能顺利制定出来时的情形，有关空间垃圾桶模型运作机制的详细说明请参阅赖世刚、王昱智及韩昊英（2012）。

综上所述，熵值越小，则代表系统越有秩序，也说明系统具有自组织的现象。而本研究探讨的目的，便是要观察当模式变为开放系统以及调整其能量值时是否会影响总净能量值与熵值的变化趋势。

四、结果与讨论

（一）模拟实验之结果

依据前述的实验设计，本研究进行了按原空间垃圾桶模型调整的 32 组样本的计算机仿真实验。首先，先按照空间垃圾桶模型所给定的原始能量值设定，并将系统调整为开放性系统，经过 10000 回合的模拟步骤后，所计算出系统的总净能量变化图和熵值变化图显示如图 2-35 所示。

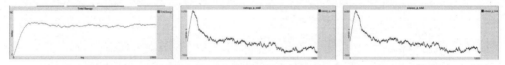

图2-35　总净能量值变化（左图）决策结构（中图）及空间结构（右图）的熵值

在图 2-35 中，我们可以观察到决策结构及空间结构的熵值变化皆趋向于递减。如前所述，当熵值越小，系统发展也越有秩序。此外，从图中亦可观察到，每当熵值逐渐减少时，会先维持一小段近乎水平的抖动，之后才微幅向下坠落，接着又再度维持一小段水平的抖动，似与耗散性结构中所提到的远离均衡的稳定状态类似，或可解释为一种动态平衡的可能性。换句话说，系统虽不断在变动，但会朝向另一个稳定的状态前进。

而初始时熵值一度是上涨的，直至一段时间后才开始下降，推测是当系统内的 5 种基本元素数量开始变多后，各种决策制定达成的情形才逐渐增加，促使系统秩序产生变化。同时，我们亦观察到总净能量值的变化随着带不同能量值的 5 种基本元素进出于系统之间，趋向维持在一个稳定的高能量值状态（图 2-35 中左图曲线）。

接下来，我们尝试调整 5 种基本元素本身所带的能量值，全都给予最高及最低值的组合设定（即表 2–28 中所揭示的 32 组对照实验群组）。在此我们假设 2.5 为最高值，0 为最低值（正负号则按照原始空间垃圾桶模型所给定的假设）。

研究观察到决策结构与空间结构的熵值最终皆趋向于递减的状态，而能量值的调整虽使其过程中熵值的涨落情形有不同变化（如起伏大小，或递减幅度及速度等不同），但确实倾向于具有自组织、熵值减少、逐步朝向有秩序的稳定状态的特性。唯有能量值的调整会使得总净能量变化有较显著的差异，如在某些特定组合之下（以第 24 组为例，当模式中的元素所带能量皆不大于 0 时），其能量值变化便趋向下降，此外其他的净能量值则多倾向于维持平稳成长的状态。

（二）初步实证研究

本实证研究的目的是尝试将通过问卷调查所获得的数据与仿真之间作比较，并检验空间垃圾桶模型和耗散结构理论的结合是否也符合"真实世界"的城市发展情形。采用的研究方法为问卷访谈调查（详细内容参见赖世刚，2010；赖世刚 等，2012）。

1. 实证区域选择

在实证区域的选择上，本研究分别选择了台北市里三种不同类型城市发展的区域来进行问卷调查，包括：①新兴的市中心，即台北市信计划义区；②发展较久的旧市区，即西门町；③较偏向市郊地带的地区，即新北投。

2. 问卷设计

问卷设计的题目分别对应于空间垃圾桶理论里的五个要素（决策者、问题、选择机会、解决方案、区位）及四种结构管道（决策结构、管道结构、解决方案结构、空间结构）来进行设计。譬如：①与问题、管道结构及解决方案结构的特性相关的问卷题目可能包括：请问您从事该活动项目的目的为何？是否问题已解决？达到该目的的难易度如何（又分成五个阶层性的难度）？②与解决方案、解决方案结构的特性相关的问卷题目，例如：请问你从事活动使用的资源为何？使用此一资源的难度高低？

3. 转换为熵值的计算方式

如前面所显示的式（2–5）熵值计算式，此公式亦对应到问卷统计结果：每个活动样本发生在结构矩阵中的不同位置，对应于汇总所有样本而成的要素结构而言，结构中不同位置的发生几率不尽相同（表 2–27）。若视整个要素结构 X 可能发生的状态 x 为每个样本发生在结构中的某个位置，则结构中不同位置的发生几率即为 $P(x_i)$，该要素结构的熵值为 $H(X)$。

问卷统计的结构矩阵示意　　　　　　　　表2-27

问题	决策情境				
	娱乐	经济	社会	文化	教育
非常困难	0	0	0	1	0
困难	1	1	3	6	0
普通	1	2	12	9	12
容易	0	6	10	16	3
非常容易	1	0	5	1	2

来源：整理自赖世刚 等，2012

4. 结果

依据表2-28的实证结果显示，新兴规划的商圈信义计划区及历史发展已久的西门町，其熵值在空间及决策结构上要较新北投地区为低，显示其城市活动方面较具有秩序性。此与计算机仿真的结果一致，即城市系统随时间的推进呈现自组织的特性。

实证分析的熵值计算结果　　　　　　　　表2-28

	西门町	信义计划区	新北投
决策结构	1.576056	1.125923	2.938935
空间结构	2.682472	1.876118	3.035687

来源：整理自赖世刚 等，2012

五、结论

本节尝试进行以空间垃圾桶模型为基础的仿真实验，结果显示了城市发展系统在增加系统开放性及元素能量值变换的假设条件下，大致皆仍能符合耗散性结构的特性：城市是一个具有一定规模数量的元素及多层次系统[1]所组成的开放系统，能不断与外界环境交换能量及信息，是非线性的（远离静态均衡状态）、自组织的，在高能量状态下继续形成新的、稳定的有序结构（且具备高层次的秩序和复杂性）。

倘若我们能暂时肯定地认为"城市是一个耗散结构"，便可进一步去思索如

---

[1] 在自然界的系统中，兰顿（Langton，1995）将自然生命分为四个主要层次：分子层次，细胞层次，机体层次，人口、生态系统。而以城市及区域发展而言，本身即涵盖无数的子系统在运作着，不仅包括自然科学层面的系统，亦包括如人口、交通运输、社会经济、文化等系统，进而形成多层次网络的整体系统。

何将此对城市发展叙述性的概念，联系到规划思维的启发、应用与探讨[①]。以下我们将提出几点讨论与结论，包括耗散性结构与城市发展战略：如何能促使城市可持续性的发展？规划应如何作为？以及针对模式、实证及理论思维方面的后续研究的建议。

有关耗散性结构与城市发展战略方面，我们有以下几项建议。

1. 自组织的特性

首先，我们了解到城市发展系统应能自身借由自组织的过程逐渐形成有秩序的结构，也就是一种自然的秩序（就如同幂次法则[②]总是无所不在），换言之，城市发展的自然秩序并不完全需要靠一种由上而下的控制力量才能产生，而是经由一连串元素互动的过程所由下而上组织的，那么规划（一种人为创造秩序的手段）扮演的角色，似应转变为思考如何能有益于这样的特性，而非仅是创造人为的秩序。由此亦可得知，自然秩序与人为秩序不同，但两者应相辅相成，然而，人为创造的秩序（通过规划或控管）毕竟受限于自然秩序，因此规划应在系统中适应自组织发展，而不是从外部来控制城市的发展（Lai，2021）。

2. 开放系统的特性

系统必须处于不断与外界环境交换能量、物质及信息的开放状态，这是其成为耗散结构的必要条件之一。而在现实情形中，要使城市及区域能持续不断地发展，确实不能仅靠一地有限的资源及元素来支撑（换言之即不能为封闭系统），因此对规划思维而言，如何有助于增加其系统的开放程度便是可能的思考方向之一。

3. 非线性的及远离均衡的特性

在耗散结构的条件中，非线性及远离均衡的特性，是促使系统能借由脱离固定及静态的均衡一步步在非线性发展的过程中产生"大推进"的原因，因此"不均衡成长"的思维反而较每个地区齐头式成长的方式更有利[③]，而这样的思维转变似将会使城市规划的战略产生不同的思考方向，比如时间及过程是重要的。

综上所述，正如同方大春（2007）所述，耗散结构理论博大精深，如何应用于城市及区域发展课题上仍有待探索，且其理论本身亦尚在持续发展中，有关耗散结构的证明的新概念或方法论亦有待发掘。本节用空间垃圾桶模型来检验耗散结构的性质，实属一个构想的尝试（从抽象性的模式建构来证明理论），仍有许多可改进

[①] 正如同我们对城市复杂系统的探讨，进而产生将城市以一个"天生无法预测、充满随机性（不确定）的社会生态系统"看待一样（柯博晟，2009）。

[②] 有关幂次定律可参阅薛明生、赖世刚等（2001）及柯博晟与赖世刚（2014）。

[③] 按方大春（2007）所述，认为强调均衡的封闭系统无法达到这种大增长（巨涨落）的效果。

或再讨论之处。实际上，我们的目的并非强调城市发展的真实原理是空间垃圾桶模型所描述的样貌，而是它应作为一种可能的理解城市发展的方式，通过空间垃圾桶模型，我们从另一种观点去解构各种城市发展的本质，未来在该模式的研究（仿真或实证[①]）及应用上，仍有许多可探讨的方向，譬如可进一步以赖世刚等（2010）提出的群聚型模式（又分为开放式及封闭式）来描述区域空间中存在着的不同子系统（局部区域的网络）。

依据上述结论，本节尝试提出下列几点关于模式、实证及规划探讨方面的后续研究建议。

1. 关于本研究模式的建议

①在本节的模拟实验中，仅是将结果以目测的方式来探讨，建议后续应可借由统计的分析来作进一步的评估（如赖世刚 等，2012 的方差分析统计分析）。再者，关于能量值的调整，目前仅分成两种（0 和 2.5），应可再作更深入的实验，如增加为 0、0.5、1、1.5、2、2.5 等（甚至更极端的数值配置）不同值的组合。此外，亦可使模式更具弹性及开放性，如每一回合进入系统的元素数量可能并非固定（非固定加 1）。②可再进一步控制不同元素的移动规则，以对应真实城市发展情境中影响城市空间改变的机制，例如设计与计划等。③空间垃圾桶模型目前作为城市发展的仿真系统已有其研究成果展现（如赖世刚 等，2012b），未来亦可思考如何将该模式进一步延伸至不同尺度的"区域发展"层面来进行探索，如柯博晟与赖世刚（2013）所提的结合"递增报酬机制"（可参阅 Arthur，1999；赖世刚 等，2002的实验设计）。

2. 关于实证方面的建议

在实证方面，则建议可以依照本节的动态仿真实验，进行动态时程的问卷调查，而非仅于单一时间点，以便针对熵值的动态演变趋势（如是否为递减）进行探索，并可进一步针对实证研究地区的情形（如历史及现况发展）进行分析。

3. 关于城市发展耗散结构特性的建议

针对前述提到的城市发展耗散结构特性，应可作进一步的规划思维及战略上的探讨并提出如何规划可持续发展城市的方向，及其在实际政策上所代表的含义。如韩昊英、赖世刚及吴次芳（2009）探讨复杂城市系统中的规划战略观这样的分析方式，或可参阅王志弘（2009）对于城市空间、内在性的论述及实例（真实城市的秩序和失序情形）。

---

① 关于详细的模式的运算及讨论可参阅赖世刚及柯博晟（2014）。

第三章　城市间的复杂性

第一节　厂商聚集的区域锁定效果

摘要

聚集的概念可通过递增报酬建立厂商区位选择模式来表现。机会与必要性为该模式的两个主要构件。假设厂商迁移的交易成本为0,则厂商倾向于锁定在某一特定区域。本章利用假想随机与台湾本岛实际厂商成长数据进行仿真以检验区域锁定效果。研究设计提出两组模拟:测试模拟与控制模拟。前者比较考虑厂商迁移距离成本的区域选择模式与阿瑟(Arthur)的竞争科技模式的异同。后者则调控模式参数值(包括距离成本、地理利益与递增报酬率)以检定区域锁定效果。仿真结果显示距离成本是厂商是否锁定某一区域的重要因素。阿瑟对竞争科技模式锁定行为特性的预期充分呈现在本研究的模拟中。模式参数值的区域性差异明显地以非线性方式影响区域锁定效果。基于仿真的观察,本研究提出平衡区域发展的对策。

一、前言

城乡发展的空间形态一直为从事都市及区域规划等相关领域探讨的主要课题。过去以总体经济为主由上而下的研究方法,例如冯·屠能(von Thünen,1966)的古典理论、韦伯(Weber,1909)的区位理论及克里斯塔勒(Christaller,1933)的中地论艾萨德(Isard,1956)的聚集经济分析及理查森(Richardson,1973)区域经济分析,到最近以个体为主(agent-based)由下而上的探讨方式(如Batty,1995),再到以递增报酬作为解释聚集经济的机制(例如North,1990及McCann,1995),其目的无非在于从理论及实际数据中寻找土地使用空间演变的规律性。本研究虽不拟将城市及区域空间演变理论在此作详尽介绍,但阿纳斯(Anas)等(Anas,

1998）已将有关城市空间结构及区域空间演变从传统单核心城市空间结构到多核心边缘城市的理论与实证发现作了完整的整理。该文并特别指出以如非线性动态过程（non-linear dynamic processes）来解释城市空间结构的非经济动态模式已受到重视。在理论方面，阿纳斯等（Anas，1998）特别强调传统聚集经济城市模式可以和非经济模式（如复杂理论）结合，例如可将经济因素引入非经济模式中或将非经济模式中的分析技巧应用在城市经济模式中。本研究并不尝试此种结合，而是应用一非经济模式，即城市规模递增报酬效应，从事计算机仿真以检视台湾地区厂商聚集的趋势与因素。

中国台湾地区在地理形式上自成一格，但这并不意味着城市及区域的发展是一个封闭的系统。随着全球化趋势的发展，未来台湾地区的城市及区域的发展必然朝向更开放的系统演进。这种趋势在城乡发展的秩序上所代表的含义为何值得深思。而城乡及区域发展的不均衡，一直是政府区域发展政策亟待解决的问题。台湾地区有关区域发展不均衡现象及原因的研究十分有限，且多从计划愿景（张桂林，1994）、地方财政（李显峰 等，2001）、规划理论（古宜灵 等，1997）、政治经济学（林德福，1992）及可持续发展（罗登旭，1999）等方面探讨，缺少直接针对人口或厂商空间聚集趋势的探究。此外政府重大公共建设必然引起区域发展的变化。例如，第一高速公路兴建的目标之一便是促进区域发展的平衡。然而有研究指出其区域不均衡发展不但未获改善，甚至有加深的效果（曹寿民，1999；赖世刚，1999）。此是否意味着城乡区域发展的本质便是不均衡的聚集经济形成过程？如果如此，政府花费再多的经费主导由上而下的规划方式，试图解决城乡发展不均衡的自然趋势都会徒劳无功。加上全球化趋势有可能加速城市化的过程，更使城乡差距拉大。根本之道在于从理论上及实际数据中探讨城市及区域发展的秩序，进而寻求平衡区域发展的治本之道，方能解决城乡空间发展差距的问题。

有鉴于此，本研究的研究范畴界定于探讨城乡发展的不均衡趋势，并以区域厂商数的成长作为主要的指针及变量，尝试从历年统计数据的计算机仿真，就区域发展过程中厂商聚集的锁定效果（lock-in effects），探讨目前台湾本岛区域发展不均衡的原因。

二、聚集、递增报酬、路径相依与锁定

由于复杂科学的兴起，以非经济动态模式了解城市及区域变迁的原因在学界引起不少讨论（例如 Allen，1997；Portugali，2000）。其中阿瑟（1997）应用递增报酬（increasing returns）解释厂商空间聚集的锁定过程（lock-in processes）颇具说服

力 [①]。根据阿瑟的概念，假设厂商聚集促成劳动市场的深化及产业专业化等效果，使得聚集利益与聚集规模成正比。换言之，当厂商在某一区域（例如新竹科学园区）形成聚集区块（clusters），聚集利益的增加将吸引更多厂商至该区设厂。正回馈（positive feedback）有如滚雪球般，使得聚集规模急剧上升。理论上，最终该区在空间上将垄断该产业使得所有厂商迁入该区。问题是当替选区域有一个以上时，我们能否预测最终的厂商区位分派结果？阿瑟（1990a）的答案既是且非。聚集利益无上限时，当厂商一一迁入 N 个不同区域时，最终必有一个区域脱颖而出在空间上垄断该产业。至于哪一个区域成为优胜者，取决于厂商迁入的顺序或小事件（small events）。因此整个过程是路径相依的（path dependent）。当聚集利益有上限时，最终可能由一组区域共同支配空间市场，也有可能由某一区域垄断该产业，这完全取决于某些小事件的影响是否扩大。

其实阿瑟所欲解决的问题可将其一般化应用描述其他许多随机成长现象，统计学上称之为非线性波利亚过程（non-linear Polya processes）。波利亚（Polya）所提的问题为：假设在一个容量无限大的袋中存有两个不同颜色（黑与白）的球。今若由袋中随机抽取一球，视所抽取球的颜色增加袋中同颜色球一粒。如此重复此抽取动作并同时增加同颜色的球，是否两种颜色球数比率会收敛至一定值？显然每次增加某颜色球的几率为该颜色球数占总球数的比率，且该几率将随着时间的改变而改变。结果阿瑟通过其他统计学者的协助证明每一种颜色球数比率将收敛于所对应几率函数的定点（fixed point）。在该定点上增加某一颜色球的几率恰好等于该颜色球的比率（Arthur，1997）。乍看之下，这种几率过程（stochastic processes）只是一个数学问题，然而其不但是 Arthur 递增报酬理论的基础，在应用上更十分广泛，包括厂商空间聚集及科技市场竞争过程的描述。本文重点并不在于非线性 Polya 过程几率理论的延伸，而是以阿瑟的厂商空间竞争模式为基础，根据历年来台湾本岛区域厂商成长动态数据进行计算机仿真，进而对区域不均衡发展现象作检视并提出可能的对策。因此有关非线性波利亚过程几率理论技术性的内容，读者可参考阿瑟及其同僚的原著（例如，Arthur 等，1987 及 Arthur，1990a 等）。

三、厂商空间竞争模式

在进行说明本研究内容与结果分析前，必须对阿瑟如何将非线性波利亚过程几率理论应用在厂商空间竞争模式的建构作一说明。竞争科技模式（competing technologies）

[①] 为准确说明如何应用递增报酬解释厂商聚集的现象，本研究所及概念以阿瑟的相关著作为基础作整理并评论。

是因为厂商空间竞争模式似乎是由科技竞争模式转变而来。假设市场上的个体可免费采用两种不同的科技，而该科技必须通过既有的机械设备来实现。不同的新科技可同时存在而互相竞争以取代旧有的科技。例如，核能与煤、水力及燃油竞争作为发电的动力。递增报酬为这些科技竞争过程中不可避免的现象。当某一科技尚未成为标准或传统时，它的形态往往是流动的：该科技形态不断改变使得设计一再更新而产生替选形态（variants）。一旦采用者增加，该科技的应用与经验不断建构在更可靠、更有效的替选形态中，即所谓的使用中学习（learning-by-using）的现象。该现象在科技竞争模式中以一种纯粹的递增报酬方式表达，即报酬随着采取某科技个体的增加而增加。

现假设市场上拥有大量个体拟采用两种前述的科技 A 及 B。市场个体分为两类且个数相等：R 及 S。此两类个体对两种科技的偏好不同，R 类个体喜好科技 A 的替选形态而 S 类偏爱 B 的替选形态。个体在采用所偏爱科技的时间点相互独立，而采用某科技的替选形态其报酬取决于 n_A 及 n_B（先前采用 A 及 B 的个数），如表 3-1 所示。根据假设 $a_R > b_R$ 且 $a_S < b_S$，且选择报酬是否为递增、递减或固定取决于 r 及 s 是否为正、负或零。

给定先前采用个数选择A或B科技的报酬　　　　表3-1

	A科技	B科技
R- 个体	a_R+rn_A	b_R+rn_B
S- 个体	a_S+sn_A	b_S+sn_B

个体在采用不同科技过程中有许多历史小事件（historical small events）无法被观察到，例如公司破产及人事调整等，使得最终结果无法预料。这些历史小事件的发生超出观察者分析能力之外，无法在模式中反映出来。因此从观察者的角度来看，整个过程形成一个不可预测的二元序列，即每一时点 R 或 S 出现的几率分别为 0.5。在这样的新古典分派模式中令人感兴趣的是，当报酬分别呈现递增、递减或固定时，不同选择次序小事件所带来的骚扰（fluctuations）如何影响最终的分派结果？

首先，假设个体为均质的简单情况，即个体类别仅有一种。当两种科技 A 和 B 均呈现递减报酬时，分派结果是可预测的（predictable）、具路径效率性（path efficient）且为弹性的（flexible）。[1] 在递增报酬的情况下，当第一位个体选择某科

---

[1] 阿瑟（Arthur，1997）对此动态分派模式的特性区分为四类。当起初骚扰随时间演进逐渐消逝时，称为可预测的。当对某科技报酬的纳税或补助额小于一定的常数以改变市场选择时，称为具弹性的。当所有可能不同的小事件顺序均导致相同的市场结果时，称为恒定的（ergodic）。当市场选择的科技较落后的科技在相同情况下产生的利益为高时，称为具有路径效率性。

技（例如 A）时使得选择 A 的报酬因该个体的选择而增加，接下来的个体均会采用 A。A 在选择过程中持续被采用，结果 B 最终被市场排除在外。这样的结果是可预测的且具路径效率性（假设不同科技报酬率相同）的，但不具弹性。

若个体为不均质时结果有何不同？假设个体有两类，R 及 S，其报酬函数如表 3–1 所示。现考虑固定报酬并令：

$$d_n = n_A(n) - n_B(n) \qquad (3-1)$$

其中 n 为总选择数，$n_A(n)$ 及 $n_B(n)$ 分别为 A 及 B 的选择数，而 d_n 表选择 A 与 B 的个数差异。A 的市场占有率 x_n 可以式（3–2）表示如下：

$$x_n = 0.5 + d_n/2n \qquad (3-2)$$

由于 $n_A(n)$ 及 $n_B(n)$ 的大小不影响选择 A 或 B 的报酬值，R 个体将永远选择 A 且 S 个体将选择 B，在（n, d_n）的平面上此选择过程的轨迹将呈现为随总选择数的增加在 $d_n=0$ 横轴上随机游走（random walk）。

在递减报酬的情况下，我们可很容易推论此市场选择过程的轨迹将在（n, d_n）平面上、下限 ΔR 及 ΔS 间随机游走，如图 3–1 所示，其中：

$$\Delta R = (a_R - b_R) / (-r) \qquad (3-3)$$
$$\Delta S = (a_S - b_S) / s \qquad (3-4)$$

当 d_n 接近 ΔR 上限时，R 个体因递减报酬的缘故将由选择 A 转而选择 B，逼迫选择轨迹折返向 $d_n=0$ 的方向演进。反之，当 d_n 接近 ΔS 下限时，S 个体因递减报酬的缘故将由选择 B 转而选择 A，亦逼迫选择轨迹折返向 $d_n=0$ 的方向演进。不论初始状况如何，最终 A 与 B 将共同占有此市场。

在递增报酬的情况中则出现与前述皆不同的现象。同理根据式（3–3）及式（3–4），此时 ΔS 及 ΔR 分别为上、下分界线（因为此时 r 及 s 均为正值）。当 d_n 超过 ΔS 分界线时，S 个体因递增报酬的缘故将由选择 B 转而选择 A，加上 R 个体

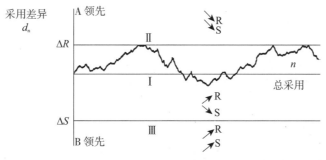

图3-1　递减报酬选择轨迹
（来源：Arthur，1997）

原本就偏爱 A，将使得采用 A 的个数急遽增加，最终 A 将垄断整个市场。反之，当 d_n 超过 ΔR 分界线时，R 个体因递增报酬的缘故将由选择 A 转而选择 B，加上 S 个体原本就偏爱 B，将使得采用 B 的个数急遽增加，最终 B 将垄断整个市场。初始状况的小事件将决定最终到底由 A 或 B 垄断整个市场。共同占有的情形不再有可能发生（图 3-2）。

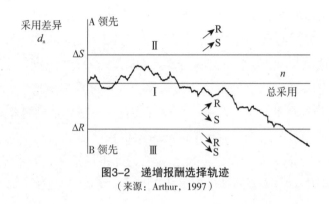

图3-2　递增报酬选择轨迹
（来源：Arthur，1997）

由此可见，不同的报酬率条件导致性质截然不同的动态选择过程。综合而言，在固定、递减及递增三种报酬率条件下，科技动态选择过程呈现不同的性质整理，如表 3-2 所示（Arthur，1997）。本研究重点在以递增报酬的概念探讨厂商空间聚集的过程，故在报酬率为正的情况下，动态选择过程所具有的特性值得深入探讨。

不同报酬率下的选择过程特性　　　　　　　　　　　　　　　　　表3-2

	可预测的	弹性的	恒定的	路径效率的
固定报酬	是	否	是	是
递减报酬	是	是	是	是
递增报酬	否	否	否	否

在递增报酬的条件下，虽然市场结果必定导致某一科技最终垄断该市场。换言之，市场锁定（lock in）于该科技。但是哪一种科技会成为优胜者，将受到小事件的左右而事先完全无法预测。一旦市场锁定于某一科技，影响市场使其采用另一科技所需的课税或补助额将无上限。因此，市场失去弹性。市场结果受到个体类别采用不同的顺序影响；有时一系列的个体选择造成市场倾向 A，而有其他系列时使其

倾向 B。这个独特的顺序最终将决定市场分配的路径，于是整个过程是非恒定性的（non-ergodic）。

厂商空间竞争现象与竞争科技模式有密切的关联。具体而言，我们可将竞争科技模式中的 R 个体或 S 个体视为不同类别的厂商，而 A 科技或 B 科技则为不同的区域。不同类别厂商在选择不同区域进驻时可与在市场中的个体选择不同的科技作模拟。假设两种类别的厂商逐一进驻两个区域中。下一个厂商在选择进驻哪一个区域时可能考虑两个因素：①该厂商对不同区域自然条件的偏好；②不同区域既存的厂商个数规模。如果厂商个数规模会造成聚集利益，表 3-1 中的报酬函数便可粗略解释厂商区位选择的决策规则。虽然阿瑟以非线性波利亚过程从理论模式建构上尝试预测厂商动态区位选择的特性，但其与竞争科技模式的基本概念几乎一致，甚至可以说前者是后者理论的延伸。例如，阿瑟（1997）认为不同类型的厂商对区位有不同的要求，而厂商进驻某区域的利益可简洁地以下式表达：

$$r_{ij}=q_{ij}+g\,(y_j) \tag{3-5}$$

其中 r_{ij} 为厂商 i 进驻区域 j 的总利益；q_{ij} 为厂商 i 进驻区域 j 的"地理利益"（geographical benefit）（假设无其他厂商进驻时）；而 $g(y_j)$ 则为厂商 i 选择区域 j 时，因该区域内已有 y_j 厂商进驻所带来的聚集利益（agglomeration benefit）。比较式（3-5）的利益函数与表 3-1 的报酬函数，厂商空间竞争模式与竞争科技模式基本结构的一致性是毋庸置疑的。本研究基于这样的观察，尝试以表 3-1 的报酬函数为基础，利用历年来台湾本岛区域的厂商成长数据进行计算机仿真，分析比较是否厂商聚集锁定的现象已经发生，并借以提出可能的应对之道。

本研究计算机仿真的基本假设包括：①每一年新增厂商可视各区域总利益大小自由进驻至任何区域，且往后每年可视该总利益因聚集利益的改变而改变并进行迁移；②厂商分为两种类别，即基础产业，包括厂商（第一级产业）与非基础产业、厂商（第二及第三级产业）；③区域总利益的计算方式由表 3-1 递增报酬函数表示，即该总利益包括两个构件：地理利益与聚集利益，以下式表示：

$$\pi_{ij}=a_{ij}+\lambda_{ij}n_j, \quad i=1、2 \ 且 \ j=1、2、3、4 \tag{3-6}$$

其中 π_{ij} 为厂商 i 进驻区域 j 的总利益；a_{ij} 为区域 j 对厂商 i 的地理利益；λ_{ij} 为厂商 i 在区域 j 的递增报酬率而 n_j 为厂商 i 进驻时 j 区域的厂商个数；④厂商迁移包含两项成本：迁出区域所放弃的机会成本（即该区域迁移时的总利益）及距离成本，其中距离成本为因迁入新区域所造成的交通成本及交易成本等；厂商是否迁移取决于净利益的决策规则，即：

$$t_{ioj}=\pi_{ij}-\pi_{io}-c_{oj}, \quad i=1、2；o、j=1、2、3 \ 及 \ 4 \tag{3-7}$$

其中 t_{ioj} 为厂商 i 由区域 o 迁入 j 的净利益；π_{ij} 为厂商 i 进驻 j 的总利益；π_{io} 为厂商 i 进驻 o 的总利益而 c_{oj} 则为区域 o 及 j 的距离成本。当 $\mathrm{Max}\left[t_{ioj}; j\neq o\right]>0$ 时，厂商 i 将会迁移至造成其净利益最大的区域。

四、研究设计与结果分析

本研究所应用的理论基础建立在非经济动态过程模式之上，其主要的限制在于缺乏如地价因素等的价格系统作为空间决策的诱因。然而如前所述，本研究并不拟整合经济与非经济模式，而在于应用非经济模式分析技巧的优点探讨厂商空间聚集的现象。模式应用条件着重在厂商空间区位决策的互动上，而忽略了其他人类社会经济活动。由于递增报酬在高科技产业竞争上尤为显著，故其适用于预测未来台湾地区的产业聚集动向。研究采用的历年厂商数增加数据分为两组：第一组就基础与非基础产业以计算机随机方式在 1~40（百家）区间产生；另一组则根据"主计处"于 1976~1997 年的台湾省统计年报中台湾省商业登记家数及其资本额以每百家为一单位就基础及非基础产业整理而得，以与前一组模拟结果作比较。因此，本研究主要目的在以台湾本岛区域计划的四个区域（北部–1、中部–2、南部–3 及东部–4 区域）历年（1977~1998 年）来厂商成长资料为基础，通过递增报酬的竞争科技模式，如表 3-1 及式（3-5）的总利益函数，及厂商空间竞争模式的计算机仿真，观察区域锁定现象并说明可能的对策。

根据前文所陈述厂商进驻及迁移行为的假设，本研究计算机仿真分两阶段进行。首先进行厂商空间竞争模式的测试仿真（pilot simulation），即假设两类别厂商进驻两区域的数量在时点上随机产生而无一定形态，在考虑迁移成本与不考虑迁移成本的条件下，观察其锁定效果是否产生及差异并与阿瑟的竞争科技模式仿真结果比较。其次将两类别厂商（基础产业及非基础产业）进驻四个区域（北部、中部、南部及东部）的顺序分为两组：随机数据与实际数据进行控制仿真（control simulation），分别就式（3-7）中的参数（包括距离成本、地理利益、递增报酬率、产业差异及区域差异）从基本值为 1 逐渐调控以观察区域锁定现象的产生并进行比较。计算机仿真设计如表 3-3、表 3-4 所示。

测试模拟设计（仅考虑两类别厂商与两个区域）　　　　　　表3-3

	不考虑迁移成本（式3-6）	考虑迁移成本（式3-7）
厂商进驻数量随机产生	模拟一	模拟二

<table>
<thead>
<tr><th></th><th>距离成本</th><th>地理利益</th><th>递增报酬率</th><th>产业差异</th><th>区域差异</th></tr>
</thead>
<tbody>
<tr><td colspan="6">控制模拟设计（考虑两类别厂商与四个区域）　　　　　　表3-4</td></tr>
<tr><td>随机产生</td><td>模拟三</td><td>模拟四</td><td>模拟五</td><td>模拟六</td><td>模拟七</td></tr>
<tr><td>实际数据</td><td>模拟三</td><td>模拟四</td><td>模拟五</td><td>模拟六</td><td>模拟七</td></tr>
</tbody>
</table>

（一）模拟一——无迁移成本

此模拟假设有两类别厂商（基础产业及非基础产业）进驻两个假想区域。每个时点不同类别的厂商进驻数量随机产生（从 1~10 由随机数函数产生）。厂商选择进驻区域的偏好函数系根据式（3-6）而定。参数值 a_{11}、a_{12}、a_{21} 及 a_{22} 分别设定为 30、10、10 及 30。λ_{11}、λ_{12}、λ_{21} 及 λ_{22} 则分别为 10、10、8 及 8。[①] 模拟结果发现在第 10 个时点左右发生锁定现象，所有的厂商皆迁入或进驻区域 2。有趣的是，当厂商进入系统的序列不同时，所有厂商有时会锁定在区域 1。此结果与阿瑟竞争科技模式的结果一致，即小事件（厂商进驻的顺序）将决定锁定的区域，事先完全无法预测。图 3-3 显示此仿真表现在 (n, d_n) 平面上的轨迹。

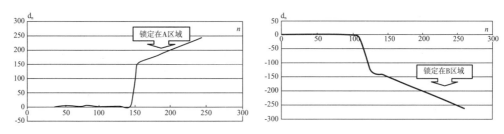

图3-3　模拟一的结果

（二）模拟二——有迁移成本

模拟二与模拟一类似，所不同的是厂商一旦进驻某区域并在往后的时点欲迁入另一区域时，其必须考虑放弃所在区域的总利益（即该区域的机会成本）以及因迁入新区域所造成的距离成本。简言之，厂商依照假设 4 式（3-7）的净利益计算方式及所附带的迁移决策规则选择区域。模拟二的参数值与模拟一相同，所不同的在

[①]　比较严谨的做法为以随机方式抽取大量参数值的样本并以统计方法检测各种假说。由于参数多造成样本过大且阿瑟的理论已初步建构完成，故本研究重点不在理论的延伸或检定，而是以台湾本岛的资料作为个案的实证探讨，此处参数值的设定用来观察阿瑟竞争厂商模式递增报酬效果是否出现，以测试本研究模拟的可信度。这些参数值的意义表现在其相对大小对模拟过程的影响，不具实质的意义，故不设定单位。以图 3-3 锁定 B 区域的仿真为例，共进行约 20 个时点，基础产业厂商进入系统随机产生的个数依序为 10、3、10、9、6、2、6、6、9、7、1、5、2、9、4、10、9、5、3 及 4。非基础产业厂商进入系统的个数序列则为 10、3、9、9、7、2、7、9、8、9、4、9、2、3、5、3、0、8、7 及 3。

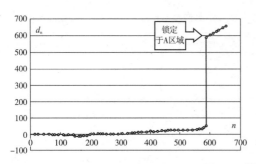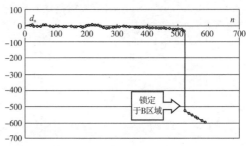

图3-4　模拟二的结果

于距离成本的设定与厂商个数进入系统的顺序。[①] 模拟二的结果与模拟一十分类似（图3-4）。主要差异在于发生锁定的时点较晚（例如图3-4锁定现象发生在第60个时点左右）。可见迁移成本的考虑使得厂商的可移动性（mobility）大为降低，但也比较接近真实情况。

（三）模拟三——距离成本

模拟三以下的厂商区域选择模式皆根据式（3-7），并通过参数值的控制借以观察区域锁定过程的变化。本模拟的控制参数为距离成本 c_{oj}；模拟年限为21年的厂商年成长个数。厂商年成长个数分为两组以对照模拟结果：以随机数函数于1~40（百家）间距中随机取得及以台湾省统计年报整理而得。将距离成本 c_{oj} 分别设定在0、1、5、10、30、40、50、100、300、500及700，而 a_{ij} 与 λ_{ij} 均设定为基本值1，模拟结果如表3-5所示。

模拟三的结果　　　　　　　　　　　　　　　　　表3-5

成本	0	1	5	10	30	40	50	100	300	500	700
随机资料	锁定北区	锁定北区	锁定北区	锁定北区	无锁定	无锁定	无锁定	无锁定	无锁定	无锁定	无锁定
实际数据	锁定北区	锁定北区	锁定北区	锁定北区	锁定北区	锁定北区	锁定南区	锁定南区	锁定南区	锁定南区	锁定南区

在随机资料组的仿真过程中可发现，当距离成本相当小时（分别为0、1、5及10），锁定现象出现且发生在北区。而当距离成本增加时（>10）则无锁定现象出现。[②]

---

① 为使距离成本 c_o 的效应反映在厂商区域选择决策规则中，每单位距离成本乘上迁出区域 o 的厂商个数 n_{io}。j 厂商个数进入系统的数据请参见陈增隆（1999）。

② 无锁定指的是四个区域同时皆有厂商进驻，无任何区域在空间上垄断所有产业。

由于各年份厂商进驻各区域的个数为随机而独立的，因此无相关性，模拟结果可充分反映距离成本的效果。可见距离成本的确影响厂商空间聚集的趋势，距离成本越大，厂商可移动性越低，聚集区块发生的可能性越小。距离成本越小则反之。本数据组仿真结果锁定在北部区域应属偶然，因为若厂商进驻个数序列不同，则有可能锁定在其他区域。反观以实际厂商数年成长数据进行的仿真可发现不论距离成本设定在任何值，锁定现象皆会发生。[①] 当距离成本小时（＜50），厂商锁定在北部区域（此与目前区域发展重心的空间分布相吻合）；当距离成本大于或等于50时，锁定在南部区域。可见南部有除北部外的厂商聚集潜力（此亦与目前南部区域发展程度仅次于北部的现象相吻合）。

（四）模拟四——地理利益

模拟三以实际资料检视距离成本的影响显示，当所有参数值设定为基本值1时，北部区域"自然"成为锁定的对象。若其他区域的地理条件改善使得地理利益增加时是否具有竞争力？要回答这个问题，我们可通过对每一区域 a_{ij} 参数值的调控来观察区域锁定的变化，同时将其他参数（包括 c_{oj} 及 λ_{ij} 值固定为基本值1。模拟结果如表3-6所示。

模拟四的结果　　　　　　　　　　　　　表3-6

地理利益		1	2	3	4	5	6	7	8	9	10	15	20	25	30	35	40	50
中部区域	随机资料	锁定北区	锁定北区	锁定北区	锁定北区	锁定北区	锁定北区	锁定北区	锁定北区	锁定北区	锁定北区	锁定北区	锁定北区	锁定北区	锁定中区	锁定中区	锁定中区	锁定中区
	实际数据	锁定北区	锁定南区	锁定南区	锁定南区	锁定南区	锁定南区	锁定南区	锁定南区	锁定南区	锁定南区	锁定中区	锁定中区	锁定中区	锁定中区	锁定中区	锁定中区	锁定中区
南部区域	随机资料	锁定北区	锁定北区	锁定北区	锁定北区	锁定北区	锁定北区	锁定北区	锁定北区	锁定北区	锁定北区	锁定北区	锁定南区	锁定南区	锁定南区	锁定南区	锁定南区	锁定南区
	实际数据	锁定北区	锁定南区	锁定南区	锁定南区	锁定南区	锁定南区	锁定南区	锁定南区	锁定南区	锁定南区	锁定南区	锁定南区	锁定南区	锁定南区	锁定南区	锁定南区	锁定南区
东部区域	随机资料	锁定北区	锁定北区	锁定北区	锁定北区	锁定北区	锁定北区	锁定北区	锁定北区	锁定北区	锁定北区	锁定北区	锁定北区	锁定东区	锁定东区	锁定东区	锁定东区	锁定东区
	实际数据	锁定北区	锁定北区	锁定北区	锁定北区	锁定北区	锁定南区	锁定南区	锁定南区	锁定南区	锁定南区	锁定南区	锁定南区	锁定南区	锁定南区	锁定南区	锁定南区	锁定南区

---

① 我们怀疑实际厂商年成长数的序列已经隐含区域锁定的形态。此项推测的理由为比较各区域厂商年平均成长数可发现北部区域最高，其次为南部区域、中部区域及东部区域。显然北部区域已逐渐形成厂商区域成长的重镇。换言之，若迁移成本为0，很可能在北部区域将在空间上垄断所有产业。此推测与模拟结果一致，也就是说当所有参数值设定为1时，实际数据使得北部区域"自然"成为锁定的对象。

由表 3-6 的结果得知，随机厂商成长数变动数据与实际数据形成截然不同的锁定效果。由于距离成本皆设定为 1，因此不论地理利益如何在各区域变动，锁定现象必然发生，只是锁定的区域随地理利益的区域差异而有所不同。显然地，实际厂商成长个数数据远较随机数据对地理利益的区域性差异更为敏感。例如中部及南部区域的地理条件有些微改善（由 1 增为 2），锁定区域便由原来的北部区域转而为南部区域。随机数据的结果则呈现固定形态：当某区域地理条件逐渐改善时，厂商在空间上先锁定北部区域，直到该参数值升高到一定门槛时，厂商才转而锁定该区域。比较之下，显然实际数据已隐含某种程度的聚集趋势。有趣的是，当地理条件在某区域逐渐获得改善时，实际数据显示南部区域先成为厂商的锁定对象，之后再锁定至该区域（例如中部区域）。而东部区域一直无法通过地理条件的改善增加其为锁定对象的可能性。可见南部区域的发展程度确实仅次于北部区域，具可观的厂商聚集潜力，此项观察与现况相符。

（五）模拟五——递增报酬率

式（3-7）的厂商区域选择模式中递增报酬率 λ_{ij} 的大小表示因厂商数的增加所带来净利益或式（3-6）中总利益增量变动率的大小。影响递增报酬的因素有许多，其中至少包括聚集经济及网络外部性。前者已在前文有所表述，而后者则指厂商在既有制度层面下与其他厂商互动而形成的外部效果（North，1990）。当所有参数设定在基本值 1 时，由实际数据得知厂商"自然"锁定在北部区域。如果各区域递增报酬率 λ_{ij} 同时改变，锁定现象可有何变动？模拟五即在探讨这个问题，模拟结果如表 3-7 所示。

模拟五的结果　　　　　　　　　　　　　　　　表3-7

报酬	1	2	3	4	5	6	7	8	9	10	15	20	25	30	35	40	50
随机资料	锁定北区	锁定北区	锁定北区	锁定北区	锁定北区	锁定北区	锁定北区	锁定北区	锁定北区	锁定北区	锁定北区	锁定北区	锁定北区	锁定北区	锁定北区	锁定北区	锁定北区
实际数据	锁定北区	锁定南区	锁定南区	锁定南区	锁定南区	锁定南区	锁定南区	锁定南区	锁定南区	锁定南区	锁定南区	锁定南区	锁定南区	锁定南区	锁定南区	锁定南区	锁定南区

表 3-7 的结果显示以实际厂商数的资料进行仿真，当其他参数值设定为基本值 1 时，厂商所锁定的区域对递增报酬率的增加十分敏感。具体而言，报酬率由 1 增加至 2 后，原来厂商锁定在北部区域改为锁定在南部区域，且此趋势持续不变。显示南部区域的发展潜力极高，与事实相符。随机数据的锁定区域则不受递增报酬率的增加而有所改变。

（六）模拟六——产业差异

此模拟的目的在于了解当递增报酬率在产业间有差异时，其对厂商空间锁定效果所造成的影响。具体而言，当非基础产业递增报酬率 λ_{2j} 设定为基本值1，而基础产业报酬率 λ_{1j} 由基本值1逐渐增加时；或设定基础产业递增报酬率为1，再逐渐增加非基础产业递增报酬率时，对厂商区域间空间竞争行为有何影响？模拟结果如表3-8所示。

模拟六的结果　　　　　　　　　　　　　　　表3-8

报酬率		1	2	3	4	5	6	7	8	9	10	15	20	25	30	35	40	50
随机资料	基础产业	锁定北区	锁定北区	锁定北区	锁定北区	锁定北区	锁定北区	锁定北区	锁定北区	锁定北区	锁定北区	锁定北区	锁定北区	锁定北区	锁定北区	锁定北区	锁定北区	锁定北区
	非基础产业	锁定北区	锁定北区	锁定北区	锁定北区	锁定北区	锁定北区	锁定北区	锁定北区	锁定北区	锁定北区	锁定北区	锁定北区	锁定北区	锁定北区	锁定北区	锁定北区	锁定北区
实际数据	基础产业	锁定北区	锁定北区	锁定北区	锁定北区	锁定北区	锁定北区	锁定北区	锁定北区	锁定北区	锁定北区	锁定北区	锁定北区	锁定北区	锁定北区	锁定北区	锁定北区	锁定北区
	非基础产业	锁定北区	锁定北区	锁定北区	锁定北区	锁定北区	锁定北区	锁定南区	锁定南区	锁定南区	锁定南区	锁定南区	锁定南区	锁定南区	锁定南区	锁定南区	锁定南区	锁定南区

表3-8的结果显示，基础产业及非基础产业其递增报酬率的改变对随机产生厂商数的区域锁定现象无任何影响。在实际厂商资料的检验下可发现当非基础产业递增报酬率逐步增加时，厂商锁定的区域从北部区域转移到南部区域。而基础产业递增报酬率对锁定效果无任何影响。显示南部区域以非基础产业为主的空间锁定效果潜力雄厚，与现况相符。

（七）模拟七——区域差异

区域间递增报酬率的不同可能会造成不同的区域间厂商空间竞争的结果。当所有参数值设定在基本值1时，厂商"自然"锁定在北部区域（参见模拟二的结果）。以此为基准，当某区域递减报酬率逐步增加而其他区域报酬率维持在基本值1时，区域间的厂商聚集将产生何种变化？表3-9为此模拟设计的执行结果。

由表3-9的结果不难发现，不论以厂商数的随机数据或实际数据进行仿真，锁定现象对各区域递增报酬率的变化皆十分敏感。当各区域报酬率由基本值1增为2，厂商锁定的区域立刻由北部区域转变为各区域。值得注意的是，东部区域在用实际数据进行仿真时，可发现厂商因报酬率的增加先锁定在南部区域，然后

模拟七的结果　　　　　　　　　　　　　　　　表3-9

报酬率		1	2	3	4	5	6	7	8	9	10	15	20	25	30	35	40	50
中部区域	随机资料	锁定北区	锁定中区	锁定中区	锁定中区	锁定中区	锁定中区	锁定中区	锁定中区	锁定中区	锁定中区	锁定中区	锁定中区	锁定中区	锁定中区	锁定中区	锁定中区	锁定中区
	实际数据	锁定北区	锁定中区	锁定中区	锁定中区	锁定中区	锁定中区	锁定中区	锁定中区	锁定中区	锁定中区	锁定中区	锁定中区	锁定中区	锁定中区	锁定中区	锁定中区	锁定中区
南部区域	随机资料	锁定北区	锁定南区	锁定南区	锁定南区	锁定南区	锁定南区	锁定南区	锁定南区	锁定南区	锁定南区	锁定南区	锁定南区	锁定南区	锁定南区	锁定南区	锁定南区	锁定南区
	实际数据	锁定北区	锁定南区	锁定南区	锁定南区	锁定南区	锁定南区	锁定南区	锁定南区	锁定南区	锁定南区	锁定南区	锁定南区	锁定南区	锁定南区	锁定南区	锁定南区	锁定南区
东部区域	随机资料	锁定北区	锁定东区	锁定东区	锁定东区	锁定东区	锁定东区	锁定东区	锁定东区	锁定东区	锁定东区	锁定东区	锁定东区	锁定东区	锁定东区	锁定东区	锁定东区	锁定东区
	实际数据	锁定北区	锁定南区	锁定南区	锁定南区	锁定南区	锁定南区	锁定东区	锁定东区	锁定东区	锁定东区	锁定东区	锁定东区	锁定东区	锁定东区	锁定东区	锁定东区	锁定东区

才锁定在东部区域。可见东部区域在区域间厂商空间锁定竞争上处于弱势。此结果与现况相符。

综合而言，本研究的模拟是对式（3-7）厂商空间竞争模式参数值的变化对区域锁定效果的敏感性分析。就随机产生的厂商成长数据而言，由于每一时点厂商数为独立的，因此所得到的结果无异凸显了该选择模式的参数特性，并无实证的意义。这一组数据的仿真分析结果包括下列五点（皆假设其他参数值设定在基本值1）：①距离成本的增加将使得锁定效果消失，即厂商持续同时存在各区域中；②某区域地理条件逐渐获得改善有助于厂商的进驻选择，最终将锁定在该区域；③所有区域递增报酬率同时逐步增加将不影响厂商原来锁定的区域；④个别产业递增报酬率的逐步增加将不影响厂商原来锁定的区域；⑤个别区域递增报酬率的逐步增加使得厂商进驻选择立即转而锁定在该区域。简言之，参数值的区域性差异将使得厂商锁定在具参数优势的区域，但距离成本是锁定现象是否发生的决定因素。

另一组实际厂商成长数据的仿真结果则呈现较为复杂的形态。由于此组数据反映历年来各区域厂商数成长的真实现象，该组数字背后所隐含的意义极为复杂。本研究也尝试将该组资料仿真结果归纳为下列七点：①当所有参数值设定为1时，北部区域为厂商锁定的对象，说明厂商倾向聚集在北部区域的事实；②当距离成本提升到某一门槛值时，厂商转而锁定南部区域，且不论距离成本提升到多高，锁定现象必然发生，显示南部区域相较于北部区域的竞争力；③地理利益对改变既有锁定趋势的敏感度以南部区域为最，中部次之，而东部最差，此排序与现况相符；④所有区域递增报酬率同时提升将立即使得南部区域成为厂商锁定的对象；⑤非基础产业递增报酬率的增加将使厂商转而锁定在南部区域；⑥递增报酬率区域性的增加将使得该区域成为厂商锁定的对象；⑦提升某区域的参数值优势（如中部区域的地理利益及东部区域的递增报酬率）可能使得厂商先锁定在其他区域（如南部区域），然后再锁定至该区域。虽然仿真结果显示目前厂商倾向聚集于北部区域，但该结果也暗示南部区域似乎是目前仅次于北部区域厂商聚集的选择，因为大多数因参数值变化而导致的锁定区域改变多以南部区域为锁定对象。此与目前人口聚集的趋势相吻合。

五、讨论

如果厂商区位的锁定效果是必然的现象，为何在现实生活中厂商聚落的分布如此零散，而不是有一个区位吸引所有产业的厂商？也许部分的答案在于式（3–7）中的距离成本。阿瑟的厂商空间竞争模式并未考虑重新选择区位（relocation）的问题，而本研究所提模拟设计将迁移成本纳入区位选择模式中，因此更趋真实。在模拟三中可看到当距离成本过大时，区域锁定并不见得发生，厂商分布在各区域间。理论上，当聚集利益具有上限时，区域间共同分享厂商空间市场也是有可能的（Arthur，1990a）。不论何种解释，小事件所形成的机会（chance）可主导厂商空间分布形态。哪一个区域最终成为优胜者，取决于厂商入场的顺序。但这并不意味机会主宰一切。厂商区位决定的另一股力量是地理条件，即式（3–6）中的地理利益，也就是传统区位理论所强调的均衡条件或区位的必要性（necessity）。这两股力量共同影响厂商区位的选择。有些区域在先天条件上也许具有绝对优势，但若机会不在其那边，较差的区域反而能脱颖而出。美国硅谷便是一个很好的例子，如果当初厂商在其他具有类似条件的地点设厂，今日的硅谷有可能就在美国东岸形成。本研究模拟所依据的厂商区位选择模式及迁移决策规则实际上已同时考虑机会与必要性两个影响力，具有说服力。

如果厂商分布在各区域而不能产生锁定现象，各区域的厂商占有率是否具有一定的特征？阿瑟回答了这个问题，但似乎不够完整。从理论模式上推论区域间的厂商占有率分配必然朝向几率函数的"吸子"（attractors）或"定点"（fixed points）演变，使得区域的厂商占有率与区域的厂商进驻的几率相等。但问题是区域间厂商占有率的分配可有任何固定形态？克鲁格曼（Krugman，1996a；1996b）似乎想解答这个问题，但并没有成功。他根据戚普夫（Zipf）所观察的美国都会区实际人口数据的排序—规模定律（rank-size rule），[①] 尝试以赫伯特·赛门（Simon，1955b）对城市人口分布所建立的几率机制来解释此定律形成的原因。但克鲁格曼发现这样的解释在理论上与实际资料有矛盾之处，因此他认为以赛门的几率模式解释戚普夫定律（Zipf Law）仍有盲点。无论如何，厂商空间竞争模式中区域间厂商占有率的分配是否具有固定的形态都是个值得深入探讨的研究题目。

本研究模拟结果发现一个有趣的现象，即当东部区域的地理利益或递增报酬率参数值逐渐增加时，厂商反而锁定在南部区域而非东部区域本身。同样地，当中部区域的地理利益参数值逐渐增加时，也可观察到厂商先锁定在南部区域后才再锁定在中部区域本身。笔者怀疑这是因为空间互动非线性关系特性使然。例如，如果东部区域、中部区域与南部区域之间有网络外部性关系存在时，对中部或东部的自然或人为环境的改善其受益者却因网络外部性效果的影响反而是南部区域。因此，由于复杂的空间互动依存关系，对于政府干预政策所可能带来的后果则十分难以预测。此外，实际数据中各区域厂商成长数的来源为何，由于缺乏说明资料难以判断。但有可能部分是由既有厂商延伸（spin off）而产生。如果厂商的增加完全由既有厂商延伸而来，则整个空间竞争模式便形成几率理论中的波利亚程序，此时机会主宰一切而完全无法预测，且任何厂商空间分配形态皆有可能。实际上，厂商的来源应包括由外地新进驻、既有厂商延伸及从其他区域迁入三种可能性。本研究的厂商区选择模式采用实际各区域新增厂商数，因此应包括此三种可能性。也就是说，本研究模拟所采用的模式不是纯粹的机会模式。

六、结论

阿瑟的竞争科技模式为非线性波利亚程序几率分配模式的例子之一。本研究将该模式修正应用在厂商空间竞争模式的模拟，并考虑区域机会成本与距离成本以趋于真实。模拟结果大致与阿瑟的预测吻合，即在距离成本相当低时，厂商区域选择过程是不可预测的、无弹性的、非恒定的及非路径效率的。厂商区域分配同时受到机会（厂商进场顺序）与必要性（地理利益）的影响。距离成本是厂商是否锁定某区域的关键因素。当参数值设定在基本值 1 时，实际数据显示厂商"自然"锁定在北部区域。区域间参数值差异性的增加将影响厂商锁定效果：参数值高的区域较有可能成为锁定的对象，且此效果倾向于非线性从而增加预测的困难度。台湾全岛的参数变异对区域锁定效果影响有限。南部区域似乎是除北部区域以外的次佳厂商锁

---

① 即都会区人口数与排序取对数后呈线性关系，又称为戚普夫法则。

定对象。模拟结果的政策意义为：类似交通建设的改善以降低距离成本的政策应会加速厂商在北部区域的聚集，进而使得区域发展不均衡。政府若要改善此不均衡发展，应提升落后区域的区域选择模式参数值，包括区域性地理利益与产业（尤其是非基础产业）递增报酬率的提升。

第二节　城市聚落系统的形成规律

摘要

幂次法则是一个普遍存在于自然科学与社会科学界的现象，在城市体系中亦可观察到此现象。过去的文献仅仅对于幂次法则现象进行了观察和解释，并未能完整地解释其形成的机制。本研究尝试由复杂性理论中"递增报酬"的观念来探讨幂次现象的成因，采用计算机程序来仿真城市聚落体系形成的过程，并观察递增报酬与幂次现象的关系。该仿真包含了三种不同的区位发展吸引模式，分别为相邻关系、规模吸引以及同时考虑规模与相邻的混合模式。计算机仿真显示：①规模吸引与混合两种模式比相邻吸引模式能够更好地解释城市聚落的成长；②依照递增报酬法则而仿真形成的城市聚落，与幂次现象呈现高度相关。随后的数理仿真演算显示，幂次法则为一个统计上的普遍现象，但在递增报酬等经济因素驱动下的城市聚落体系结构与真实的状况较为吻合。因此我们推测，递增报酬极可能是形成真实世界幂次现象的机制之一。

一、前言

不论古今中外，在一个国家或地区内总是存在着所谓的"城市层级"或"城市体系"，高阶层的大城市数量稀少，而存在众多的低阶层小聚落，大小聚落之间存在的秩序，仿佛是人为的精心安排（Batty，2006）。这样的城市聚落的体系究竟是如何形成的呢？本节试图以计算机以及数理仿真的方式来回答这个问题。

到目前为止，学界只是对于此种现象与规律进行观察与解释，基本的理论为等级大小法则（rank–size rule）（Zipf，1949；Gibaix，1999；Chen，2000）和幂次法则（power law）（Bak，1989；Bak et al.，1991），对于形成这种现象的幕后机制仍在探索之中。一个较为著名的解释模型由赛门（Simon）在 1955 年提出（Simon，1955b）。他假设城市成长是一次增加一个区块（lump），这个区块的人口可以选择加入现有城市，或成立一个新的聚落。该区块成立为新聚落的几率是固定值 π。而推导出的系数值 $\alpha=1/(1-\pi)$。但问题是依照实际状况统计出来的 α 值趋近于 1，因而实际情况的 π 值应接近于 0；但在 π 等于 0 的情况下，新城市不会产生，更谈不上形成所谓的城市体系，模型将无法运作。因此，赛门的模型仍未能完整解释幂次法则的成因。

本节的目的便是试图突破幂次法则在解释城市系统自组织现象的盲点。由于城市是一个复杂系统，本研究尝试由递增报酬概念通过计算机以及数理仿真实验推测幂次法则背后形成的机制。在近些年中，"递增报酬"已经成功地被用来解释诸如城市等复杂系统自组织运作的很多现象，并成为复杂性科学的一个基本理论，本研究假定它也可对城市系统幂次现象进行解释。因而，研究的设计也围绕着该假定展开，以"递增报酬"的概念为精神，设计计算机仿真程序以及数理仿真演算，在均质的平面空间上建立符合幂次法则的聚落体系。通过这样的模拟实验，验证"递增报酬"是否为形成幂次法则的推动机制。

二、递增报酬与幂次法则的基本理论

（一）等级大小法则与幂次法则

1949年戚普夫（Zipf）提出等级大小法则，以说明城市规模与其等级的相关性（Zipf，1949）。其关系如下：

$$P_r=P_1/r \qquad\qquad (3-8)$$

其中，P_r 代表区内第 r 级城市的人口数，P_1 代表区内最大城市（首位市）的人口数，r 代表有 P_r 人口城市的等级。

这个经由观察归纳所得的关系，经过许多学者在各地加以验证，确实可以相当程度地描述城市体系内的等级关系。

幂次现象是指事物出现的规模与频率间的关系：物体的规模 S 和其出现的次数呈 S^{-a} 的比例关系，即规模大的事物出现的频率低，而规模小的事物出现的频率高，形成一个自组织的体系。幂次法则的实例最为人所称道的首推地震与沙堆实验（Bak，1989；Bak et al.，1991）。地震的发生次数与其释出的能量间符合幂次法则的规律，另外在沙堆实验中，沙堆崩塌的规模与崩塌频率之间亦存在幂次法则的规则。

我们可以发现，其实幂次法则亦存在于城市系统中，等级大小法则实际上就体现了城市系统分布的幂次法则。克鲁格曼（Krugman）曾以美国城市的实际统计资料进行统计分析，将城市依规模大小"排序"，再将"排序"与"规模"皆取对数，发现二者呈现线性的关系，即符合幂次法则（Krugman，1996a）。

（二）递增报酬理论

将"递增报酬"概念引入现代经济学界的首推布莱恩·阿瑟（Brian Arthur）（Arthur，1997）。"递增报酬"与城市经济学上的"聚集经济"颇有异曲同工之妙。对厂商或生产者而言，外部规模经济是聚集的主要原因，例如某一产业产量的增加，使得原料的采购可以降低价格，进而使得该产业内的各厂商均可享受较低廉的原料供应。这对厂商而言是外部的，对整个行业而言却是内部的，称为地方化经济（localization economy）。而城市化经济是指当一个城市扩大其规模时，城市内的各行各业均能分享它的好处。例如，只有大城市才能负担的一些高级的建设（如音乐厅、体育馆）会使市民受益。

从聚集经济的两个主要成因来看，规模效果和递增报酬有密切的关系，而且在递增报酬中，所谓的"阵营"不见得有空间上的联系，就如同一种产品的使用者。也就是说，递增报酬不仅在聚集的情况下才发生。但是城市建设的不可分割性则一定要在聚集的情况下才会产生，因此两者仍有相当程度的差别。

就空间的聚集行为而言，阿瑟认为这是一种递增报酬的现象。厂商因为对生产条件的考虑都会有区域偏好，接着进入的厂商会优先选择在现有厂商的周围，这样可以减少开发成本获得较多利益，这就是聚集经济效果，如式（3-9）所示（Arthur，1990b）。

$$\pi_i + g(N_i) \tag{3-9}$$

式中 π_i 表示区域 i 提供的地理资源优势，$g(N_i)$ 表示区域 i 内存在 N_i 家厂商时所得到的聚集利益。因此当厂商家数增加时，该区域的聚集利益亦随之增加。阿瑟曾通过理论的推导指出，假如聚集利益没有上限（unbounded），最终会有区位独占所有产业，但未对最终区位的空间结构加以说明。

三、计算机仿真设计

本研究首先在克鲁格曼及阿瑟的理论架构基础下，从递增报酬的观点，设计一个二维空间的计算机仿真实验。仿真实验的逻辑基础是将聚落体系形成的过程视为一个随机成长过程。在本研究的计算机仿真中，沿用了阿瑟的分析架构，把区位的吸引力分为区位本身的特性与聚集利益两部分。但为了简化模型，专注于探讨递增报酬与幂次法则的关系，将模拟空间设定为一个均质平面，不考虑区位本身的特性，区位的吸引力纯粹来自于聚集利益。另外，在阿瑟的模型中，区域的数目及区域划分是预设的，而在本研究的计算机模型中，聚落的数目是系统内生的，而每个聚落的聚集利益和聚落规模成正比，因此每个聚落就等于是一个小区域。

在这个计算机仿真实验中，将平面空间分为相同规模的方格（grid），每一个方格代表一个元胞（cell），而这个元胞代表最小的土地开发单元。这个元胞的概念是由元胞自动机（cellular automata）而来，虽然本节并未用到元胞自动机的理论，只是考虑二维的格子状腹地，但仍然借用元胞这个名词来代表一个最小的土地开发单元。当元胞数目越多时，相对的运算时间会随之增加。基于统计的观点，大样本将具有较高的可信度，因此本研究参照历年相关的计算机仿真实验，在计算机运算时间能够忍受的程度下，将模拟空间的元胞数大幅提高。本实验设计一个纵横各为200格的方格矩阵，总计为4万个元胞。

元胞的状态只有两种情况："未发展"与"已发展"。在初始状态下，每个元胞均为未发展状态，然后依照仿真规则，某些未发展元胞会转变为已发展的状态。在计算机仿真的每一回合中，会有一个已开发元胞进入本区域，选择一个居住区位，被选择的区位将由"未发展"转为"已发展"状态。因此每经过一个回合，"已发展"元胞便增加一个，如此进行2000回合的计算机仿真实验，以观察这些元胞所形成的聚落体系。本节中的计算机仿真共进行了2000回合，主要基于以下考虑：

①当运行2000回合后，已有足够的数据可以观察城市体系的形态，而所需时间亦在可忍受的范围内。

②尽量保持区域内不至于太过拥挤，发展2000回合后，只使用了5%的面积，如此可以尽量减少因为拥挤而导致两个聚落合并的情况。当两个聚落合并为一，会使聚落规模突然暴增，违反本模型设定的每回合增加一个已发展元胞的规则，对仿真的结果将有相当大的影响。

此外，本模拟实验存在以下的基本假设：

①在本实验中元胞的开发是不可逆的，即一个元胞由为发展状态转为已发展状态后，不可能恢复为未发展的状态。在真实世界中，这代表土地开发行为是不可逆的，土地一旦被开发，就不会恢复到原先的初始状态。

②初始状态下，区域皆为未发展元胞，之后每增加一回合，便固定新增一个已发展元胞加入区域内，而不论该元胞为系统内生或自外界迁入，因此每回合的已发展元胞增量固定为1，重点是其区位选择于何处。在本研究中，该区位的选择是依据下述的决策规则而定。

本研究的计算机仿真，是由Microsoft Visual Basic 6.0（简称VB）程序语言为工具，根据蒙地卡罗仿真（Monte Carlo simulation）方法，自行撰写仿真实验的程序。为了使不同模式及不同参数间的模拟结果能相互比较，在不同模型不同参数的模拟时，采取出现顺序固定的蒙地卡罗随机数序列，即该数列是符合随机数的随机性，但每次出现数字的顺序是相同的。因此，如果以相同的参数来进行两次模拟，将得到完全相同的结果，如此可将随机数对模拟结果带来的变异，减至最低程度。对于较高潜力的区位，一个格子就配予数个蒙地卡罗随机数编号，以使其被选中的几率提高相应的倍数。

依照元胞吸引方式的不同，本研究设计了三种不同的计算机仿真实验。下文将对其加以详细说明。

（一）相邻关系

在相邻关系的模型中，我们假设每个元胞只和周围的 8 个元胞互动，也就是说一个元胞在选择其区位时，该元胞和外围 8 个元胞的相邻关系是唯一的考虑。详细的仿真规则如下。

①步骤一：假设区域内为一均质空间，在初始状态下，区域内每个元胞的发展几率均相同。在区域内尚未有"已发展"元胞的情况下，每个元胞的发展潜力值得分均设为 1，发展几率均为 1/40000。

②步骤二：若有某一元胞转变为"已发展"，其邻近的 8 个元胞的发展潜力值会增加到一个特定数值 N，本模拟实验中将其称为"聚集强度系数"，如图 3-5 所示（填满斜线的方格代表已发展）。另外，若该元胞转变为"已发展"后，其发展潜力值便设定为 0，表示该区位在后续阶段被重复选取的机会为 0。

③步骤三：第一个元胞选取位置时，面对的是全区域均等的发展机会。但当第一个"已发展"元胞发生后，整个区域中发展潜力值便不再是均质的，而是在"已发展"元胞周边具有较高的发展潜力值，因此在下一阶段新加入元胞选择区位时，这些发展潜力值高的区位转变为已发展的几率就会提高，而且发展潜力值的增加将持续累加。即当某区位同时位于两个已发展元胞的周边，则其发展潜力值将提高为 $2N$，则此一区位转变为"已发展"的几率将是其他一般区位（发展潜力值为 1）的 $2N$ 倍，并以此类推（图 3-6）。因此若某"未发展"的区位被八个"已发展"元胞包围时，其发展潜力值将提高到 $8N$，为发展潜力值的最大可能情况，如图 3-6 所示。

（二）规模吸引

依照递增报酬模型可知，递增报酬的精神在于报酬率会随着加入该阵营的成员数目而递增。因此当该阵营的规模越大，对新增成员的吸引力越大。所谓"规模吸引"是指该城市对新聚落的吸引力与该聚落的规模成正比。此种区位决策的方式和前面所提的"相邻关系"相比，显然其考虑的范围加大了，由紧邻的元胞数而扩展到紧邻城市的规模。

举例而言，若某区位紧邻一个规模为 3 的已发展聚落（由三个相邻的已发展元胞构成）时，该区位的发展潜力值将提高为 $3N$，并以此类推，如图 3-7 所示。若该聚落的规模为 M，则紧邻该聚落区位的发展潜力值将提高为 $M \times N$。

依照前述的逻辑，然后进入区域的元胞，发生在发展潜力值高的区位的几率会提高。而且发展潜力值的高低与该区位紧邻聚落的规模成正比。

1	1	1	1	1	1	1
1	1	1	1	1	1	1
1	1	N	N	N	1	1
1	1	N	▨	N	1	1
1	1	N	N	N	1	1
1	1	1	1	1	1	1
1	1	1	1	1	1	1

图3-5 "相邻关系"下发展潜力值分布示意图（一）

1	1	1	1	1	1	1
1	N	2N	3N	2N	N	1
1	2N	▨	▨	▨	2N	1
1	3N	▨	8N	▨	3N	1
1	2N	▨	▨	▨	2N	1
1	N	2N	3N	2N	N	1
1	1	1	1	1	1	1

图3-6 "相邻关系"下发展潜力值分布示意图（二）

1	1	1	1	1	1	1
1	3N	3N	3N	3N	1	1
1	3N	▨	3N	1	1	1
1	3N	▨	3N	3N	1	1
1	1	1	1	1	1	1
1	1	1	1	1	1	1
1	1	1	1	1	1	1

图3-7 "规模吸引"下发展潜力值分布示意图

（三）相邻与规模的混合模式

由于考虑到在现实世界中的区位选址，可能同时包括了"相邻"与"规模"两种考虑，也就是说，基于聚集利益，选择居住于大城市，这是一种就"规模"这个因素的考虑。而在地区性的区位选择决策上，人们也会倾向于选择一个有邻居相伴的居住环境，这就是基于"相邻"的考虑。所以本研究设计了一个将"相邻"与"规模"两个因素同时纳入考虑的模型。

此模型将"相邻"与"规模吸引"同时考虑，即在考虑该区位周围紧邻的 8 个元胞中有多少已发展元胞的同时，也考虑该区位相邻的聚落规模有多大。采用以下公式来计算某区位的发展潜力值。

某区位的发展潜力值 = 聚集强度系数 $\times\sqrt{(\text{该元胞周围 8 个元胞的已发展元胞数} \times \text{该元胞周围紧邻的最大聚落规模})}$

其实上式中后两者相乘后开根号，即为"相邻"与"规模吸引"两股力量的几何平均数。

以上三种模式，通过发展潜力值来体现区位选择的几率。发展潜力越高，新增住宅单位选择该区位的几率也越高。这种区位的优势可以不断累积，如滚雪球般，体现了递增报酬的原理。

四、模拟结果分析

模拟结果如图 3-8~ 图 3-13 所示，由于计算机仿真实验运用不同模式与参数反复实验多次，碍于篇幅，本节仅能选择数个具有代表性的实验结果加以展现，显示了聚落空间结构（灰色代表未发展，白色代表已发展）。

为了观察仿真结果中聚落规模排序与聚落规模间是否合乎幂次定律模式，将"排序"与"规模"分别取对数，以"排序"为因变量（Y），"规模"为自变量（X），

图3-8 相邻关系、聚集强度系数为500时，第2000回合的结果　图3-9 相邻关系、聚集强度系数为1000时，第2000回合的结果　图3-10 规模吸引、聚集强度系数为5时，第2000回合的结果

图3-11 规模吸引、聚集强度系数为10时，第2000回合的结果　图3-12 混合模式、聚集强度系数为40时，第2000回合的结果　图3-13 混合模式、聚集强度系数为70时，第2000回合的结果

进行简单线性回归分析，以相关统计数据来验证所形成的聚落分布是否呈现自组织临界性的幂次分布特性。在此要加以说明的是，三种不同模式的聚集强度系数的分布范围颇有差异，从 1 到 5000 不等，是为了配合不同模式的特性，以便能产生具有代表性的结果。如果三个模型要求使用同样的参数序列，则无法使每个模型都产生出具代表性的结果。

　　"相邻关系""规模吸引"与"混合模式"的模拟结果分别如表 3-10～表 3-12 所示。

"相邻关系"模式系数表 表3-10

聚集强度	首位市规模	R^2	斜率	聚落规模平均数	聚落规模标准差	聚落规模变异系数
50	34	0.8893	−1.4378	6.35	6.45	1.0473
100	84	0.9257	−1.2087	9.08	11.21	1.2337
200	105	0.8645	−0.9360	15.72	18.21	1.1582

续表

聚集强度	首位市规模	R^2	斜率	聚落规模平均数	聚落规模标准差	聚落规模变异系数
500	138	0.8718	−0.7632	25.82	29.85	1.1560
1000	164	0.8589	−0.6432	38.42	39.03	1.0158
2000	262	0.8251	−0.4650	74.04	78.67	1.0626
5000	348	0.8254	−0.4702	90.91	89.06	0.9797

"规模吸引"模式系数表   表3-11

聚集强度	首位市规模	R^2	斜率	聚落规模平均数	聚落规模标准差	聚落规模变异系数
1	12	0.9937	−2.1485	1.25	0.78	0.6254
2	164	0.9569	−1.2622	1.69	4.99	2.9554
3	174	0.9953	−1.0732	2.12	7.12	3.3550
5	286	0.9841	−0.9645	2.80	13.39	4.7873
7	720	0.9677	−0.8921	3.53	30.52	8.6546
10	651	0.9488	−0.7890	4.69	36.33	7.7492
20	1235	0.9607	−0.7202	7.34	74.82	10.1908

"相邻与规模混合"模式系数表   表3-12

聚集强度	首位市规模	R^2	斜率	聚落规模平均数	聚落规模标准差	聚落规模变异系数
10	31	0.9546	−1.6155	3.17	3.86	1.2789
20	88	0.9598	−1.1812	4.65	8.84	1.9001
40	172	0.9710	−0.9920	7.32	16.96	2.3170
50	238	0.9724	−0.8781	9.85	25.13	2.5516
70	448	0.9863	−0.8400	11.82	39.61	3.3520
100	812	0.9280	−0.7814	15.91	72.86	4.5789
500	994	0.9801	−0.4781	55.53	190.39	3.4287

（一）三种模式异同比较

由以上三种不同吸引方式模型结果列表，我们可观察归纳出如下的结果：

①在三种模式当中，随着聚集强度的增加，其首要城市规模及平均聚落规模均有逐渐扩大的趋势，表示当我们如果对相邻现有聚落的区位给予较高的发展潜力值时，确实会强化住户集中的趋势，从而产生较大规模的聚落以及较少的聚落数目。

但此趋势并非每次都必然成立，即并非聚集强度提高，首位市规模就必然增大。因为这是一个几率性的模型，会受到随机变量的干扰，当几率较低的情况连续出现时，便会对后续的发展造成非预期的影响，从而影响模拟结果。另外，两聚落合并时造成的聚落规模暴增，也会影响模拟之结果。

②当聚集强度提高时，在三种模式中都呈现回归方程式中斜率放缓的趋势。回归方程式的斜率代表的是不同规模城市排行的平均差距，因此斜率趋缓代表一种"极化"的现象，即城市发展集中于少数的大城市，大小城市间的差距扩大。斜率随着聚集强度提高而减少的趋势，代表当我们对相邻现有聚落的区位给予较高的发展潜力值时，确实会强化住户集中的趋势，而且此种集中趋势和发展潜力值提高的幅度成正比。

③通过 R^2 来检验聚落发展是否符合幂次定律，我们可以发现，在三种模式的不同参数设定的情况下，其 R^2 值分布于 0.83 至 0.99 间，表示三种模式都较能产生符合幂次定律的聚落分布形态。但在不同模式间却有显著差异存在，"相邻关系"模式下的 R^2 值显然比"规模吸引"与"混合模式"模式要低。在统计检定时，我们可以证实，"相邻关系"与其他两者存在显著差异，但后两者则无法证实有差异存在（以 5% 显著水平检定）。由于"规模吸引"与"混合模式"的 R^2 值均在 0.9 以上，所以我们可以认定，规模效应是形成聚落体系的原因之一，而这正是递增报酬的基本精神。因此，我们推测，递增报酬效应确实会产生符合幂次定律的聚落体系。

④从聚落规模的"变异系数"（聚落规模的平均数除以聚落规模的标准差）来观察，变异系数代表的是群落分布状态是否均布的指标。在三组模式中，其变异系数由大到小，分别是"规模吸引""混合模式"与"相邻关系"。即"规模吸引"模式所造成聚落体系的变异最大，而"相邻关系"模式所造成聚落体系的变异最平均。究其原因，在"规模吸引"模式下，聚落对新住户的吸引与聚落规模成正比，因此"大者恒大"，差距迅速拉开。而"相邻关系"模式中，吸引力的差距至多为 8 倍，因此产生的聚落其规模的差异较平均。

（二）不同时间的比较

不同时间系数比较表　　　　表3-13

吸引方式	回合数	首位市规模	R^2	斜率
相邻关系 （聚集强度：500）	300	29	0.9010	−0.9515
	500	45	0.9113	−0.9331
	700	57	0.9139	−0.8838
	1000	73	0.8919	−0.8287

续表

吸引方式	回合数	首位市规模	R^2	斜率
相邻关系 （聚集强度：500）	1200	83	0.8847	−0.8125
	1500	105	0.8751	0.7949
	2000	138	0.8718	−0.7632
规模吸引 （聚集强度：5）	300	4	0.9916	−2.4704
	500	5	0.9518	−2.4039
	700	9	0.9789	−2.0510
	1000	29	0.9962	−1.5166
	1200	46	0.9932	−1.3912
	1500	105	0.9940	−1.4216
	2000	286	0.9841	−0.9645
混合模式 （聚集强度：40）	300	10	0.9744	−1.5426
	500	20	0.9640	−1.5069
	700	43	0.9673	−1.3670
	1000	37	0.9766	−1.2079
	1200	87	0.9759	−1.1270
	1500	111	0.9732	−1.0777
	2000	172	0.9710	−0.9920

如表 3-13 所示，从时间序列来观察，将三种模式由第 500 回合到第 2000 回合，观察回归方程式斜率与 R^2 值的变化，我们可以得到以下结论：

①在各模式下，R^2 值并不因时间推移而产生线性变化。我们可以这样解释，这显示幂次定律存在的普遍性与稳定性，不管在任何时间点的聚落分布都符合此特性，而非以"逐渐趋近"的方式来达到幂次定律的分布形态。

②在"规模吸引"的模式中，斜率的绝对值随时间增加而减小，但在"相邻关系"与"混合模式"的斜率在各时期几乎相同。

在"相邻关系"中，新住户是否被聚落所吸引，取决于元胞间的相邻关系，所以规模不同的聚落如果其周边地区的相邻关系的形态相同，其对新住户的吸引力便是相同的，吸引力并不直接受聚落规模的影响。而且相邻关系所产生吸引力的最大差距仅为 8 倍，因此大小聚落是呈"同步"成长的状况，因此大小聚落间的差距亦维持稳定的关系，聚落间的差距并不随时间推移而扩大。

而在"规模吸引"模式中，各聚落对新住户的吸引力则与规模成正比。因此会产生"大者恒大"的加速发展现象，因此大小聚落的差距会随着时间而拉开，差距越来越大，表现于回归模型中就是斜率随时间增加而减少。

在"混合模式"中，由于规模的吸引力被相邻关系的吸引力牵制，因此并未呈现聚落间差距随时间明显扩大的现象。

（三）首位市成长速度比较

首位市成长速度比较表　　　　　　　　　　　　表3-14

吸引方式	相邻关系		规模吸引		混合模式	
聚集强度	500	1000	5	10	40	70
第100回合	13	24	2	2	3	14
第500回合	45	63	5	11	20	66
第1000回合	73	115	29	80	73	186
第1500回合	105	137	105	319	111	295
第2000回合	138	164	286	651	172	448
后半阶段成长倍数	1.89	1.43	9.86	8.14	2.36	2.41

如表3-14所示，从首要城市的成长速度来比较，以后半阶段的成长速度而言，全区域的规模由1000单元增加至2000单元，增加幅度为2倍，但在不同模式间，成长倍数却从不足两倍到接近十倍而出现较大差距。其中以"规模吸引"模式首位市成长速度最快，"相邻关系"模式首位市成长速度相对最慢，甚至低于全体的平均成长速度（全体的增加幅度为2倍）。值得注意的是，当设定一个较大的聚集强度时，"相邻关系"中会很快集结出一些小规模的聚落，以相近的速度慢慢成长。而"规模吸引"模式则在初期的时候成长非常缓慢，但当聚落达到一定规模后，规模效应发生作用，成长速度便开始"爆发"，而大小聚落间的差距也迅速扩大。而"混合模式"的成长速度则介于两者之间。

这种现象也印证了前文所述，即在"相邻关系"下，大小聚落是"同步"成长；而在"规模吸引"模式中，则是大聚落的成长速度远高于小聚落，因此聚落间的规模差距会随着时间的推移而扩大。

另外有一点值得注意，在现实状况中，一个地区内，首要城市的成长速度一定高于全体的平均值，而在"相邻关系"中首位市的成长速度竟然低于全体成长速度的平均值，这显然与现实状况不符。由此可见，"规模吸引"与"混合模式"两者较能符合真实世界的聚落成长模式。

五、数理仿真演算

本节根据上一节中相邻关系的增长逻辑，设计一种九宫格的二维平面空间模型来模拟城市聚落的成长。模型主要描述不同规模等级的聚落体系与其出现频率（次数）间的关系，通过一个随机成长过程（新增住户或厂商随机挑选区位）产生不同规模等级的聚落，其出现频率则通过对其发生几率期望值（expectation）的计算。当每一个新分子（住户或厂商）进入某块区域时，这些几率值便提供了可选择的区块的"信息"，在过程中，人们可以选择接近或远离其他已发展区块。于是从 t、$t+1$、$t+2$ 到 $t+n$ 时间的演进过程中，产生不同的发展路径。

如图 3-14 所示，从最初始状态 t_0 时（区块皆处于未发展状态）有 9 个区块可供选择发展，此时共有 9 种可能的发展情形。当其中一种情形发生后，接着下一个时间点 t_1 在空间上尚有 8 个区块可选择，此时发展成 9×8 种路径，以此类推。整个九宫格模型发展至所有区块都为已开发的演进时间内的所有可能情形，最多会产生 362880 种路径（$9 \times 8 \times 7 \times \cdots \times 2 \times 1$），即 $P(9,9)$，而路径中每个空间形态组合均会发生若干大小不一的规模等级聚落。此外，该模型是一个有限空间的成长过程，当中的任一个特定的区块都有在下一个时间点被选择的几率，依照先前已经被选择过的区块而决定，于是形成路径相依的发展序列。

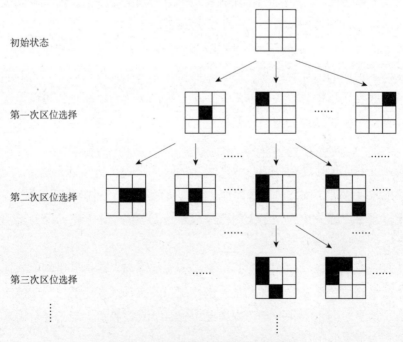

图3-14　九宫格模型中随机成长的路径

（一）幂次系数值与显著性分析

如前文所述，城市发展的幂次法则通常是指城市规模与其城市排序取对数后会呈现线性关系，由于九宫格的规模样本过小，本数理仿真演算中改将"出现次数（频率）"与"规模"分别取对数，以"出现次数"作为因变量（Y），"规模"作为自变量（X），进行相关的统计分析，并纳入不同时间向度的变化，以检视其回归系数（斜率）与判断系数（R^2）的变化，回归相关检证数据则整理于表3-15中。

其中，每一等级规模的区块发生的几率都是根据图3-5的聚集强度计算方式，将该区块发生的聚集强度除以所有元胞聚集强度的总和。接着计算该等级规模区块发生的期望值，即将前项所计算出来的几率加总。时间向度则指其考虑的时间范围大小，如当模型由初始状态 t_0 出发，演进至 t_3（即人口区块已增加3次），此时可能会产生的聚落规模最大值为3（全部相邻），最小则为1（各自独立），将模型演进的这段时间范围内形成各不同规模等级聚落（1~3）的几率期望值汇总，便可获得该原始数值，尔后时间点的运算则以此类推。当考虑母体的时间范围越大时，除了会有出现规模更大的聚落的可能性，也会产生越分歧的路径，其样本数也越大。此外，表3-15中的判断系数（R^2）是作为判断其是否符合幂次法则特性的标准。该值越大则表示城市发展越高度地呈现幂次法则现象，反之则代表幂次法则的特性不显著。

模型回归系数与相关系数的相关检验表　　　　表3-15

时间序列	$n=3$	$n=4$	$n=5$	$n=6$	$n=7$	$n=8$	$n=9$
回归系数（斜率）	−1.6501	−1.2276	−1.0116	−0.8653	−0.7247	−0.6198	−0.5421
判断系数（调整的 R^2）	0.99998	0.97477	0.95282	0.90113	0.77732	0.68058	0.61004

由表3-15可观察到，随着时间范围的增加，回归系数（斜率值）的变化情形有渐趋缓和的趋势，即其回归系数绝对值随着时间变化而递减。此现象反映出城市发展过程似朝向"极化"的趋势发展，也就是说，随着时间的推进，城市发展会越集中发生于较少数的大城市聚落中，且当发展多集中于形成大城市聚落时，则会使得大城市的规模扩张速度更快，并产生较少的聚落数目，导致大小城市聚落规模间的差距越加扩大。演算结果的判断系数（代表幂次法则特性的显著性）多在0.9以上，在演算后期判断系数值大幅衰减到0.7以下。这可能是由于发展空间有限所导致的。在发展后期随着空间逐渐被开发填满后，整体区域会合并形成一个大型聚落，此时

区域内不同规模的城市聚落将不复存在。因此，在模型的后期描述幂次现象的判断系数值较为不显著。此发现与前述计算机仿真结果类似。

（二）与无递增报酬演算的比较

为了比较当聚集利益值 N 不同时几率的分布是否会发生改变，本研究还尝试以"无递增报酬"机制的假设作为对照组加以检验，观察模型在递增报酬与纯粹随机成长两种状态下对幂次系数值的影响。所谓的"无递增报酬"机制，便是将模型假设增加的聚集利益值 N 设为 0，使其呈现随机成长的特征，即每一个新进入的分子对于区块的选择为纯几率性的行为，城市聚落的形成与否，完全视空间中的区位而决定。其结果见表 3-16。

有、无递增报酬假设的模型相关数据比较　　　　　　表3-16

时间范围	含递增报酬状态下		无递增报酬状态下	
	回归系数	判断系数	回归系数	判断系数
$n=3$	−1.65011	0.999976	−2.30206	0.995191
$n=4$	−1.22763	0.974766	−1.94798	0.988797
$n=5$	−1.0116	0.952817	−1.95853	0.994604
$n=6$	−0.8653	0.901126	−1.26534	0.950884
$n=7$	−0.72466	0.777319	−1.02343	0.790182
$n=8$	−0.61981	0.680579	−0.85451	0.657108
$n=9$	−0.5421	0.61004	−0.73247	0.564107

由表 3-16 可以观察到，在"无递增报酬"状态下，其回归分析结果仍符合幂次法则现象（且判断系数多为显著），但其所得到的回归系数值要小于存在递增报酬时的值。换言之，无递增报酬状态时的城市发展中，城市聚落的形成相较于递增报酬存在时要更为分散。由统计分析数据上来看，当模型演化到后期时，受到空间的限制，会使得幂次定律特性呈现不显著。若仅考虑两种类型模型在显著性达 0.9以上时的时间范围进行比较，可以观察到当城市发展缺乏聚集驱动力的推动时，虽然其结果大致上仍符合幂次法则，但其城市阶层体系的分布形态与现实情形有较大的差距，较难以产生如真实世界般高度集中的城市发展情形。

另外，存在递增报酬的模型中，其回归系数值接近 −1，且有明显的聚集与极化趋势，与真实的城市聚落状况十分类似。由此我们推测，递增报酬机制的存在很有可能是城市幂次定律现象的成因之一。

六、讨论

美国的实证数据显示，城市体系的分布与幂次法则相当吻合，而且在过去一个世纪以来并无太大改变，回归模型的斜率值一直为 -1 左右（Krugman, 1996a）。而在本研究的计算机仿真实验中，不同的"聚集强度系数"参数值会产生不同的斜率，而"规模吸引"与"混合模式"两者，其斜率值范围中均接近 -1，而且 R^2 均在 0.95 以上，表示模拟的结果的确与真实世界相近。例如，我们可以看到在"规模吸引"模式中，当"聚集强度系数"设定为 5 时，其相对应的斜率值为 -0.9645（结果见图 3-10），而在"混合模式"中，当"聚集强度系数"设定为 40 时，其相对应的斜率值为 -0.9920（结果见图 3-12）。也就是说，在模拟实验中许多聚落分布形态都符合幂次法则，但是只有在特定参数设定下，才会得到与实证数据相同的斜率值。这可能代表在真实世界中，聚集所带来的效益及影响大致是固定的，它不会低到使聚落形态变成只有一群规模相近的小聚落，也不会高到使所有的住户集中在一个超大型首位市，在某一个适当的参数值之下，我们会得到一个最接近真实世界的模拟结果。而且实证数据也显示在过去一个世纪以来，斜率几乎没有改变过，因此在某种程度上我们可以说，产生与真实世界相同斜率的模拟结果，是一个"最佳"的模拟结果，因为它最能反映真实世界的状况。

为了解模型与真实世界的差距，本研究将模型结果以及台湾省七大城市和浙江省十大城市的等级分布结果整理如表 3-17。其中等级大小法则是以首位市规模为100 来假设，台湾城市的资料则是以台湾地区省辖市以上的七大城市（台北市、高雄市、台中市、台南市、基隆市、新竹市、嘉义市）来作统计（王振玉，2003）。浙江省的资料则是以《浙江省城乡建设用地规模和优化布局研究》中的"2004 年浙江省城镇人口与城镇建设用地一览表"数据来统计（邵波 等，2006），前十大

模型比较表

表3-17

模式名称	前十大聚落规模										R^2	斜率
等级大小法则	100	50	33	25	20	17	14	13	11	10	1.00	-1.00
台湾省七大城市	2641	1475	940	728	385	361	265	—	—	—	0.98	-0.81
浙江省十大城市	2647	1951	1556	694	615	612	607	523	520	402	0.93	-1.10
规模吸引（系数5）	286	195	48	45	37	35	32	23	17	16	0.98	-0.97
混合模式（系数40）	172	111	99	87	68	62	61	53	51	45	0.97	-0.99

注：城市规模单位为千人。台湾省城市数据取自《城市及区域发展统计汇编》，为 2002 年的数据；浙江省城市数据取自《浙江省城乡建设用地规模和优化布局研究》，为 2004 年的数据。

城市包括杭州、温州、宁波、义乌、瑞安、台州、绍兴、湖州、金华和嘉兴的中心城区。从表 3-17 来看，台湾省七大城市的回归结果，其斜率值为 -0.8111，与 -1 略有差距。此差距可能是由于样本数过小所造成；而浙江省十大城市的回归结果，斜率值为 -1.0960，基本体现了城市的等级大小法则分布。

要判断"规模吸引"与"混合模式"中哪一个是"最佳"模型，我们可以从两方面来看。就对模型的解释能力而言，两者并无显著差异；就统计上而言，既然无法提高解释能力，则应以较为简化的模型为优，因此"规模吸引"模式应是较佳的模式。然而，由前述不同时间的比较而言，"规模吸引"模式的斜率显然是随时间而改变，这点则与美国城市实证数据显示过去一个世纪来斜率稳定于 -1 附近是不符的。当然，只凭过去一个世纪的数据要推断斜率是否不随时间而改变仍嫌武断，但至少在一段期间内斜率是呈现稳定的。由这一点来看，则"混合模式"的斜率表现显然较为稳定。在表 3-15 中，从 1500 回合到 2000 回合的 500 回合当中，斜率几乎是相同的，因此若以接近真实世界为标准，则"混合模式"应为最佳模式。这表明，真实世界中的区位选择可能同时有地区性与规模性两项考虑因素。

此外，虽然本节的计算机及数理仿真是在假设地形为均质平原的基础上进行的，当地形或基础设施变化，例如交通网络被考虑在内时，所得到的结果也应类似。因此，笔者推测，地形变化并不会影响城市聚落幂次法则分布的特性，但它们会改变城市聚落区位的分布。

七、结论

幂次法则是一个普遍存在于自然科学与社会科学界的现象，也存在于实际的城市体系中。为了验证幂次法则与递增报酬的关联性，在本研究中，我们通过计算机及数理仿真实验，以随机成长模型来仿真城市聚落体系形成的过程。基于递增报酬的原则，该仿真包含了三种不同的区位发展吸引模式，分别为相邻关系（区位选择只受到邻近 8 个邻居的影响）、规模吸引（聚落规模越大，对新住户的吸引力越强）以及同时考虑规模与相邻的混合模式。由仿真实验来观察，三种模式（相邻关系、规模吸引、混合模式）都能产生符合幂次法则的聚落体系。由模拟结果的 R^2 检验来看，依照递增报酬原则所产生的聚落体系确实与幂次法则高度吻合，此结果也已由数理仿真证实。

就三种模式的比较而言，从 R^2 检验及首位市成长速度来看，单纯的相邻关系在模式中的拟合度较差，与真实世界的状态亦有相当差距。而规模吸引与混合模式两者的拟合度较高，具有更佳的解释能力。从模型的解释的贡献度而言，"规模"

显然比"相邻关系"更为重要，是最重要的解释因子。而"规模"这个区位解释因子正充分反映了"递增报酬"的精神。由模拟结果我们推测，递增报酬确实会产生符合幂次法则的聚落体系，因此递增报酬有可能是形成真实世界幂次法则现象的推动机制。根据数理仿真的结果，本研究亦推测：幂次法则的发生可能是一种统计上观察到的现象，其发生并不会受到城市经济等因素的影响，而经济因素或者其他的因素则会产生对幂次系数值变化的影响。

在阿瑟对递增报酬的研究中，对于空间分布的探讨也略有探讨，并以数学模型来表示递增报酬对聚集利益的影响（Arthur et al.，1987）。因此，既然本研究通过计算机和数理仿真证实了递增报酬与幂次法则确实高度相关，那么能否进一步对阿瑟的数学模型加以延伸，从理论上建立起两者的关系，将是后续研究的一个重要方向。此外，本模型在分析过程中设立了一些简化问题的前提假设，在后续的研究中可以尝试将这些限制条件解除，如考虑迁移行为和平面非均质因素等，以使研究能够更接近真实世界的状况。

第三节　中国城市人口分布的幂次现象

摘要

幂次法则是一个普遍存在于自然科学和社会科学中的现象，在城市中也不例外。尽管对于形成这种现象的幕后机制仍在探索之中，但城市中的幂次现象仍然有其重要的意义。这一现象是客观规律在城市人口分布整体特征中的自发涌现，不仅可以作为自上而下构建理论的依据，而且可以作为自下而上进行城市复杂系统模拟的基础，尤其可作为我国政府制定城乡均衡发展政策的参考。本节通过大量的城市人口数据统计，发现我国城市人口分布的 R^2 值很大，说明我国城市人口分布符合幂次法则。而且 q 值在 1 附近，说明符合位序—规模法则。从 1999 年到 2009 年的演化过程来看，我国城市人口分布的幂次现象日趋加强，斜率 q 最近几年远离 −1，说明城市趋于不均衡发展。

一、前言

世界上几乎没有一个地区不是由各种规模的城市组成的城市网络所覆盖。大多数情况是，一个地区或国家，如果从大到小对城市进行分级，那么各种等级都会有。经验规律表明，规模最小的那一级城镇的数量最多，等级越高，数量越少（陆大道，2011）。城市是一个复杂系统（Batty，2008a）。复杂性理论认为，总体是由个体所构成的，而整体系统之所以复杂难测，是因为个体间的互动所致；系统在某些情况下会从混乱中自发地呈现某些秩序；许多自然界与社会科学中的复杂系统，都具有自组织的特质（赖世刚 等，2009）。幂次现象所揭示的城市间的规律是自然界普遍存在的规律，是系统呈现自组织的表现之一。它既与传统城市分析中的孤立观点不同，也不是机械地按照等级大小排列。其实，每一个城市都好比是一个有生命的有机体，就像自然界一样，存在食物链、营养级和生存环境，城市也有诞生、成长、衰老和死亡的生存条件。幂次现象是城市发展过程中客观规律的自发涌现，是自下而上模拟城市发展的基础。对于城市人口规模的幂次现象，一般通过位序—规模法则来检验，对城市人口规模和城市排序进行简单的回归相关分析。事实上，统计分析和相互作用分析依然是研究科学对象运动和变化以及科学因素影响具有不确定性领域的重要方法（陆大道，2011）。

城市规模问题历来是城市研究的中心议题之一（段进，2006）。1949 年戚普夫提出位序—规模法则，是对现状的观察和归纳，以说明城市规模与其等级的相关性（赖世刚 等，2009）。克鲁格曼对美国 130 个城市进行分析，发现城市人口规模的对数与其排序的对数呈现斜率几乎为 –1 的直线现象，符合位序—规模法则（Krugman，1996a）。许学强等以上海为基准，以斜率指数等于 1 的理想模式考察了我国 1952 年和 1978 年 10 万人以上的城市规模分布的变化（许学强 等，1997）。许学强分析了 1953、1963、1973 和 1978 年我国前 100 位城市的位序—规模分布状况，并对 2000 年的状况进行了预测（许学强，1982）。王法辉对我国 1949~1987 年的部分年份中 6 万人以上的城市人口规模进行了分析（王法辉，1989）。张涛等分析了我国 1984~2004 年部分年份的 1 万人以上的城市人口规模情况（张涛 等，2007）。张锦宗等对我国 1990 和 2004 年的城市人口规模进行了分析（张锦宗 等，2008）。刘妙龙等运用等级钟分析了我国 1950~2005 年部分年份前 100 位城市的城市人口规模演化（刘妙龙 等，2008）。刘乃全等分析了我国 1985~2006 年部分年份 221 个城市的城市人口规模（刘乃全 等，2011）。谈明洪等对 20 世纪美国城市体系演变进行了分析，并阐述了其对中国的启示。一些学者还对区域和城市群的城市人口规模进行了分析（谈明洪 等，2010；钱宏胜 等，2007；叶玉瑶 等，2008；王颖 等，2011；刘晓丽 等，2006）。

随着城镇化进程的不断加快，我国城市体系不断完善。城镇化率从 1999 年的 30.89%（国家统计局，2000）增长到 2010 年的 49.95%（国家统计局，2011），接近世界平均水平，年均增长 1.63%。城市数量趋于稳定，近十年来稳定在 660 个左右。本节通过对 1999~2009 年城市人口数据的分析，验证我国城市人口规模中的幂次现象。

二、研究数据和研究方法

（一）自组织、幂次法则和位序—规模法则

自组织是指系统行为来自于其内部各单元的互动结果并产生某种规律；由于其发展是以自下而上的方式运作，因此任何微小的差异性互动都可能产生不可预测的巨大变异；而城市发展的经济性互动行为必然会因人群的接触而创生出许多的小区，这些小区虽小，却能充分具备其基本需求，这些经济性的区块形成后，相应就形成了幂次法则的规模结构。自组织存在于复杂系统之中，复杂性理论认为系统在一些情况下会从混乱中自发地表现出某些秩序，而秩序的形成并非源于某些物理学或经济学等学科所描述的定理法则，而是由系统中组成分子互动所产生，幂次法则就是系统具有自组织性质的证据之一（赖世刚 等，2009）。中国的城市发展是自组织的（陈彦光，2006），理论上应该满足幂次法则。

幂次法则是指事物出现的规模和频率之间的关系。事物超过规模 S 的出现次数，和 S^{-a} 呈比例关系，即规模大的事物出现的频率低，而规模小的事物出现的频率高，从而形成一个自组织的体系。如果将"规模"与"频率"两个变量取对数，则呈现一个线性关系，这就是幂次法则。

$$P_s = K \times S^{-a} \qquad\qquad (3-10)$$

式中 P_s 是事物超过规模 S 的出现次数，a 是常数，K 是常数。对式（3-10）作对数变换：

$$\ln P_s = \ln K - a \ln S \qquad\qquad (3-11)$$

所谓城市体系的位序—规模法则是从城市的规模和城市规模位序的关系来考察一个城市体系的规模分布（许学强 等，1997），主要是实证研究城市规模和城市规模位序之间关系的研究工具。最早是 1913 年奥尔巴赫（Auerbach）为观察语言学及城市规模的变动频率与其排序二者之间的关系所创用的工具（赖世刚 等，2009），至 1949 年被学者戚普夫加以发展并建构理论化基础。其理论重点在于城市发展有两个动力——约束力和分散力。这两种力量展现于同一区域内各城市的人口流动上，一旦这两种力量处于动态均衡状态，其不同区域将呈现城市等级和城市规模的排序，即：

$$P_r = K \times R^{-q} \qquad\qquad (3-12)$$

式中 K 为最大城市人口数，P_r 是第 R 位城市的人口；q 为两种力量的消长系数，为常数。根据位序—规模法则，如果将城市位序和城市规模均以对数化处理，则可产生线性关系。对式（3-12）作对数变换：

$$\ln P_r = \ln K - q \ln R \qquad\qquad （3-13）$$

比较式（3-10）和式（3-12），以及式（3-11）和式（3-13），可以发现幂次法则和位序—规模法则的函数形态是相同的。只是位序—规模法则是一个观察归纳的结果，当时还没有提出自组织的概念。幂次法则所运用的公式虽然与位序—规模法则相同，但对于指数 a 则可因面向不同而另有既定内涵，唯有其使用在城市发展和人口分布则多验证性指向 1。事实上，幂次法则和位序—规模法则是对同一规律不同视角的描述，二者实为异曲同工，只是把自变量和因变量互换而已。位序—规模法则是幂次法则在城市研究中的一种变换形态。基于位序—规模法则可以充分展现城市发展规模结构，故本节通过运用位序—规模法则来对我国城市人口规模进行验证。

（二）数据来源

本节采用数据分为两部分，2006~2009 年的数据采用《中国城市建设统计年鉴》中各城市的城区人口，1999~2005 年的数据采用《中国城市建设统计年报》中各城市的城市人口。

三、结果分析

运用《中国城市建设统计年鉴》的统计数据对 2009 年我国各城市的城区人口规模和位序一一对应，落在双对数坐标图上如图 3-15 所示。

从中可以发现，我国 2009 年城市人口规模分布基本符合位序—规模法则，城市位序的对数与城市人口的对数呈现负相关，且斜率趋近于 -1。进一步对历年数据进行分析（如图 3-16 所示）。

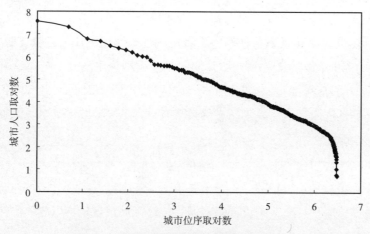

图3-15　我国2009年城市人口规模分布示意图

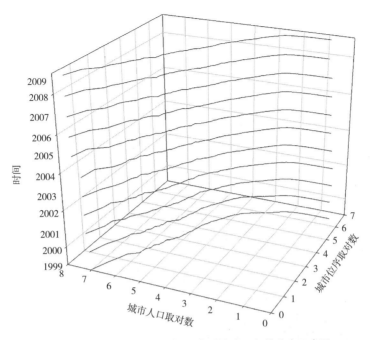

图3-16　我国1999~2009年城市人口规模分布示意图

　　通过观察可以发现，1999~2009 年我国城市人口规模都基本符合位序—规模法则，呈现良好的线性相关关系。对 11 年的数据进行线性一次函数曲线拟合（图 3-17），可以得到拟合方程和各参数值（表 3-18）。

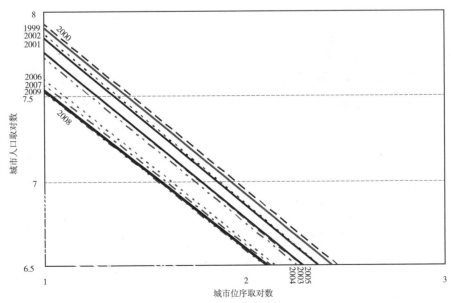

图3-17　我国城市人口分布双对数相关分析图

我国城市人口分布参数 表3-18

年份	拟合方程	q值	R^2
1999	$y=-0.9854x+8.8909$	0.9845	0.8484
2000	$y=-0.9826x+8.9081$	0.9826	0.8559
2001	$y=-0.9905x+8.8352$	0.9905	0.9039
2002	$y=-1.0049x+8.8713$	1.0049	0.9155
2003	$y=-0.9910x+8.7484$	0.9910	0.9342
2004	$y=-0.9808x+8.7041$	0.9808	0.9389
2005	$y=-0.9836x+8.7434$	0.9836	0.9445
2006	$y=-0.9635x+8.5630$	0.9635	0.9412
2007	$y=-0.9518x+8.5172$	0.9518	0.9462
2008	$y=-0.9399x+8.4636$	0.9399	0.9447
2009	$y=-0.9385x+8.4755$	0.9385	0.9429

观察图3-18中R^2的变化，我国城市人口规模分布的R^2值在1附近，拟合很好。

如图3-19所示，进一步观察q值的变化，我国城市人口规模分布的q值在-1附近。

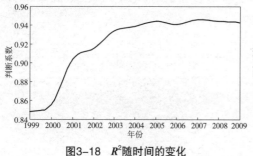

图3-18　R^2随时间的变化

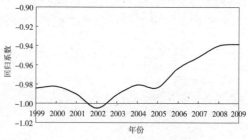

图3-19　q值随时间的变化

四、结论

我国城市人口分布的R^2值很大，说明我国城市人口分布符合幂次法则。而且q值在1附近，说明符合位序—规模法则。从1999~2009年的演化过程来看，我国城市人口分布的幂次现象日趋加强，斜率q最近几年远离-1，说明城市趋于不均衡发展。目前学界对于R^2值及q值的形成原因并没有定论。但是最近的研究显示，R^2值偏高可能是受到统计学的限制而且是一个普遍的现象，而q值的变化则是受到递增报酬率的影响（柯博晟 等，2014）。如果这个结果能得到证实，我们可以借由改变递增报酬率的方式来影响我国城市人口分布的形态。例如，为了使得东、西部地区得到平衡的发展，政府应该尝试通过降低城市竞争以及调整产业结构的政策以减缓递增报酬率。

　　幂次法则是一个普遍存在于自然科学和社会科学中的现象，在城市中也不例外。尽管对于形成这种现象的幕后机制仍在探索中，但城市中的幂次现象仍然有其重要的意义。这一现象是客观规律在城市人口分布整体特征中的自发涌现，不仅可以作为自上而下构建理论的依据，而且可以作为自下而上进行城市复杂系统模拟的基础。

第四节　城市异速增长规律的动态过程及启示

摘要

　　回顾过去一系列关于城市供给网络的异速增长规律（allometric scaling law）的研究，其最大贡献在于重复地确认一个跨越不同居住历史条件、不同自然地理环境与不同经济发展水平的数学通用模式，来客观地检测与定量地预期个别国家或个别区域内的城市发展与城市增长究竟"会如何"或"将如何"改变城市的实质环境。但既有文献却忽略了异速增长规律应用于城市发展过程时所可能蕴藏的变化和轨迹，从而缺乏对于城市供给次系统的异速增长指数（allometric exponent）在连续时刻点的动态探查。除此之外，既有文献亦未曾考虑众多系统相关的城市个体，与城市个体所共同涌现的异速增长指数之间的同步变化程度或主次关系，以致目前仍无法进一步认识众多系统相关的城市个体，在有机的和有组织的异速增长过程里所潜藏的关联性和基本机理，并因此缺乏相对应的城市个体层次的规划启示与指导意涵。

　　本研究拟根据中国台湾地区 1991~2010 年的既有统计数据（*Urban and Regional Development Statistics*），借由异速增长规律的对数线性形式进行数据拟合与检测，并结合灰色关联分析的序列比较结果，试图弥补这些在过去文献所未曾深入的研究议题。研究结果发现：①台湾众多城市个体的人口规模与其广泛类别的供给变量，确实可在保有良好的拟合配适度的前提下，共同涌现出可模拟生物物种的、与自相似或自组织的异速增长关系；②当台湾城市个体的人口规模改变，则其所伴随的广泛类别的供给变量几乎皆是非线性的异速增长（allometry），而非传统规划或实务操作所默认和认知的线性增长；③本研究内容所掌握的和检测的各种城市供给变量，其异速增长指数普遍随时间推进而波动，并非如同生物节奏般地亘古不变，当然亦不存在固定的异速增长指数，如克莱伯定律（Kleiber's law）；④台湾城市个体的人口规模大小，以及台湾城市个体对于集体层次的城市供给网络的异速增长规律的关联强弱，两者之间并没有必然关系；⑤台湾城市个体的政治经济因素，以及台湾城市个体对于集体层次的城市供给网络的异速增长规律的关联程度，两者之间却极可能关系非常紧密。

一、前言

关于异速增长规律的应用及异速增长现象的机理探讨，在近代科学发展的频谱中（如复杂性科学、区域科学、生命科学、物理科学等）一直扮演着核心的角色（Barenblatt，2003；Chave et al.，2003；Pumain，2006；Cristelli et al.，2012；Stumpf et al.，2012；Batty，2013a），其核心构想或许可追溯至伽利罗·伽利略（Galileo Galilei）在 1638 年的著作《关于两门新科学的对话》（*Dialogues Concerning Two New Sciences*）所提出的开创性概念——平方立方律（square-cube law）（West et al.，2011；Buonanno，2014）。伽利略当时强调，若以相同缩放因子（scaling factor）整体扩大生物的骨骼、躯干甚至是非生物的柱状体，则理论上其重量将会依照缩放因子的立方比例增长，但其支撑力的来源（即截面积）却仅以缩放因子的平方比例增加。该几何通则意味着结构体的截面积必须不成比例地（disproportionately）扩增，或者加强组成材质的抗张力及压缩力，才能继续维持其结构的支撑强度并避免突然崩溃（West，2006；Fisher，2011）。故一旦生物体积量级以一定比例增长，为满足相应的支撑功能，则其股骨（femur diameter）自然必须大于其体积增长比例地厚实（proportionally thicker）（Bergstrom et al.，2012）。

前文描述的股骨尺寸与体重之间的生物增长模式与非线性比例关系，即异速增长定律（allometric scaling law）的实例之一（Bonner，2006）。实际上，许多重要的生物基础生理特征量与生物体重间亦同样存在类似的异速增长规律，如新陈代谢率与心跳频率等（Schmidt-Nielsen，1984），而最著名的即马克思·卢伯纳（Max Rubner）于 1883 年借由单一生物物种（7 只不同尺寸的狗）与马克思·克莱伯（Max Kleiber）于 1932 年根据包含人类在内的大量生物物种进行实验量测后所提出的新陈代谢率（basal metabolic rate）与体重分别呈接近 2/3 及 3/4 的幂次比例关系（Hoppeler et al.，2005；Whitfield，2006）。其中，卢伯纳初步提出的 2/3 缩放指数（scaling exponent）近似于生物表面积与体积之间的理想几何缩放，至于克莱伯所得的 3/4 缩放指数则表示随生物体积量级扩大，其每单位表面积散发的热能将更甚于表面积规则的预期，反言之，这同时也代表生物体的自然构造与设定竟比简单几何（the surface rule）所预期的还要更消耗能量与食粮（Whitfield，2006）。尔后，该幂次比例关系的适用范围与生物多样性，因相关研究的持续推展而得到扩充，由分子和细胞内的基本单位层次，如支原体到最庞大的有机生物个体层次，如蓝鲸，从至少超过 21 个体积量级的生物群体里，归纳总结其新陈代谢率（BMR）皆服从 3/4 幂律法则（Kleiber's 3/4-power law for the metabolic rate）（West et al.，2005；Whitfield，2006）。

在近期的一系列研究中，克里斯廷·库奈特（Christian Kühnert）、德克·海尔宾（Dirk Helbing）、杰弗瑞·魏斯特（Geoffrey B、West）、荷西·罗伯（José Lobo）与路易斯·伯坦克特（Luis M、A、Bettencourt）等学者及其研究团队（如 Santa Fe Institute）则发现经扩展实验范围后的生物异速增长规律，不仅通用于已知的与几乎完整的生物体积的量纲（如克莱伯定律），亦可延伸应用于规模更大且更加复杂的城市体系及众多城市个体（Kühnert et al.，2006；Bettencourt et al.，2007；Bettencourt et al.，2007；Helbing et al.，2009；Lobo et al.，2013）。也就是说，各种城市实质环境里的供给变量（如电力或水利能源供给城市的运作与机能，设定为 Y）和诸多规模大小有别的城市个体（依据城市人口数来衡量城市规模，设定为 N），若分别被模拟为生物有机体的基础生理特征量（如前述的股骨直径或尺寸供给生物体的整体构造与支撑功能）和各种体积量级的生物物种，则我们可在满足良好的配适度（goodness of fit）的前提下，借由异速增长规律（allometric scaling law）适当地绘制及展现其增长的非线性比例关系与尺度变化，如式（3-14）与图 3-20 所示。

$$Y(t) = Y_0[N(t)]^\beta \qquad (3-14)$$

为便于拟合（fitting）城市实质环境里的供给来源或特征量，以相对简洁的线性形式表达，同时让数值散布的间距更易于辨析（Khare et al.，2015），故一般会借由自然对数转换，将幂律关系式（式 3-14）由原先的指数非线性形态改写为对数线性形态（式 3-15）。其中，参数 β 代表异速增长指数（allometric exponent，scaling exponent，allometric slope），参数 N 代表城市规模，参数 Y 代表城市实质环境里的供给变量或特征量（如 Kühnert et al.，2006），而参数 t 则代表已掌握的次级资料所对应的时间点，至于参数 Y_0 则为正规化常数（normalization constant）。

$$\ln Y(t) = \ln Y_0 + \beta \ln[N(t)] \qquad (3-15)$$

式 3-14 与式 3-15 两函数可直观理解为：当城市规模 N 逐渐扩大，相对应的供给来源或特征量 Y 亦必然随之递增，但其递增或扩大的幅度却受到参数 β 值（即异速增长指数）所限制。当 $\beta = 1$ 时，表示城市供给次系统与城市规模之间构成单纯的线性关系，也就是等速增长（isometry），即城市供给次系统的增长速度与城市规模的增长速度维持平衡稳定。譬如过去研究指出：城市供给次系统中的医院数量、药局数量、邮局数量、病床数量与户计用水量的增长皆与城市规模的增长维持或接近均衡比例关系（如图 3-20 中英国各城市的邮局数量）。当 $\beta < 1$ 时，表示城市供给次系统与城市规模之间构成非线性的次线性（sub-linear）关系，也就是负向的异速增长（negative allometry），即城市供给次系统的增长速度滞后于城市规模的增长速度。譬如过去研究指出：城市供给次系统中的加油站数量、汽油销售量与汽车经销商数量的增长速度皆滞后于城市规模的增长速度（如图 3-20 中德国各城市的加油站数量）。当 $\beta > 1$ 时，表示城市供给次系统与城市规模之间构成非线性的超线性（super-linear）关系，也就是正向的异速增长（positive allometry），即城市供给次系统的增长速度超前于城市规模的增长速度。譬如过去研究指出：城市供给次系统中的医生数量、餐厅数量与总用电量的增长速度皆超前于城市规模的增长速度（如图 3-20 中荷兰各城市的餐厅数量）。

如图 3-20 所示，在最单纯的线性增长（linear scaling）的情况下（$\beta = 1$），城市供给次系统是以均衡的速度随城市规模而增长。也就是说，城市发展规模越大，其相对应的供给来源的数量或规模也越大，但每个人所拥有的、所需求的或被配给的份额却将大致维持不变——该增长倾向隐喻城市规模增长并不影响城市供给次系统的人均度量。而在非线性的次线性增长（sub-linear scaling）的情况下（$\beta < 1$），则城市发展规模越大其相对应的供给来源的数量或规模亦必然越大，但每个人所拥有的、所需求的或被配给的份额实际上却将越少——该增长倾向隐喻城市供给次系统的人均度量是随城市规模增长而递减。至于在非线性的超线性增长（super-linear scaling）的情况下（$\beta > 1$），则城市发展规模越大其相对应的供给来源的数量或规模同样必然越大，且每个人所拥有的、所需求的或被配给的份额也将越多——该增长倾向隐喻城市供给次系统的人均度量是随城市规模增长而递增。

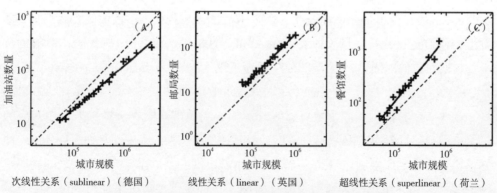

图3-20　城市供给次系统与城市规模的等速或异速增长关系
来源：Kühnert et al.，2006；Helbing et al.，2009

前述一系列研究的最大贡献在于其试图提出且重复地确认一个跨越所有城市细部条件状况（如产业结构差异、居住历史背景差异、自然地理环境差异、居住者行为决策差异、社会发展程度差异）的数学通用模式，来客观地检测与定量地预期个别国家或个别区域内的城市发展或城市增长，究竟"会如何"或"将如何"改变城市的实质环境（Kühnert et al.，2006；Bettencourt et al.，2007；Bettencourt et al.，2008；Helbing et al.，2009），进而实现过去传统机械化世界观和还原论思维支配下的城市发展概念所无法提供的深刻洞察。

然而，这样的数学通用模式的分析基础，多数是建构在间断年度时刻点甚至是单一年度时刻点的检测，试图将城市供给网络的异速增长规律默认为或直接模拟为自然生物节奏（biological rhythm）般亘古不变的定律（如克莱伯定律或卢伯纳定律），而忽略了异速增长规律应用于城市进化过程时所可能蕴藏的变化和轨迹，因而缺乏城市供给次系统的异速增长指数在连续年度时刻点的动态探查（dynamic exploration）。

再者，既有文献大多是偏重于确认该数学通用模式的普遍性、适用性或决定性，但对于众多系统相关的城市个体，与其集体涌现的异速增长指数之间的同步变化程度或主次关系，却仍未曾触及。以至于目前仍无法进一步认识众多系统相关的城市个体在有机的、有组织的异速增长过程里所潜藏的关联性和基本机理，并因此缺乏相应的城市个体层次的规划启示与明确积极的指导意涵。

为了弥补既有文献所未曾深入的第一个研究议题，本研究拟撷取台湾地区1991~2010年共计20个连续年度时刻点的统计数据集，同样借由异速增长规律的对数线性形式（如式3-15），来拟合及检测台湾众多城市个体单元与其广泛类别的城市供给次系统的映像量，究竟能否在保有良好的拟合配适度的前提下，共同涌现出可模拟生物有机体的与自相似的异速增长关系，进而检视及探索台湾城市供给网络的异速增长指数在连续年度时刻点所可能展现的动态变化。

承上，为了弥补过去文献所未曾深入的第二个研究议题，本研究拟将拟合检测时所获取的异速增长指数的历年动态变化与城市个体单元的供给次系统的历年发展情形，分别设定为系统特征母序列（reference sequence）与相关因素子序列（relevant factor sequence）（Liu et al.，2006；Liu et al.，2006；Deng，2010），再通过灰色关联度模型定量地分析和比较各个子相关因素对于母系统特征的关联程度。最后，基于前述灰色关联度分析结果，探究台湾城市个体在集体层次的城市供给网络的异速增长规律中的潜在机理和主要关联个体。

本节将应用异速增长规律的对数线性形式（参照式3-15），对台湾众多城市个体的人口规模及其广泛类别的城市供给变量施行数据拟合，并借由该数据拟合结果，揭示台湾城市供给网络在连续时刻点的动态变化；然后将介绍数种不同分析途径的灰色关联度模型及其思路，再利用所获取的拟合数据集（data sets），结合灰序列生成方法及灰色关联度模型，分析和比较台湾众多城市个体单元与城市供给网络的异速增长指数的同步变化程度或发展密切程度；进而立基于本节分析内容，进行整合性的综合讨论和对话；最后结合前述之分析比较结果及重要研究发现，提出总结、补充与未来政策建议。

二、台湾城市供给网络的异速增长规律

为弥补过去文献所未曾深入的第一个研究议题，本研究拟先撷取台湾地区1991~2010年共计20个连续年度时刻点的统计数据，借由异速增长规律的对数线性形式（参照式3-15），对台湾众多城市的人口规模与其广泛类别的城市供给变量进行连续年度期间的数据拟合，试图确认台湾众多城市及其供给次系统究竟能否在保有良好拟合配适度的前提下（Bettencourt et al., 2007），共同涌现出可对比生物物种的与自相似或自组织的增长关系（Brown et al., 2000；Barenblatt, 2003；Chave et al., 2003）。继而，整合该连续年度期间的拟合数据，补足过去对于城市供给次系统的异速增长规律（指数）所欠缺的动态探查。

在此，必须特别补充的是，目前相关文献对于城市的定义，事实上仍未达成共识，而各地提供的公开查询数据库，对于城市应涵盖的范围亦存在差异（Arcaute et al., 2015）。同时，由于城市层级的统计数据，无论是取得或量测均非常不易（Bettencourt et al., 2009），往往使得可利用的数据集多为非连续时刻点的间断数值，甚至是已严重缺失的零碎片段。因此，考虑到众多现实条件以及既有文献的限制，本研究在排除年底家户数与年底人口数相对较低的离岛区域（澎湖县、金门县、连江县）之后，采用行政边界所划定的个体单元作为量化分析时的城市个体。

另外应再次重申的是，本研究对于城市供给次系统的替代变量（proxy variable）的选取原则，主要是从有限的次级数据源当中尽可能地延续过去一系列提倡自然生物可持续性并将城市隐喻为生物有机体（scaling and biological metaphors for the city）的相关研究（如 Bettencourt et al., 2007；Bettencourt et al., 2008；Helbing et al., 2009）所关注的城市供给变量，如本研究选取的售电量、配水量、医疗从业人员数量、医疗设备数量与交通载具数量等关键城市供给变量，其负责供应城市的日常运作与基本机能，就如同生物肱骨或股骨等重要生物构件及其尺寸，负责的是维系生物体的生命形态与整体功能（Prange et al., 1979；Schmidt-Nielsen, 1984；Christiansen, 1999）。

虽然借由行政边界所划定的个体单元（Kluge，2008）可能同时隐含城市区域（urban areas）的概念（Fragkias et al.，2013），且本节所选取的有限的替代变量或城市供给变量亦无力涵盖或代表特定的城市供给次系统，但毋庸置疑本研究和近期的一系列相关文献，仍有反映和洞悉城市体系和其结构复杂性的具体价值（Batty et al.，2005；Batty，2012），特别是有助于理解实质存在且无法通过简单的城市个体或城市区域的聚合（Holland，1998；Batty，2000；Anderson，2001）来解析的城市异速增长现象。

（一）城市能源供给系统——全年售电量、自来水总配水量

本研究从既有统计数据集所撷取与检测的第一个映射量，为台湾城市能源供给系统中的全年售电量（annual consumption of electricity）。而检测结果显示，在不完全精确但保有一定良好的拟合配适度的前提下（以 2010 年为例，如图 3-21 所示），该映像量与城市规模之间长期呈现超线性关系（图 3-22）。换言之，全年售电量的增长速度于 1991~2010 年共计 20 个年度期间内，普遍皆超过城市规模的增长速度（即 $\beta > 1$），这同时也代表过去台湾的城市集聚在电力资源的利用方面是较不经济的（agglomeration diseconomies）（Bettencourt et al.，2007；Batty，2008a；Samet，2013）。台湾的城市规模一旦扩大或增长，则其实际所消耗或所供给的电力资源的人均度量将会比单纯预期的线性增长（即 $\beta=1$）（Barenblatt，2003）还要再多出 8%~18%（图 3-22）。

本研究从既有统计数据集所撷取与检测的第二个映射量，为台湾城市能源供给系统中的自来水总配水量（total water supply），而检测结果显示，在不完全精确但保有一定良好的拟合配适度的前提下（以 2010 年为例，如图 3-21 所示），该映

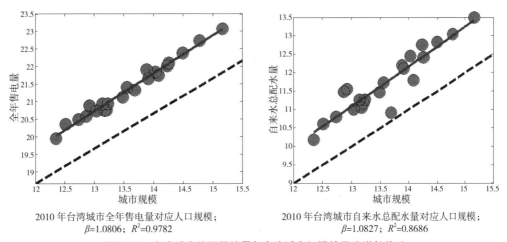

2010 年台湾城市全年售电量对应人口规模；
$\beta=1.0806$；$R^2=0.9782$

2010 年台湾城市自来水总配水量对应人口规模；
$\beta=1.0827$；$R^2=0.8686$

图3-21　台湾城市能源供给量与台湾城市规模的异速增长关系

像量与城市规模之间长期呈现超线性关系。换言之，自来水总配水量的增长速度于1991~2010 年共计 20 个年度期间内，普遍皆超过城市规模的增长速度（即 $\beta > 1$），这同时也代表过去台湾的城市集聚在水利资源的利用方面是较不经济的。台湾的城市规模一旦扩大或增长，则其实际所消耗或所供给的自来水资源的人均度量将会比单纯预期的线性增长（$\beta=1$）还要再多出 8%~24%（图 3-22）。

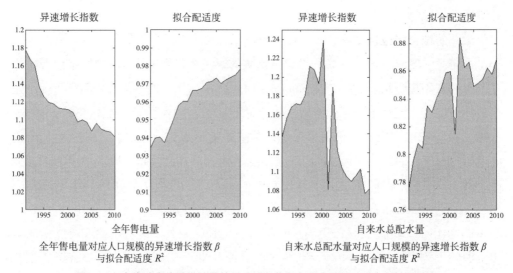

图3-22　台湾城市能源供给量的异速增长指数与拟合配适度历年动态面积图

（二）城市医疗供给系统——西医师数量、中医师数量、牙医师数量、病床数量

本研究从既有统计数据集所撷取与检测的第三个映射量，为台湾城市医疗供给系统中的西医师数量（number of physicians），而检测结果显示，在不完全精确但保有一定良好的拟合配适度的前提下（以 2010 年为例，如图 3-23 所示），该映像量与城市规模之间长期呈现超线性关系。换言之，西医师数量的增长速度于1991~2010 年共计 20 个年度期间内，几乎皆超过城市规模的增长速度（即 $\beta > 1$），这同时也代表过去台湾的城市集聚在西医师人力资源的利用或配置方面是较不经济的（Bettencourt et al.，2007；Batty，2008a；Samet，2013）。台湾的城市规模一旦扩大或增长，则其实际所供给的或所伴随的西医师数量的人均度量将会比单纯预期的线性增长（即 $\beta=1$）（Barenblatt，2003）还要再多出 2%~9%（图 3-24）。

本研究从既有统计数据集所撷取与检测的第四个映射量，为台湾城市医疗供给系统中的中医师数量（number of herb doctors），而检测结果显示，在不完全精确但保有一定良好的拟合配适度的前提下（以 2010 年为例，如图 3-23 所示），该映像量与城市规模之间长期呈现超线性关系。换言之，中医师数量的增长速度于 1991~2010 年共计 20 个年度期间内，几乎皆超过城市规模的增长速度（即 $\beta > 1$），这同时也代表过去台湾的城市集聚在中医师人力资源的利用或配置方面是较不经济的。台湾的城市规模一旦扩大或增长，则其实际所供给的或所伴随的中医师数量的人均度量将会比单纯预期的线性增长（即 $\beta=1$）还要再多出 1%~19%（图 3-24）。

本研究从既有统计数据集所撷取与检测的第五个映射量，为台湾城市医疗供给系统中的牙医师数量（number of dentists），而检测结果显示，在不完全精确但保有一定良好的拟合配适度的前提下（以 2010 年为例，如图 3-25 所示），该映像量与

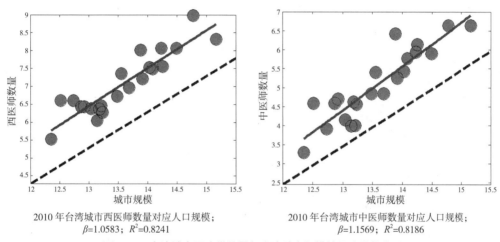

2010 年台湾城市西医师数量对应人口规模；β=1.0583；R^2=0.8241

2010 年台湾城市中医师数量对应人口规模；β=1.1569；R^2=0.8186

图3-23 台湾城市医疗供给量与台湾城市规模的异速增长关系

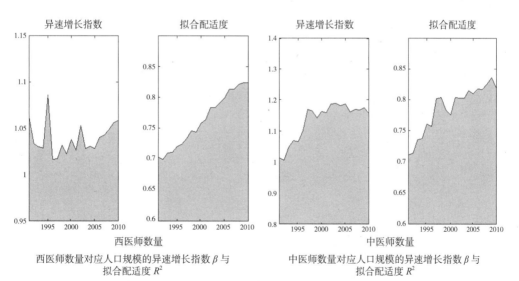

西医师数量对应人口规模的异速增长指数 β 与拟合配适度 R^2

中医师数量对应人口规模的异速增长指数 β 与拟合配适度 R^2

图3-24 台湾城市医疗供给量的异速增长指数与拟合配适度历年动态面积图

城市规模之间长期呈现超线性关系。换言之，牙医师数量的增长速度于1991~2010年共计20个年度期间内，普遍皆超过城市规模的增长速度（即 $\beta > 1$），这同时也代表过去台湾的城市集聚在牙医师人力资源的利用或配置方面是较不经济的。台湾的城市规模一旦扩大或增长，则其实际所供给的或所伴随的牙医师数量的人均度量将会比单纯预期的线性增长（即 $\beta=1$）还要再多出18%~25%（图3-26）。

本研究从既有统计数据集所撷取与检测的第六个映射量，为台湾城市医疗供给系统中的病床数量（number of hospital beds），而检测结果显示，在不完全精确但保有一定良好的拟合配适度的前提下（以2010年为例，如图3-25所示），

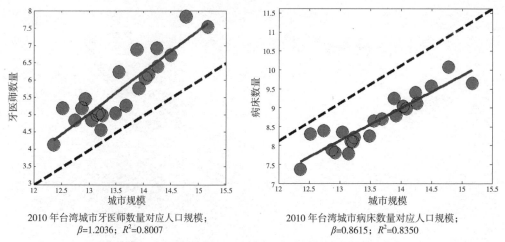

2010年台湾城市牙医师数量对应人口规模；
$\beta=1.2036$；$R^2=0.8007$

2010年台湾城市病床数量对应人口规模；
$\beta=0.8615$；$R^2=0.8350$

图3-25　台湾城市医疗供给量与台湾城市规模的异速增长关系

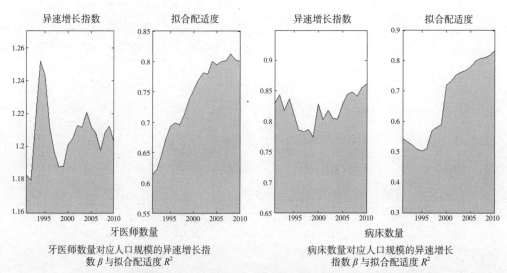

牙医师数量对应人口规模的异速增长指数 β 与拟合配适度 R^2

病床数量对应人口规模的异速增长指数 β 与拟合配适度 R^2

图3-26　台湾城市医疗供给量的异速增长指数与拟合配适度历年动态面积图

该映像量与城市规模之间长期呈现次线性关系。换言之，病床数量的增长速度于1991~2010年共计20个年度期间内，普遍皆滞后于城市规模的增长速度（即$\beta<1$），这同时也代表过去台湾的城市集聚在病床设备资源的利用或配置方面是较为经济的（agglomeration economies）。台湾的城市规模一旦扩大或增长，则其实际所供给的或所伴随的病床数量的人均度量将会比单纯预期的线性增长（即$\beta=1$）还要再节省14%~23%（图3-26）。

（三）城市交通供给系统——机车数量、汽车数量

本研究从既有统计数据集所撷取与检测的第七个映射量，为台湾城市交通供给系统中的机车数量（number of motorcycles），而检测结果显示，在不完全精确但保有一定良好的拟合配适度的前提下（以2010年为例，如图3-27所示），该映像量与城市规模之间长期呈现次线性关系。换言之，机车数量的增长速度于1991~2010年共计20个年度期间内，普遍皆滞后于城市规模的增长速度（即$\beta<1$），这同时也代表过去台湾的城市集聚在机车载具资源的利用方面是较为经济的（Bettencourt et al.，2007；Batty，2008a；Samet，2013）。台湾的城市规模一旦扩大或增长，则其实际供给的或伴随的机车数量的人均度量将会比单纯预期的线性增长（即$\beta=1$）（Barenblatt，2003）还要再省5%~10%（图3-28）。

本研究从既有统计数据集所撷取与检测的第八个映像量，为台湾城市交通供给系统中的汽车数量（number of automobiles），而检测结果显示，在不完全精确但保有一定良好的拟合配适度的前提下（以2010年为例，如图3-27所示），该映像量与城市规模于研究期间内同时涵盖了超线性、线性与次线性等三种增长关系（图3-28）：① 1991~1999年期间呈现超线性关系（$\beta>1$），台湾的城市规模

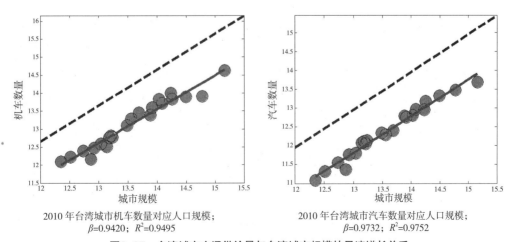

2010年台湾城市机车数量对应人口规模；
$\beta=0.9420$；$R^2=0.9495$

2010年台湾城市汽车数量对应人口规模；
$\beta=0.9732$；$R^2=0.9752$

图3-27　台湾城市交通供给量与台湾城市规模的异速增长关系

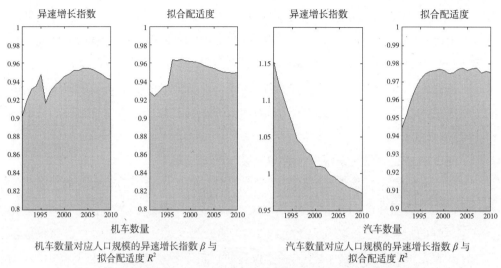

机车数量对应人口规模的异速增长指数 β 与
拟合配适度 R^2

汽车数量对应人口规模的异速增长指数 β 与
拟合配适度 R^2

图3-28 台湾城市交通供给量的异速增长指数与拟合配适度历年动态面积图

一旦扩大或增长，则其供给的或伴随的汽车数量的人均度量将会比理想预期的线性增长还要再多出 2%~15%（agglomeration diseconomies）；②在 2000~2004 年期间则呈现线性关系（$\beta \approx 1$），台湾的城市规模一旦扩大或增长，则其供给的或伴随的汽车数量的人均度量将会等于或逼近单纯预期的线性增长（proportionality）；③ 2005~2010 年期间则逐渐趋向次线性关系（$\beta < 1$），台湾的城市规模一旦扩大或增长，则其供给的或伴随的汽车数量的人均度量将会比单纯预期的线性增长还要再节省 1%~3%。

三、台湾城市供给网络的异速增长规律的灰色关联度分析

延续前文讨论与脉络，实际上，既有文献的共通分析模式，即伯坦克特分析（Bettencourt's analysis），不仅直接略过城市供给次系统的异速增长规律的动态探查（请参照本节第二部分），亦未曾考虑众多系统相关的城市个体与城市个体所共同涌现的异速增长指数之间的同步变化程度（Liu et al.，2006；Liu et al.，2006；Deng，2010）。反之，既有文献虽然已经积累了诸多关于城市异速增长规律的调查（请参照本节第一部分），但是，对于决定或主导城市异速增长指数的内部相关子因素的主次顺序和同步变化程度却未曾触及，以至于目前仍无法进一步认识众多系统相关的城市个体在有机的和有组织的（Jacobs，1961）异速增长过程里所潜藏的关联性和基本机理（Batty，2008a；Lai et al.，2014；Bettencourt，2013；Partanen，2015），并因此缺乏相应的城市个体层次的规划启示与指导。

此处有两关键概念必须预先说明与厘清：①异速增长指数（allometric slope，即β）实质上即城市自组织网络中（West et al.，2011）的每个城市个体的供给变量与其对应的城市规模映像至双对数坐标（double-logarithmic coordinates）平面后，通过普通最小平方拟合所共同决定的拟合直线的斜率（如图 3-21、图 3-23、图 3-25、图 3-27）。基于此观点，将每个城市个体的供给变量在历年时刻点的起伏变动（internal dynamics）串联后（Helbing et al.，2008），本研究便视其为有效的、直接的相关子因素序列；②由众多系统相关的城市个体的供给变量所决定或主导的城市供给变量的异速增长指数，自然应视为集体生成的母系统特征或母系统行为，至于其历年时刻点的变动情形或动态变化（图 3-22、图 3-24、图 3-26、图 3-28），本研究同理设定为母系统特征序列。

基于上述设定，为弥补过去文献所未曾触及的研究议题，本节分析内容拟根据以下三个研究步骤依序展开：①简明扼要地介绍数种不同分析思路的灰色关联度模型，包括灰色累积生成关联度模型、灰色相对关联度模型以及灰色综合关联度模型；②以台湾城市供给变量里的西医师数量为例，解释"灰色累积生成关联度模型"的具体应用过程及其含意，并以台湾城市供给变量中的机车数量为例，解释"灰色相对关联度模型"的具体应用过程及其含意；③配合前述灰色累积生成关联度模型、灰色相对关联度模型以及灰色综合关联度模型，定量地分析台湾城市供给变量（如本研究内容涵盖的售电量、配水量、西医师数量、中医师数量、牙医师数量、病床数量、机车数量、汽车数量），与总体的城市供给变量的异速增长指数的同步变化程度和主次关系。此外，为精简与节约图表篇幅，后续图表内容便按照数据来源（*Urban and Regional Development Statistics*）所陈列的次序及开头英文字母来代表各台湾城市个体，下文将不再赘述（表 3-19）。

（一）灰色关联度分析模型

1. 灰色累积生成关联度分析模型

灰色关联分析的基本思路（邓聚龙，2002；刘思峰 等，2010；刘思峰 等，2013；刘思峰 等，2014）是根据构件、因素或子集的发展过程所构造的时间序列来明确与母系统特征之间的联系与发展是否密切，即相关因素子序列与系统特征母序列在所有时刻点的同步变动程度越高，或是其发展趋势越相似，则相应的关联程度就越大，反之就越小。本研究拟应用灰色累积生成技术对系统特征母序列与相关因素子序列进行数据预处理，使累积生成处理后的相关因素子序列和系统特征母序列所蕴藏的积分特性或规律能够被充分地揭示（曾波 等，2013），进而完善及优化经典邓氏灰色关联模型。如式 3-16、式 3-17，其中，$X_0^{(1)}(k)$ 为经过一次累

台湾城市个体单元的次序与代号对照表　　　　　　　表3-19

代号	英文名	城市个体	代号	英文名	城市个体
01T	Taipei City	台北市	12N	Nantou C.	南投县
02K	Keelung City	基隆市	13Y	Yunlin C.	云林县
03H	Hsinchu City	新竹市	14K	Kaohsiung City	高雄市
04T	Taipei C.	台北县	15T	Tainan City	台南市
05T	Taoyuan C.	桃园县	16C	Chiayi City	嘉义市
06H	Hsinchu C.	新竹县	17C	Chiayi C.	嘉义县
07Y	Yilan C.	宜兰县	18T	Tainan C.	台南县
08T	Taichung City	台中市	19K	Kaohsiung C.	高雄县
09M	Miaoli C	苗栗县	20P	Pingtung C.	屏东县
10T	Taichung C.	台中县	21H	Hualien C.	花莲县
11C	Changhua C.	彰化县	22T	Taitung C.	台东县

积生成的系统特征母序列，$X_i^{(1)}(k)$ 为经过一次累加生成的相关因素子序列，ξ 则为分辨系数，其默认值通常设为 0.5，而本节的设定亦然。

$$\Gamma[x_0^{(1)}(k), x_i^{(1)}(k)] = \frac{\min_i \min_k \left|x_0^{(1)}(k) - x_i^{(1)}(k)\right| + \xi \max_i \max_k \left|x_0^{(1)}(k) - x_i^{(1)}(k)\right|}{\left|x_0^{(1)}(k) - x_i^{(1)}(k)\right| + \xi \max_i \max_k \left|x_0^{(1)}(k) - x_i^{(1)}(k)\right|} \tag{3-16}$$

$$\Gamma(x_0, x_i) = \left(\frac{1}{n}\right)\left\{\sum_{k=1}^{n} \Gamma[x_0^{(1)}(k), x_i^{(1)}(k)]\right\} \tag{3-17}$$

2. 灰色相对关联度分析模型

灰色关联度的分析途径，除了通过累积生成及无量纲化处理后的灰生成序列（曾波 等，2013）去判定相关因素子序列与系统特征母序列的关联性之外，亦可应用基于相对于起始点的变化速率的灰色相对关联度分析模型（刘思峰 等，2013；刘思峰 等，2013）加以衡量。根据该模型定义，相关子序列经起始点零化后所获取的变化速率以及系统特征母序列经起始点零化后所获取的变化速率，若二者越贴近（式 3-18~ 式 3-20），则其灰色相对关联度便就越大，反之就越小（式 3-21）。其中，$x'^0_0(k)$ 为经过起始点零化的系统特征母序列，$x'^0_0(n)$ 为经过起始点零化的系统特征母序列中的最末个元素值，$x'^0_i(k)$ 为经过起始点零化的相关因素子序列，$x'^0_i(n)$ 则为经过起始点零化的相关因素子序列中的最末个元素值。

$$|S'_0| = \left|\sum_{k=2}^{n-1} x'^0_0(k) + \frac{1}{2} x'^0_0(n)\right| \tag{3-18}$$

$$\left|S'_{i}\right| = \left|\sum_{k=2}^{n-1} x'^{0}_{i}(k) + \frac{1}{2} x'^{0}_{i}(n)\right| \tag{3-19}$$

$$\left|S'_{i} - S'_{0}\right| = \left|\left(\sum_{k=2}^{n-1} x'^{0}_{i}(k) - x'^{0}_{0}(k)\right) + \frac{1}{2}\left(x'^{0}_{i}(n) - x'^{0}_{0}(n)\right)\right| \tag{3-20}$$

$$\Phi(x_{0}, x_{i}) = \frac{1 + \left|S'_{0}\right| + \left|S'_{i}\right|}{1 + \left|S'_{0}\right| + \left|S'_{i}\right| + \left|S'_{i} - S'_{0}\right|} \tag{3-21}$$

3. 灰色综合关联度分析模型

为更全面、更合理地表征序列之间的联系、发展或者关联强弱，本研究拟先求取灰色累加生成关联度（给定为 Γ）以及灰色相对关联度（给定为 Φ）之后，再联合定义为灰色综合关联度（synthetic degree of grey incidence）（给定为 Ω）。其中，θ 值可视需求或侧重适当地调整，而本节按照一般设定，给定 θ 值为 0.5，下内文将不再复述。

$$\Omega(x_{0}, x_{i}) = \theta \cdot \Gamma(x_{0}, x_{i}) + (1-\theta) \cdot \Phi(x_{0}, x_{i}) \tag{3-22}$$

（二）灰色关联度分析模型释例

1. 灰色累积生成关联度分析模型释例

前文介绍的基于一次累积生成的灰色关联分析模型（参照式3-16、式3-17），若以台湾城市供给变量中的西医师数量为例，则其具体应用过程和含意可解读如下：①如本节前言所述，先将台湾城市个体单元的西医师数量在研究期间内的发展情形串联后，设定为各个相关子序列，并将已掌握的集体层次的西医师数量的异速增长指数的历年动态变化，设定为系统特征母序列；②通过累积生成技术，把该相关子序列的分段连续折线转换为相对平滑的曲线或直线，令表象复杂的原始数据所蕴藏的发展态势能够被充分地揭示（图3-29左侧组图）；③加入同样经累积生成处理的系统母序列之后，同时对母序列及子序列实行初值化处理，以消除序列的量

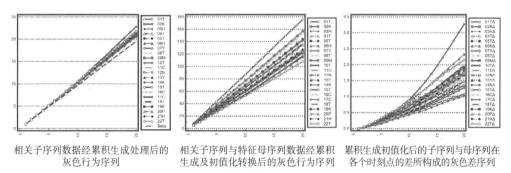

相关子序列数据经累积生成处理后的　　相关子序列与特征母序列数据经累积　　累积生成初值化后的子序列与母序列在
　　　　　灰色行为序列　　　　　　　　生成及初值化转换后的灰色行为序列　　　各个时刻点的差所构成的灰色差序列

图3-29　西医师数量的灰色行为序列示意图

纲和数量级并使其具备可比性（图3-29置中组图）；④数据信息处理结果经由可视化后，便如图3-29右侧组图所示，例如其中可见高雄市（对应线段14KΔ）、台北市（对应线段01TΔ）的西医师供给量和集体层次的西医师供给量的异速增长指数，在大部分的序列时刻点的差异为最小，即同步变化程度应为最高；⑤累积生成初值化后的子序列与母序列在各个时刻点的差所构成的差序列，经可视化后，仅供作重点突显或辅助对照子序列与母序列彼此间的同步变化程度，至于实际精确的灰色关联度与关联排序，仍必须依靠前述灰色关联模型提供定量、整体的分析和比较。

2.灰色相对关联度分析模型释例

相类似地，前文介绍的基于起始点变化速率的灰色相对关联分析模型（参照式3-18~式3-21），若以台湾城市供给变量中的机车数量为例，则其具体应用过程和含意亦可解读如下：①如本节前言所述，先将台湾城市个体单元的机车数量在研究期间内的发展情形串联后，设定为各个子相关序列，并将已掌握的台湾城市机车数量的异速增长指数的历年动态变化，设定为系统特征母序列；②进行初值化转换，以消除序列的量纲和数量级（图3-30左侧组图），再借由起始点零化技术处理已初值化的子序列与母序列，继而获取其相对于起始点的变化速率（图3-30置中组图）；③数据信息处理结果经由可视化后，便如图3-30右侧组图所示，例如其中可见台北县（对应线段04TΔ）、基隆市（对应线段02KΔ）的机车供给量和集体层次的机车供给量的异速增长指数，在大部分的序列时刻点的差异为最小，即同步变化程度应为最高；④起始点零化后的子序列与母序列在各个时刻点的差所构成的差序列，经由可视化之后，仅供作重点突显或辅助对照子序列与母序列彼此间的同步变化程度，而实际精确的灰色关联度与关联排序，仍必须依靠前述灰色关联模型提供定量、整体的分析和比较。

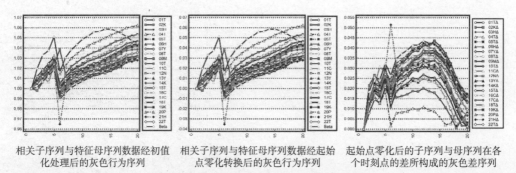

相关子序列与特征母序列数据经初值化处理后的灰色行为序列　　相关子序列与特征母序列数据经起始点零化转换后的灰色行为序列　　起始点零化后的子序列与母序列在各个时刻点的差所构成的灰色差序列

图3-30　机车数量的灰色行为序列示意图

（三）城市供给网络的异速增长规律的灰色关联度分析

1. 城市能源供给次系统——全年售电量、自来水总配水量

本研究运用灰色关联分析模型对各个城市个体单元进行分析排序的第一个结果，涉及表征台湾城市能源供给系统的映像量——全年售电量（annual consumption of electricity）。该分析结果表明（图3-31）：台北市、高雄市、台南市、屏东县、台北县对集体层次的全年售电量的异速增长现象的灰关联度最高（同步变化程度最高），灰关联度居次的城市个体单元依序为嘉义市、彰化县、宜兰县、台南县、高雄县，灰关联度较微弱（同步变化程度最低）的城市个体单元则为南投县、台中县、新竹市、桃园县、新竹县（表3-20）。

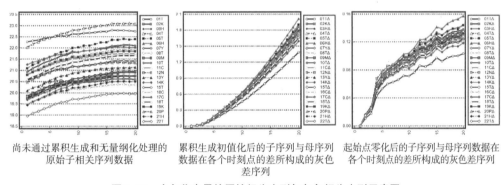

尚未通过累积生成和无量纲化处理的原始子相关序列数据　　累积生成初值化后的子序列与母序列数据在各个时刻点的差所构成的灰色差序列　　起始点零化后的子序列与母序列数据在各个时刻点的差所构成的灰色差序列

图3-31　全年售电量的原始行为序列与灰色行为序列示意图

城市个体对集体层次的异速增长现象的灰关联排序——全年售电量　　表3-20

	01T	02K	03H	04T	05T	06H	07Y	08T	09M	10T	11C	12N	13Y	14K	15T	16C	17C	18T	19K	20P	21H	22T
$\Gamma 1_{rank}$	1	14	18	4	21	22	8	13	12	20	7	19	15	2	3	5	11	9	10	6	17	16
$\Phi 1_{rank}$	1	9	20	7	21	22	8	14	16	19	6	10	15	2	3	5	13	12	11	4	18	17
$\Omega 1_{rank}$	1	11	20	5	21	22	8	14	13	19	7	18	15	2	3	6	12	9	10	4	17	16

本研究运用灰色关联分析模型对各个城市个体单元进行分析排序的第二个结果，涉及表征台湾城市能源供给系统的映像量——自来水总配水量（total water supply）。该分析结果表明（图3-32）：台北市、台南市、云林县、嘉义市、南投县对集体层次的自来水总配水量的异速增长现象的灰关联度最高（同步变化程度最高），灰关联度居次的城市个体单元依序为彰化县、台中市、台北县、台东县、宜兰县，灰关联度较微弱（同步变化程度最低）的城市个体单元则为新竹市、桃园县、苗栗县、高雄县、新竹县（表3-21）。

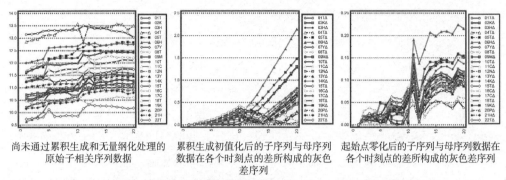

尚未通过累积生成和无量纲化处理的
原始子相关序列数据

累积生成初值化后的子序列与母序列
数据在各个时刻点的差所构成的灰色
差序列

起始点零化后的子序列与母序列数据在
各个时刻点的差所构成的灰色差序列

图3-32　自来水总配水量的原始行为序列与灰色行为序列示意图

城市个体对集体层次的异速增长现象的灰关联排序——自来水总配水量　表3-21

	01T	02K	03H	04T	05T	06H	07Y	08T	09M	10T	11C	12N	13Y	14K	15T	16C	17C	18T	19K	20P	21H	22T
$\Gamma 2_{rank}$	3	17	16	4	19	22	6	1	20	12	5	2	7	13	11	18	8	10	21	14	15	9
$\Phi 2_{rank}$	1	15	17	9	19	22	8	10	20	14	7	5	4	18	3	2	12	11	21	16	13	6
$\Omega 2_{rank}$	1	15	18	8	19	22	10	7	20	13	6	5	3	17	2	4	12	11	21	16	14	9

2. 城市医疗供给次系统——西医师数量、中医师数量、牙医师数量、病床数量

本研究运用灰色关联分析模型对各个城市个体单元进行分析排序的第三个结果，涉及表征台湾城市医疗供给系统的映像量——西医师数量（number of physicians）。该分析结果表明（图3-33）：高雄市、台北市、基隆市、宜兰县、台北县对集体层次的西医师数量的异速增长现象的灰关联度最高（同步变化程度最高），灰关联度居次的城市个体单元依序为台中市、台南市、花莲县、彰化县、新竹市，灰关联度较微弱（同步变化程度最低）的城市个体单元则为云林县、南投县、新竹县、台东县、嘉义县（表3-22）。

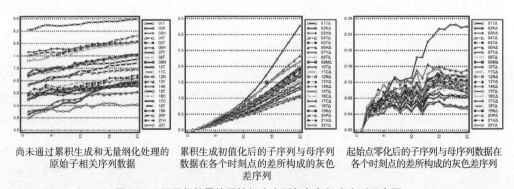

尚未通过累积生成和无量纲化处理的
原始子相关序列数据

累积生成初值化后的子序列与母序列
数据在各个时刻点的差所构成的灰色
差序列

起始点零化后的子序列与母序列数据在
各个时刻点的差所构成的灰色差序列

图3-33　西医师数量的原始行为序列与灰色行为序列示意图

城市个体对集体层次的异速增长现象的灰关联排序——西医师数量　　表3-22

	01T	02K	03H	04T	05T	06H	07Y	08T	09M	10T	11C	12N	13Y	14K	15T	16C	17C	18T	19K	20P	21H	22T
$\Gamma 3_{rank}$	2	3	11	4	10	20	5	6	13	17	8	19	18	1	7	12	22	16	15	14	9	21
$\Phi 3_{rank}$	2	3	10	5	14	21	4	7	9	18	11	16	15	1	6	12	22	19	17	13	8	20
$\Omega 3_{rank}$	2	3	10	5	11	20	4	6	12	17	9	19	18	1	7	22	16	15	14	8	21

本研究运用灰色关联分析模型对各个城市个体单元进行分析排序的第四个结果，涉及表征台湾城市医疗供给系统的映像量——中医师数量（number of herb doctors）。该分析结果表明（图3-34）：台北县、台中县、花莲县、台南县、嘉义市对集体层次的中医师数量的异速增长现象的灰关联度最高（同步变化程度最高），灰关联度居次的城市个体单元依序为屏东县、嘉义县、高雄县、台中市、彰化县，灰关联度较微弱（同步变化程度最低）的城市个体单元则为南投县、台北县、新竹市、基隆市、台东县（表3-23）。

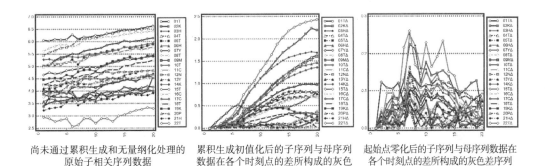

尚未通过累积生成和无量纲化处理的　　累积生成初值化后的子序列与母序列　　起始点零化后的子序列与母序列数据在
原始子相关序列数据　　　　　　　　数据在各个时刻点的差所构成的灰色　　各个时刻点的差所构成的灰色差序列
　　　　　　　　　　　　　　　　　　　　差序列

图3-34　中医师数量的原始行为序列与灰色行为序列示意图

城市个体对集体层次的异速增长现象的灰关联排序——中医师数量　　表3-23

	01T	02K	03H	04T	05T	06H	07Y	08T	09M	10T	11C	12N	13Y	14K	15T	16C	17C	18T	19K	20P	21H	22T
$\Gamma 4_{rank}$	19	21	20	2	11	17	14	9	15	1	10	18	13	16	12	4	7	6	8	5	3	22
$\Phi 4_{rank}$	19	21	20	2	11	17	9	12	15	3	10	18	13	16	14	7	8	1	5	6	4	22
$\Omega 4_{rank}$	19	21	20	1	11	17	12	9	15	2	10	18	13	16	14	7	4	8	6	3	22

本研究运用灰色关联分析模型对各个城市个体单元进行分析排序的第五个结果，涉及表征台湾城市医疗供给系统的映像量——牙医师数量（number of dentists）。该分析结果表明（图3-35）：台北市、基隆市、高雄市、新竹市、台

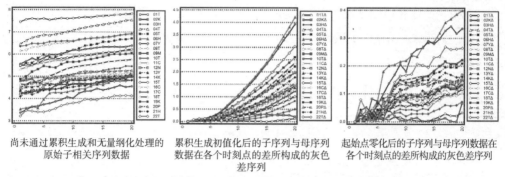

尚未通过累积生成和无量纲化处理的原始子相关序列数据　　累积生成初值化后的子序列与母序列数据在各个时刻点的差所构成的灰色差序列　　起始点零化后的子序列与母序列数据在各个时刻点的差所构成的灰色差序列

图3-35　牙医师数量的原始行为序列与灰色行为序列示意图

中市对集体层次的牙医师数量的异速增长现象的灰关联度最高（同步变化程度最高），灰关联度居次的城市个体单元依序为台南市、苗栗县、嘉义市、云林县、宜兰县，灰关联度较微弱（同步变化程度最低）的城市个体单元则为台南县、高雄县、台东县、嘉义县、新竹县（表3-24）。

城市个体对集体层次的异速增长现象的灰关联排序——牙医师数量　　表3-24

	01T	02K	03H	04T	05T	06H	07Y	08T	09M	10T	11C	12N	13Y	14K	15T	16C	17C	18T	19K	20P	21H	22T
$\Gamma 5_{rank}$	1	4	3	12	17	22	10	6	7	13	11	15	9	2	5	8	21	16	19	18	14	20
$\Phi 5_{rank}$	1	2	4	12	17	22	10	5	7	11	13	15	9	3	6	8	21	18	19	16	14	20
$\Omega 5_{rank}$	1	2	4	12	17	22	10	5	7	13	11	15	9	3	6	8	21	18	19	16	14	20

本研究运用灰色关联分析模型对各个城市个体单元进行分析排序的第六个结果，涉及表征台湾城市医疗供给系统的映像量——病床数量（number of hospital beds）。该分析结果表明（图3-36）：花莲县、南投县、台北县、台北市、高雄市对集体层次的病床数量的异速增长现象的灰关联度最高（同步变化程度最高），灰

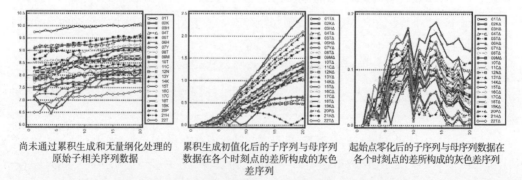

尚未通过累积生成和无量纲化处理的原始子相关序列数据　　累积生成初值化后的子序列与母序列数据在各个时刻点的差所构成的灰色差序列　　起始点零化后的子序列与母序列数据在各个时刻点的差所构成的灰色差序列

图3-36　病床数量的原始行为序列与灰色行为序列示意图

关联度居次的城市个体单元依序为台南县、台中市、嘉义县、新竹县、台南市，灰关联度较微弱（同步变化程度最低）的城市个体单元则为桃园县、屏东县、云林县、台东县、台中县（表3-25）。

城市个体对集体层次的异速增长现象的灰关联排序——病床数量　　表3-25

	01T	02K	03H	04T	05T	06H	07Y	08T	09M	10T	11C	12N	13Y	14K	15T	16C	17C	18T	19K	20P	21H	22T
$\Gamma 6_{rank}$	5	11	16	3	18	9	13	8	17	22	14	2	20	4	10	15	6	7	12	19	1	21
$\Phi 6_{rank}$	4	7	17	3	18	10	11	8	15	22	16	2	20	5	6	12	14	9	13	19	1	21
$\Omega 6_{rank}$	4	11	17	3	18	9	7	16	22	15	2	20	5	10	14	8	6	12	19	1	21	

3. 城市交通供给次系统——机车数量、汽车数量

本研究运用灰色关联分析模型对各个城市个体单元进行分析排序的第七个结果，涉及表征台湾城市交通供给系统的映像量——机车数量（number of motorcycles）。该分析结果表明（图3-37）：台北县、基隆市、桃园县、台中县、台中市对集体层次的机车数量的异速增长现象的灰关联度最高（同步变化程度最高），灰关联度居次的城市个体单元依序为台南市、台北市、新竹市、高雄县、高雄市，灰关联度较微弱（同步变化程度最低）的城市个体单元则为彰化县、苗栗县、南投县、花莲县、台南县（表3-26）。

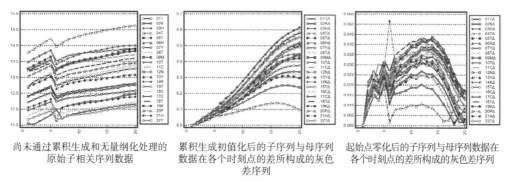

尚未通过累积生成和无量纲化处理的原始子相关序列数据　　累积生成初值化后的子序列与母序列数据在各个时刻点的差所构成的灰色差序列　　起始点零化后的子序列与母序列数据在各个时刻点的差所构成的灰色差序列

图3-37　机车数量的原始行为序列与灰色行为序列示意图

城市个体对集体层次的异速增长现象的灰关联排序——机车数量　　表3-26

	01T	02K	03H	04T	05T	06H	07Y	08T	09M	10T	11C	12N	13Y	14K	15T	16C	17C	18T	19K	20P	21H	22T
$\Gamma 7_{rank}$	7	2	9	1	3	15	13	6	18	4	19	20	14	10	5	12	11	22	8	17	21	16
$\Phi 7_{rank}$	10	2	7	1	3	11	16	4	19	5	17	20	15	9	6	14	21	8	18	22	13	
$\Omega 7_{rank}$	7	2	8	1	3	11	16	5	19	4	18	20	15	10	6	13	12	22	9	17	21	14

本研究运用灰色关联分析模型对各个城市个体单元进行分析排序的第八个结果，涉及表征台湾城市交通供给系统的映像量——汽车数量（number of automobiles）。该分析结果表明（图3-38）：台北市、高雄市、台北县、台南市、台中市对集体层次的汽车数量的异速增长现象的灰关联度最高（同步变化程度最高），灰关联度居次的城市个体单元依序为彰化县、台中县、桃园县、嘉义市、新竹市，灰关联度较微弱（同步变化程度最低）的城市个体单元则为基隆市、宜兰县、嘉义县、花莲县、台东县（表3-27）。

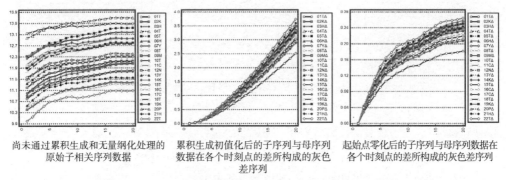

| 尚未通过累积生成和无量纲化处理的原始子相关序列数据 | 累积生成初值化后的子序列与母序列数据在各个时刻点的差所构成的灰色差序列 | 起始点零化后的子序列与母序列数据在各个时刻点的差所构成的灰色差序列 |

图3-38 汽车数量的原始行为序列与灰色行为序列示意图

城市个体对集体层次的异速增长现象的灰关联排序——汽车数量　　表3-27

	01T	02K	03H	04T	05T	06H	07Y	08T	09M	10T	11C	12N	13Y	14K	15T	16C	17C	18T	19K	20P	21H	22T
$\Gamma 8_{rank}$	1	18	9	3	6	17	19	5	14	8	7	12	15	2	4	10	20	13	11	16	21	22
$\Phi 8_{rank}$	1	18	11	3	9	19	17	5	15	7	6	12	16	2	4	8	20	13	10	14	21	22
$\Omega 8_{rank}$	1	18	10	3	8	17	19	5	14	7	6	12	15	2	4	9	20	13	11	16	21	22

四、综合讨论

（一）台湾城市供给网络的异速增长规律

根据已掌握和受检测的台湾城市供给次系统或城市供给变量（请参照本节第二部分）综合而论：①城市供给变量里的售电量（$\beta \in [1.08, 1.18]$）、配水量（$\beta \in [1.08, 1.24]$）、西医师数量（$\beta \in [1.02, 1.06]$）、中医师数量（$\beta \in [1.00, 1.19]$）、牙医师数量（$\beta \in [1.18, 1.25]$），皆是随城市规模越大，其人均度量就越高（agglomeration diseconomies）（Samet，2013）；②城市供给变量里的病床数量（$\beta \in [0.77, 0.86]$）、机车数量（$\beta \in [0.90, 0.95]$），却是随城市规模的增长反倒节约其人均度量（agglomeration economies）（Samet，2013）。

　　按照本节第二部分中城市供给网络的异速增长规律的分析结果，与过去相关研究议题进行呼应，可对既有文献作进一步补充。①在满足良好拟合配适度的前提下，台湾的城市规模一旦扩大或增长，则其所伴随的供给次系统或供给变量（如本研究内容所涵盖的售电量、配水量、西医师数量、中医师数量、牙医师数量、病床数量、机车数量等），几乎皆是非线性的异速增长（super-linear scaling，sub-linear scaling），而非传统规划和实务所预期或认知的线性增长（Barenblatt，2003；Bettencourt et al.，2010），并与其他国家或城市体系的经验研究所揭示的非线性的幂次增长特性相符（Bettencourt et al.，2007）。若再从城市供给次系统的异速增长指数在不同年度时刻点的纵断面变化来看（图3-22、图3-24、图3-26、图3-28），可更清楚地确认城市发展历程中展现的等速增长状态（linear scaling），应仅是所有异速增长状态里极为少数的特例（可对照Kühnert et al.，2006）；②城市供给次系统的异速增长指数除了会随时间推进而变化，其动态变化的数值区间也不一定严格受限于异速或等速增长关系中的任一特定类型（图3-28）。举例来说，台湾城市供给变量中的汽车数量便是随城市住居人口的增长可能更为节约（$\beta \in [0.97，0.98]$），也可能更加不经济（$\beta \in [1.02，1.15]$），但也可能等于或逼近单纯、默认的线性增长（$\beta=1$）。由此可见，既有文献（如Bettencourt et al.，2007）对于城市异速增长指数的既有分类方式（classification of scaling exponents for urban properties）或许仍过于单纯简化，而尚待更进一步的研究与讨论。

　　此外，台湾城市供给网络的异速增长规律的分析内容，尚有两个关键概念必须特别厘清和讨论。第一点，前述分析内容提及的传统认知与非传统认知，或者线性发展和非线性发展等论述，旨在凸显：①以经典牛顿力学与还原论方法为核心的传统思维着重于线性、对称、解构、可还原、静态均衡的机械化世界观（Portugali，2011）；②反观在20世纪末兴起的复杂性科学（complexity sciences）及以其为核心思维的城市发展理论（Portugali et al.，2012；Lai et al.，2014），则力图跳脱经典牛顿力学与还原论方法所统领的传统思维，乃是基于非线性发展、有组织的复杂性、动态远离均衡等更贴近于真实世界状况与反应的生物有机观。第二点，前述讨论内容所提及的较经济与较不经济两种经济特性的比较或对照，旨在强调：①城市发展规模越大，其对应的供给来源的数量或规模必然越大，但是在次线性增长的情况下，每个人所对应的或所需的份额却将更少，故较为经济。譬如本研究发现，台湾城市供给变量中的病床数量和机车数量便是随城市规模发展越大，其人均度量就越少（对照本节第二部分）。若参照过去相关文献可见（Kühnert et al.，2006；Helbing et al.，2009），汽车经销商数量、购物中心数量和综合医院数量同样也是随城市规模发展越大，其人均度量就越少，反之，随着城市规模越大，每单位汽车经销商、购物中心和综合医院所供应的或所服务的城市居住者的份额（per-capita basis）将会越多；②城市发展规模越大，其对应的供给来源的数量或规模必然越大，特别是在超线性增长的情况下，每个人所对应的或所需的份额也将更多，故较为不经济。譬如本研究发现，台湾城市供给变量中的售电量、配水量、西医师数量、中医师数量、牙医师数量便是随城市规模发展越大，其人均度量就越多（对照本节第二部分）。若参照过去相关文献可见（Kühnert et al.，2006；Helbing et al.，2009），餐馆数量和西医师数量同样也是随城市规模发展越大，其人均度量就越多，反之，随着城市规模越大，每单位餐厅或西医师所供应的或所服务的城市居住者的份额（per-capita basis）反而将会越少。

（二）台湾城市供给网络的异速增长规律的灰色关联度分析

综合基于累加生成的灰色关联分析模型、灰色相对关联分析模型与灰色综合关联分析模型的分析内容来看（参照本节第三部分）：①台北市、台北县、台南市、高雄市、台中市、嘉义市、彰化县、基隆市共计八个城市个体的供给变量在研究期间内的发展情形，对于台湾城市供给次系统的异速增长规律，大多具有明显关联（即同步变化程度相对高），但其中又依序以台北市、台北县、台南市、高雄市、台中市五个城市个体的关联程度最为突出；②桃园县、云林县、屏东县、南投县、嘉义县、苗栗县、新竹县、台东县共计八个城市个体的供给变量在研究期间内的发展情形，对于台湾城市供给次系统的异速增长规律，大多关联不明显（即同步变化程度相对低），但其中又依序以南投县、嘉义县、苗栗县、新竹县、台东县五个城市个体的关联程度最弱。

若进一步梳理前述分析结果，则可再归纳出三点既有文献对于城市供给网络的异速增长规律的基本机理（microscopic level）所未涉及的结果：①系统相关的城市个体所共同涌现的各种城市供给次系统的异速增长规律（图3-21、图3-23、图3-25、图3-27），虽已被证实和普遍接受是相近类似的（scale in a similar way）（Kühnert et al.，2006；Lobo et al.，2013；Bettencourt，2013），但系统内的相关城市个体对于这些相近类似的城市供给次系统的异速增长规律，其主次顺序或关联程度（同步变化程度）却几乎完全不同，尤其是在表征城市能源供给次系统、城市医疗供给次系统与城市交通供给次系统三种不同范畴的供给变量之间的差异时更为显著。②城市个体的人口规模大小与城市个体对于城市供给网络的异速增长规律的关联程度，两者间并没有绝对关系，譬如台北市和高雄市的年底家户数与年底人口数相对较多，但其分别与台湾城市供给变量里的中医师数量和配水量的异速增长规律的关联程度却非常弱；反之，花莲县和宜兰县的年底家户数与年底人口数相对较少，但其分别与台湾城市供给变量里的病床数量和西医师数量的异速增长规律的关联程度却非常显著。③城市个体的政治经济因素与城市个体对于城市供给网络的异速增长规律的关联程度，两者间却可能关系非常紧密。根据本节第三部分分析结果显示，过去完整 20 个连续年度时刻点的期间内（即 1991~2010 年），广泛类别的台湾城市供给次系统的异速增长规律，绝大部分与台北市、台北县、台南市、高雄市、台中市五个城市个体的城市供给变量的发展情形，有相当明显的同步变化程度。其中，台北市即现今台湾省的地方政府驻地，高雄市则毗邻台湾最重要的海运枢纽，而台北县则为台湾地区人口规模最大的城市个体并全境紧密围绕台北市，台中市则与台南市相类似，皆为区域的政治、经济以及产业的集聚中心（表 3-28）。

城市个体对城市供给系统的异速增长现象的灰色综合关联排序　　　表3-28

排序	01T	02K	03H	04T	05T	06H	07Y	08T	09M	10T	11C	12N	13Y	14K	15T	16C	17C	18T	19K	20P	21H	22T
Ω1	1	11	20	5	21	22	8	14	13	19	7	18	15	2	3	6	12	9	10	4	17	16
Ω2	1	15	18	8	19	22	10	7	20	13	6	5	3	17	2	4	12	11	21	16	14	9
Ω3	2	3	10	5	11	22	4	6	12	9	19	18	1	7	13	22	16	15	14	8	20	21
Ω4	19	21	20	1	11	17	12	9	15	2	10	18	13	16	14	5	7	4	8	6	3	22
Ω5	1	2	4	12	17	22	10	7	7	13	11	15	9	3	6	8	21	18	19	16	14	20
Ω6	4	11	22	9	18	9	13	7	15	2	20	9	5	10	14	8	6	12	19	1	3	16
Ω7	7	2	8	1	3	11	16	5	19	4	18	20	15	13	12	22	9	17	21	14		
Ω8	1	18	10	3	8	17	19	5	14	7	6	12	15	2	4	9	20	13	11	16	21	22

（三）台湾城市供给网络的异速增长规律的规划启示与指导意义

最后，本节必须着重讨论的是：过去一系列对于各个区域或国家的城市供给次系统的异速增长研究（Kühnert et al.，2006；Bettencourt et al.，2007；Bettencourt et al.，2008；Helbing et al.，2009），几乎皆专注于探究其供给变量究竟是如何随城市规模而缩放（scaling），正如瓦特林路德国际地理学奖（Vautrin Lud International Geography Prize；Lauréat Prix International de Géographie Vautrin Lud）得主麦克·贝提（Michael Batty）于国际顶尖期刊《科学》（Science）中所强调的（Batty，2013b），该系列相关文献及其分析模式，如伯坦克特分析（Bettencourt's analysis），都旨在揭示各种城市属性是如何随着城市人口规模而变化，并有助于城市规划方向的研究。

但该系列相关文献在竭力揭示各种城市属性究竟是如何随着城市人口规模而变化之后（典型如图 3-20 所示），就未再提出任何对于规划具有启示或指导意义的结论。换句话说，既有系列文献虽然一再强调自然生物可持续性，并将城市隐喻为生物有机体（Bettencourt et al., 2007；Bettencourt，2013），然而，对于不符合可持续性的城市增长方式，却缺乏更进一步的指导。举例来说，荷兰、德国和意大利的城市供给变量里的西医师数量，由过去经验研究可知（Kühnert et al., 2006；Helbing et al., 2009），皆长期处在较不可持续或较不经济的超线性增长状态；相似地，如同本节第二部分所示，已掌握和受检测的台湾城市供给变量中，独有病床数量和机车数量可稳定维持在较可持续和较经济的次线性增长状态，而售电量、配水量、西医师数量、中医师数量、牙医师数量等众多城市供给变量，在研究期间内却始终处于较不可持续或较不经济的超线性增长状态。

因此，本研究意图基于前述异速增长分析和灰色关联分析的结果（参照本节第二、三部分），探求其关键干预点（critical intervention points）（Samet，2012），即通过动态发展过程中，与异速增长斜率（β）同步变化程度较高的关键城市个体，自下而上地（from the bottom up）引领城市自组织网络的供给次系统的异速增长斜率，趋向更为经济、更为可持续的增长方式（sub-linear scaling）。譬如，若以台湾城市供给变量中的"售电量"为例，其合理的、较佳的关键干预点可能是台北市、高雄市、台南市、屏东县、台北县（参照表 3-22）；若以台湾城市供给变量中的"配水量"为例，其合理的、较佳的关键干预点可能是台北市、台南市、云林县、嘉义市、南投县（参照表 3-23）；若以台湾城市供给变量中的西医师数量为例，其合理的、较佳的关键干预点可能是高雄市、台北市、基隆市、宜兰县、台北县（参照表 3-24）；若以台湾城市供给变量中的中医师数量为例，其合理的、较佳的关键干预点可能是台北县、台中县、花莲县、台南县、嘉义市（参照表 3-25）；若以台湾城市供给变量中的牙医师数量为例，其合理的、较佳的关键干预点可能是台北市、基隆市、高雄市、新竹市、台中市（参照表 3-26）；若以台湾城市供给变量中的病床数量为例，其合理的、较佳的关键干预点可能是花莲县、南投县、台北县、台北市、高雄市（参照表 3-27）；若以台湾城市供给变量中的机车数量为例，其合理的、较佳的关键干预点可能是台北县、基隆市、桃园县、台中县、台中市（参照表 3-28）；若以台湾城市供给变量中的汽车数量为例，其合理的、较佳的关键干预点可能是台北市、高雄市、台北县、台南市、台中市（参照表 3-29）。若由本研究所掌握的和所检测的城市供给变量综合来看，则台北市、台北县、台南市、高雄市、台中市五个城市个体，极可能就是最合理的、最佳的关键干预点（参照表 3-30）。

五、结论

　　尽管过去关于城市供给网络的异速增长规律的一系列研究已经提出并重复确认一个普遍成立的数学通用模式，以客观检测与定量预期城市发展或城市增长究竟"会如何"或"将如何"改变城市的实质环境。但在时间层面上，却仍旧忽略了异速增长规律应用于城市进化过程时所可能蕴藏的变化和轨迹，从而缺乏对于城市供给次系统的异速增长指数在连续年度时刻点的动态探查。因此，本研究利用台湾地区1991~2010年共计20个连续年度时刻点的既有统计数据集进行数据拟合与检测，尝试与过去相关议题进行呼应，并弥补这个既有文献未曾处理的研究议题。就本研究所掌握和检测的数据结果可见：①城市规模一旦扩大或增长，则其所伴随的供给次系统或供给变量几乎皆是非线性的异速增长，而非传统规划和实务所预期或认知的线性增长，并与过去其他地区相关经验研究所揭示的幂次增长特性相符；②城市供给变量或城市供给次系统的异速增长指数，皆普遍随时间推进而持续震荡波动，并非如同生物节奏般地永恒不变[①]，当然亦不存在固定的或稳定的异速增长指数；③从城市供给次系统或城市供给变量的异速增长指数在不同年度时刻点的纵断面变化来审视，可更清楚地确认其等速增长状态（isometry）仅仅是所有异速增长状态中极为少数的特例；④从城市供给次系统或城市供给变量的数据拟合配适度在不同年度时刻点的纵断面变化来审视，则可发现其逐年微幅上升的趋势，而该上升趋势即表示城市体系的异速增长特性或自组织行为趋于显著；⑤城市供给次系统或城市供给变量的异速增长指数除了随时间推进而变化，其动态变化的数值区间也不一定严格受限于异速或等速增长关系中的任一特定类型（$\beta>1$，$\beta=1$，$\beta<1$）。

　　与此同时，过去研究不仅直接略过城市供给次系统的异速增长规律的动态探查，亦未曾考虑众多系统相关的城市个体与城市个体所共同涌现的异速增长指数之间的同步变化程度，以至于目前仍无法进一步认识众多系统相关的城市个体在有机的和有组织的异速增长过程里所潜藏的主次顺序和基本机理。因此，本研究同样借由台湾地区1991~2010年共计20个连续年度时刻点的既有统计数据集，并同拟合检测时所获取的城市供给次系统的异速增长指数的历年动态变化，通过灰色关联模型执行序列比较分析，尝试弥补这个在过去文献所未曾触及的研究议题。就本研究所掌握和所分析的数据结果综合而论：①台北市、台北县、台南市、高雄市、台中市五个城市个体的供给变量在研究期间内的发展情形，对于台湾城市供给次系统的异速增长规律，大多具有明显关联；②南投县、嘉义县、苗栗县、新竹县、台东县五个城市个体的供给变量在

---

　　①　相对于克莱伯定律（Kleiber's law）或卢伯纳定律（Rubner's law）。

研究期间内的发展情形，对于台湾城市供给次系统的异速增长规律，则大多关联非常微弱。若进一步梳理上述比较分析结果的主次排序和关联程度，则可再归纳出三点过去文献对于城市供给网络的异速增长规律的基本机理所未曾涉及的发现：①系统相关的城市个体所共同涌现的各种城市供给次系统的异速增长规律，虽已被证实和普遍接受是相近类似的（scale in a similar way），但系统内的相关城市个体对于这些相近类似的城市供给次系统的异速增长规律，其主次顺序或关联程度却几乎完全不同；②城市个体的人口规模大小与城市个体对于城市供给网络的异速增长规律的关联程度，两者间并没有绝对关系；③城市个体的政治经济因素与城市个体对于城市供给网络的异速增长规律的关联程度，两者间却极可能关系非常紧密。

此外，过去一系列相关研究及其理论架构虽然再三强调自然生物可持续性，并提倡将城市个体单元和城市体系分别隐喻为生物有机体和生物有机网络，然而，对于不符合生物可持续性的城市增长方式，却缺乏更进一步的讨论。因此，本研究基于本节第二部分的异速增长分析和第三部分灰色关联分析的分析结果，探求在动态发展过程中与异速增长规律同步变化程度较高的关键城市个体，试图通过关键城市个体的供给次系统的合理发展，有效地提升整个城市体系的可持续性，进而弥补过去文献所未能提供的规划启示和指导意义。

整体而论，本研究的目的并不在于对所有的城市供给变量或其异速增长规律提供诸多条件局限下的模型建构或是强加对应后的理论诠释（Bettencourt et al., 2007; Bettencourt et al., 2008; Bettencourt, 2013），亦非仅就台湾城市异速增长现象进行分析结果汇整。而是试图：①基于较完整、较长期的统计数据集，验证过去一系列的最新研究发现和实证结果的有效性，继而检视及探讨异速增长规律应用于城市演化过程时所体现的动态变化，进一步完善及修正无法通过简单的城市个体或城市区域的聚集来解析的异速增长规律；②结合灰色关联分析方法以及由既有统计数据集和拟合数据集所构筑的灰色序列（grey sequences），深入探究城市个体单元在城市供给网络的异速增长规律中的潜在机理及关键个体，继而实现过去其他各国相关研究所普遍缺乏的城市个体层面的规划意义——通过关键城市个体的合理发展后的网络交互作用（Otto et al., 2007; West et al., 2011; Samet, 2012），自下而上地引领城市自组织网络的供给次系统的总体平均特性（macroscopic properties），趋向于更为有机、更为经济与更为可持续的增长方式。综上所述，本研究议程除可作为各种城市发展目标或城市发展策略（Frey, 1999; Bell et al., 2003）的决策基础与补充，也对促进城市个体甚至是整个城市体系的可持续性（Clark et al., 2003; Gell-Mann, 2010; West, 2010）具有极为正面、积极的指导意义。

第四章　规划行为

第一节　城市建设边界对于开发者态度的影响

摘要

本节从财产权的观点切入，针对城市建设边界（urban construction boundaries, UCBs）对于开发者的影响提出理论性的解释并提出假说，并依据展望理论（prospect theory），透过问卷实验，验证本文假说：城市建设边界的设置可能会造成界外土地的发展，而非制止城市的扩张。城市建设边界实施之后会有部分开发者向界外开发的情形发生，原因包括：财产权追求（property right capturing）、界内损失厌恶（loss aversion inside the UCBs）及界外风险追求（risk seeking outside the UCBs），使得开发者态度产生改变。本研究的发现有助于在改进相关成长管理计划、政策或法规时，将开发者态度纳入考虑。

一、前言

为防止城市的蔓延与扩张，综合性计划方法（comprehensive planning approach）已被许多城市广泛地应用来作为管理城市成长的工具，并期待引导城市成为紧密的形态（compact forms）。以美国为例，成长管理（growth management）与智能型成长（smart growth），又译为精明增长或理性增长，已发展成为控制城市蔓延的主要概念（Porter，1986；DeGrove et al.，1992；Stein，1993；Nelsonet et al.，1995；Urban Land Institute，1998；Porter et al.，2002；Szold et al.，2002；Bengston et al.，2004；Barnett，2007）。在不同的管理城市成长的方法中，城市容控政策（urban containment policy）是美国许多城市所广泛采用的，并已应用到许多国家中（Bengston et al.，2006；Couch et al.，2006；Millward，2006）。城市含容政策主要可分为三

个形式：城市增长边界（urban growth boundaries，UGBs）、城市服务边界（urban service boundaries，USBs）及绿带（greenbelts）（Pendall et al.，2002）。其中，城市成长界线是最广为人知的。

台湾地区虽然未实施城市增长边界，但以城市土地及非城市土地使用管制情形而论，实际上台湾地区城市计划界线具有城市增长边界的特性，唯其特性与其他地区城市增长边界的性质略有不同（金家禾，1997）。再以台北市为例，台北市所有用地均在城市计划范围内，并无"非城市土地"这一用地类型。而城市计划范围内的保护区及农业区性质与一般的"非城市土地"性质类似，不属于城市土地。因此，城市土地包含了所有的开发用地，也就是商业区、住宅区、工业区与公园、绿地、广场等相关公共设施区域的用地。本研究将城市土地与非城市土地之间的界限定义为城市建设边界（urban construction boundaries，UCBs），以与传统的城市增长边界加以区分，如图4-1所示。

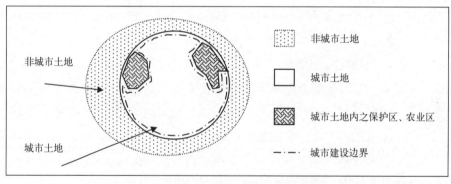

图4-1　台湾地区城市建设边界概念图

对于城市增长边界限制城市不当扩张的功能，文献中有正面的，例如真纳约（Gennaio）等（2009）以瑞士为例，从建筑密度的变化归纳出城市增长边界是可限制城市不当扩张的；且部分文献通过实证发现城市增长边界对于控制城市蔓延以及增加城市化地区密度有一定的贡献（Patterson，1999；Nelson et al.，1993；Kline et al.，1999）。但亦有持悲观态度的。例如，部分文献则认为城市增长边界的效果没有预期中的或比其他未实施城市增长边界地区对于控制城市蔓延要来得好（Richardson et al.，2001；Cox，2001；Jun，2004）。可惜的是，不论持何种论点者，都没有说明城市增长边界限制城市发展的效率好或不好的原因为何，此为本研究动机之一。另外，计划是通过信息（information）的释放来影响其他人的行为及决策，本研究亦好奇开发者面对此一城市增长边界控制工具的态度为何？因此，在假设地方政府与开发者完全理性（Knaap et al.，1998）的情况不存在的前提下，本研究尝试从财产权（property right）的观点来解释城市增长边界的影响，并从展望理论的观点，利用问卷实验，分析开发者对于城市增长边界实施的态度差异，最后则提出其政策意义的讨论以及相关建议。

二、财产权、展望理论与土地开发

城市是个体在空间中所作决策相互影响堆砌的结果。要了解城市如何演变，最基本的就是必须先知道土地开发的各个个体的行为与相互之间的互动模式。由于土地开发过程中包含多方之间相互冲突的角力，同时也很难以单一架构去定义参与者的行为特性，所以针对土地开发过程以一般模型呈现是相当困难的。举例来说，此过程可能以决策序列（decision sequences）切入，其重点在于过程中决策是如何被制定的，抑或是以产出为基础的方式（production-based approach），强调最后的结果是如何产出的（Gore et al.，1991）。

土地开发的过程通常可分为四个阶段：取得（acquisition）、核准（approval）、建造（construction）、转让（letting）。第一阶段，开发者必须寻找适合的土地来获利；第二阶段，开发者必须向政府申请必要的核准；第三阶段是建造的开始；第四阶段，最后的产品将会贩卖或出租至市场中来为开发者获取一定的利益。薛佛（Schaeffer）及霍普金斯（Hopkins）（1987）提出，在土地开发过程的每个阶段中，规划产生的信息（planning yielding information）主要是来自于环境（environments）、价值（values）与相关决策（related decisions）。而计划（plan）也就是由这一系列收集的信息所作决策所构成或修改而来的。因此，土地开发的过程其实就是由这一系列的决策而来，每个决策都会影响之后的决策，因此本研究将主要关注第一阶段，也就是土地的取得，因为土地取得的区位影响了其他阶段的开发决策，也最为重要。

财产权在土地开发的过程中扮演相当重要的角色，因此必须先加以定义。财产权是所有权者在有权限决定的情况下进行消费、获取收入或处理资产的权利（Barzel，1997）。因此，一块土地的财产权，就是可在土地上耕作、改良或交换来获利的权利。依照巴札尔（Barzel）的说法，现实的任何交易中，财产权都是不可能完整地被描绘出来的。因此，由于对于资产属性的不完整信息（incomplete information about attributes of assets），在交易过程中将产生交易成本（transaction costs）。举例来说，开发者在决定是否进行投资时，需事先收集土地区位的优势信息并付出一定的成本。这隐含着一些土地的属性信息在交易发生前可能不会被任何一方所获知，进而遗放至公众领域（public domain）。此时，各交易方便在交易时角力并努力要去攫取这样的属性信息。虽然攫取公共领域的信息将产生交易成本，但同样地也可增加未来土地开发的财产权利，而不论土地持有的形式为何。

如之前所提到的，完整地去量测土地的属性是非常耗成本的，因此，不确定性也无法完全被消除，而规划与信息收集也就需要资源的投入。规划可以给予开发者或是土地所有者额外或更多的信息，并与其收益息息相关。因此，开发者是否会投入开发，取决于开发的收益是否大于规划所产生的成本。在土地取得的过程中，假如通过规划去了解不同土地的区位属性，进而增加原本预期可从公共领域攫取的价值，纵使会增加规划成本，也是值得规划并进行开发的。

土地开发的过程，可用攫取财产权的行为进行描述。开发者是去攫取一个因不能被完全描述土地属性而遗放在公共领域中的财产权的情况下完成合约交易的。交易成本则主要发生在信息收集或为了量测土地属性或降低不确定性的规划过程中。当然，量测土地属性是需要成本的，并非所有的规划都可产生利益，而是否产生利益取决于得到的信息价值是否超过规划所付出的成本。因为不确定性不能被完全地消除，因此部分的财产权将遗放在公共领域中，获取这些财产权将发生在任何的土地开发过程中，并视规划所投入成本的多寡而定。

在开发者行为的研究上，经济学的理论体系往往是建立在相关假设的前提下进行。例如理性预期，即假定每个经济行为主体对未来事件的预期都是合乎理性的。因此，除非发生非正常的扰乱，经济行为主体可以对未来将要发生的事情作出正确的预测（汪礼国 等，2008）。在社会科学中，有关理性的定义有许多，约翰·冯诺曼（John von Neumann）及奥斯卡·摩根斯坦（Oskas Morgenstern）（1944）提出主观预期效用理论（subjective expected utility theory）后，该理论主导了社会科学对于理性内涵的定义。他们利用效用（utility）的规范性（normative）方式描述人类心理层面的现象，并用数学建构（mathematical construct）解释理性行为，当假设存在时，人类会接受预期效用最大化的理性标准。到目前为止，经济学家仍认为预期效用最大化是经济理论最重要的圭臬。但是真实世界中，人类真的会接受预期效用最大化的假设吗？心理实验发现其实不然。因此，卡尼曼（Kahneman）及特佛斯基（Tversky）（1979）提出展望理论（prospect theory），利用实验证明描述人类心理现象，并提出以日常行为取代理性行为的观点。

赛门（Simon）（1955）提出"有限理性"（bounded rationality）的概念。有限理性指的是主观上期望合理，但客观上受到限制。也就是说主观上预期达到某种目标，但实际上因追求目标时个人认知与运算能力的局限性（cognitive and computational limitation），例如个人信息不充分时，预期效用将无法达到最大化，也进一步指出人们是在追求满意（satisficing）及次佳的目标（suboptimal targets）。而此概念已被广泛地应用在土地开发者的身上（Baerwald，1981；Leung，1987）。露西（Lucy）及菲力普斯（Phillips）（2000）指出，开发者寻求满意或次佳的方案，将可能导致土地利用的无效率。尼尔森（Nelson）及邓肯（Duncan）（1995）亦指出，仅追求满意而非最佳的土地有效利用，将可能导致城市蔓延（sprawl）及蛙跳式（leapfrogging development）的发展形态发生。因此，政府努力地拟定政策，并试图降低开发的不确定性及风险，因为部分学者相信，降低不确定性及风险将有助于开发者克服有限理性，并使得土地利用效率提高（Berke et al.，2006）。

但穆罕默德（Mohamed）（2006）却认为，并没有充分的证据显示，政策降低不确定性及风险，会让开发者寻求满意而非最佳的土地利用的方式停止，并以展望理论为观点，以叙述性的方式说明开发者因为禀赋效应与损失规避（the endowment effect and loss aversion）、心理账户（mental accounting）及狭窄框架（narrow bracketing）的影响，仍会追求满意的土地利用，而非最佳的土地利用。这也产生了一个有趣的问题，政府是否在拟定政策并试图降低不确定性及风险的情况下，产生了反常的现象，不知不觉地促使城市蔓延，而非制止它？答案可能是肯定的（Mohamed，2006）。禀赋效应（Kahneman et al.，1991）指的是对于已经拥有的财富与尚未拥有的财富，在心理价值上，已拥有的财富较高。其概念上与损失规避及山姆尔森（Samuelson）及捷克豪瑟（Zeckhauser）（1988）所提出的现况偏误（status quo bias）相似，如果行为人对于财产或财富依照其认知是"获得"或"损失"的差别，将使其行为产生极大的差异。泰勒（Thaler）（1980）首先提出心理账户的概念。他认为人们会有分离获得（segregate gains）及合并损失（integrate losses）的行为产生。人们喜好将获得分开对待，对于损失则会一次综合起来看待，主要原因在于人们对损失的感受比获得来得强烈。

一般而言，展望理论可视为行为经济学的重大成果之一，亦是行为经济学的主要理论基础，因为利用展望理论可以对风险与报酬的关系进行实证分析。卡尼曼（Kahneman）及特佛斯基（Tversky）即在此一领域中进行了一系列的研究，特别针对传统经济学长期以来的理性人假设，从实证研究出发，从人的心理特质、行为特征等方面揭示影响选择行为的非理性心理因素，即将心理学的因素应用在经济学当中，特别是人们在不确定情况下所作的判断与决策方面，有其独到的见解与特殊的贡献（谢明瑞，2007）。

依照巴札尔（Barzel）（1997）的说法，人们将利用限制条件下所能采取的成本最低的方式来获取由管制而遗放在公共领域的价值，即当财产权产生影响时，人们将调整并采取适当的行为进行应对。对于城市建设边界政策所产生的对于开发者态度的改变，目前亦无法从文献中得知。另外，从上面文献上来看，对于城市建设边界，不论持何种论点者，可惜都没有说明城市建设边界限制城市发展的效率高或不高的原因为何。因此，本研究从财产权的观点出发，关注在土地开发过程中的第一阶段，也就是土地的取得，来解释城市建设边界的影响。并以展望理论的观点进行问卷调查，了解开发者行为及态度上于城市建设边界实施前后有何改变，以支持由财产权观点所作出的解释。

三、城市建设边界的财产权解释

如果在一个有许多可开发土地的城市中有城市建设边界的限制，应该如何从财产权的观点来解释土地开发过程中开发者的行为呢？假设一开始所有的可开发土地都是合法的，而土地价值由市场机制所决定，在此假设之中，城市建设边界会限制所有的土地开发于此界限之内，那开发者会作出什么样的反应呢？以图4-2为例，一开始的土地需求与供给曲线为D及S，土地是开发过程中的中间产物（intermediate good）而非最终产物（final good）。在土地开发过程中，开发者是站在需求的一方，土地所有者则是站在供给的一方。土地交易市场的均衡价格为 $P*$，均衡交易量为 $Q*$。假设新的土地控制政策城市增长边界限制了 Q_C（在均衡的 $Q*$ 之下）的土地开发，依照相关文献（金家禾，1997；Phillips et al.，2000；Cho et al.，2003；Cho et al.，2008），将间接地造成土地价格上涨至 P_C。

此时，供给曲线将调整为 bcd，与欧苏利文（O'Sullivan）（2007）针对建筑

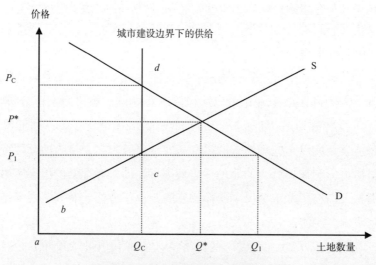

图4-2　城市建设边界下的土地供需影响图

许可限制对于市场供需影响的分析相似。从需求者来看，土地的单位需求价格将从 $P*$ 上升至 P_C，从供给者来看，愿意出售的土地价格则是从 $P*$ 下降到 P_1，因需求价格高于供给价格且由于需求的增加，故最后均衡价格会落在 P_C。但因交易过程中产生了 P_C 与 P_1 之间的差异，由于 $P_C \times Q_C$ 为开发者为了交易所付的总额，而梯形 $abcQ_C$ 则为土地所有者愿意出售土地的金额，其两者的差异（即梯形 $bcdP_C$）则会遗放（dissipate）在公共领域（public domain）之中而无法确定，但最后仍会经由市场机制由土地所有者获得。

依巴札尔（Barzel）（1997）所言，任何产品在供给量限制下，例如造成排队或等待的情形，皆非经济学家所认知产品本身产量的不足，而是由于消费者期望攫取公共领域下财产权最大化所造成。同时，人们将利用限制条件下所能采取的成本最低的方式来获取由管制而遗放在公共领域的价值，即当财产权产生影响时，人们将调整并采取适当的行为以应对，如同 20 世纪 70 年代石油危机时加油站改变经营策略的情形。这意味着在土地开发过程中，因为土地价格上涨以及供给限制将使得开发者愿意承担风险去城市建设边界外寻找成本较低的土地，以攫取流入公共领域中的财产权。另外，依照前述穆罕默德（Mohamed）（2006）从展望理论解析开发者行为，认为政府在拟定政策并试图降低不确定性及风险的情况下产生了反常的现象，不知不觉地促使城市蔓延，而非制止它。因此，基于上述分析，此处提出本研究的基本假说：城市建设边界的设置可能反而会造成界外土地的发展，而非制止它。

四、研究设计

仅从上述的分析与解释仍无法完全了解开发者真实行为或态度的反应，因此仍须通过问卷设计，就城市建设边界划设后的开发态度差异，依据财产权解释及展望理论观点进行调查。理论上，为真实地呈现开发者的态度，问卷应以实际从事土地开发者为对象。但由于城市建设边界外开发与城市成长管理方向有悖，致使开发者不容易于问卷中真实或正确地表达其于城市建设边界开发的可能，并且开发者的背景差异极大，不易获得收敛的结果，因此本研究主要针对两种对象进行问卷调查。第一种为实际从事城市规划的公共部门人员，主要由于公共部门人员对于城市计划及城市成长管理皆有一定的实务经验及认识，原则上或理论上应该多数人都会认为城市建设边界应可有效抑制城市建设边界外的发展，若能通过问卷得到与假说相同的结果将更具说服力。第二种为城市规划或房地产开发相关学科院系中高年级的学生，主要由于该类学生具有城市规划的相关背景，虽无实际从事开发的经验，但因背景一致，反而更单纯，不易被其他因素干扰，进而较真实地呈现态度的改变。

本研究针对第一种公共部门人员，将以台北市政府都市发展局及新北市政府城乡发展局为受测对象。第二种则以台北大学不动产与城乡环境规划学系大学部三年级学生为对象。本研究共发出问卷 130 份，依照中央极限定理（Central Limit Theorem，CLT），当样本数很大（$n \geqslant 30$）时，不论母群体是何种几率分配，样本平均数的抽样分配都为近似常态分配（方世荣，2002）。因此本研究发送问卷中包括台北市政府都市发展局及新北市政府城乡发展局各 40 份，台北大学不动产与城乡环境规划学系 50 份。

为确保受测者皆能清楚地了解问卷的内涵及相关名词，问卷中针对相关名词及城市建设边界内、外的情境差异定义并说明如下。

①城市增长边界（urban growth boundaries，UGBs）：城市容控政策（urban containment policy）（亦有学者翻译为城市围堵政策）下的一种形式，借由划设城市增长界线管理城市成长，并期待引导城市成为紧密的形态（compact forms）。在台湾地区，城市发展用地与非城市发展用地的界线——城市建设边界（urban construction boundaries，UCBs）即相当接近于城市增长界线的概念。

②"界内"：城市建设界线内部，即城市发展用地，包括住宅区、商业区、工业区等建设用地。

③"界外"：城市建设界线外部，即非城市发展用地，包括城市计划区内的农业区、保护区及区域计划的非城市土地。

④不确定性与风险：土地取得阶段皆存在不确定性，可用几率来表示并称之为风险。

⑤预期利润：开发者事前评估取得土地，并扣除相关可能的交易成本后所预期获得的利润。

⑥实际利润：开发者事后开发土地，并扣除实际交易成本后实际获得的利润。

⑦地价：因为城市建设边界的划设造成土地供给减少，"界内"相对于"界外"而言，地价较高，相关文献皆已阐明（金家禾，1997；Phillips et al., 2000；Cho et al., 2003；Cho et al., 2008）。

⑧政府的态度：希望引导开发者于"界内"开发。这正是划设城市建设边界的主要目的。

⑨公共设施："界内"完善度高于"界外"。对于公共设施，因为鼓励于界内开发，因此政府会于界内投入较多的资源兴建或改善相关公共设施，使得资源能有效集中并更有效率。

⑩信息："界内"相对于"界外"有较多的信息。开发者可从界内的政府、其

他开发者等处获取较多信息。这也隐含着开发者知道其他开发者或竞争者在界内所能获得的信息也是较多的。

⑪ 开发强度：假设"界内"及"界外"开发强度相同。要完整地排除法规的影响有其困难度，但为比较取得土地时的态度差异，本研究假设界内外可开发强度相同，用以排除受测者将法规的差异或管制的差异纳入受测过程中。

问卷内容区分为五大类，共9题。第一类（第1题）主要测试对于本研究依据财产权所作的解释是否合理；第二类（第2、3题）测试开发者对于界内及界外土地取得的损失或获得的态度是否会有差异；第三类（第4、5题）测试开发者对于界内及界外土地取得开发心理价值的差异是否会有差异；第四类（第6、7题）测试开发者对于界内及界外土地取得是否会有参考点的差异；第五类（第8、9题）测试开发者对于划设城市建设边界前后承担风险能力是否会有差异。问卷结果利用统计软件 SPSS 12.0 进行平均数差异 t 检定、单因子变异数分析（ANOVA）及图基（Tukey）法进行事后比较分析。利用图基法进行事后比较分析在于本研究属于验证性研究。依照王保进（2012）的说明，应考虑强调统计的保守性（conservation），而图基法最为保守。

五、结果与分析

本研究共发送问卷130份，回收118份，回收率90.8%，其中有效问卷114份，约占回收问卷的96.6%（表4-1）。

问卷数统计表

表4-1

	发送问卷数	回收问卷数	有效问卷数
台北市政府都市发展局	40	32	31
新北市政府城乡发展局	40	36	35
台北大学 不动产与城乡环境规划学系	50	50	48
合计	130	118	114

1. 题1（本研究基本假说是否合理）

假设没有划设城市建设边界前，透过市场机制，市场均衡的地价是每坪（约 3.3m²）50万元新台币。当划设建设边界后，界内供给量减少且固定，界内地价依需求程度来决定。在一定供给量下，界内土地所有者愿意卖的价钱是每坪25万元新台币，但因开发者（您）需求的关系，实际成交价上涨为每坪100万元新台币。

即若您愿意买界内土地的话，将产生每坪75万元新台币的差价，并由土地所有者拿走。请问您（开发者）会不会愿意以每坪100万元新台币买界内土地，或是会向界外寻找买地价较低的土地？

□ 愿意以每坪100万元新台币买界内土地

□ 会向界外寻找买地价较低的土地

问卷统计如表4-2所示。在114份有效问卷中，选择"愿意以每坪100万元新台币买界内土地"的共计61份，约占有效问卷的54%，选择"会向界外寻找买地价较低的土地"的共计53份，约占有效问卷的46%。显示将近有一半的受测者会因划设城市建设边界后，往界外寻找土地来进行开发。

问卷题1统计表　　　　　　　　　　表4-2

	愿意以每坪100万元新台币买界内土地	会向界外寻找买地价较低的土地	小计
台北市政府都市发展局	21	10	31
新北市政府城乡发展局	13	22	35
台北大学不动产与城乡环境规划学系	27	21	48
合计	61	53	114

从统计结果发现，就全部受测者而言，城市建设边界的划设确实会产生"推力"，使得部分受测者选择往界外寻找土地，并非能完全或大部分地控制在界内发展。这也隐含着留在界内与界外发展看问题的角度可能不同，前者与本研究所提出的假说符合，从财产权获得的角度切入，后者则可能由开发利得的角度切入。另外，从表4-2可发现，台北市政府城市发展局受测者对于"会向界外寻找买地价较低的土地"的选择比例明显低于新北市政府城乡发展局及台北大学不动产与城乡环境规划学系。本研究认为主要原因是由于台北市并无非城市土地，受测者难以从实际经验中了解界内外的差异。

2.题2及题3（界内及界外态度是否有差异）

假设界内的预期利润大于界外的预期利润，界内为6000万元新台币，界外为4000万元新台币。当取得土地后发现实际利润皆为5000万元新台币，如图4-3所示。请问对于取得界内土地而言，您产生损失的感觉，以$v_内$（-1000）表示；以及对于取得界外土地而言，您产生额外获得的感觉，以$v_外$（+1000）表示，下列何种与您的感觉相同？

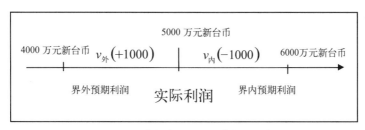

图4-3 界内损失感与界外获得感比较图

□ $v_{内}(-1000) \geqslant v_{外}(+1000)$，即界内损失感强于或等于界外获得感。

□ $v_{内}(-1000) \leqslant v_{外}(+1000)$，即界内损失感弱于或等于界外获得感。

假设界内的预期利润小于界外的预期利润，界内为4000万元新台币，界外为6000万元新台币。当取得土地后发现实际利润皆为5000万元新台币，如图4-4所示。请问对于取得界内土地而言，您产生额外获得的感觉，以 $v_{内}(+1000)$ 表示；以及对于取得界外土地而言，您产生损失的感觉，以 $v_{外}(-1000)$ 表示，下列何种与您的感觉相同？

□ $v_{内}(+1000) \geqslant v_{外}(-1000)$，即界内获得感强于或等于界外损失感。

□ $v_{内}(+1000) \leqslant v_{外}(-1000)$，即界内获得感弱于或等于界外损失感。

图4-4 界内获得感于界外损失感比较图

在假设开发者评估"损失"（losses）或"获得"（gains）是以实际利润为参考点（reference point）的情况下，假如城市建设边界划设之后开发者对于界内及界外的态度并无不同，当开发者于题2选择"界内损失感强于或等于界外获得感"，于题3应选择"界内获得感弱于或等于界外损失感"；当开发者于题2选择"界内损失感弱于或等于界外获得感"时，于题3应选择"界内获得感强于或等于界外损失感"。

但如果城市建设边界划设之后开发者对于界内及界外之态度的不相同，则当开发者于题2选择"界内损失感强于或等于界外获得感"时，于题3则会选择"界内获得感强于或等于界外损失感"；当开发者于题2选择"界内损失感弱于或等于界外获得感"时，于题3则会选择"界内获得感弱于或等于界外损失感"。前述分析可用矩阵表4-3表示。问卷结果统计如表4-4所示。

题2及题3选择矩阵表　　　　　　　　　表4-3

题3 ＼ 题2	界内损失感强于或等于界外获得感	界内损失感弱于或等于界外获得感
界内获得感强于或等于界外损失感	界内及界外态度有差异	界内及界外态度无差异
界内获得感弱于或等于界外损失感	界内及界外态度无差异	界内及界外态度有差异

由统计表4-4中可清楚获知，当城市建设边界划设之后，开发者对于界内及界外确实产生态度不一的情形（62%＋9%）。至于界内及界外损失感及获得感的差异及其是否具有显著性，以及以实际利润为参考点是否正确，将于后续题目中予以分析。

题2及题3问卷统计表　　　　　　　　　表4-4

题3 ＼ 题2	界内损失感强于或等于界外获得感	界内损失感弱于或等于界外获得感
界内获得感强于或等于界外损失感	71（62%）	16（14%）
界内获得感弱于或等于界外损失感	17（15%）	10（9%）

3. 题4及题5（界内及界外心理价值差异）

假设损失与获得皆用0~100的数字来代表。数字越小表示损失或获得的感觉越弱，反之越强。例如，$v_内(-1000)=75$，表示界内实际利润高于预期利润，且差额为1000万元新台币时产生的获得感觉为75；$v_外(-1000)=65$，表示界外实际利润低于预期利润，且差额为1000万元新台币时产生损失的感觉为65。请回答下列问题。

假设界内的预期利润等于界外的预期利润，皆为6000万元新台币。当取得土地后发现实际利润皆为5000万元新台币，如图4-5所示。请问对于取得界内土地而言，您产生损失的感觉，以$v_内(-1000)$表示；以及对于取得界外土地而言，您产生损失的感觉，以$v_外(-1000)$表示。

请问您

$v_内(-1000)=$

$v_外(-1000)=$

图4-5　界内、界外损失感比较图

假设界内的预期利润等于界外的预期利润，皆为4000万元新台币。当取得土地后发现实际利润皆为5000万元新台币，如图4-6所示。请问对于取得界内土地而言，您产生额外获得的感觉，以$v_内$（+1000）表示；以及对于取得界外土地而言，您产生额外获得的感觉，以$v_外$（+1000）表示。

图4-6　界内、界外获得感比较图

请问您

$v_内$（+1000）＝

$v_外$（+1000）＝

对于开发者心理价值，其中题4在于测试开发者对于界内及界外的"损失"感觉差异；题5则在于测试开发者对界内及界外的"获得"感觉差异。依照受测者问卷，$v_内$（-1000）平均数为71.01，标准偏差为14.802；$v_外$（-1000）平均数为59.08，标准偏差为15.206；$v_内$（+1000）平均数为64.15，标准偏差为17.168；$v_外$（+1000）平均数为70.96，标准偏差为12.425。本研究利用SPSS（12版）进行相依样本t–检定，在显著水平α=0.05下，结果如表4-5、表4-6所示。

"损失"感成对样本检定　　　　　　　　　　　表4-5

成对变数差异					t	自由度	显著性（双尾）
平均数	标准偏差	平均数的标准误差	差异的95%信赖区间				
			下界	上界			
11.930	21.734	2.036	7.897	15.963	5.861	113	0.000

<table>
<tr><th colspan="6">"获得"感成对样本检定</th><th>表4-6</th></tr>
</table>

成对变数差异					t	自由度	显著性（双尾）
平均数	标准偏差	平均数的标准误差	差异的95%信赖区间				
			下界	上界			
-6.816	18.164	1.701	-10.186	-3.445	-4.006	113	0.000

从表4-5、表4-6可知，依据问卷的结果，在以实际利润为参考点的假设下，对于"损失"感而言，开发者于界内与界外上有着显著性的差异，而且在损失的条件相同时，界内对于损失的感觉高过于界外；对于"获得"而言，开发者于界内与界外亦有着显著性的差异，且在获得的条件相同时，界外对于获得的感觉高过于界内。这也隐含着开发者于界内开发，在乎的是是否会损失，于界外开发，则在乎的是是否会获得。即开发者会有动机，即获得感的满足以及损失厌恶（loss aversion），而往界外寻找土地。开发者对于界内及界外心理价值的差异可用图4-7来表示。

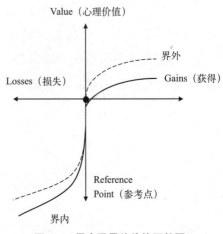

图4-7 界内及界外价值函数图

4.题6及题7（界内及界外参考点是否不同）

对于取得界内土地而言，有两种态度："达成预期利润"及"有利润就好"，请问您的态度是哪一个？

□ 有没有达成预期利润

□ 只要有利润就好

对于取得界外土地而言，有两种态度："达成预期利润"及"有利润就好"，请问您的态度是哪一个？

□ 有没有达成预期利润

□ 只要有利润就好

题2至题5皆系假设开发者是以实际利润为参考点进行测试。而题6及题7则在于测试开发者于界内及界外的参考点是否相同。依据受测结果，如表4-7所示，可知对于界内而言，主要是以预期利润为参考点，但对于界外而言，高达67%的受测者选择只要有利润就好，即表示参考点为0。换言之，对于界外而言，其价值函数图因参考点为 0，故参考点向左平移，界内及界外的价值函数图调整为如图 4-8 所示。依测试结果可知，大部分的开发者对于界外的开发会产生"获得"感，与题 4 及题 5 测试的结果相吻合，即于界外开发，在乎的是是否会获得，此时开发者产生动机，即获得感的满足以及界内开发损失厌恶（loss aversion）的情形发生，而往界外寻找土地。

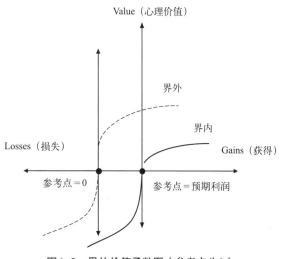

图4-8　界外价值承数图（参考点为0）

界内及界外参考点统计表 表4-7

	界内	界外
有没有达成预期利润	102（89%）	12（11%）
只要有利润就好	38（33%）	76（67%）

5. 题 8 及题 9（界内及界外承担风险能力）

若没有划设城市建设边界，即没有区分"界内"及"界外"，而取得过程中存在着不确定性及风险，请问风险在多少以下，您才会考虑去取得？

风险在＿＿％以下，我才会考虑去取得。

现在政府划设了城市建设边界，即区分"界内"及"界外"，而取得过程中存在着不确定性及风险，请问风险在多少以下，您才会考虑去取得？

"界内"风险在＿＿％以下。

"界外"风险在＿＿％以下。

题 8 及题 9 主要在于测试开发者于城市建设边界划设前后对于风险承担的能力是否有差异。测试结果显示，在没有划设城市建设边界前，开发者承担风险的能力平均为 37.7，标准偏差为 16.131；划设城市建设边界之后，对于界内而言，开发者承担风险的能力平均为 37.39，标准偏差为 17.912，界外为 41.06，标准偏差为 21.257。利用 SPSS（12 版）进行相依样本 t- 检定，在显著水平 $\alpha=0.05$ 时，城市建设边界划设前与划设后的界内比较结果如表 4-8 所示，城市建设边界划设前与划设后的界外比较结果如表 4-9 所示。

城市建设边界划设前与划设后界内承担风险能力成对样本检定　　表4-8

成对变数差异					t	自由度	显著性（双尾）
平均数	标准偏差	平均数的标准误差	差异的95%信赖区间				
			下界	上界			
0.316	14.621	1.369	-2.397	3.029	0.231	113	0.818

城市建设边界划设前与划设后界外承担风险能力成对样本检定　　表4-9

成对变数差异					t	自由度	显著性（双尾）
平均数	标准偏差	平均数的标准误差	差异的95%信赖区间				
			下界	上界			
-3.360	13.621	1.276	-5.887	-0.832	-2.633	113	0.010

依检定结果发现，城市建设边界划设前与划设后的界内承担风险能力并无显著差异，即划设后对于界内而言，开发者承担风险的能力并无显著改变。对于界外而言，依检定结果发现，城市建设边界划设前与划设后的界外承担风险能力有着显著差异，且划设后的界外承担风险能力高于划设前。这隐含着当城市建设边界划设后，开发者对于界外开发有着更大的风险容忍度，产生风险追求（risk seeking）的情形，致使增加开发者产生向界外开发的可能。

除上述就全数问卷的分析外，研究也针对题1选择"会向界外寻找买地价较低的土地"的受测者，以及不同受测团体（台北市政府都市发展局、新北市政府城乡发展局、台北大学不动产与城乡环境规划学系）进行了分析。在显著水平 $\alpha = 0.05$ 时，题1选择界外者，在题8及题9中，当划设城市建设边界后，对于界内的承担风险能力小于划设前，并有着显著差异，如表4-10所示；而对界外的承担风险能力与全部受测者所作的结果相同，大于划设前并有着显著差异。

选择界外者于城市建设边界划设前后界内承担风险能力成对样本检定　　表4-10

成对变数差异					t	自由度	显著性（双尾）
平均数	标准偏差	平均数的标准误差	差异的95%信赖区间				
			下界	上界			
7.453	12.958	1.780	3.881	11.024	4.187	52	0.010

对于选择界外者，于城市建设边界划设之后对于界内的承担风险能力显著变小，对于界外的承担风险能力显著变大，显示城市建设边界划设之后会让部分开发者更

担心界内损失感的产生，进而产生损失厌恶的情形，使得对于界外承担风险能力变大，从而使其更愿意向界外去取得土地以满足获得感。

另外，就不同受测团体所作的方差分析，如表4-11所示，发现在显著水平α=0.05时，对于划设城市建设边界后，不同受测团体仅对于界外风险的承担能力有着显著差异。进一步利用图基（Tukey）法进行事后比较，如表4-12所示。统计结果发现新北市政府城乡发展局的受测者对于划设城市建设边界后界外的风险承担能力明显高于其他两个受测团体。本研究推测可能是台北市无非城市土地，而学生则无开发实务工作经验，因此较难反映出界外开发的可能。而新北市具有非城市土地，划设城市建设边界后对于界外土地的开发较能反映出真实性。

不同受测团体方差分析　　　　　表4-11

		平方和	自由度	平均平方和	F检定	显著性
题4-1	组间	768.079	2	384.040	1.777	0.174
	组内	23990.912	111	216.134		
	总和	24758.991	113			
题4-2	组间	548.035	2	274.017	1.189	0.308
	组内	25580.255	111	230.453		
	总和	26128.289	113			
题5-1	组间	2154.528	2	1077.264	3.838	0.024
	组内	31151.937	111	280.648		
	总和	33306.465	113			
题5-2	组间	231.616	2	115.808	0.747	0.476
	组内	17212.244	111	155.065		
	总和	17443.860	113			
题8	组间	1353.596	2	676.798	2.678	0.073
	组内	28048.264	111	252.687		
	总和	29401.860	113			
题9-1	组间	683.121	2	341.561	1.066	0.348
	组内	35571.896	111	320.468		
	总和	36255.018	113			
题9-2	组间	4327.513	2	2163.756	5.139	0.007
	组内	46733.058	111	421.019		
	总和	51060.570	113			

不同受测团体对于题9-2差异Tukey法分析 表4-12

依变数	（I）组别	（J）组别	平均差异（I-J）	标准误差	显著性	95%信赖区间	
						下界	上界
题9-2	北	新北	−12.544*	5.061	0.039	−24.57	−0.52
		台北大	1.263	4.728	0.961	−9.97	12.49
	新北	北	12.544*	5.061	0.039	0.52	24.57
		台北大	13.807*	4.561	0.009	2.97	24.64
	台北大	北	−1.263	4.728	0.961	−12.49	9.97
		新北	−13.807*	4.561	0.009	−24.64	−2.97

注："北"代表台北市政府都市发展局；"新北"代表新北市政府城乡发展局；"台北大"代表台北大学不动产与城乡环境规划学系；*指在0.05水平上的平均差异很显著。

六、讨论

城市建设边界的划设最主要的目的就是希望开发者能于界内开发，但从前述问卷分析结果来看，城市建设边界划设后，并非如划设时所预测，全部或大部分都于界内开发。主要是因为实施城市建设边界之后，开发者对界内及界外开发问题认知的框架（frame）不同而导致开发态度的改变。而态度的改变产生了不同于所期待的于界内开发，部分开发者会往界外寻找土地进行开发。依照问卷结果，本研究发现城市建设边界实施之后出现部分开发者会有往界外开发的情形，原因包括以下几方面。

①财产权追求（property right capturing）：部分开发者对于遗放于公共领域的财产权不愿意由土地所有者获得，转而向界外寻找额外的土地进行开发，以避免财产权的损失。

②界内损失厌恶（loss aversion inside the UCBs）：城市建设边界划设后开发者对于界内在乎的是是否达成预期利润，致使于界内开发会产生损失厌恶的情形发生，成为向界外发展的"推力"。

③界外风险追求（risk seeking outside the UCBs）：城市建设边界划设后，由于界内损失厌恶的态度，开发者对于界外风险承担的能力提高，出现风险爱好（risk seeking）的情形，是向界外发展的"拉力"。

本研究对城市建设边界的研究发现，对于开发者而言，如能防止或降低于界内产生厌恶损失、界外风险追求的情况，将更能有效提升城市建设边界实施之后的效果。如何让开发者于界内开发时防止或降低损失厌恶的情形？本研究认为最主要的是要让开发者不要存有既得利益的感觉，即产生不必要的禀赋效果。以台北市都市设计及土地使用开发许可审议委员会审议某建设公司位于敦化南路的集合住宅为例，开发者要求委员会给予全部法规所规范可获得的容积，但依该委员会第 349 次会议记录（2012），部分委员认为：针对各基地开发量以法定容积 2 倍上限部分，是历来委员会多次讨论后的共识，且肩负城市治理及社会公平的责任，故不宜突破。这时开发商认为与其预期利润不同，财产权受到了损失并开始产生寻租行为，并进行多次协调。尚且不论最终结果为何，该过程明显使得开发者于界内开发产生损失厌恶的情形，而对于其他开发商而言，恐将重新思考是否会产生厌恶损失从而转向界外开发，当然此部分仍待后续进一步的研究。值得一提的是，造成开发商损失厌恶的情形发生最主要的原因就是相关法规对于容积奖励上限并无明确的规范，当开发者所谓依法申请，政府依公共利益进行把关时，这中间的嫌隙（gap）就自然而然地产生了。地方行政当局[①]与地方政府目前似乎都已发现此一问题。要有效解决此一问题，应当从建立明晰的游戏规则开始，并让开发者知道世上没有不劳而获的奖励，如此开发者于评估预期利润时将更为谨慎。

　　如何让开发者于界外开发时防止或降低风险追求的情形发生？本研究认为最重要的是政府对于界外管制开发所释放的信息是否能清楚地表达并通过法规的配合予以执行。举例来说，当政府对于界外开发的信息不够清楚时，开发者不会停止风险追求的行为，并通过寻租的过程，要求政府松绑界外开发的限制，以使得开发者能获取额外的财产权。以台北市为例，台北市土地使用分区管制自治条例于 2005 年将保护区农舍可开发强度从 7m 以下 2 层楼放宽至 10.5m 以下 3 层楼，这些其实都是假农舍、真豪宅。这些结果，显示政府对于开发者于界外追求风险并通过寻租过程的无力感。台北市都市计划委员会第 581 次会议记录（2008）：有关本市保护区的发展政策，市政府表示目前将不再针对保护区进行通盘检讨……以及地方行政当局对于假农舍、真豪宅的处理[②]，则显示政府已开始正视界外开发的问题。

　　另外，从部分国外的文献来看（Richardson et al.，2001；Cox，2001；Jun，2004），城市建设边界实施之后的结果确实不如预期。这也隐含着计划拟定之初，往往并未针对计划进行有效的评估，尤其是非预期效果的评估。以城市建设边界划设为例，政府拟定并实施此政策时，即期待开发者皆能于城市建设边界内寻找土地

---

　　① 台湾地区行政部门增加都市计划容积奖励上限规定，城市更新地区上限为 50%，其他地区的奖励上限为 20%，此容积奖励的总量管控机制于 2014 年 1 月 1 日起实施（台湾工商时报，2013 年 5 月 3 日）。

　　② "假农舍、真豪宅"越来越常见，有关部门表示，将与农委会及其他机关研议管理制度，同时加强违规惩处、建立退场机制，未来只有"真农夫"才能建农舍（台湾经济日报，2010 年 10 月 14 日）。

并进行开发，却殊不知划设城市建设边界的同时将产生开发者行为的改变，而此改变恰与计划目标不同。

有些计划需要通过法规来执行，例如土地开发就需通过拟定如土地使用分区管制等法规来落实，当拟订计划者无法清楚了解计划本身的效果时，将使得法规拟定过程时将计划本身的影响忽略，而最终导致法规与计划目标产生落差。另从文献上来看，对于台湾岛内计划效果评估的研究屈指可数，规划者似乎应加以检讨，作了那么多计划，但却对它们对城市发展的影响所知有限。因此，如果能对于计划的作用或影响，如计划对于开发者行为及态度的改变多所了解，对于城市规划者于法规拟定或者执行上将有正面的帮助，这也应成为未来规划研究的主题。

另外，值得一提的是，本研究主要旨在了解计划对于开发者态度改变的影响，然而除开发者之外，计划亦会对于其他相关利益团体产生影响，尤其是居民行为或态度的改变，然而计划拟定时，却往往予以有意或无意的省略或忽略。举例来说，依照台北市政府年鉴（2009）：为了以崭新的国际都会风貌迎接"2010台北国际花卉博览会"的来临，台北市政府特别研提"台北好好看系列计划"，经2009年4月1日召开记者会后正式启动。"台北好好看系列计划"共有8项系列行动计划和3项整合计划，借由整合台北市政府现有资源，综合整治、改善城市风貌最具效能项目的相关计划与引导居民参与及投入绿化工作，促进公私部门共同努力改善台北市的市容景观。

需要特别一提的是，除台北市政府以少数公共部门相关预算投入的直接工程计划外，对于私有建筑基地及建筑物部分，也会借由经费补助、容积奖励、简化行政程序及提供行政协助，带动居民广大参与意愿及投资效应，达到扩散效果，于短时间内提升台北市的国际形象，并培养市民对城市外部环境空间改善的热情。其中，所谓系列二，即"北市环境更新，减少废弃建物"计划：通过建筑物存记、容积奖励等方式，鼓励市民主动申请拆除粗陋的合法建筑物、违章建筑或杂项工作物等，将基地腾空、绿化美化或兴建停车场，提升整体景观视觉效益，提供市民休憩场所。从政策目标来看，通过基地腾空并予以绿化美化确实有助于城市景观的提升。

尚不论将容积奖励作为政策工具是否符合公平与正义，开发者付出一年半的时间维护管理绿地后，即可获得不等的容积奖励，而附近居民在此期间又可以得到一个"短暂"使用的开放空间，看起来似乎政府、开发者及居民都取得一定的利益，是个多赢的政策。然而详细分析，政策实施后的结果并非政策拟定之初所预期的。

对于居民而言，附近短暂地增加了一个开放空间，理应持支持的态度，但毕竟开放空间是短暂的，因此，当开发者准备进行开发时其就出现了态度的改变。少了一个开放空间，居民认知的财产权将受到侵害，产生损失厌恶的情形。其主要原因在于纵使是短暂的开放空间，也已然产生了禀赋效应，这时居民就将短暂的开放空间转化成假公园、真图利建商的说法，并要求政府介入留下这些短暂的开放空间，以确保他们认为已获得的财产权。再者，系列二是通过容积奖励来促使开发商先行提供开放空间，未来开发商所获得的开发强度将较附近其他地区为高，这时居民将可能认为将对其采光、通风甚至景观造成影响，对其财产权造成损失而极力反对。这些都是政策拟定时未详予评估所产生的后遗症。

另外，一般人都将计划（plan）与法规或管制（regulation）混为一谈，其实不然。前者是意图的展现，而后者是权利的界定。计划通过信息的释放来影响其他人的行为，法规则通过警察权等强制性地影响其他人的决策选项（霍普金斯，2009）。本研究主要旨在检视城市建设边界的计划效果，但计划往往伴随着法规或管制，很难抽离出计划产生的效果，抑或是法规或管制产生的效果。因此，设计问卷上，虽尽可能将模拟情境清楚阐明，但因受测者认知，仍可能产生误差。另外，实证的结果亦无法排除管制所造成的影响。而且，问卷的受测对象，理论上应以实际从事开发工作的人员较为适当，但受限于开发者接受问卷的意愿，以及是否能客观表达其行为及态度，本研究以具有土地开发专业背景的政府机关及学校学生为受测对象。这是后续研究必须加以克服的地方。

七、结论

本研究从财产权的观点切入，针对城市建设边界对于开发者的影响提出理论性的解释，并通过问卷实验，证明本研究假说：城市建设边界可能会造成城市建设边界外土地的发展，而非制止它的存在。城市建设边界实施之后，产生部分开发者会有往界外开发的情形，原因可能是开发者对界内及界外开发问题认知的框架（frame）不同，而导致财产权追求、界内损失厌恶及界外风险追求，使得开发者态度产生改变。

本研究并非规范性（normative）的研究，后续若能在基本假说下提出评估城市建设边界效率的量化指标，并选取适当的区域或城市进行实证，将会取得更有价值的进展。

第二节 隔离效应对城市发展决策的影响

摘要

本研究拟通过城市发展决策情境以及基于展望理论所展开的一系列心理实验，检测计划制定者于计划制定过程中究竟是否亦存在隔离效应（isolation effect）；此外，本研究再延伸前述已拟定之实验设计和情境，借由几率等价法确认受测者于一系列计划制定过程中的主观预期效用评价的一致性，即检测城市规划者面对一阶段城市发展决策问题和二阶段的城市发展决策问题时的主观预期效用评价是否呈现显著性差异。最终实验结果显示：隔离效应不仅发生于单纯的个人赌局决策，亦存在于实际的城市发展决策之中。除此之外，我们进一步检测实验数据后发现，分别从一阶段城市发展决策问题和二阶段城市发展决策问题所引出的受测者主观预期效用呈现出显著性差异。

一、前言

规划是通过信息的操作来协调决策，而城市规划面对城市发展决策的四个 I 特性：①相关性（interdependence），即城市开发决策之间为相互影响；②不可分割性（indivisibility），即城市开发的增量并非是任意的；③不可逆性（irreversibility），即城市开发完成后便极难回复原貌；④不完全预见（imperfect foresight），即对于城市的未来虽可预期但仍旧充满未知（Hopkins，2001）。这四个城市发展决策特性造成城市的复杂性，而规划在面对城市复杂性时是有用的（Lai，2018）。城市规划的目的是制定相互联结的发展决策（Lai et al.，2017）。然而规划者往往将城市问题加以拆解或孤立（Jacobs，1961），并忽略决策与决策之间的关联性。这种拆解或孤立多个相互联结的决策的行为反应，是决策者倾向考虑当前单一前景的结果信息（Kahneman et al.，1993）。在既有文献中其实已累积不少的应用实例与诠释。

关于短视亏损厌恶的概念，顾名思义乃由两个关键元素构成，即短视（myopia）与损失厌恶（loss aversion）。当中，损失厌恶的核心含义即相对于利得，决策者对于损失存在非对称且更大幅度的厌恶感受（如 Tversky et al.，1991；1992），至于短视的含义可理解为对时间维度有不恰当的处理或者感知。若欲通过简单数例来表现短视亏损厌恶的概念，则可给定任一决策者持有 100 元的投资资金，而决策者考虑把这笔资金投入一个零利息的储蓄账户，抑或是一支含有风险的股票——该只股票具有二分之一的几率可能获益 200 元，同时，亦伴随二分之一的几率可能亏损 100 元。另外，给定该决策者的偏好为损失厌恶，并分别设定其效用函数为 $u(z)=z$（$z>0$）以及 $u(z)=\lambda z$（$z \leq 0$，$\lambda=2.5$），其中 z 与 λ 分别为投资组合价值的变化和损失厌恶参数。依此条件可推断决策者评估单独一期的股票投资的预期效用应为：$1/2 \times (200)+1/2 \times (-250)<0$。相类似地，沿用原条件设定，再给定该决策者持有 200 元的投资资金，以进行连续两期的股票投资，则其合并评估连续两期的股票投资的预期效用应为：$1/4 \times (400)+1/2 \times (100)+1/4 \times (-500)>0$。对照上述预期效用结果可见，当评估连续两期的股票投资时，则股票投资富有吸引力

（即决策者的预期效用为正），但若将连续两期的股票投资个别评估时，股票投资却反而丧失吸引力（即决策者的预期效用变为负），这也就是决策者受短视亏损厌恶的影响所经常引发的认知偏差。也就是说，短视的单一决策的结果不如同时考虑多个决策的结果。霍普金斯（Hopkins，2001）也尝试用土地开发的例子说明类似的概念。

丹尼尔·卡尼曼（Daniel Kahneman）与阿摩斯·特佛斯基（Amos Tversky）两位以色列实验经济学家所共同开创的展望理论（prospect theory），以及三个无法由主观预期效用理论（subjective expected utility theory，SEUT）充分描述，但却深刻影响决策个体决策选择的心理效果（Kahneman et al.，1979）。第一个心理效果即确定效应（certainty effect）。此心理效果旨在强调：相较于不确定的结果而言，决策者对于确定的结果通常会赋予较高的权重，并且会产生过度的重视。第二个心理效果即隔离效应（isolation effect）。此心理效果旨在突显：为了简化不同选项或方案之间的抉择，决策者经常会忽略选项或方案之间共有的部分，并专注于选项或方案之间差异的部分。第三个心理效果即反射效应（reflection effect）。此心理效果旨在强调：若决策者面临损失时，决策上将会出现不愿意选择确定的损失结果，而宁可选择可以避免损失的任何机会，不论这个选择是否可能造成更大的损失。

经以上回顾得见，尽管既有文献已通过诸多实验设计和应用实例，突显决策者大多仅关注当前单一前景的结果信息的系统性倾向，并试图将此系统性倾向表现为无法由预期效用理论充分描述（Rabin et al.，2001），但却普遍影响决策者的决策判断的隔离效应（Kahneman et al.，1979；Tversky et al.，1981；Kahneman et al.，1993）。然而值得深究的是，这些既有文献却鲜少正式测试隔离效应或其提出的应用实例，特别是在本节所着重的城市发展议题和城市发展领域（Mohamed，2006；Wang et al.，2014）。

与此同时，过去文献虽已揭露诸多可能引发隔离效应的潜在心理因素，譬如：①决策者过度重视具有确定性的决策信息；②决策者经常忽视与当前短期前景相联结的决策信息。但值得再商榷的是，这些既有文献却未曾深入检测当决策者面临一阶段决策框架和二阶段决策框架时，其主观预期效用评价究竟是否存在显著差异（如Lai et al.，2017）。若前述主观预期效用评价呈现显著差异，除了证实决策者的主观预期效用在一定程度上随二阶段决策框架与一阶段决策框架而变动之外，同时，亦昭示着决策者非恒定一致的主观预期效用评价（如Grabenhorst et al.，2013），很可能也是引发隔离效应及肇生优势偏好逆转现象（preference reversal phenomenon）的潜在心理因素之一。

为尝试填补既有研究缺口，本研究拟设计一份城市发展决策情境的问卷题组，通过实验室控制方式给予受测者作答，以确认计划制定过程中是否存在隔离效应。本研究基于已拟定的城市发展决策情境，借由几率等价法（probability equivalent method）（Wakker et al., 1996）确认受测者于一系列计划制定过程中的主观预期效用评价是否具一致性（Lai et al., 2017），即检测城市规划者分别面对一阶段和二阶段的城市发展决策问题时的主观预期效用评价是否呈现显著差异。全文整体架构包括第一部分之前言，共计由五个部分所组成。作者在本节第二部分，预先拟定及说明城市发展决策情境的问卷题组，并通过实验室控制方式给予受测者作答；第三部分则基于第二部分的问卷题组及其作答结果，确认城市计划制定过程中究竟是否存在隔离效应，继而进一步检测城市规划者分别面对一阶段和二阶段的城市发展决策问题时的主观预期效用评价是否存在显著差异。第四部分则将针对第二部分及第三部分的关键发现提出综合讨论和文献对话。最后，第五部分针对前述四个部分的研究发现进行最后的补充，并提供未来政策建议。

二、研究设计

（一）隔离效应的验证——基于展望理论和城市发展计划决策

本研究拟设计一份城市发展决策情境的问卷，以检视及验证规划者在计划决策过程中究竟是否存在隔离效应，进而导致不合理的、不一致的或者非理性的决策选择。而本研究问卷设计和安排的参考来源主要有二：其一是基于展望理论所展开的一系列心理实验（Kahneman et al., 1979），其二则为城市发展的四个基本特性所衍生的决策情境（Hopkins, 2001）。同时，为配合本研究问卷题组的城市发展情境，受测者除了需设想问题情境为真实发生之外，还必须对情境里的开发地区的住宅开发模式与服务该地区的基础设施容量进行考虑。此实验设计和安排的主要用意在于突显城市发展规划者在进行住宅开发决策时，很可能忽略攸关住宅开发成败的基础设施容量决策，即对于城市发展计划决策过程中究竟是否存在隔离效应的验证。另外，为更趋近真实世界状况，本研究将城市发展决策情境再细分为两种：第一种为"不考虑"开发后所可能造成的经济损失（Kahneman et al., 1979），第二种为"考虑"开发后所可能造成的经济损失（Hopkins, 2001）。如同表4-13所示，本研究问卷的两种情境下各有两组对应问题，且受测者必须就各个问题（即问题1、2、3、4）所陈述的两选项中择其一。另外，为降低学习效果所可能造成的实验偏差，本研究实验分为两次施行。第一次施行的实验问卷中，情境一设定为"不考虑"经济损失，情境二则设定为"考虑"经济损失（即

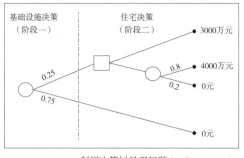

利用决策树呈现问题1、2

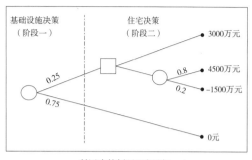

利用决策树呈现问题3、4

图4-9　利用决策树呈现实验题组

问题1、2）。第二次施行的实验问卷中，情境一设定为"考虑"经济损失，情境二则设定为"不考虑"经济损失（即问题3、4）。本节后续内容将罗列实验问卷题组的详细内容，并通过决策树（decision trees）图形辅助读者理解本研究的实验设计（图4-9）。

实验问题与实验情境对照表

表4-13

	不考虑损失的情境		考虑损失的情境
问题1	一阶段的城市发展决策问题	问题3	一阶段的城市发展决策问题
问题2	两阶段的城市发展决策问题	问题4	两阶段的城市发展决策问题

（二）实验问卷题组："不考虑"经济损失的决策情境

1.问题1

在进行某新开发地区住宅开发的模式时，其有决策A与决策B两种住宅开发模式，但只能选择一种住宅开发模式作为决策。决策A为甲住宅开发模式，有25%的开发成功几率，并可带来3000万元的经济效益；决策B为乙住宅开发模式，有20%的开发成功几率，并可带来4000万元的经济效益。

2.问题2

此城市发展决策问题将有两阶段，必须在得知阶段一的结果之前就作选择。阶段一：75%的几率政府将不会投入及兴建新的基础设施于该地区，使该地区无法进行新住宅发展，即无法进入第二阶段的选择；25%的几率政府将会投入及兴建新的基础设施于该地区，即可进入第二阶段的选择。阶段二：其有甲和乙两种住宅开发模式，决策C为甲住宅开发模式，其住宅人口不会超出基础设施的容量，并将可确定带来3000万元的经济效益；决策D为乙住宅开发模式，其住宅人口可能会超出基础设施的容量，新建基础设施将有 80% 的几率能够承载乙住宅开发模式的居住人口，并可带来 4000 万元的经济效益；而新建基础设施将有 20% 的几率无法承载乙住宅开发模式的居住人口，造成居住质量降低，其经济效益为 0。

（三）实验问卷题组："考虑"经济损失的决策情境

1. 问题 3

在进行某新开发地区住宅开发的模式时，其有决策 A 与决策 B 两种住宅开发模式，但只能选择一种住宅开发模式作为决策。决策 A 为甲住宅开发模式，有 25% 的开发成功几率，并可带来 3000 万元的经济效益；决策 B 为乙住宅开发模式，有 20% 的开发成功几率，并可带来 4000 万元的经济效益。

2. 问题 4

此城市发展决策问题将有两阶段，必须在得知阶段一的结果之前就作选择。阶段一：75% 的几率政府将不会投入及兴建新的基础设施于该地区，使该地区无法进行新住宅发展，即无法进入第二阶段的选择；25% 的几率政府将会投入及兴建新的基础设施于该地区，即可进入第二阶段的选择。阶段二：其有甲和乙两种住宅开发模式，决策 C 为甲住宅开发模式，其住宅人口不会超出基础设施的容量，并将可确定带来 3000 万元的经济效益；决策 D 为乙住宅开发模式，其住宅人口可能会超出基础设施的容量，新建基础设施将有 80% 的几率能够承载乙住宅开发模式的居住人口，并可带来 4500 万元的经济效益；而新建基础设施将有 20% 的几率无法负荷乙住宅开发模式的居住人口，造成居住质量降低，并带来 1500 万元的经济损失（即其经济效益为：–1500 万元）。

（四）深入检测可能引发隔离效应的潜在心理因素

由先前回顾得见，既有文献虽已揭露诸多可能引发隔离效应的潜在心理因素，譬如：①决策者过度重视具有确定性的决策信息；②决策者经常忽视与当前短期前景相联结的决策信息。但值得再商榷的是，这些既有文献却未曾深入检测当决策者面临一阶段决策框架和二阶段决策框架时，其主观预期效用评价究竟是否存在显著差异（Lai et al., 2017）。若经检测发现前述主观预期效用评价呈现显著差异，除了直接证实决策者的主观预期效用在一定程度上随二阶段决策框架与一阶段决策框架而变动之外，同时，亦昭示着决策者的主观预期效用评价难以在不同阶段的决策框架或情境之间维持恒定的原生特性（Grabenhorst et al., 2013），很可能也是引发隔离效应及肇生优势偏好逆转现象的潜在心理因素之一。针对此现象设计的问卷如表 4–14 所示。

效用引出问题与实验情境对照表　　　　　　　　　　　表4-14

	不考虑损失的情境		考虑损失的情境
问题 1U	针对一阶段的城市发展决策问题引出 3000 万元的主观预期效用	问题 3U	针对一阶段的城市发展决策问题引出 3000 万元的主观预期效用
问题 2U	针对两阶段的城市发展决策问题引出 3000 万元的主观预期效用	问题 4U	针对两阶段的城市发展决策问题引出 3000 万元的主观预期效用

（五）针对问题 1 与问题 2 施行效用引出实验："不考虑"经济损失的决策情境

1. 问题 1U

延续问题 1 的情境（即抉择 A 或 B 时的思考状态）。请问在以下选项中，您心目中的几率值 P 为多少时，则以下的 a 选项与 b 选项您将难以取舍：选项 a 为确定获得 3000 万元；选项 b 为有 P 的几率获得 10000 万元（即 1 亿元），且有（$1-P$）的几率获得 0 元。

2. 问题 2U

延续问题 2 的情境（即抉择 C 或 D 时的思考状态）。请问在以下选项中，您心目中的几率值 P 为多少时，则以下的 a 选项与 b 选项您将难以取舍：选项 a 为确定获得 3000 万元；选项 b 为有 P 的几率获得 10000 万元（即 1 亿元），且有（$1-P$）的几率获得 0 元。

（六）针对问题 3 与问题 4 施行效用引出实验："考虑"经济损失的决策情境

1. 问题 3U

延续问题 3 的情境（即抉择 A 或 B 时的思考状态）。请问在以下选项中，您心目中的几率值 P 为多少时，则以下的 a 选项与 b 选项您将难以取舍：选项 a 为确定获得 3000 万元；选项 b 为有 P 的几率获得 10000 万元（1 亿元），且有（$1-P$）的几率获得 0 元。

2. 问题 4U

延续问题 4 的情境（即抉择 C 或 D 时的思考状态）。请问在以下选项中，您心目中的几率值 P 为多少时，则以下的 a 选项与 b 选项您将难以取舍：选项 a 为确定获得 3000 万元；选项 b 为有 P 的几率获得 10000 万元（1 亿元），且有（$1-P$）的几率获得 0 元。

三、实验说明与实验结果

（一）实验说明

承先前讨论，为降低学习效果所可能造成的实验偏差，本实验调查分为两次进行。当中，第一次实验受测对象为台北大学不动产与城乡环境学系大学部在校学生，其总问卷样本数为47份，其中有效问卷为43份，无效问卷为4份，问卷有效率约为91%。而第二次实验受测对象同样为台北大学不动产与城乡环境学系大学部在校学生，其总问卷样本数为52份，其中有效问卷为43份，无效问卷为9份，问卷有效率约为83%。当实验开始，先由实验主持人进行范例的填答说明，令受测者能充分理解问卷内容。于说明完毕后，给予受测者1分钟的时间翻阅问卷。经1分钟的翻阅与检查，再开放实验受测者提问，并由实验主持人提醒受测者以下注意事项：①问卷作答时间为15分钟，若作答时间结束，则不可再继续作答；②当正式开始作答，就不可再提问，且在作答过程中不可交谈或讨论；③再次强调实验问卷内的所有问题，皆无任何标准答案。最后，待15分钟作答时间结束，便由实验主持人宣布实验完成，并请受测者亲自将已填答完成的实验问卷上交至讲台予实验主持人。

（二）实验结果：隔离效应的验证

经第一次与第二次实验调查，本研究共获取问卷样本99份，其中有效问卷占86份，无效问卷占13份，而实验问卷有效率约为87%。如同表4-15所显示，当受测试者面对"不考虑损失"的情境时，则（问题1；一阶段决策问题）共计有26位受测者选择决策A，决策A的百分比为30.23%，而有60位受测者选择决策B，决策B的百分比为69.77%。至于受测者面对"考虑损失"的情境时，则（问题3；一阶段决策问题）共计有43个受测者选择决策A，决策A的百分比为50.00%，而有43位受测者选择决策B，决策B的百分比为50.00%。

问题1与问题3的决策选择结果——独立形式　　　　　　表4-15

	不考虑损失的情境			考虑损失的情境	
	个数	百分比		个数	百分比
决策A	26	30.23%	决策A	43	50.00%
决策B	60	69.77%	决策B	43	50.00%
总计	86	100.00%	总计	86	100.00%

如同表4-16所显示，当受测者面对"不考虑损失"的情境时，则（问题2；二阶段决策问题）共计有48位受测者选择决策C，决策C的百分比为55.81%，而有38位受测者选择决策D，决策D的百分比为44.19%。至于受测者面对"考虑损失"的情境时，则（问题4；二阶段决策问题）共计有68位受测者选择决策

C，决策 C 的百分比为 79.07%，而有 18 个受测者选择决策 D，决策 D 的百分比为 20.93%。

问题2与问题4的决策选择结果——独立形式　　　　　　表4-16

	不考虑损失之情境			考虑损失之情境	
	个数	百分比		个数	百分比
决策 C	48	55.81%	决策 C	68	79.07%
决策 D	38	44.19%	决策 D	18	20.93%
总计	86	100.00%	总计	86	100.00%

若将前述独立形式的决策选择结果改为联结形式呈现，则可更进一步探索受测者对于一阶段的和二阶段的城市发展决策的选择倾向。如同表 4-17 所显示，在"不考虑经济损失"的情境中，多数受测者偏好于问题 1（一阶段决策问题）中选择决策 B，而在问题 2（二阶段决策问题）中选择决策 C，并占所有决策选项组合的 36.05%。"考虑经济损失"情境中的选择倾向亦雷同，多数受测者偏好于问题 3（一阶段决策问题）中选择决策 B，而在问题 4（二阶段决策问题）中选择决策 C，并占所有决策选项组合的 43.02%。

综合上述，实验结果可见，受测者或许是受到损失厌恶的部分影响（如 Walasek et al.，2015），在不需考虑经济损失的问题 1 当中，仅约三成的受测者愿意选择风险较低而期望收益相对也较低的决策 A。但是，在需考虑经济损失且决策问题相同的问题 3 当中，却有多达五成的受测者倾向于选择风险较低而期望收益也相对较低的决策 A。相类似地，不需考虑经济损失的问题 2 当中，有多达四成以上的受测者倾向于选择风险较高而期望收益相对也较高的决策 D。但是，在需考虑经济损失且决策问题相近的问题 4 当中，却仅剩余约两成的受测者愿意选择风险较高而期望收益也相对较高的决策 D。

问题1~问题4的决策选择结果——联结形式　　　　　　表4-17

	不考虑损失的情境			考虑损失的情境	
	个数	百分比		个数	百分比
决策 A & C	17	19.77%	决策 A & C	31	36.05%
决策 A & D	9	10.47%	决策 A & D	12	13.95%
决策 B & C	31	36.05%	决策 B & C	37	43.02%
决策 B & D	29	33.72%	决策 B & D	6	6.98%

与此同时，如表4-15、表4-16所揭示，多数受测者极可能是受到隔离效应的影响（如 Kahneman et al., 1979），在问题1当中选择风险较高且期望收益也相对较高的决策B（约占七成），但于后续相同情境的问题2当中，却选择了看似笃定获益但期望收益却相对较低的决策C（约占六成），继而出现优势偏好的逆转，也就是本研究欲确认以及探索的决策偏差。相类似地，有半数的受测者于问题3当中，偏好选择风险较高且期望收益也相对较高的决策B，但在后续相同情境的问题4当中，却有近八成的受测者反而选择了看似无风险但期望收益却相对较低的决策C，同样亦出现优势偏好的逆转。因此，整合前述"考虑经济损失"与"不考虑经济损失"的分析结果，本研究得以确认隔离效应所导致的决策偏差确实亦存在于城市发展计划决策之中。

（三）实验结果：探索可能引发隔离效应的潜在心理因素

延续前述讨论内容，为深入探索及确认隔离效应可能的潜在肇因，本研究拟采用几率等价法进行货币数额的效用引出（Wakker et al., 1996），借以获取各受测者在构成隔离效应的两相异决策阶段里的主观预期效用评价（对照表4-13、表4-14）。此设计和安排的用意主要在于：确认决策者分别面对一阶段决策框架和二阶段决策框架时，其主观预期效用评价是否存在显著差异。若前述主观预期效用评价存在显著差异，除了证实决策者的主观预期效用在一定程度上随二阶段决策框架与一阶段决策框架而改变之外，同时，亦昭示着决策者难以维持恒定一致的主观预期效用评价（如 Grabenhorst et al., 2013），很可能也是引发隔离效应及产生优势偏好逆转现象的潜在心理因素之一。另外，为检测效用引出实验中成对出现且同一情境下的观测值，本研究将通过成对样本 t 检定来判定（Lai et al., 2017）。以下将分别罗列不考虑损失的情境与考虑损失的情境的实验结果。

对引出的效用值进行t检定（不考虑损失的情境）　　　　　表4-18

不考虑损失的情境	成对变数差异：平均数	成对变数差异：标准偏差	t值	p值
问题 1U & 问题 2U	−0.057593	0.174546	−3.060	0.003*

注：* 表示显著性差异 p=0.05。

对引出的效用值进行t检定（考虑损失的情境）　　　　　表4-19

考虑损失的情境	成对变数差异：平均数	成对变数差异：标准偏差	t值	p值
问题 3U & 问题 4U	−0.045988	0.143449	−2.973	0.004*

注：* 表示显著差异 p= 0.05。

借由上述成对样本 t 检定结果列表可见（表 4–18、表 4–19），在"不考虑"损失的情境中，问题 1U 的 3000 万元效用与问题 2U 的 3000 万元效用存在显著性差异（$p=0.003$）。该分析结果表明：所有受测者的主观预期效用评价都会随着一阶段或二阶段决策框架而改变。在"考虑"损失的情境中，问题 3U 的 3000 万元效用与问题 4U 的 3000 万元效用同样存在显著性差异（$p=0.004$）。该分析结果亦表明：所有受测者的主观预期效用评价会随着一阶段或二阶段决策框架而改变。因此，综上所述，无论是不考虑损失的情境或者是考虑损失的情境，决策者的主观预期效用判断在一定程度上均取决于一阶段决策问题或两阶段决策问题所展现出的框架或者情境。而决策者的主观预期效用评价难以在不同阶段的决策框架或情境之间维持恒定的原生特性，这很可能也是引发隔离效应并产生优势偏好逆转现象的潜在心理因素之一。

四、讨论

本研究在本节第一部分至第三部分文中，尝试结合城市发展决策情境（Hopkins，2001）以及由展望理论所展开的一系列心理实验（Kahneman et al.，1979），确认计划制定者于计划制定过程中究竟是否亦存在隔离效应；同时，再延伸该决策情境和实验设计，深入探索可能引发隔离效应但至今尚未得到证实的潜在肇因（Lai et al.，2017）。整体而论，本研究的关键发现和可能贡献可总结为以下三点。

（一）隔离效应确实亦存在于城市发展计划决策之中

本研究的第一个探索重点即欲确认城市发展的规划者进行城市发展情境中的住宅开发决策时，究竟是否会出现隔离效应。经汇整实验数据后可见，多数受测者在问题 1、问题 3（即一阶段的城市发展决策框架下）当中选择风险较高且期望收益也相对较高的决策 B，但于后续的问题 2、问题 4（即二阶段的城市发展决策框架下）当中，却反而选择了看似笃定获益，但期望收益却相对较低的决策 C，忽略了第一阶段的条件几率，继而产生优势偏好逆转现象，即本研究欲探索的城市发展计划决策偏差。因此，经实验结果所揭示，本研究得以确认隔离效应不仅发生于简单的个人赌局决策，亦存在于现实的城市发展决策之中。

（二）损失厌恶对于城市发展决策的可能影响

为更趋近真实世界状况，本研究已预先将实验情境细分为两种：第一种为"不考虑"开发后所可能造成的经济损失（Kahneman et al.，1979），第二种为"考虑"开发后所可能造成的经济损失（Hopkins，2001）。经汇整实验数据后得知，受测者或许是受到损失厌恶的部分影响（Walasek et al.，2015），因此出现较为保守的心态和选择倾向。如同实验结果列表所示：在"不考虑"经济损失的问题1当中（一阶段的城市发展决策问题），仅约三成的受测者愿意选择风险较低而期望收益相对也较低的决策A。但是，在"需考虑"经济损失且决策问题相同的问题3当中（一阶段的城市发展决策问题），却有多达五成的受测者倾向选择风险较低而期望收益也相对较低的决策A。相类似地，于"不考虑"经济损失的问题2当中（二阶段的城市发展决策问题），有多达四成以上的受测者倾向选择风险较高而期望收益相对也较高的决策D。但是，在"需考虑"经济损失且决策问题相近的问题4当中（二阶段的城市发展决策问题），却仅剩余约两成的受测者愿意选择风险较高而期望收益也相对较高的决策D。

（三）可能引发隔离效应以及产生优势偏好逆转现象的潜在心理因素

本研究第二个探索重点是尝试延伸前述已拟定的实验设计和情境，借由几率等价法检测受测者于一系列计划制定过程中的主观预期效用评价的一致性，即辨识城市规划者面临一阶段城市发展决策问题和二阶段的城市发展决策问题时，对于相同货币数额的主观预期效用评价是否呈现显著性差异。经数据分析后得知，在"不考虑"损失的情境中，问题1U的3000万元效用引出与问题2U的3000万元效用引出确实存在显著性差异。而该分析结果暗示：所有受测者的主观预期效用评价会随着一阶段或二阶段城市发展决策框架而改变。至于在"考虑"损失的情境中，问题3U的3000万元效用引出与问题4U的3000万元效用引出同样存在显著性差异。而该分析结果亦暗示：所有受测者的主观预期效用评价会随着一阶段或二阶段城市发展决策框架而改变。因此，整体看来，无论是不考虑损失情境（理论性考虑）或者是考虑损失情境（现实性考虑），决策者的主观预期效用判断在一定程度上皆取决于一阶段城市发展决策问题或二阶段城市发展决策问题所展现出的框架或者情境（Lai et al.，2017）。换句话说，决策者的主观预期效用评价难以在不同阶段的决策框架或情境之间维持恒定的原生特性，这很可能也是引发隔离效应并产生优势偏好逆转现象的潜在心理因素之一。

五、结论

本研究通过心理实验来探讨规划行为中的隔离效应。尽管既有文献已通过诸多实验设计和应用实例凸显决策者大多仅关注当前单一前景的结果信息的系统性倾向，并试图将此系统性倾向表现为无法由预期效用理论充分描述，但却普遍影响决策者的决策判断的隔离效应。然而值得再探究的是，这些既有文献却鲜少正式测试隔离效应或其提出的应用实例，特别是在本节所着重研究的城市发展议题和城市发展领域。为弥补既有研究缺口，本研究尝试通过城市发展决策情境（Hopkins，2001）以及展望理论所展开的一系列心理实验（Kahneman et al.，1979），确认计划制定过程中是否存在隔离效应。最终实验结果显示：多数受测者在一阶段的城市发展决策问题当中选择风险较高且期望收益也相对较高的决策选项，但于后续的二阶段的城市发展决策问题当中，却选择了看似笃定获益但期望收益却相对较低的决策选项，继而产生优势偏好逆转现象。因此，我们得以确认隔离效应不仅发生于单纯的个人赌局决策，亦存在于现实的城市发展决策之中。

与此同时，过去文献虽已揭露诸多可能引发隔离效应的潜在心理因素，譬如：①决策者过度重视具有确定性的决策信息；②决策者经常忽视与当前短期前景相联结的决策信息；③决策者经常忽视选项或方案之间共有的部分，并专注于选项或方案之间差异的部分。值得再商榷的是，这些既有文献却未曾深入检测当决策者面临一阶段决策框架和二阶段决策框架时，其主观预期效用评价究竟是否具有恒定性与不变性（Lai et al.，2017；Lai et al.，2019）。为弥补既有研究缺口，本研究采用几率等价法进行货币数额的效用引出（Wakker et al.，1996），借以获取各受测者在构成隔离效应的两相异决策阶段里的主观预期效用评价。最终实验结果显示：无论是不考虑损失的情境或者是考虑损失的情境，由一阶段决策框架所引出的受测者的主观预期效用和二阶段决策框架所引出的受测者的主观预期效用乃存在显著性差异。换言之，决策者的主观预期效用评价难以在不同阶段的决策框架或情境之间维持恒定的原生特性（Grabenhorst et al.，2013），这很可能也是引发隔离效应并产生优势偏好逆转现象的潜在心理因素之一。

第三节　应用社会选择机制于环境治理的实验研究

摘要

环境政策的执行影响民众的相关权益甚深，但现阶段政府对于环境治理议题多以各主管行政机关作为政策制订及监督管理的施政机关，往往偏重技术层面，未实质采纳民众的意见来检讨修正政策内容。在民主政治下，政策的制订及执行应反映民意。而社会选择是从集体角度出发，用以制订公共财产等相关决策，不仅能解决环境议题，且决策结果为多数人所偏好，具有民意基础。黑菲尔（Haefele，1973）提出代议政府换票制度为可用以解决环境议题的社会选择机制，建议由代议士代表民众制订环境议题等相关决策并允许换票，在多数决规则下，能达成与直接民主相同的结果。本节参考黑菲尔（Haefele，1973）的社会选择机制，并应用于台湾地区环境治理上，由实验方法检视得知该决策机制具有操作可行性，且重复检验发现代议士采取换票手段与民众集会决策的投票结果相同，可补足黑菲尔以举例证明该论点的缺失。

一、前言

环境资源属于共有资源（common pool resources，CPR），而共有资源所面对的共同课题是共享资源的悲剧（the tragedy of the commons）。简单地说，共享资源的悲剧指的是，当资源是有限的情况下，如果众多使用者追求自我利益的最大化，无限制地使用该项资源，则该项资源最终将消耗殆尽。最近的全球变暖议题便是一个明显的例子。全球大气二氧化碳排放的容受量是一个有限的共有资源，然而在各个国家追求经济发展自我利益最大化的前提下，各自无限制排放二氧化碳至大气层中，因而导致全球大气二氧化碳排放的容受量锐减，形成了全球变暖的现象。此外，其他环境资源（如水及空气）的污染，也面对共享资源悲剧的问题。

目前，对于解决共享资源悲剧的方式，学界尚未达成共识，相关研究正在进行。从实务及理论上来探讨，所提出的解决方式不外乎政府控制以及财产权私有化两种（Ostrom，1990）。政府控制指的是政府以强制的手段，将共有资源分派给使用者，以达到该项资源的有效利用。例如，城市土地的使用分区管制便是一例。财产权私有化则是将共有资源的所有权分割售予使用者，使得使用者在所属财产权下的共有资源能得到有效的利用。不论以政府控制或以财产权私有化的方式处理共享资源悲剧的议题都有其困难。例如，若是以政府控制的方式为之，在信息充分的条件下，虽可达到柏拉图均衡解，但是政府必须付出庞大的行政成本，包括准确地衡量共有资源的容受力以及不断地监控使用者是否违规等。在信息不充分的条件下，政府控制的治理方式又有可能使得最后所得到的均衡解不属于柏拉图最优解。此外，以共有资源财产权私有化的治理方式处理共享资源悲剧的问题，在实务操作上还将面临财产权划分的技术问题，因为即使在理论上，财产权也是难以描绘清楚的（Barzel，1997）。

基于前述的环境治理的困境，本研究赞同奥斯特罗姆（Ostrom，1990）的论点，认为有效解决共享资源悲剧的问题，其症结在于制度的设计，包括集体行动的逻辑以及用户契约的内生订定等。各国、各地区所面临的环境治理问题因民情文化的不同，会采取不同的契约订定方式。本研究以台湾地区为例，了解民意与探询民意是其政策制订过程中不可忽略的步骤（余致力，2000）。政策制订的最大效益必须符合大多数人的政策主张，追求大多数人的最大幸福（张世贤 等，2001），民意在政策制订过程中占举足轻重的地位。近年来，许多国家和地区纷纷强调在政策制订过程中建立公众参与①的机制，赋予民众表达公共政策意见的机会（丘昌泰，2000），希望政府制订的政策计划不与民众期望脱节。

本研究拟从社会选择的基本概念，强调"偏好整合"，即以个人偏好为基础，整合为集体或全体的偏好，最后选择的结果为多数人所偏好，并隐含民意基础在内。因此，集体选择是以个人角度出发，在理性自利的前提下，所形成的决策能同时考虑多数人的权益，而社会选择②（social choice）所表现的正是偏好整合内涵。因此社会选择整合理性个人的偏好，为环境资源等公共财产提供有别于政府管控的治理方式，治理结果隐含多数民意在内。但阿罗不可能定理（Arrow's impossibility theorem）指出没有一个社会选择机制能合理存在。为此，黑菲尔（Haefele，1973）指出两党体制的代议政府，在允许投票者换票时，应用多数决则能形成直接民主的结果，并通过操作合理的社会选择机制，即由狭义的民众参与——代议民主，来代表民众作决策以符合民众期望。

本研究不拟重新检视社会选择理论，而是将重点放在以实验的方式，检视黑菲尔（Haefele，1973）所提出的环境治理的社会选择机制。该机制认为在两党政治的运作下，代议政体所作出的集体选择，在允许换票的行为情况下，等同于直接民主的集体选择。简言之，本研究拟通过实验设计来测知黑菲尔（Haefele，1973）的决策机制的实验效果，借由模拟实际投票过程来检视投票结果是否与理论相符。若黑菲尔提出的决策机制可行，则应用于台湾地区的环境治理决策上，应能摆脱以往行政人员独断决策，未善加考虑民意的窠臼；且决策结果能反映民意，并符合民主政治的本质，以匡正台湾地区现行专断独裁的决策机制。

二、文献回顾

本研究首先探讨环境治理与集体选择的内涵，其次整理阿罗（Arrow）对社会选择理论的见解以作为本研究的理论基础，其提出的不可能定理是所有社会选择机制欲克服的限制。最后探讨黑菲尔（Haefele，1973）提出的代议政府换票机制，以

---

① 公众参与是由民众共同分享决策的行动，自发性地参与公共政策的形成。狭义的公众参与是间接民主制或代议民主制，指目前代议政治的投票选举，局限于对民意代表、政务官员的人事任命权；广义的民众参与是直接民主制或参与式民主制，民众转换成为政治活动的主导角色，由民众自己来决定自己的命运与公共事务等，例如公民投票等（丘昌泰，2000；许文杰，2000）。

② 社会选择表现出"偏好整合"的含义，将个人偏好整合转换为社会偏好（Arrow, 1963）。例如，n 位投票者从 k 个选择中排列出最好到最差的选择，可以整合出这 n 位投票者的整体偏好排序，偏好排序最高的选择即为社会偏好的选择。

为后续研究设计的基准框架。

（一）集体选择与环境治理

集体选择经常被表示为个人偏好的整合函数（Schwartz，1986），其中个人偏好是指该过程中参与者的偏好，不一定局限于个人，亦包含团体在内。集体选择是个人偏好关系的函数集合，将每个人的偏好关系投入一个函数规则，转换得出的结果为集体选择的结果。民主社会中，集体选择机制即为投票规则，但找出一个合理的投票规则是集体选择理论长久以来面临的最大问题（Schwartz，1986）。此外，个人虽是偏好整合的基础，但个人意见不一致却常使民主的投票结果产生矛盾冲突，例如投票矛盾[1]。

环境治理的目的在于维护环境资源、提升环境质量等共同利益，可将该共同利益视为一项财产，但这项财产不具有法定或经济财产权，也没有市场存在以决定其分配与价值。此外，环境治理的成果不为特定人所享受，而是全体共同享受，因此环境治理的结果属于公共财产。由于公共财产的共享性[2]及无排他性[3]的特征，常使这类财产遭遇搭便车问题、囚犯困境、共享资源的悲剧（Hopkins，2001；萧代基，1998），因而往往仰赖政府介入管理。但如前文所述，奥斯特罗姆（Ostrom，1990）认为环境治理除政府控管之外，尚有财产权私有化及共有资源自治管理等方式。台湾地区目前对环境治理即采取政府管控的方式，分别由行政及立法两部分切入管理，一旦无法有效掌握信息，并客观公正制订决策，则资源运用将无效率并产生政府失灵的问题。而财产权私有化的方式虽能解决市场失灵，却因私有产权系统的建立及执行成本过高而不易实行。折中调和下，衍生出共有资源自治管理方式，由具有共同利益者或受到影响者（在此称之为权益相关者）自行建立制度，例如委员会、合议制、集体选择或社会选择等，并构成组织来参与决策并监督，通过自治管理的方式，共同决定资源的管理及使用状况。权益相关者即各方利益团体，若由这些利益团体自行形成组织，在其共同制订的章程制度下，进行决策管理与监督，则能摆脱以各种手段管道或政治伎俩来游说政府，解决政府失灵的问题。而本研究所探讨的集体选择或社会选择机制即共有资源自治管理的方式，由个人或团体形成组织，组织的规模则视权益相关者的多寡来决定，再由该自治组织进行各项共有资

---

① 所谓投票矛盾，指多数规则产生循环性的社会偏好排序，例如 x 优于 y，y 优于 z，z 优于 x。霍普金斯（Hopkins，2001）认为发生投票矛盾的原因在于个人偏好排序为非单峰偏好（意指最偏好的选择方案数不止一个），因而产生循环性社会偏好，违反递移性公理的要求。
② 共享性是指某人增加对某财货的消费量并不会减少其他人的消费量。
③ 无排他性是指某人对某财产没有单独拥有权，任何一位消费者均可以享有同一财产或服务，且均无法排除其他人享受该财产或服务。

236

源的决策与监督。此外，黑菲尔（Haefele，1973）认为通过集体选择的方式能有效地解决环境治理问题。故以集体选择来进行环境治理的相关决策是可行的。

（二）社会选择理论

如何在坚持个人理性假设与尊重个人价值偏好的基础上，解决个人理性与集体理性的矛盾与冲突，建立一种社会偏好与社会选择标准，以作为社会决策与行为选择的依据，即为社会选择理论的研究内容。所谓社会选择，在数学表达上为一种建立在所有个人偏好上的函数（即社会选择函数）（Arrow，1963；Ordeshook，1986）。

阿罗（Arrow，1963）将社会选择理论以公理方式予以演绎，发现基于民主理念，若每个人以各自的偏好及判断为前提，便无法确定整个社会的偏好，即个人的理性计算无法形成集体结果。在两个公理的基础上，即个人或集体选择的合理性都必须满足联结性（connectedness）与递移性（transitivity），阿罗（Arrow，1963）认为社会选择机制必须满足下列五个条件：

①非限制范围（unrestricted domain）：满足联结性与递移性公理的每一个人偏好关系都是可接受的。

②社会与个人价值的正面相关（positive association of social and individual values），即帕累托法则（Pareto principle）：如果对每个人而言，方案 x 优于方案 y，则此两方案的社会偏好亦为 x 优于 y。

③无关方案的独立性（independence of irrelevant alternatives）：任何环境下的社会选择完全取决于个人对该环境中选择方案的偏好。

④公民主权的条件（the condition of citizens' sovereignty）：社会福利函数不应该是强制的（imposed）。

⑤非独裁性（nondictatorship）：个人的偏好无法无视于其他人的偏好而自动成为社会整体的偏好。

阿罗不可能定理是指没有一个社会福利函数能同时满足五个条件，因此没有一个合理的社会选择机制存在。

阿罗的社会选择理论探讨民主政治下社会福利函数是否存在，即将个人偏好转换为集体偏好，偏好排序最高的选择方案即为社会整体的偏好结果，或社会福利极大。而环境治理的各项决策影响不同层面的个人或团体，若能民主地整合各影响者、利害关系者的价值偏好，则可确定社会或集体最偏好的环境质量水平。但应用社会选择机制于环境治理的相关决策则面临阿罗不可能定理的困境，面对此限制，黑菲尔（Haefele，1973）提出代议政府理论并允许换票的决策机制以寻求改善方式，将于下文说明。

（三）代议政府换票制度

黑菲尔（Haefele，1973）的见解是将代议政府理论应用于环境管理中，并将环境质量问题纳入社会选择范畴中，认为空气、水、土、林等共同财产资源应以集体的管理手段来决定环境质量水平，与奥斯特罗姆（Ostrom，1990）提出的共有资源自治管理方式的理念相近，这类须由集体作选择的议题即社会选择的议题。

若能建立合理的社会选择机制，则个人与集体理性的价值冲突应能获得解决。为克服不可能定理，黑菲尔（Haefele，1973）的论点是当允许投票者换票[1]时，代议政府在两党体系下，可以提供从个人选择到社会选择的方法，即在个人（或投票者）偏好的基础上形成集体或社会选择（如公共政策的选择或候选人间的选择），以使两位或多位不同立场的投票者形成一致的决策结果，并符合阿罗提出的条件，建立理想的社会选择机制。阿罗（Arrow，1963）证明多数决规则应用到两个方案能满足其所提出的五个条件，即"两个方案可能定理"[2]在某种意义上是英美两党体系的逻辑基础，故黑菲尔将阿罗提出的两个方案延伸为两个政党，两个方案的可能定理为两党政治的主要依据。

黑菲尔（Haefele，1973）根据他所建立的代议政府效用理论（Haefele，1971），也提出治理共同财产资源的一个方式，在民主社会两党政治背景下，利用代议士或团体，代表不同结构的民众，在共同场所（如立法院、地方议会）建立一定的议事规则，达到互利的目标。由于黑菲尔的理论建立了代议民主政体治理的良好基础，该理论系立基于社会选择理论，意图突破阿罗的不可能定理，而设计一套代议政治的可操作程序，至今仍在公共选择理论领域中被讨论（例如，Tansey，1998；Philipson et al.，1996；Stratmann，1992）。此外，黑菲尔（Haefele，1973）于其专著中以举例证明的方式得出在允许换票条件的前提下，制订决策的两种方法（即由

---

[1] 所谓换票，意指两位或多位投票者之间同意互相支持、利益交换，即使其中有些投票者必须违背其真正的偏好去投与其偏好相反的议案。换票发生在彼此互相受惠时，本质在于放弃一项议题以获得另一项价值更高的议题，因此投票者倾向于以较不偏好的议案来交换其最偏好的议案通过或不通过，故原本投票立场为反对票则转换为赞成票，或赞成票转换为反对票，最后换票产生的结果将是双方或多方交换者期望的结果。米勒（Miller，1977）对于换票的前提假设是交换的议案是两个（dichotomous）且交换者对于议案的偏好是可分离的（separable），并须满足以下条件：必须有两个交换者（即投票者）；至少有两项议案；交换者对于两项议案的投票立场是持相反态度；每个交换者必定与多数人赞成一项议案，与少数人赞成另一项议案；每个交换者对于少数人支持的议案的偏好必定高于对多数人支持的议案的偏好；每个交换者在多数人中均占有重要地位。

[2] 假如选择情况的总数为2，多数决方法（majority rule，又译为多数决定原则）可以满足条件2到条件5，且整合每个个人排序集合将产生两种情况的社会排序的社会福利函数。

民众组成集会自行作选择，或民众选出代议士代表其作选择），能达成相同的决策结果。故两党体系的代议制度，在多数决规则下，如果所有投票者均能采取换票时，则代议士能与民众直接投票产生一致的决策结果。其中，民众将选出与其投票立场相近的代议士来作决策，即代议士作选择的基础是依据其辖区内民众对议题的投票与偏好矩阵，而不是依其个人意愿。黑菲尔虽以举例证明的方式得出其主要论点，却未辅以数理推导或实证研究强化证明，因此其论点有检验的必要，本研究探讨的重点即以实验方法重复检验其论点是否与预期相符。

三、实验设计与说明

黑菲尔（Haefele，1973）的主要论点在于在允许换票的前提下，代议士能达成与直接民主相同的结果，故本实验的重点在于检验代议士采取换票的投票结果是否与民众集会投票的结果相同，并以黑菲尔的理论基础为实验架构。

（一）实验议题设计

本实验的目的在于验证黑菲尔（Haefele，1973）提出的理论，当多数决为决策规则时，两党体系的代议政府其投票结果与直接民主的结果相同。为避免受测者因实验议题过多而造成混乱，简化实验议题为两项议题，以便于受测者能清楚判断两项议题的优劣。同时，实验议题的设计应使受测者对于议题的偏好独立分离，以满足换票的基本条件。此外，为了检视允许换票对于投票结果的影响，两项方案的设计应该清楚单纯，避免受测者考虑其他层面的因素，而忽视环境政策带来的影响。虽然现实情况的环境议题要更为复杂、多变化，有些环境政策甚至具有连贯性或包裹性，如赞成或反对、补偿因素与课税因素等，但考虑实验设计此研究方法的性质，必须在可控制的实验情境下操作某些变量，无法全盘地将各种变量纳入考虑，因此本研究不拟从各决策层面一一探讨受测者的喜好，暂不考虑补偿回馈及课税等其他决策因素。由于相关决策者包括受损民众及一般社会大众，根据实验议题所涉及的行政区范围，分配受测者的行政辖区为坪林乡、新店市（均为受损民众）及乌来乡（为一般社会大众），并平均分配人数。

（二）受试者的选定

依据黑菲尔（Haefele，1973）的论点理应将所有受到环境政策影响的居民、使用者、其他利害关系者及地方代表均纳入实验对象，或随机抽取实验对象。由于可能的受测对象过于庞大，碍于研究时限的压力、金钱成本的不足及抽取对象是否具备高配合度等，本实验不选取真实的民众及代议士，改以学生为受测者。因学生受测者相较于社会大众要单纯且同构型高，能避免过多的社会背景因素（许天威，

2003），以降低实验误差。且文献上类似的实验方法亦多以学生作为受测者，显示此种做法有其优点。

实验以 54 位台北大学不动产与城乡环境规划学系学生为受测者，并酌予报酬（每人参加费 300 元新台币），随机抽取分配为两组群体——一般民众（30 人）与代议士候选人（24 人），分别施予不同的实验处理，以观测各个受测者在个别实验处理中的行为表现并记录投票结果。本研究认为，给予参与者 300 元的实验费将有助于受测者认真依照实验者的指示进行实验，并慎重考虑投票行为，以贴近真实情况。而每位参与者除了等待时间外，实际考虑并进行投票的行为不超过 30 分钟，故应不会因实验时间过长而产生疲劳，影响实验的结果。

（三）实验变量控制与安排

实验处理为实验研究中所要运用的某种行为策略，并观察该行为策略对于目标行为的影响或效果（洪兰 等，1989）。本实验为三因子实验设计，从影响投票结果的各项变量中，选择投票者身份、是否换票及是否施予诱因三个控制变量。诱因是直接投票结果与代议士本身立场一致时，给予 300 元的奖励。此控制变量的设计，目的为模拟在真实情况下，代议士的决议行为往往希望能代表真实的民意。投票者包括一般民众与代议士两种水平，一般民众不施予任何实验处理，仅单纯检视民众投票的结果，因其形成的决策结果为本次实验投票结果的标准。代议士则分别操作换票及诱因变数。为使当选代议士与民众偏好一致，并避免练习效果[①]，分别赋予能否换票及是否施予诱因的条件，如表 4-20 所示。在 T1 ~ T4四个实验处理下，可以得出代议士在不同制度安排下的投票结果差异，包括组内差异与组间差异。

代议士的实验处理　　　　　　　　表4-20

	不允许换票	允许换票
不给诱因	T1	T2
给予诱因	T3	T4

参与实验的受测者因身份不同而有民众与代议士之分，民众的人数规模应大于代议士，以贴近现实状况。故每项实验处理均有 15 位民众参与，代议士候选人不

[①] 受测者因某类实验作业的经验越来越多而引起的行为改变，被称为练习效果（洪兰 等，1989）。

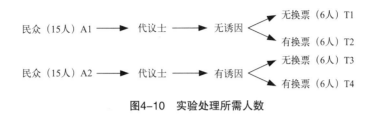

图4-10　实验处理所需人数

论是否允许换票均有 6 位参加实验，如图 4-10 所示。民众在实验进行过程中负有投票决策的责任及选举出代议士的义务；代议士则必须在有无诱因及能否采取换票的游戏规则下，负有为民代表决策的职责。

（四）实验情境安排

因实验室可以严格控制研究变项，故实验情境应以实验室情境为佳。本研究希望验证投票者的换票行为所产生的决策效果，因此实验情境的安排将模拟议会场所，分别于能否采取换票及是否施予诱因的实验处理向受测者提出政策方案，换票实验处理允许受测者进行讨论、交换意见，其他相关环境变量则须控制妥当。实验地点为台北大学教学大楼 311 室及 313 室，平面配置图如图 4-11 所示。

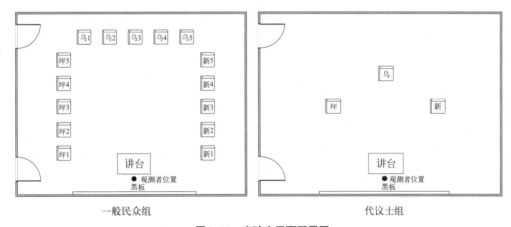

图4-11　实验室平面配置图

注：一般民众组的受测者实验身份分别有坪林乡民众 5 位（以坪 1 ~ 坪 5 表示）、乌来民众 5 位（以乌 1 ~ 乌 5 表示）及新店市民众 5 位（以新 1 ~ 新 5 表示）；代议士组的受测者实验身份包括代表坪林乡、乌来乡及新店市民众的代议士（分别以坪、乌、新表示）。

（五）实验程序

实验过程除了必须符合真实投票情境之外，尚须配合黑菲尔提出的论点，由民众选出代议士来代表其作决策。故实验进行的步骤是先由一般民众组作选择，其后由民众选出代议士，再由获胜代议士代表民众作选择，其流程如图 4-12 所示。

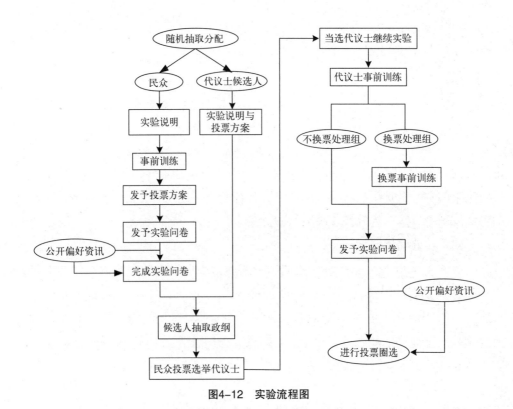

图4-12　实验流程图

　　在实验开始之前，先由受测者随机抽取其身份类别（民众与代议士候选人）、代表行政区（坪林乡、乌来乡及新店市）、是否允许换票及是否施予诱因。54位受测者分配为民众30人与代议士候选人24人。其中，民众随机抽取分配为两组，每组各15人，再随机抽取为坪林乡民5人、乌来乡民5人及新店市民5人，以利于进行后续代议士的实验处理。代议士候选人随机抽取分配为四组，包括：①无诱因且不换票；②无诱因有换票；③有诱因且不换票；④有诱因有换票，每组各6人。此外，黑菲尔（Haefele，1973）提出两党体制的代议政府能表示所有政治立场，为简化实验，故将每组候选人分配为坪林乡2人、乌来乡2人及新店市2人，每一行政辖区各有两位候选人，代表两党立场。黑菲尔（Haefele，1973）认为两党体系能完全表示所有议题的立场或政纲，例如一党赞成，一党反对，或两党同时赞成或同时反对等。本实验在此简化两党的意义，由两位代议士候选人来代表两个政党。

　　随机抽取分配完成后，实验者先给予民众受测者实验说明，并给予代议士候选人实验说明（其中，在诱因组实验说明中加入奖励诱因，以鼓励代议士达成辖区内民众最偏好期望的结果）及投票议题资料。实验者应口头说明实验内容并给予受测者固定时间阅读。待实验说明阅毕，实验者给予民众受测者换票训练[①]，使民众获知换票的意义、好处及技巧，以引导受测者通过换票来达成期望结果。事前训练的目的是让受测者熟悉投票的技巧，以贴近实际代议政治的运作。换票训练结束，给予民众受测者投票方案的资料，同样实验者应予口头说明各个政策方案的目标及内容以供受测者了解。其后，实验者再发予民众受测者实验问卷以填答相关问题，包括各个受测者对于方案的投票立场与偏好排序，及最后希望的投票结果。在民众受测者回答实验问卷的过程中，实验者应亲自调查每位受测者对议题的偏好信息，包括投票立场及偏好顺序，随后公开偏好信息[②]，包括受测者对议题的偏好类型及各类型的受测者编号，并容许受测者之间彼此讨论沟通，以进行交换协商。若实验过程中出现换票行为的受测者，必须举手告知观测者以便于记录换票时间、互相交换的受测者、换票的理由及其所交换的方案。待实验问卷填答完毕，实验者应计算各方案的得票数，并依据相对多数决来获知投票结果。

另外，实验议题的假设前提是15位民众受测者中，分别各有5位受测者的辖区范围在新店市、坪林乡及乌来乡境内。当一般民众组完成议题的决策后，尚须选出其辖区内的代议士，在两党政治体系的前提下，假设每个辖区均有两位候选人参与竞选。为避免代议士的政纲与民众偏好不一致，及两位代议士的政纲相同使民众无从投票之虞，实验将之前实验者调查的民众偏好信息，由代议士候选人抽选出民众最偏好及次偏好的投票信息作为其政纲。再由民众进行投票选举，选出代表其辖区的代议士。理论上，抽到民众最偏好政纲的代议士，当选的几率更高，因为最多人偏好相同的立场，若依相对多数来决定，则更可能获胜。因此，三个辖区各有一位代议士代表作决策。

最后，由当选的代议士继续进行实验，先发予代议士事前训练，引导代议士受测者的行为心态符合代议士为民服务的精神。另外，换票实验组也需进行事前训练。事前训练完毕后，发予实验问卷以测知代议士的投票立场及最终选择方案，选出的代议士在回答实验问卷时应依据之前所抽取的政纲来作选择。同样，换票实验组应调查各代议士的偏好信息，然后公开，以便于受测者讨论协商，以产生

---

① 一般民主社会，民众可依其喜好，自由选择方案进行投票，并不限制民众的投票行为，因此民众相互之间有可能基于达成彼此互惠的特定结果，而产生交易行为，即换票，故有使民众得知换票相关信息的必要。

② 艾克尔(Eckel)和霍尔特(Holt)(Eckel et al., 1989)提出只通过讨论不足以诱发产生换票行为，认为必须经由投票者先前对一连串相似议题的投票经验或公开投票者的量化偏好信息或偏好分配的方式，始有助于投票者之间策略投票行为的出现。又由于受测者先前并无同一集会投票的经验，故采取公开偏好信息方式以利于换票行为出现。

换票。实验完毕后，受测者将填写事后测定问卷，借以评估实验的质量。

四、实验结果与分析

本实验共有 54 位受测者，其中 12 位为民众淘汰的代议士候选人，故实际回答问卷者总计 42 位。针对实验问卷所获得的信息，本研究先描述整理实验问卷所得到的数据，再针对问卷数据进行统计检定分析。为了解一般民众与代议士的投票效果是否有显著差异，可采用无母数统计中的威尔科克森（Wilcoxon）顺位和检定[①]进行数据分析。

（一）受测者对问题的了解

受测者对问题的了解可由其投票立场得知。整理实验问卷如表 4-21 所示，关于水源保护区及废弃物掩埋场两项议题，两组民众受测者的立场有些微差异。对于

受测者对于两项议题的投票立场 表4-21

处理组别		投票议题	赞成票	反对票
无诱因	民众 A1	水议题	10（66.7%）	5（33.3%）
		废弃物议题	10（66.7%）	5（33.3%）
	代议士无换票 T1	水议题	2（66.7%）	1（33.3%）
		废弃物议题	2（66.7%）	1（33.3%）
	代议士有换票 T2	水议题	2（66.7%）	1（33.3%）
		废弃物议题	2（66.7%）	1（33.3%）
有诱因	民众 A2	水议题	12（80.0%）	3（20.0%）
		废弃物议题	7（46.7%）	8（53.3%）
	代议士无换票 T3	水议题	2（66.7%）	1（33.3%）
		废弃物议题	2（66.7%）	1（33.3%）
	代议士有换票 T4	水议题	2（66.7%）	1（33.3%）
		废弃物议题	2（66.7%）	1（33.3%）

---

① 威尔科克森顺位和检定适用于两个独立样本的差异检定，三个样本以上则可利用克鲁斯卡尔-沃利斯（Krusual-Wallis）检定。

水议题均系赞成立场多于反对立场，并以乌来及新店民众赞成居多，坪林民众则多持反对立场，主要与坪林乡民众的土地将被划设为水源保护区而禁止使用有关。对于废弃物议题，A1 民众多持赞成立场，A2 民众则是反对立场多于赞成立场，并以坪林及乌来民众赞成居多，新店市民则多持反对立场，主要与新店市为设置废弃物掩埋场的地点有关。这两组民众受测者的实验处理相同，但对于两项议题却有不同的投票立场，即不同个人在理性自利的考虑下，会有不同的偏好立场产生，显示个人行为复杂多变，难以预测。

　　至于四项不同处理的代议士，依据辖区内民众的偏好信息进行决策。通常坪林民众反对划设水源保护区，新店市民反对设置废弃物掩埋场，此与其行政区范围内为政策执行地点有关；乌来民众则多赞成划设水源保护区并设置废弃物掩埋场，因政策的实施与其地缘关系不大。故代议士的立场依坪林、乌来及新店的不同分别为 $\begin{bmatrix} N \\ Y \end{bmatrix}$、$\begin{bmatrix} Y \\ Y \end{bmatrix}$ 及 $\begin{bmatrix} Y \\ N \end{bmatrix}$（$Y$ 为赞成，N 为反对），四组代议士受测者对于两项议题均有两张赞成票、一张反对票，表示代议士依据民众的偏好形成的投票结果将是赞成划设水源保护区并设置废弃物掩埋场。

　　将受测者对两项议题所有可能的投票立场（$\begin{bmatrix} Y\,Y\,N\,N \\ Y\,N\,Y\,N \end{bmatrix}$），编码为 $\begin{bmatrix} Y \\ Y \end{bmatrix}$=1，$\begin{bmatrix} Y \\ N \end{bmatrix}$=2，$\begin{bmatrix} N \\ Y \end{bmatrix}$=3，$\begin{bmatrix} N \\ N \end{bmatrix}$=4，并整理各处理受测者的投票立场如图 4–13 所示。由图可知，各组受测者的投票立场包括 $\begin{bmatrix} Y \\ Y \end{bmatrix}$、$\begin{bmatrix} Y \\ N \end{bmatrix}$ 及 $\begin{bmatrix} N \\ Y \end{bmatrix}$，其中 A1、T1、T2、T3 及 T4 的受测者对于此三种投票立场所占比例相同，为 33.3%。仅 A2 民众对于 $\begin{bmatrix} Y \\ N \end{bmatrix}$ 所持的比例较高，占 53.3%，由问卷资料可知部分坪林及乌来乡民赞成划设水源保护区，反对设置废

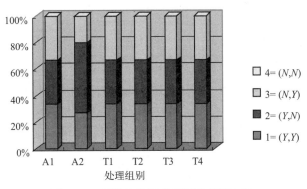

图4–13　受测者对于两项议题的投票立场

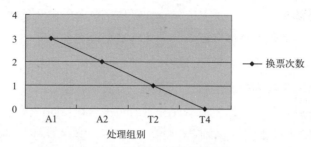

图4-14　受测者出现换票的次数

弃物掩埋场，故 $\begin{bmatrix} Y \\ N \end{bmatrix}$ 比例相对较高。由受测者对投票立场的表达，可推测本实验的问题说明已能使得受测者充分了解实验问题，进而作出合理的投票决定。

（二）问卷数据分析

本实验欲检视直接民主的投票结果是否与代议士代表民众并允许换票的决策结果相同。在实验过程中，并未限制民众是否出现换票行为，至于代议士则有是否允许换票的实验处理，因此可出现换票行为的组别为 A1、A2、T2 及 T4。整理本次实验过程中各组出现换票的次数如图 4-14 所示。A1 民众出现 3 次换票，A2 民众出现 2 次换票，T2 代议士出现 1 次换票，T4 代议士没有换票[①]。

又将 42 位受测者可能形成的所有投票结果（$\begin{bmatrix} P\,P\,F\,F \\ P\,F\,P\,F \end{bmatrix}$），编码为 $\begin{bmatrix} P \\ P \end{bmatrix}=1$，$\begin{bmatrix} P \\ F \end{bmatrix}=2$，$\begin{bmatrix} F \\ P \end{bmatrix}=3$，及 $\begin{bmatrix} F \\ F \end{bmatrix}=4$，其中 P 代表通过或赞成而 F 代表不通过或反对，且第一列代表第一方案的投票结果或立场，第二列代表第二方案的投票结果或立场。由图 4-15 可知，本次实验的 A1 民众选择 $\begin{bmatrix} F \\ F \end{bmatrix}$ 者占 46.7%，最终投票结果为 $\begin{bmatrix} F \\ F \end{bmatrix}$，两项议题均不通过；A2 民众选择 $\begin{bmatrix} P \\ P \end{bmatrix}$ 者占 53.3%，最终结果为 $\begin{bmatrix} P \\ P \end{bmatrix}$，两项议题均通过；T1、T3 及 T4 代议士选择 $\begin{bmatrix} P \\ P \end{bmatrix}$、$\begin{bmatrix} P \\ F \end{bmatrix}$ 及 $\begin{bmatrix} F \\ P \end{bmatrix}$ 的比例相同，均为 33.3%，最终投票结果为 $\begin{bmatrix} P \\ P \end{bmatrix}$，两项议题均通过；T2 代议士选择者 $\begin{bmatrix} F \\ F \end{bmatrix}$ 占 66.7%，最终投票结果为 $\begin{bmatrix} F \\ F \end{bmatrix}$，两项议题均不通过。将各组投票结果如表 4-22 所示，对于不施予诱因的民众与换票代议士受

---

① T4 代议士依据辖区内民众的偏好信息（$\begin{bmatrix} N_1\,Y_1\,Y_1 \\ Y_2\,Y_2\,N_2 \end{bmatrix}$）形成的决策结果为两项议题均通过，并不符合坪林乡民对水议题的期望及新店市民对废弃物议题的期望，理论上坪林乡与新店市代议士应有换票动机。但新店代议士不愿换票，理由是换票后将使新店市民众原本最期望的水议题不通过，故不愿采取换票行为。

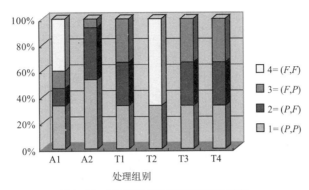

图4-15 受测者对两项议题的投票选择

受测者对两项议题的投票结果 表4-22

处理组别		投票议题	通过票数	不通过票数	投票结果
无诱因	民众 A1	水议题	7	8	F
		废弃物议题	7	8	F
	代议士无换票 T1	水议题	2	1	P
		废弃物议题	2	1	P
	代议士有换票 T2	水议题	1	2	F
		废弃物议题	1	2	F
有诱因	民众 A2	水议题	14	1	P
		废弃物议题	9	6	P
	代议士无换票 T3	水议题	2	1	P
		废弃物议题	2	1	P
	代议士有换票 T4	水议题	2	1	P
		废弃物议题	2	1	P

测者，民众与代议士在实验过程中均出现换票，换票后的结果显示民众与代议士的决策结果相同，两项议题均不通过，符合黑菲尔（Haefele，1973）的论点。关于施予诱因的民众及换票代议士受测者，原本民众的投票立场为赞成水议题，反对废弃物议题，但出现换票行为后，反而两项议题均通过。由问卷中的换票理由说明得知，该组坪林乡民众的环保意识较高，认为水与废弃物议题均系维护环境的必要手段，因此均赞成通过，即使会丧失其使用及开发土地的权益。至于 T1 与 T2 代议士的投票结果不相同的原因在于 T2 代议士出现换票行为。T3 与 T4 代议士形成相同的投票结果在于 T4 代议士未产生换票行为，因代议士考虑民众偏好后，发现即使换票仍无法达成原辖区内民众最偏好期望的结果，在无换票诱因的情况

下，故未采取换票。虽然 T4 代议士未出现换票行为，但其决策结果仍与民众集会的结果相同，希望两项议题均通过。由前文可知，不施予诱因时，民众与代议士形成合理的结果为 $\begin{bmatrix} F \\ F \end{bmatrix}$，但在有诱因情况时则为 $\begin{bmatrix} P \\ P \end{bmatrix}$，除了与民众的偏好信息相关外，本研究推论诱因的变量排除代理问题，而影响代议士的投票行为，促使代议士真正地表现出民众偏好，作出民众喜爱的决策，但仍应以统计结果为准。

（三）实验结果分析

实验目的在于检视民众集会的决策结果是否与代议士可允许换票的决策结果相同。建立假说为 H0：代议士换票处理与民众直接投票的结果无差异。

将实验结果细分为所有 30 位民众与所有换票的 6 位代议士、无诱因情况下的 15 位民众与 3 位换票代议士，及有诱因情况下 15 位民众与 3 位换票代议士三种。由表 4–23 可知，P 值均未达 0.05 的显著水平，故无法拒绝 H0。即"代议士允许换票所形成的决策结果与民众集会的结果无差异"的说法成立，故假说一成立，代议士换票的结果与直接民主相同。表 4–23 中的等级平均数是根据威尔科克森（Wilcoxon）顺位和检定方式所计算出来的统计值。值得注意的是，两组民众 A1 及 A2 的投票行为有显著不同，可能由于两组民众对环保意识的认知不同所造成。

统计检定的结果与实际问卷资料相符，由表 4–23 的投票结果可知，无诱因情况下的民众，出现换票行为后形成的投票结果与代议士换票后的决策结果一致，两项议题均无法通过；有诱因情况下的民众，虽其换票行为不符合换票的基本条件，但实际上代议士考虑到若采取换票将无法达成原辖区内民众的偏好期望而不愿采取换票（此乃因诱因变量排除代理问题，促使代议士真正地表现主人偏好）。因此民众与代议士形成一致的决策结果，两项议题均通过。换言之，当代理问题不存在时，代议士不为私利，真正表达出公众的权益，则无论是否采取换票均能达成直接民主的结果。

由于本实验设计中每位代议士所代表的民意均相同，即其管辖范围内的民众人数均相同，因而得到代议士与民众集会决策的结果相同的实验效果。当代理问题不存在时，对个人代议士而言，或许能达成与民众相同的决策结果，但对于集体的代议士，则受到各个代议士所代表的民众人数或民意多寡的影响，而无法明确断言集体代议士代表民众作决策能形成与直接民主相同的决策结果。建议后续研究将民意多寡的因素纳入考虑，以使研究结果更精确。本研究在检定结果与实际观测数据互相佐证下，推论黑菲尔（Haefele，1973）提出的社会选择机制能使代议士达成与直接民主相同的结果，符合民众期望，故将该决策机制应用到现实情况是可行的。

民众与换票代议士投票结果的检定值　　　　　　表4-23

处理组别		个数	等级平均数	精确显著性
不考虑是否施予诱因	民众 A1+A2	30	18.03	0.576
	换票代议士 T2+T4	6	20.83	
不施予诱因	民众 A1	15	9.70	0.738
	换票代议士 T2	3	8.50	
施予诱因	民众 A2	15	9.03	0.426
	换票代议士 T4	3	11.83	

五、换票行为分析

（一）换票行为

换票的目的在于使双方或多方的投票者能达成其期望的结果。在本次实验过程中，未限制民众是否出现换票行为，至于代议士则有是否允许换票的实验处理，因此可出现换票行为的组别为 A1、A2、T2 及 T4。整理本次实验过程中各组出现换票的次数如图 4-16 所示。A1 民众出现 3 次换票，A2 民众出现 2 次换票，T2 代议士出现 1 次换票，T4 代议士没有换票[1]，换票细节分别整理如表 4-24 ～ 表 4-29 所示。不允许换票处理的 T1 与 T3 代议士其投票矩阵亦整理如表 4-28 及表 4-30 所示。

由表 4-24 可知原本 15 位受测者的期望结果为水及废弃物议题均通过。但该结果不符合坪林乡 2、4 及 5 三位投票者的期望，因其最不想划设的水源保护区将会划设通过，此外亦不符合新店市 3、4 及 5 三位投票者的期望，因其最不想设置的废弃物掩埋场将设置通过。因此，这六位投票者产生换票动机，分别寻找适合的换票对象，坪 2 放弃废弃物的赞成立场改投反对立场来换取新 4 放弃水源保护区的赞成立场改投反对立场；坪 4 放弃废弃物的赞成立场改投反对立场来换取新 5 放弃水源保护区的赞成立场改投反对立场；坪 5 放弃废弃物的赞成立场改投反对立场来换取新 3 放弃水源保护区的赞成立场改投反对立场，如表 4-25 所示。换票后，水议题的反对票多于赞成票，废弃物的反对票多于赞成票，两项议题均不通过，能达成换票者期望的结果。且此六位受测者的换票行为符合米勒（Miller，1977）提出的换票条件。

---

① T4 代议士依据辖区内民众的偏好信息（$\begin{bmatrix} N_1 & Y_1 & Y_1 \\ Y_2 & Y_2 & N_2 \end{bmatrix}$）形成的决策结果为两项议题均通过，并不符合坪林乡民对水议题的期望及新店市民对废弃物议题的期望，理论上坪林乡与新店市代议士应有换票动机。但新店市代议士不愿换票，理由是换票后将使新店市民众原本最期望的水议题不通过，故不愿采取换票行为。

A1民众换票前的投票矩阵（包含立场与偏好）　　　　表4-24

议题	投票者															合计票数	
	坪1	坪2	坪3	坪4	坪5	乌1	乌2	乌3	乌4	乌5	新1	新2	新3	新4	新5	Y	N
水	N_2	N_1	N_2	N_1	N_1	Y_1	Y_1	Y_1	Y_1	Y_1	Y_1	Y_1	Y_2	Y_2	Y_2	10	5
废弃物	Y_1	Y_2	Y_1	Y_2	Y_2	Y_2	Y_1	Y_1	Y_2	N_2	N_2	Y_2	N_1	N_1	N_1	10	5

A1民众换票后的投票矩阵　　　　表4-25

议题	投票者															合计票数	
	坪1	坪2	坪3	坪4	坪5	乌1	乌2	乌3	乌4	乌5	新1	新2	新3	新4	新5	Y	N
水	N_2	N_1	N_2	N_1	N_1	Y_1	Y_1	Y_1	Y_1	Y_1	Y_1	Y_1	N_2	N_2	N_2	7	8
废弃物	Y_1	N_2	Y_1	N_2	N_2	Y_2	Y_1	Y_1	Y_2	N_2	N_2	Y_2	N_1	N_1	N_1	7	8

由表4-26可知，原本15位受测者的期望结果为水议题通过，废弃物议题不通过。在该次实验过程中，新店市受测者并无换票动机出现，因其所期望划设水源保护区及不设置废弃物掩埋场的结果均能达成。坪林乡受测者期望不划设水源保护区并设置废弃物掩埋场的结果则无法达成。虽然实验过程中，坪林乡民众出现换票行为，如表4-27所示，坪1放弃水议题的反对票改投赞成票来换取坪2放弃废弃物议题的反对票改投赞成票；坪5放弃水议题的反对票改投赞成票来换取坪4放弃废弃物议题的反对票改投赞成票。A2民众的坪1及坪5两位受测者一反初衷，为维护水资源的洁净安全，采取换票，放弃其土地的经济开发权益，同意划设水源保护区；坪2及坪4两位受测者原先即赞成划设水源保护区，反对设置废弃物掩埋场，但为维护环境清洁并有效清运废弃物，采取换票，同意设置废弃物掩埋场。换票后的结果系两项议题的赞成票均多于反对票。其中，坪1及坪5两位受测者的换票行为并不符合米勒（Miller，1977）提出的换票条件，因其交换并放弃的议题是原本最偏好议题；坪2及坪4两位受测者无须采取换票即能完全达成其原期望的结果。对于A2民众的换票行为，推论受测者的环保意识比较高涨，愿意为了维护环境的目标放弃个人私人利益。

A2民众换票前的投票矩阵　　　　表4-26

议题	投票者															合计票数	
	坪1	坪2	坪3	坪4	坪5	乌1	乌2	乌3	乌4	乌5	新1	新2	新3	新4	新5	Y	N
水	N_1	Y_1	N_1	Y_1	N_1	Y_1	Y_1	Y_2	Y_1	Y_2	Y_1	Y_1	Y_2	Y_1	Y_1	12	3
废弃物	Y_2	N_2	Y_2	N_2	Y_2	N_2	Y_2	N_1	Y_2	N_1	Y_2	N_2	N_1	N_2	Y_2	7	8

A2民众换票后的投票矩阵　　　　　　　　　　　　　　表4-27

议题	投票者															合计票数	
	坪1	坪2	坪3	坪4	坪5	乌1	乌2	乌3	乌4	乌5	新1	新2	新3	新4	新5	Y	N
水	Y_1	Y_1	N_1	Y_1	Y_1	Y_1	Y_1	Y_2	Y_1	Y_1	Y_2	Y_1	Y_1	Y_2	Y_1	14	1
废弃物	Y_2	Y_2	Y_2	Y_2	Y_2	N_2	Y_2	N_1	Y_2	Y_2	N_1	Y_2	N_2	N_1	N_2	9	6

表 4-28 为无诱因下不允许换票处理的代议士所形成的投票矩阵，与表 4-29 中 T2 代议士在换票前的投票矩阵相同，因这两组代议士受测者均是由 A1 民众投票选出，其偏好信息相同。表 4-29 为 T2 代议士在换票处理前后的投票矩阵，三位代议士代表辖区民众作决策的原先结果为两项议题均通过，由于该结果不符合坪林乡民众不划设水源保护区的期望，亦不符合新店市民众不设置废弃物掩埋场的期望。因而坪林乡与新店市代议士产生换票动机，坪林代议士放弃废弃物议题的赞成立场改投反对票，来换取新店代议士放弃水议题的赞成立场改投反对票，其换票行为符合米勒（Miller，1977）提出的换票条件。换票后，两项议题的反对票均多于赞成票，因此两项议题均不通过，符合坪林乡及新店市民众的期望。

T1代议士的投票矩阵　　　　　　　　　　　　　　表4-28

议题	投票者			合计票数	
	坪	乌	新	Y	N
水	N_1	Y_1	Y_2	2	1
废弃物	Y_2	Y_2	N_1	2	1

T2代议士换票前、后的投票矩阵　　　　　　　　　　表4-29

换票前	投票者			合计票数		换票后	投票者			合计票数	
议题	坪	乌	新	Y	N	议题	坪	乌	新	Y	N
水	N_1	Y_1	Y_2	2	1	水	N_1	Y_1	N_2	1	2
废弃物	Y_2	Y_2	N_1	2	1	废弃物	N_2	Y_2	N_1	1	2

表 4-30 为有诱因情况下不允许换票处理的 T3 代议士形成的投票矩阵，与表 4-31 中 T4 代议士换票前的投票矩阵相同。因此两组代议士受测者均由 A2 民众投票选出，故偏好信息相同。表 4-31 为 T4 代议士在施予换票处理前后的投票矩阵。由于 T4 代议士考虑民众偏好期望后，发现无采取换票的动机，故未出现换票行为，因此换票前后的投票矩阵相同，水与废弃物议题均可通过。

T3代议士的投票矩阵 表4-30

议题	投票者			合计票数	
	坪	乌	新	Y	N
水	N_1	Y_1	Y_1	2	1
废弃物	Y_2	Y_2	N_2	2	1

T4代议士换票前、后的投票矩阵 表4-31

换票前	投票者			合计票数		换票后	投票者			合计票数	
议题	坪	乌	新	Y	N	议题	坪	乌	新	Y	N
水	N_1	Y_1	Y_1	2	1	水	N_1	Y_1	Y_1	2	1
废弃物	Y_2	Y_2	N_2	2	1	废弃物	Y_2	Y_2	N_2	2	1

（二）受测者的偏好向量

由受测者的投票立场与偏好顺序可形成投票矩阵，依据各组受测者的投票矩阵及原始可能的投票结果又可转换为各组每位受测者的偏好向量，以表现其对议题的正负偏好强度，包括 –1、0 及 1。–1 指愿意牺牲该议题的得票来换取其他议题的得票；0 指不管议题获胜或失败，均不愿意进行换票或放弃原本获胜议题；1 指愿意牺牲其他议题的得票来换取该议题的得票。因此，偏好强度为负表示某议题对受测者而言比较不重要，偏好强度为正表示某议题对受测者而言相当重要。对于最重视或最重要的议题，受测者愿意通过换票来争取议题的获胜。故投票者通常愿意放弃偏好向量为 –1 的议题以换取偏好向量为 1 的议题的得票。整理各组受测者的偏好向量如表 4–32~ 表 4–37 所示。

由偏好向量亦可看出受测者的换票行为，如表 4–32 及表 4–35 的受测者，互相以偏好向量为 –1 的议题进行换票，目的是希望能使偏好向量为 1 的议题符合其期望结果。表 4–34 的受测者虽亦有偏好向量为 –1，但由于其实验处理是不允许换票，自然未出现换票行为。表 4–33、表 4–36 及表 4–37 的偏好向量均为 0 及 1，表示对受测者而言，通常议题能符合期望且无可换票的议题，因此要出现换票行为的机会近乎 0。

A1民众的偏好向量 表4-32

议题	投票者														
	坪1	坪2	坪3	坪4	坪5	乌1	乌2	乌3	乌4	乌5	新1	新2	新3	新4	新5
水	1	1	1	1	1	0	0	0	0	0	0	0	–1	–1	–1
废弃物	0	–1	0	–1	–1	0	0	0	0	1	1	0	1	1	1

A2民众的偏好向量　　　　　　　　　　　　　　　　表4-33

议题	投票者														
	坪1	坪2	坪3	坪4	坪5	乌1	乌2	乌3	乌4	乌5	新1	新2	新3	新4	新5
水	1	0	1	0	1	0	0	0	0	0	0	0	0	0	0
废弃物	1	0	1	0	1	0	1	0	1	1	0	1	0	0	0

T1代议士的偏好向量　　　　　　　　　　　　　　　　表4-34

议题	投票者		
	坪	乌	新
水	1	0	(−1)
废弃物	(−1)	0	1

T2代议士的偏好向量　　　　　　　　　　　　　　　　表4-35

议题	投票者		
	坪	乌	新
水	1	0	(−1)
废弃物	(−1)	0	1

T3代议士的偏好向量　　　　　　　　　　　　　　　　表4-36

议题	投票者		
	坪	乌	新
水	1	0	0
废弃物	0	0	1

T4代议士的偏好向量　　　　　　　　　　　　　　　　表4-37

议题	投票者		
	坪	乌	新
水	1	0	0
废弃物	0	0	1

六、结论

本研究采取实验方法重复检验黑菲尔（Haefele，1973）的论点，并以无母数检定验证实验结果是否与理论预期相符，期望将黑菲尔提出的社会选择机制应用于环境治理中。在实验进行过程中，实验者简化代议士的政纲选择，以期使实验流程进行顺畅，并能避免代议士候选人与民众意见相左的情形产生。此外，实验设计能获知受测者对于议题的投票立场、偏好顺序、有无进行换票及最终选择的结果，并依相对多数决整理出决策结果。该决策结果具有多数人偏好的基础，隐含民意，体现出集体决策的意涵。

在检定结果的验证下，本实验获得最重要的实验结果，即由代议士进行决策，并允许换票的条件下，当采用多数决规则时，代议士形成的决策结果系与直接民主相同。由于本实验的受测者均为学生，其单纯并同质的特性可能排除现实民众与代议士两者于决策能力及信息掌握能力等方面的差异，因此形成相同决策结果的可能性极高。

关于实验结果的另一项发现为两组民众受测者对于议题的考虑层面并不相同。由于社会选择系以个人偏好为基础，个人在理性自利的基础上对于议题的考虑层次多样化，偏好形态无法完全预测。因此，本实验的无诱因民众比较重视自身的相关权益，为避免土地被划设为保护区使其产权禁止使用，并严防废弃物对住家周围环境造成影响，通过互相换票的方式来避免不期望的结果形成，以达成其所期望的特定结果。反观有诱因情况的民众，其实验处理与无诱因民众完全相同，即使新店市民与坪林乡民众没有互相换票的诱因，坪林乡民众大可维持原立场，以确保其偏好期望结果能获胜。但坪林乡民众宁愿划设水源保护区，并设置废弃物掩埋场，以确切落实环境维护的目标，隐含该组民众比较重视环境保护，具有较高的环境意识。由于诱因的真实性与设计，涉及其对投票行为的实质影响，而本实验的主要目的在于代议政治与直接民主的比较，故诱因的探讨将留待未来的后续研究加以讨论。

本实验所考虑的环境议题主要涉及当今世代的环境冲突与治理问题。至于未来世代的环境需求与价值正义，虽然无法以目前实验设计及议题加以反映，但是如果能将代议者的职权扩充，以代表未来世代人们的发言权，并修正环境议题以包含未来环境需求及价值观，根据本实验设计的精神，亦可进行探讨。

本实验的操作过程虽称严谨，但在实验设计上，仍有两点值得改进。首先，受限于经费以及实验操作的成本，实验样本数（即受测者人数）恐怕过少，以致在实验结果的代表性以及统计检定的显著性上略显不足。例如，实验假想情境中三个乡镇的代表分别仅有 5 人，且必须从中选出 3 个民意代表进行投票与换票，此与真实的情况不免有差距。此外，本实验诱因的设计是为了诱导出参与者的真正投票偏好，以及确保民意代表与民众的偏好一致。然而，此涉及投票诱因与代理人等的复杂议题，绝非仅以300元的实验费与奖励费所能操控。因此，未来在进行类似的实验或重复验证此实验结果时，这两点皆有改善空间。

本实验的政策意义主要体现在就环境治理而言，本实验结果暗示，举凡涉及公共财政的环境议题，可通过积极的社会选择治理机制加以考虑。以台北市翡翠水库水源保护区的划定为例，若不是由缺乏民意的地方政府片面地划定其范围并消极地补偿区内居民因开发管制所造成的损失，该水源保护区范围的划定则可由受波及的居民选出乡镇代表，并与地方政府以及主管机构等共同组成管理委员会，就该集水区内一般性环境管理议题（包括水源保护区范围的划定）进行讨论与决议。本实验结果意味着，在适当的集体决策机制设计下，代议议事的决定与民众的直接民主决定是一致的，这可以避免因非正式渠道民众过度参与及协商（如街头抗争）所造成的庞大社会成本。

第四节　邻避性设施设置协商策略比较的实验研究

摘要

邻避设施的设置一直是存在于政府与民众部门间最大争议的协商议题，而政府与民众由于立场不同再加上互信基础不足（叶名森，2002），其最终在该议题执行的最后结果往往以对抗的结果收场，就如同博弈理论的囚犯困境博弈一般。因此，本研究拟采囚犯困境博弈作为理论基础，并以内湖垃圾掩埋场为实际案例，作为真实状况的模拟。另外，本研究以实验设计研究方法，并以文化大学市政系及台北大学不动产与城乡环境规划学系的同学分别扮演政府与民众两部门角色，来测试面临不同博弈下政府部门在运用各种策略面对民众各种响应的情况下，其博弈结果是否有差异，以及在加上有限次数与无限次数重复博弈等因子的条件下，各种策略执行结果是否亦有差异。

测试结果发现，在囚犯困境的博弈报酬（payoff）架构中，单纯从政府效益衡量，政府在各种策略运用上并无差异。但政府追求公共利益最大化，单从政府部门思考恐不符合政府角色，因此本研究再从政府与民众的报酬总合为社会总效益进行分析。经实验结果以单因子分析得知，面临不同情境，其社会总效益在各种策略运用上呈现不同差异结果。而若将有限次数、无限次数的重复博弈的因子纳入分析，则以政府始终抱有与民间合作态度的忠诚策略及观望对手出招的以牙还牙两策略呈现显著差异结果。换言之，在不同情境下，其社会总效益在各种策略运用上呈现不同差异结果。很显然，政府在面临邻避性设施设置时，面临不同情境，以及是否面临有限或无限次数赛局时，其计划执行效益可能因为运用策略不同而有差异。因此，政府在面临不同情境时其策略选择便变得相当重要。

一、引言

城市生活环境的好坏取决于公共设施的供给与规划设计质量。而公共设施种类繁多，其中部分公共设施为现代生活所必需，但却是居民所不愿与之为邻，我们称之为邻避性（not-in-my-backyard，NIMBY：不要在我家后院）设施。邻避设施的位置选择越来越困难且耗时，而目前台湾地区相关规定对邻避设施的设置也仅有原则性的规定："应在不妨碍城市发展及邻近居民的安全、安宁、与卫生的原则下于边缘适当地点设置"。如此做法虽着眼于城市发展与环境质量，但李永展（2002）从环境正义的观点指出："城市外缘地区因长期被视为邻避设施设置的最佳区位，其规划结果往往是选择城市外缘地区设置，而城市外缘地区被强迫负担与其他非边缘地区不对等的外部性成本。"因此，居民对于邻避性设施的设置往往采用激烈抗争的手段与政府部门对峙，而其结果往往是两败俱伤或耗费更大的社会成本。

另外，更有以公共投票决定公共事务的论述，但并非所有的公共建设事项都适合公投，邻避设施便是其中一项。由于邻避设施是属于民众生活所必要却又不愿与之为邻的公共设施，因此一旦公投，势必受居民一致反对。台湾地区环保署长因"公投与环保争议"去职（联合报，2003），更是凸显民主政治在公共事务决定上的矛盾。公投并非万灵丹，就算公投决定公共事务，公投结果的执行仍须公权力的贯彻，最后仍是走向协商途径。

基于以上原因，通过良性沟通与协商（negotiation）建立渠道制度便成为真正解决邻避设施设置必然也必需的模式。但以往并非缺乏政府与民众的协商或沟通渠道，而是以往所透过沟通与协商的渠道一方面且战且走，一方面又缺乏理论基础；而政府与民众两方更未对于协商机制背后所真正隐含的信息以及可能面临的对手策略有所了解，因此往往事倍而功半。这些年来台湾地区政府因为设置邻避性设施所遭受的抗争越来越严重，场面越来越浩大的原因，就是民众已经了解"吵就有糖吃的道理"。而政府往往基于选票考虑只是一次比一次更满足民众要求的做法，其结果就是财政负担增加。一旦无法满足民众需求，则将付出更大的社会成本。从台电公司自1972年开始的第一输配电计划至今的第六输配电计划，金额从约110亿元新台币增长至4540亿元新台币，推展年期也逐年增加中便可见一斑。

同时，在民众方面，通过对于政府一贯做法的了解，形成现今弱势群体更加弱势的社会不公平现象。长此以往，邻避设施所造成的外部成本将更加由都市外缘地区所吸收。最明显的例子便是台电核废料问题，以及垃圾掩埋场超限利用等。这些都是居民意识逐渐抬头而又缺乏协商沟通的结果。科技进步的脚步赶不上环境负外部性效果（negative environment external effects）的增加，则邻避设施问题将来势必成为城市规划上的一大课题。因此，寻求良性有效的协商机制作为以后邻避性设施规划设置的操作基础，以解决民众抗争或无处可设的困境，间接减少因抗争所造成的社会成本增加，就成为亟待解决的课题。而探讨协商机制之前，政府部门采用何种策略成为协商机制成败的基础。各种策略的应用中何者对政府部门及社会总效益（政府部门与民众部门效益总和）最大则是本研究的主要目的之一。

另外，近年来，博弈理论被大量应用于商业仲裁谈判、拍卖场及军备竞赛（古巴导弹危机）协商谈判等成功案例，更显现该理论实际应用于相关实务操作已相当成熟，但实际应用于城市规划的案例并不多。为解决邻避性设施设置的问题，本研究尝试以博弈理论为基础来探讨政府部门在设置邻避性设施时可能采用之策略差异，以作为研拟协商机制建立的基础。但为测试透过赛局理论来探讨政府部门采用的策略差异与可行性，拟先借由实验设计及模拟，检验操作模式可行性后，再回馈修正模式，进而讨论建立可能的协商机制。因此，基于以上原因，本研究目的有三：①以博弈理论及相关研究为基础，经整理后研选政府部门可能选择的策略，并参考邻避性设施设置协商所考虑的影响元素，进行情境模拟及实验设计；②进行实验设计并由实验结果检验各种策略在应用上是否有差异；③针对实验的结果提出后续研究的具体建议。

二、相关文献及理论分析

（一）邻避性设施相关文献回顾

台湾地区有关邻避性设施的相关研究颇多，其中有关邻避（not in my back yard）一词，又有另一说法称为 LULU（locally unwanted land use），意即地方上不想要的土地使用。因此，所谓邻避设施即指小区居民所反对的公共设施（黄仲毅，1998），或污染性设施（刘锦添，1989；李世杰，1994）；抑或称之为嫌恶性设施（翁久惠，1994；陈柏廷，1994）及不宁适设施（曾明逊，1992）。本研究为确保实验者了解实验内容，仍将其称为邻避性设施。研究显示，邻避性设施包含种类繁多，举凡造成空气污染、水源污染的设施（李世杰，1994），变电所、垃圾焚化厂（翁久惠，1994），核能发电、垃圾焚化厂等（曾明逊，1992），均属邻避性设施。本研究主要旨在探讨政府部门进行协商可能采用的策略，采用何种邻避设施并非本研究所关注，因此选用内湖垃圾掩埋场作为分析案例。叶名森（2002）以桃园县南区焚化场为例，从环境正义检视邻避性设施选址决策。该研究认为邻避性设施设置不能单从民众接受底线与回馈观点来思考，产生抗争也是因为认知不同、互信不足、政治介入及环境权出卖等。

黄仲毅（1998）以资源回收焚化厂为例，探讨居民对邻避性设施的认知与态度。该研究的目的在于找出减轻或消除民众对邻避性设施抗拒之道。研究结果发现民众虽都同意"焚化比掩埋佳"，但仍视其为邻避设施。而建议的解决之道是加强双向沟通与完善回馈补偿措施，建立互信共识。丁秋霞（1998）以垃圾掩埋场为例，探讨邻避性设施外部性回馈原则。该研究显示，回馈的经济手段虽然是解决抗争的方法之一，但是回馈基金的阶段性整体规划以及确实了解民众需求更显重要。

由以上相关研究文献整理发现，行政部门在设置邻避性设施时所面临的课题包括：①财政负担的日益严重；②垃圾处理的日程压力；③民众的环境意识抬头；④邻避性设施设置是生活所必要，民众却避之唯恐不及；⑤一般民众对邻避性设施的认知有落差；⑥回馈方式未能符合民众需求。相关文献探究以上课题产生的原因，均认为民众除了对于邻避性设施设置的认知与政府不同外，对于邻避性设施设置的真实状况亦未充分了解。认知不同与不了解则需要不断沟通与协商，以建立起互信共识，但相关文献却未曾就如何在邻避设施设置时建立有效沟通方式有所探讨。因此，本研究认为如何建立有效的沟通或协商机制，将是邻避性设施设置成功与否的关键。

（二）相关理论

1. 谈判协商形成的相关理论

本研究主要基于邻避性设施设置经常成为政府与民众之间争议的主题，因此如何在争议中采用有效协商方式获得满意的结果，实为现今政府与民众部门均要深切思考的问题。谈判（bargaining）或协商（negotiation）一词在英文字意上经常是互用。邓东滨（1984）认为："谈判是指人类为满足需要而进行的交易。"拉尔（Lall，1966）认为："谈判是一种企图明了、改善、调整或是解决争议的方式。"普瑞特（Pruitt，1983）认为："谈判是人们在共同关心或协调的情况下，为达到一个共同性决策而作的努力或尝试。"因此，综上论述，本研究认为谈判或协商应具有下列特性：①企图达成的共同决定；②针对特定主题或争论；③双方都有企图的沟通或妥协。而基于以上特性，邻避性设施的争议便是一个共同的主题或争论。而生活上以及公共政策上的必要性迫使公、私部门都必须试图要求对方妥协，或通过谈判争取自身最大效益。因此，邻避性设施的争议是一个必须具有良好谈判或协商机制的课题。

基于以上理论，谈判和协商机制形成后，其谈判策略应用将是成败的关键，双方能否得到最大效益的关键就在于其策略的灵活运用了。布莱克（Blake）及模藤（Mouton）（林佑任，1996）将冲突谈判的策略分为 Win-Loss、Win-Win、No Win-No Loss、Loss-Win、Loss-Loss 五种。另外，汤姆斯（Thomas）和普瑞特（Pruitt）亦提出竞争策略、合作策略、妥协策略、让步策略、逃避策略五种不同策略模式。而巫和懋、夏珍（2002）则认为博弈理论在重复博弈当中常用三种策略，分别是好好先生策略、报复策略、以牙还牙策略。

综上所述，本研究认为上述策略运用不论其名称为何，依其内涵可整合为四类：

①忠诚策略（faithful strategy）：即不论对手如何出招，态度始终以配合及合作态度对待对方。

②报复策略（trigger punishment strategy）：即一开始采用合作态度，看对方所使用策略为何，一旦对方先采用不合作方式则采用永不合作对待之。

③以牙还牙策略（tit for tat strategy）：即以其人之道还治其人之身，换言之，视对方采用合作或不合作方式，则相应采用合作或不合作方式对待之。

④混合策略（mixed strategy）：即合作与不合作方式混合使用，如何使用由决策者自行决定，即随机策略。

2. 博弈理论探讨

（1）博弈理论

博弈理论，依其过程为动态或静态以及信息获得是否完整（complete or incomplete）分别具有其均衡（equilibrium）。艾瑞克·拉斯姆森（Eric Rasmusen，2002）认为所谓均衡"就是以博弈规则去描述一个情况，及解释那情况下将会发生什么，试图去极大化他们的报酬，参赛者将设计计划，即能依赖传达到的信息来选择行动的策略，而各位参赛者选择的策略组合，即所谓的均衡。"（杨家彦 等，2003）。以囚犯博弈赛局为例，如表 4-38 所示（Camerer，2003），囚犯困境博弈结果为双方不合作。

囚犯困境博弈报酬结构正则形式（normal-form）形态　　　　　　表4-38

		Player 2 （民众）	
		合作	不合作
Player 1（政府）	合作	(H, H)	(S, T)
	不合作	(T, S)	(L, L)

注：T、S、H、L 为报酬值，其中 T（temptation）即背叛诱惑，指单独背叛成功所得；S（suckers）即受骗支付，指被单独背叛所获；H（high）即合作报酬，指共同合作所得；L（low）即背叛惩罚，指共同背叛所得。假设 $T > H > L > S$。

迪克希特（Dixit）及史基斯（Skeath）（Dixit et al.，2002）指出，参与有限及无限次数重复博弈的参赛者在考虑背叛与否时，必须衡量一次背叛得到的利润必须大于在后续博弈因背叛产生的损失。他们（Dixit et al.，2002）在其所著《策略博弈》（*Game of Strategy*）一书中亦提到："博弈中的合作行为可能且一定会发生。"而雅克萨罗德（Axelord，1984）更提出想要赢得重复博弈必须遵守不妒忌、不先背叛、以牙还牙、不要太聪明等四原则。德宏尼（Terhune，1968）以及希而滕（Selten）和斯托伊克（Stoecker）（Stoecker et al.，1986）也提出重复博弈进行时所面临的利率与处罚及奖励的相关案例。

（2）博弈理论应用

博弈理论的应用十分广泛，例如聂普（Knaap）、霍普金斯（Hopkins）及唐纳西（Donaghy）（Knaap et al.，1998）曾利用吉诺模型（Cournot model）以及斯塔克尔伯格模型（Stackelberg model），从单一开发者到单一地方政府，再到 n 个开发者观点去讨论计划所可能带来的影响。麦克唐纳（McDonald）及素罗（Solow）（McDonald et al.，1981）则引用博弈理论探讨工会与资方劳资谈判的均衡关系。科密特（Kermit，1992）运用博弈理论探讨区域交通合作策略。林瑜芬（1994）以博弈理论为架构探讨核四争议中台电公司与环保联盟冲突互动，文中亦说明台电面临囚犯困境的非零合赛局。颜种盛（2003）则以博弈理论观点探讨台湾地区无线局域网络设备产业的竞争策略。樊泌萍及刘素芳（1995）曾利用不完全信息博弈采用反史实分析法，探讨唐荣公司失效案例。樊泌萍（1996）更曾以实验博弈理论应用，探讨学生小学德育教材设计，发现其道德认知在不同年龄层间的确有差异。因此，以实验设计方式应可测度实务上可能面临的相关议题或探讨真实状况。

三、邻避性设施设置协商策略比较实验设计

本研究拟采实验方式来比较不同策略应用下是否产生效益有所不同，因此，实验设计与安排显得重要。本研究为求实验严谨性，于正式实验之前，曾以模拟真实实验状况方式，先行测试（pre-test）之后，再依参与实验者对实验建议（包括奖金调高为原来的 3 倍，博弈报酬结构应用较真实的数字仿真，以及以实际案例进行情境说明等），修正测试过程中所可能造成误差的相关内容，并针对有关实验应注意的限制与安排进行实验设计。有关实验安排重点与实验设计说明如下。

（一）实验限制

安德伍德（Underwood）及萧纳西（Shaughnessy）（Underwood et al.，1975）认为，实验的贡献如果做得好，它可以使我们得知自然界的因果关系。他们还认为，

实验不一定要在实验室，可以在教室、高速公路或政府机关进行，称为"实地实验"（field experiment），只是要把这种实验控制好的技术较困难。本研究将模拟真实协商环境（仿实验室状况）进行实验，以减少因外在情境影响导致的实验误差。另外，本研究为符合实验设计要求，并尽量降低误差，将所有参加实验人员均采抽签方式进行区内随机安排建立随机组。实验分成有限次数重复博弈及无限次数重复博弈两种。有限次数重复博弈以实验重复 20 次为主，避免时间过长使练习误差加大；无限次数重复博弈部分则以时间与次数双重控制方式进行，即时间与预定进行的博弈次数均由实验指挥者控制，时间或预定次数先达到者即暂停实验，本研究在修正测试经验中选择以 14 分及 30 次为预订基准。

（二）实验设计与安排

1. 博弈模式选择与情境设定

（1）博弈模式选择说明

本研究系以实验方式来检验各种不同协商策略运用的差异，最后再选择较佳的模式作为制定协商机制的参考。有关本实验的各项情境说明如下。

①参赛者双方（Player 1 代表政府角色，Player 2 代表民众角色）由于邻避性设施设置关系到相关权利关系人员众多，但在面对政府部门的协商当中，往往意见集中于少数意见领袖当中，而且表达相同要求。本研究中民众指所有权利关系人（包括当地居民及所有权人）。

②以欧海而（O'Hare）（翁久惠，1994）所提邻避性设施设置其可看成囚犯困境博弈，卡摩拉（Camerer，2003）亦指出环境污染等公共议题也属于囚犯困境博弈模式。因此，将有关邻避性设施设置议题下的政府与民众双方报酬结构假设说明如表 4-39 所示，表示设置邻避性设施在政府角色与民众角色获得的报酬（payoff）结构。其中，政府角色（Player 1）实行的对应方式有与民众合作及不合作两种，而民众角色（Player 2）实行的方式有与政府政策合作或不合作。所谓合作，系指政府或民众部门对于对方不论所采取的策略或要求为何，其对应的方式均同意配合，不合作则反之[①]。另外，在报酬结构表中括号内的 δ 值，前者表示政府角色在博弈进行中采用不同方案结果所获得的效益值（以货币值表示），后者则是民众角色获得的效益值。

---

① 所谓合作，就民众而言指为"就邻避设施设置的政策，不论政府采取何种方案及补偿措施均愿意配合"，反之则为不合作。就政府部门而言，合作所指为"就邻避设施设置的政策，只要民众同意设置，不论民众要求补偿多寡均愿意配合"，而不合作则为"就邻避设施设置的政策，政府只愿依拟定补偿方案执行，民众所提额外要求均不同意，必要时不顾抗争采用强制手段"。

		Player 2 （民众）	
		合作	不合作
Player 1 （政府）	合作	$(\delta 1, \delta 1)$	$(\delta 3, \delta 2)$
	不合作	$(\delta 2, \delta 3)$	$(\delta 4, \delta 4)$

邻避性设施公私部门报酬结构　　　　　　　　表4-39

在上述报酬结构中，政府角色内部报酬结构系以邻避性设施设置计划（该计划为外生变量）的可能经济效益为衡量。换言之，经济效益在本研究中所指即计划总效益减去计划总成本。其中，效益研究系指以效用或财产权理论所定义，本处暂不讨论。但本研究认为不论采用效用或财产权定义，效益应包括因该计划取得执行权及执行后在实质（如金钱等）或非实质（如社会效益等）上效益的总和，而总成本则包括因计划取得执行权及执行后在实质（如人力、金钱等）或非实质（如社会成本等）上投入成本的总和。而民众角色内部报酬结构亦同。本研究的政府角色总效益包括垃圾问题的解决及因垃圾问题解决后所增加的实质与非实质效益，而总成本则因计划执行所必须投入的实质（含建造、土地取得、相关设施兴建成本等）与非实质资源（包括民众抗争及时间成本等）。而民众角色的报酬结构所指为，因邻避设施设置或不设置，其于公共领域所获得的非实质效益（如增加或减少公共空间使用等）及所获金钱补偿的效益计算。基于囚犯困境博弈理论，其报酬结构应具有特性：$\delta 2 > \delta 1 > \delta 4 > \delta 3$。

（合作，合作）为政府与民众的行动方式组合，其报酬结构为（$\delta 1$，$\delta 1$），代表政府角色与民众角色在设置邻避设施过程中采取合作态度。由于政府角色受到民众角色的完全配合，因此在计划执行中：①由于没有抗争，节省防止抗争的成本；②由于没有抗争，在时程上将缩短，同时亦因时程上节省而在预算及利息上将因此而更显减少，因此计划效益增加；③因为政策顺利推动所获得的效益，因此计划效益增加。而（不合作，不合作）为政府与民众的另一行动方式组合，其报酬结构为（$\delta 4$，$\delta 4$），代表政府部门与民众部门在设置邻避设施过程中采取不合作态度。由于政府部门受到民众部门的抗争，因此在计划执行中：①由于抗争，增加防止抗争的成本；②由于抗争，在时程上因而延长，同时亦将因时间上拉长而增加此预算及支付利息，因此计划效益将减少；③因为政策推动遭抗争所增加的成本导致计划效益减少。另外，（合作，不合作）与（不合作，合作）分别代表一方采取不合作态度而另一方采取合作态度，此时，因为政府与民众一方采取不合作态度，因采取不合作一方其短期效益升高，但采取合作一方，其相对所负担成本亦高，效益则降低，例如政府为符合民众要求采取合作态度，在设置邻避设施方面对民众有求必应，其所负担成本将不断提高，导致效益降低，而对社会总效益而言亦可能降低。以上所陈述的报酬结构内容符合邻避设施设置时的真实状况，亦符合囚犯困境博弈的内涵。因此本研究将以囚犯困境作为实验假设情境，并以实际报酬内容作为实验基础，且假设其报酬结构如表4-40所示。有关表中数字，由于本研究主要先测试实验可行性，系由上述假设中以政府、民众角色的效益及其应有的关系所假定数字，供作实验基础。但是这些数字已充分表示囚犯困境博弈结构的特性。至于这些数据所代表的意义，是效用或财产权，此处暂不讨论，但数字越大表示结果越好。其中，在邻避性设施设置态度上因民众对该政策并未进行抗争，因此，政府将可节省额外的外部成本（如为防止抗争成本），用以增加在民众补偿或增加小区公益性设施。因此，政府与民众效益假设为（8，8）。而不合作一方若遇对手合作完全配合其效益将增加，其余不另赘述。为使实验进行具真实感，报酬部分将以货币值表示。

邻避性设施政府与民众部门报酬结构表（单位：亿元新台币）　　　表4-40

		Player 2（民众）	
		合作	不合作
Player 1（政府）	合作	（8，8）	（2，15）
	不合作	（15，2）	（3，3）

（2）实验案例选择与说明

台北市政府为解决垃圾问题，希望于内湖区设置第三垃圾掩埋场，掩埋场土地取得成本约15.4亿元新台币，工程兴建成本12.4亿元新台币，另根据以往惯例恐仍需有回馈金回馈乡里。若兴建完成可处理垃圾量约100万 m^3（大约是以大森林公园填高一层楼的量），总面积30hm²（含掩埋区9hm²，缓冲区及绿带21hm²）。但由于城市计划已变更完成，土地所有权人亦面临被对于建筑的管制。因此，政府在进行有关邻避设施设置时可能会面临下列三种状态（真实状态中民众可能通过议会了解政府与民众面临何种情境），用下文的三种情境加以描述，本研究为确实了解政府部门面临不同情境下各策略的差异，对此三种情境进行博弈模拟。政府与当地民众可能面临的情境说明如下：

情境一：政府因为受限于时间压力，必须于一定时间内完成掩埋场设置。

情境二：政府已有其他替代方案，时程已非重要考虑，但由于城市计划已变更完成，且全市仍有该项需求，无法变更为其他使用。

情境三：政府与民众对于邻避设施将面临何种挑战状况均未知时。

（3）参赛者

Player 1 代表政府，Player 2 代表民众。

（4）策略说明

将政府所有可能采用的策略归纳为前文所述四种策略，分别是忠诚策略、报复策略、以牙还牙策略及混合策略。

（5）信息对称

为避免因情境假设造成误解，本研究假设参赛者双方在信息对称下进行实验。

2. 实验假说

本研究以实际状况模拟和囚犯博弈理论为基础，实验假说说明如下：

①政府在所有可能实行的策略中，各种策略执行所得的报酬，依面临的情境不同及因采用策略的不同，应有明显差异。

②在协商过程中，由于邻避设施设置依实际需要，时程上长、短有所不同，因此，将因博弈进行为有限次数重复博弈及无限次数重复博弈的差异，政府部门采用的策略结果应有不同。

3. 实验进行

本研究将博弈分成博弈一（有限次数重复博弈）及博弈二（无限次数重复博弈）两种，又将参与实验人员中的政府角色人员分成甲（忠诚策略）、乙（触发的报复策略）、丙（以牙还牙策略）、丁（混合策略）四组，而扮演民众角色的人员则随机对应分组。但仅政府角色实验者知晓策略，民众角色则完全不知道政府角色实验者有策略运用，即政府角色为控制组。为使实验进行时与真实状况相似，在实验环境安排方面，本研究采用政府与民众对坐方式进行（图4-16），而实验进行之后管制人员进出，并在实验进行前禁止交谈。在确认所有人对此实验均为第一次参与后进行实验。

4. 博弈得分规则

参赛者由参赛结果依表4-41计算得分，并要求各参赛者应详细阅读，确实了解实验及得分内容，另为鼓励参与者能严肃且认真地协助实验进行，本研究设有奖金规则，以激励参与实验者（表4-42）。

得分规则表　　　　　　　　　　　　　　　　表4-41

出牌		得分（亿元新台币）	
Player1（政府）	Player2（民众）	Player1（政府）	Player2（民众）
○	○	8	8
×	×	3	3
○	×	2	15
×	○	15	2

注：○表示合作；×表示不合作。

奖金规则表　　　　　　　　　　　　　　　　表4-42

总平均（亿元新台币）	奖金
10.0 以上	300 元
8.0~9.9	150 元
6.0~7.9	50 元
5.9 以下	0 元

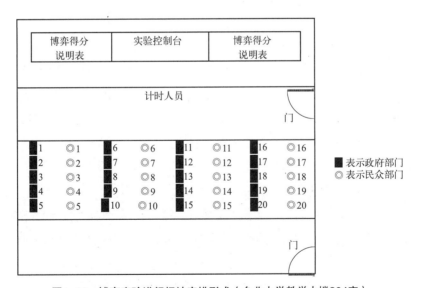

图4-16　博弈实验进行场地安排形式（台北大学教学大楼304室）

5. 实验进行程序及规则说明

（1）分组

本项实验将所有人分成两组，分别代表政府（参赛者一：Player 1 当代表）及民众（参赛者二：Player 2 当代表）两部分。

（2）实验进行程序及规则

①每位参赛者均有两张纸牌，一张画"○"，另一张画"×"。

②每位参赛者均应详细听取实验主持人口令同时出牌。

③同时出牌者一旦出牌则不得更改。

④实验进行中禁止任何交谈。

⑤参与实验者对于角色扮演应充分了解，实验进行中若有疑问不得公开发问，但可举手由实验者协助说明。

⑥实验者应于实验进行前，先安排协助实验者进行 2~3 次实验模拟，以操作说明确保参与实验者真正了解实验进行过程。

⑦参赛者人员安排采用抽签随机安排方式。

⑧参赛者对于实验中各项记录应如实填写。每次参赛得分应随即记录在得分表当中。

⑨每一组参赛者仅参加有限及无限博弈各一次。

四、结果分析

（一）分析方法说明

本研究以实验方式进行有关邻避设施设置，政府部门采用策略差异的相关研究分析。由于比较策略应用上的差异，并考虑面临有限或无限重复博弈状态下的差异，因此本研究采用统计学上的变异数分析方法，分别针对不同情境下的实验结果进行分析，并且采用 SPSS for Windows 软件包进行分析。为了解当已知不同策略面临的博弈为有限次数或无限次数博弈时其策略应用上是否有差异，将采用进行单因子（ANOVA）变异数分析以及二因子（MANOVA）变异数分析方法。

（二）博弈实验者参赛状况分析

首先，本研究对于所有参赛者进行参赛状况分析。在面临有限次数重复博弈，且政府因为受限于时程压力，必须于一定时间内完成掩埋场设置的情境（即情境一）下。本研究依统计数据显示尝试了解政府与民众在博弈一开始的信任态度，结果发现，政府角色 75%（15 位）会在第一次采取合作态度，但民众却仅有 40%（8 位）会在第一次采取合作态度。显然，民众对政府多采取不信任态度。在面临政府已有其他替代方案时，时程已非重要考虑。但由于城市计划已变更完成，在无法变更为其他使用的情境（即情境二）下，政府角色 70%（14 位）会在第一次采取合作态度，但民众却仅有 35%（7 位）会在第一次采取合作态度。显然，多数民众对政府依旧采取不信任态度。在政府与民众对于邻避设施将面临何种挑战状况均未知时的情境（即情境三）下，政府角色75%（15位）会在第一次采取合作态度，但民众却仅有25%（5位）会在第一次采取合作态度。这意味着对于邻避设施设置，政府在一开始多采取信任合作的态度，希望以善意减少抗争，但民众不论面临何种状况，则多不愿意与政府合作。很显然，民众不论面临何种状况，对于政府一开始均较具有防卫及不愿合作的态度。而在无限次数重复博弈中情况亦同，但当博弈进行几次后民众合作态度则有明显增加，达45%（9位），这与迪克希特及史基斯（Dixit et al., 2002）在其所著《策略博弈》一书中所提到的论述"博弈中的合作行为可能且一定会发生"相符。

（三）政府角色运用策略单因子（ANOVA）变异数分析

为了解政府在不同策略运用上是否有差异，本研究分别针对有限次数、无限次数重复博弈进行分析。依本研究实验结果，不论在何种情境之下，若仅针对政府角色运用策略进行单因子比较分析，结果都显示政府角色运用各策略后获得的效益并无明显差异，但本研究前已说明，政府重点应在公共利益最大化。因此，政府与民众的效益总和所形成的社会总效益，更是政府在邻避设施博弈中所关心的结果。在有限次数重复博弈当中，其结果分析如下。

（1）有限次数重复博弈状况下

在有限次数重复博弈状况下，当政府面临情境一的状态时，不论政府采用何种策略均无差异。而当政府面临情境二的状态时，其各策略运用上所得的平均值，以以牙还牙最高，为平均141.2亿元新台币。单因子分析显著性为0.031（$p=0.05$）（表4-43），具有显著差异。而当政府面临情境三时，其各策略运用上所得的平均值仍以以牙还牙最高，为平均120.2亿元新台币。显著性为0.02（$p=0.05$）（表4-44），亦具有显著差异。本研究认为，情境一由于民众具有优势地位（因为政府有时承受压力而民众则无），政府的策略应用上已有限制。加上民众了解其所占优势地位，民众当依此优势进行协商。因此，政府策略自然有限而无差异。

（2）无限次数重复博弈状况下

在无限次数重复博弈状况下，当政府面临情境一的状态时，不论政府采用何种策略均无差异。而当政府面临情境二的优势状态，其各策略运用上所得的平均值，以忠诚策略最高，为平均148.2亿元新台币。单因子分析显著性为0.010（$p=0.05$）（表4-45），具有显著差异。而当政府面临情境三时，其各策略运用上所得之平均值以以牙还牙得分最高，为平均170.0亿元新台币。单因子分析显著性为0.064（$p=0.05$）（表4-46），略具有显著差异。

有限次数重复博弈（情境二）政府部门采用各策略
社会总效益平均值变异数分析表　　　表4-43

	平方和	自由度	平均平方和	F值	显著性
组间变异	34093.750	3	11364.583	3.823	0.031
组内变异	47566.000	16	2972.875		
总变异	81659.750	19			

有限次数重复博弈（情境三）政府部门采用各策略
社会总效益平均值变异数分析表　　　表4-44

	平方和	自由度	平均平方和	F值	显著性
组间变异	33755.750	3	11251.917	3.343	0.020
组内变异	41451.200	16	2590.700		
总变异	75206.950	19			

无限次数重复博弈（情境二）政府部门采用各策略
社会总效益平均值变异数分析表　　　表4-45

	平方和	自由度	平均平方和	F值	显著性
组间变异	72857.800	3	24285.933	5.238	0.010
组内变异	74188.000	16	4636.750		
总变异	147045.800	19			

无限次数重复博弈（情境三）政府部门采用各策略
社会总效益平均值变异数分析表　　　表4-46'

	平方和	自由度	平均平方和	F值	显著性
组间变异	21755.350	3	7251.783	2.953	0.064
组内变异	39297.200	16	2456.075		
总变异	61052.550	19			

由以上结果分析得知，当信息较充分且政府在博弈参赛时程掌控权较大时，或者在信息缺乏，政府与民众对于面临情境一无所知时，政府在策略运用上就有效益上的差别，特别是以牙还牙策略较佳，与相关文献中（Axelord，1984）强调以牙还牙策略较佳的论述不谋而合。这表示政府应因情境的不同而采取不同策略运用。

（四）政府角色运用策略二因子（MANOVA）变异数分析

依本研究实验结果进行二因子分析得知，不论在何种情境之下，若仅针对政府角色运用策略进行二因子（MANOVA）比较分析，其结果显示政府角色运用各种策略获得效益之间并无明显差异。但若以社会总效益来分析，当政府面临情境一的劣势状态时，其各策略运用上所得的平均二因子分析虽未具有显著差异，组内平方和与总平方和之比（Wilks' Lambda）显著性为 0.105（p=0.05），但忠诚策略相对于有限、无限重复博弈因子确有明显差异（表4-46）。换言之，单纯从政府角色观点在情境一状况下，政府不论采用何种策略，其在政府角色的效益上无明显差别；但若从社会总效益观点而论，不论政府或民众效益的增加，都代表社会总效益增加。此时，一旦政府采取忠诚策略，则面临有限、无限重复博弈下对社会总效益就有差别。此时政府必须确认其所面临究竟是属有限或无限博度状况。换言之，除非政府因政策或选票考虑而必须无选择地采取忠诚策略对民众退让，政府应在有限或无限博弈状况下，谨慎使用忠诚策略。另外，当政府面临情境二时，各策略运用效益上并无显著差异。换言之，当政府较无压力情况下（情境二），任何策略应用就显得不重要。但当政府面临情境三时，其各策略运用上所得的社会总效益二因子分析则具有显著差异，组内平方和与总平方和之比（Wilks' Lambda）显著性为 0.015（p=0.05）；而忠诚策略与以牙还牙策略相对于有限、无限重复博弈因子确有明显差异，显著性分别为 0.00 及 0.032（p=0.05）（表4-47）。报复策略则略有差异，但并不明显（显著性为 0.083）（p=0.05）。另外，混合策略则无明显差异（显著性为 0.406）（p=0.05）。换言之，在信息不明的情况下（情境三），策略应用就很重要，因为其所造成的社会总效益具有显著差异（表4-48）。

有限、无限次数重复博弈政府各策略运用社会总效益
二因子变异数分析表（情境一）　　　　　表4-47

多变量检定					
效果	值	F 值	假说	自由度误差	显著性
有无组内平方和与总平方和之比	0.268	3.423	4.000	5.000	0.105
受测者之间效果检定					
依变量来源	第Ⅲ类型平方和	自由度	平均平方和	F 值	显著性
有无忠诚	3610.000	1	3610.000	6.017	0.040
报复	6604.900	1	6604.900	1.223	0.301
还牙	2624.400	1	2624.400	0.379	0.555
混合	2016.400	1	2016.400	0.506	0.497

有限、无限次数重复博弈政府各策略运用社会总效益
二因子变异数分析表（情境三）　　　　　表4-48

多变量检定					
效果	值	F值	假说	自由度误差	显著性
组内平方和与总平方和之比	0.003	453.647	4.000	5.000	0.000
有无组内平方和与总平方和之比	0.117	9.421	4.000	5.000	0.015
受测者之间效果检定					
依变量来源	第Ⅲ类型平方和	自由度	平均平方和	F值	显著性
有无忠诚	25603.600	1	25603.600	39.844	0.000
报复	34810.000	1	34810.000	3.939	0.082
还牙	24700.900	1	24700.900	6.674	0.032
混合	3920.400	1	3920.400	0.769	0.406

由以上分析结果看出，策略运用上必须详加考虑政府策略因子和有限及无限博弈因子的差异，尤其是忠诚策略与以牙还牙策略。显而易见，政府各项策略运用之间确实有差异性存在，因而必须强调在不同情境下采用不同策略。

五、讨论

本次研究采用实验设计方式进行有关邻避设施设置协商策略比较研究，实验结果不论在操作程序或操作结果分析上皆被证实确实可行。在实验设计上考虑参赛者专业及角色扮演，选择市政系与不动产与城乡环境规划学系同学担任。建议未来可再由公行系及企管系或都市规划科系进行下次实验，进行效度比对。另外，奖金诱因确实对实验者有鼓励作用，可再提高奖金额度以增加精确度。而博弈时间应能够让参赛者充分思考，因此在时间上可再调配。再就实验结果内容而言，在囚犯困境博弈当中最重要的报酬（参赛者效益）结构，先依理论采用货币值假设。虽然邻避设施是一种公共设施设置，但本研究认为可采用效用或经济财产权观点进行定义。

而有关财产权部分，英拉波坦（Furabortan）及李奇特（Richter）在其所著《经济理论与制度》（*Institutions and Economic Theory*）中提到财产权理论系源自于科斯（Coase）的交易成本（transaction costs）观念，包含财产权的配置对经济影响所担任角色导向逻辑性的理解。科斯（Coase，1960）认为假定交易成本为零，不论权利如何分派，个人都将交易到其应有权利，直到达到帕累托（Pareto）效率配置。科斯更发现，类似洁净空气与安静权利或从事有害影响活动权利就是财产权。另外，信息的掌握在经济决策中占相当重要的地位。决策者不能假设信息是完全信息

（complete information），因而需要遵循赛门（Simon）所提出的有限理性（bounded rationality）。因此，新制度经济学认为交易要花费成本。阿尔奇安（Alchian）和张五常甚至尝试把交易成本视为等同信息成本。而且，因为有正的交易成本存在，财产权无法完全分派（例如污染空气权利）或定价（郊区购物中心停车空间依先来的先服务的原则予以分派）。笔者（赖世刚，2002）曾从财产权观点探讨开发许可与土地使用分区管制制度间的差异。阿尔奇安和张五常则提出经济财产权非以法律财产权为必要，法律财产权则可巩固经济财产权。对于商品，若能具有完整的知识（knowledge）则更能拥有其价格（颜爱静，2001）。巴札尔（Barzel，1997）则从配给理论、汽油竞价控制与契约选择探讨财产权流失于公共领域的概念。本研究认为，邻避设施协商过程以及策略应用的效益计算，应从经济财产权的观念切入，而非仅视其实质补偿或受补偿的价款而论断。但由于本研究的目的在测试博弈实验应用是否可行以及比较策略应用上的差异，因此有关本研究的博弈报酬结构则先假定其系为以经济财产权试算的报酬结构。换言之，在本书中暂不讨论财产权问题，但可作为后续数理模式建立时变量定义的考虑因素。

由于本研究为了解策略运用中是否有实质上的效益差异，对政府采取了控制策略的参赛方式。换言之，政府角色可运用的策略被预先规范固定住，此与博弈双方由自由意愿使用策略有所不同。而且政府部门以公共利益为考虑，而非以追求单方利益最大化为目标，在策略应用上多数均采取合作态度。因此，在实验初期多数组别均未达纳什（Nash）均衡的状况（达到纳什均衡状况组数在有限或无限博弈分别占全部组数的 20% 及 14%），此与博弈理论结果有出入。但在重复博弈中最后双方都倾向于合作，与理论则相符。

另外，本研究中，由于实验者从事实务工作将近 15 年，除可确实将实务上的各种状况掌握外，对实验参加者各种状况控制亦能充分掌握，使参赛者在实验室中宛如真正参与博弈。而此次又以邻避设施设置为议题，实验过程中以实际案例（内湖垃圾掩埋场）为模拟，使参与者亲身感受真实状况。因此本实验应具有较强的应用价值。此外，既然政府在面临不同情境时采用的策略确有差异，政府在邻避设施政策上则不应造成民众"吵就有糖吃"的印象，反而可采用以牙还牙策略，让民众也警觉到抗争未必是他们最佳的选择。

六、结论

本研究采取博弈实验方式，以博弈理论为基础对协商策略的差异进行测试。尤其以邻避设施为研究主题，对于所有参赛者进行状况分析。不论在有限次数或无限次数重复博弈中，很显然，民众对于政府一开始均较采取防卫及不愿合作的态度；但当博弈进行几次后民众合作态度则有明显增加，达 45%（9 位），这与文献中的结论相符（如 Dixit et al.，2002；Axelord，1984）。而从实验结果分析中得知，对于社会总效益，就各项策略运用进行单因子分析，在情境二、三中，不论是面临有限或无限重复博弈均有差异，而且以以牙还牙策略为佳。这与加拿大博弈理论学家阿纳托尔（Anatole）所提出的论点相符，与本研究认为各策略应有差异的假说亦大致相符，只是情境一情况下显现无差异部分略有出入。本研究认为，由于民众具有优势地位（因为政府有时程压力，民众则无），政府的策略应用上已有限制；加上民众了解其所占优势地位，当依此优势进行协商，因此政府策略应用自然有限而无差异。因此，本研究仍认为策略应用结果应有差异，但必须再考虑政府面临情境不同的因素。

若同时考虑策略应用因子及有限次数、无限次数的因子，则政府具有政策执行压力时（情境一），其各策略运用上未具有显著差异。唯独忠诚策略相对于有限、无限重复博弈因子确有明显差异。换言之，若从社会整体观点而论，一旦政府采用忠诚策略，则面临有限、无限重复博弈下社会总效益就有差别。另外，由于情境二不论有限无限或策略应用上均无差异，因此，当政府毫无时程压力时，任何策略应用就显得无差别。但当政府及民众面临信息不足状况时（情境三），其各策略运用上所得的社会总效益便具有显著差异，此时政府就必须慎选策略应用。可见决策时间压力及信息提供均影响最适协商策略的选择。

第五节　行为规划理论

摘要

自从经济学家在 20 世纪 50 年代推出以主观预期效用（subjective expected utility，SEU）为主的选择理论以来，它已经成为经济分析以及相关学科的基石，如决策分析、法律经济分析以及实证政治学等。然而，近年来针对主观预期效用以及最适合化的传统选择理论的主张，基于许多实验以及实践的佐证，均发现其无法准确描述决策者实际如何下决定。于是有学者便提出展望理论（prospect theory）或有限理性（bounded rationality），以取代主观预期效用模式的地位。笔者近期的研究发现，主观预期效用模式在既定的决策框架下是有效的，称为框架理性（framed rationality），说明该模式的普遍性。近年来，更有学者提出，经济选择理论在比较替选方案时，仅仅考虑单独行动，在逻辑上有矛盾之处，并进而提出应以计划或一组行动作为方案比较的基础。随着复杂性科学的兴起，笔者最近的研究亦显示，在复杂系统中，以计划为基础的行动较单独考虑这些行动所获得的效益会更大。本节首先回顾经济选择理论的发展，进而提出一以计划为基础的选择理论的架构。本节所提出的理论架构，有可能动摇既有的社会科学分析基础，甚至引起社会科学典范的转移。最后根据狭隘的规划定义，提出行为规划理论的初步构想，包括理论基础、研究方法、研究议程及在城市发展上的应用，以期对计划制订的行为作深入的探讨。

一、引言

决策与规划[①]是自有文明以来人类为求生存而发展出来的技能，然而直到1940年代，学者才开始立足于当代科学的基础上，有系统地探讨决策与规划的基本理论。当代决策理论的基础肇始于约翰·冯诺曼（John von Neumann）及奥斯卡·摩根斯坦（Oskar Morgenstern）所著的《经济行为与博弈理论》（*Theory of Games and Economic Behavior*，1974）。该书主要仿效理论物理学的方式，试图解释在零和博弈中的交易行为，并在书末附录提出效用理论的数学架构，该效用理论的架构影响后来经济选择理论的发展至今，成为当代决策理论的基石。1950年代，里昂纳德·萨维奇（Leonard J. Savage，1954）在所著的《统计学基础》（*The Foundations of Statistics*）一书中重新整理并建构完备效用理论体系，引入主观几率的概念，称为主观预期效用理论（subjective expected utility theory，SEU）。从此，以主观预期效用理论为基础的经济分析及决策分析便如雨后春笋般地蓬勃发展起来。然而，在1970~1980年代，由于怀疑主观预期效用理论叙述性地描绘决策者实际制订决策的效度，经济学家以及心理学家开始进行对话，试图建构行为决策理论，以描述实际的决策行为（Hogarth et al.，1986），并由丹尼尔·卡尼曼（Daniel Kahneman）及阿摩斯·特佛斯基（Amos Tversky）（Kahneman et al.，1979）发展出展望理论（prospect theory，又译为前景理论），能较主观预期效用理论更贴近地描述实际的决策行为。如今，决策的行为观已脱离主观预期效用理论的桎梏，朝向以实验经济学为主的多元化叙述性选择理论架构，以探讨不同的经济现象（Ariely，2008）。然而，原则上，发展至今的决策理论犯了逻辑上的谬误，即替选行动方案都是单独考虑。因此，取而代之的应是比较包含行动方案的不同计划（Pollock，2006）。于是，决策与规划便在理论上取得了联系，也将成为规划理论未来发展的主要方向之一。

---

① 本节中规划对应英文"planning"，表动词；计划对应英文"plan"，表名词。

在这个背景下，本研究提出行为规划理论的初步架构以及进行方向。规划的定义有许多，而在本研究中指的是将相关的决策在时间及空间上作安排，也就是计划制作的行为。这个定义可以用在许多情况下，不限于城市及区域的发展。小至个人的生涯规划，大至公司行号甚至政府的策略规划都适用。如何将决策在时间及空间上作安排，乍看似一个单纯的问题，但若加以深思，我们会发觉其中涉及的思虑却是十分繁复的。计划评估的标准为何？如何处理不确定性？如何解决冲突的目标？如何处理相关的决策？如何界定计划的范畴？如何面对环境的复杂性？这些问题，在安排时空上相关的决策时都必须加以考虑。本研究的主旨便是从这个计划制订的简单定义出发，从行为研究的角度，展开对行为规划理论的内涵及其研究议程的研究。

本研究首先探讨复杂系统中不确定性产生的因素。第三部分说明复杂系统中理性的选择，以别于建立在简单世界假设下的传统经济学选择理论。第四部分提出一个以计划为基础采取行动的分析架构，以建立计划与决策的关联性。第五至八部分分别介绍行为规划理论的理论基础、研究方法、研究议程及在城市发展中的应用。最后提出结论。

二、复杂系统与不确定性

人们在复杂的环境下决定时，往往遭遇心理的压力。例如，公司的主管在雇用新人或签订新的合约时，考虑到所雇用的人是否称职或所签订的合约是否带给公司利润。一般而言，这些压力来自于对环境认知上的不确定性。环境指的是组织内部与外部，不同部门的人们所采取的行动以及行动间交织所造成的结果。由于这个过程极其复杂，使得人们在其所处的环境下或系统中采取行动时充满不确定性。针对决策制订所面对的不确定性，其处理方法文献上有许多的探讨。主要重点在于以贝氏定理作为主观几率判断及修正的依据，并且从认知心理学的观点就人们进行几率判断所常犯的错误，提出矫正的方法。这些方法视不确定性为既存的事实，并未追究不确定性发生的原因。而降低不确定性的主要方式为收集信息，学者还提出以信息经济学的角度规范信息收集的策略。

传统对于决策所面对的不确定性的处理系建立在一个理想的问题架构上，即类似萨维奇（Savage，1972）所提出来的小世界。在这个小世界中，其未来可能的状态（state）已给定，并以主观几率表示各种状态发生的可能性。而决策者可采取的行动为已知，不同的行动在不同状态下的小世界产生不同的结果。借由效用及主观几率所建构出来的效用理论定理，决策者便可从容而理性地选择最佳行动，使得决策者的效用得到最大的满足。这套理论架构十分严谨而完整，也因此目前决策分析所发展出来的方法大多不出这个理论架构的内容。姑且不论该理论的基本假设是否合理，萨维奇所提出的小世界的问题架构，至少有两个疑问值得我们深思：①若作为叙述性的理论，小世界问题架构是否能代表决策者对决策问题的认知过程；②不确定性以主观几率来表示是否过于抽象而缺少实质意义（substantive meaning）。

认知心理学者对第一个问题已有许多探讨，并且许多实验指出人们实际从事决策制订时，通常违反效用最大化的准则。学者发现决策制订过程中常出现的陷阱（traps），例如锚定（anchoring）、现状（status-quo）、下沉成本（sunk-cost）及确认证据（confirming-evidence）等陷阱，并提出纠正这些判断偏差的方法（Hammond et al.，1998）。至于第二个问题，似乎仍囿于主观几率（或贝氏）理论的架构上，对于不确定性的探讨上则较为缺乏。

从规划的角度来看，不确定性的种类至少包括四种：①环境的不确定性；②价值的不确定性；③相关决策的不确定性；④方案寻找的不确定性（Hopkins，1981）。若从更深入的层次来看，不确定性源自于信息经济学上所谓的信息扭曲（garbling）（Marschak et al.，1972）。更具体而言，不确定性的产生是决策者对所处系统认知不足所造成。且规划与决策制订必然发生在一个动态演化的系统中。然而，一方面由于系统具有变化多端的复杂性，另一方面由于人们认知能力的限制，使得不确定性在制订计划或决策时是不可避免的。但是如果我们能够了解认知能力的限制以及复杂系统的特性，也许就能更有效地处理规划及决策制订时所面临的不确定性。举例来说，城市是一个极其复杂的系统，而由于人们信息处理能力的限制，使得对城市意象在认知上为阶层性的树状结构（tree），而实际上该系统为半格子状结构（semi-lattice）（Alexander，1965）。另一个例子是组织。一般人们认为组织结构是阶层性的，而实际上组织系统极为复杂且其演化亦难以预测。基于认知能力的限制对于复杂系统产生扭曲的意象，使得所发展出的规划方法（如理性规划与决策）在解决实际问题时，则显得失去效果。

有关复杂系统的研究，近年来颇受学界的重视。从混沌（chaos）、分形（fractal）、非线性动态系统（nonlinear dynamic systems）、人工生命（artificial life）到复杂性理论（complexity theory），这些研究致力于了解系统中各元素个体互动所产生的总体现象。虽然复杂性理论的架构到目前为止未臻完备，但在许多领域中已开始以复杂性的概念解决实际的问题。例如，企业管理的顾问已开始从复杂系统的自我组织及突现秩序（emergence order）等概念探讨竞争中的企业团体的组织结构特性（Brown et al.，1998）。而城市规划领域亦尝试借由复杂系统的概念解释城市空间演化的过程（Batty，1995）。复杂系统最基本的特性为其所衍生的复杂现象乃基于极为简单的互动规则。换言之，人类社会的复杂性乃基于人们行动（或决策）之间的互动，产生系统演化的不可预测性（包括混沌理论中所提出的起始状态效应）。此亦正是人们从事决策制订所面临的不确定性的主要来源之一。如果我们能了解复杂系统演化的特性，例如何种因素造成其演化的不可预测性，将促进对于不确定性发生原因的了解，进而改善我们对不确定性的认知过程。

本研究拟对复杂系统中从事规划或决策制订时不确定发生的原因及其认知过程提出一个研究架构。由于不确定产生的原因包括外部环境的复杂性以及决策者对该环境认知能力的有限性，研究重点应着重在前者，而暂不深究不确定性深层心理认知过程。但亦不排除从现有文献中有关信息处理能力有限性的成果中（例如永久记忆和暂时记忆的容量及其间信息转换所耗费的时间）发觉不确定性发生的认知原因。研究可就城市系统及组织系统中从事规划与决策制订时，对不确定性产生的原因进行探讨。两者皆为复杂系统，所不同之处在于决策特性。城市系统中开发决策往往整体性强、耗时长，且一旦执行后很难修正，而组织系统中的决策则片面性强、快速，且较易修改。决策性质的不同自然会造成系统特性的不同，但从复杂系统理论的角度来看，系统演化的不可预测性直接来自于系统中决策相互影响的错综关系，故此二系统应可在共同的理论架构下加以理解。此外，研究应针对计算机信息处理能力的优越性，探讨其在处理复杂系统中不确定性系统问题时应扮演的角色。

规划与决策制订面对充满不确定性的环境，而人们面对不确定性时往往产生心理压力。虽然相关文献提出了处理不确定性的方式，但对于不确定性的实质意义似乎较少探讨。这些环境的不确定性使得规划所解决的问题被称为未充分定义的问题（ill-defined problems），而解决此类问题的逻辑一直备受争议（Hopkins，1984）。本研究所提研究架构针对不确定性的实质意义，从认知过程及复杂系统特性尝试说明不确定性产生的缘由，并提出适当的处理方式。研究结果将对城市规划、土地开发及企业组织管理中的决策制订有所帮助。

三、复杂系统中理性的选择

许多社会及自然现象现在被认为是复杂系统，例如城市、经济体、生态体系、政治体以及社会。跨越社会科学中许多领域的核心在于探讨如何在这些系统中制订理性的选择。经济学中完全理性的选择理论所描述的决策并不足以面对这样的系统，尤其当决策是相关的、不可分割的、不可逆的以及不可完全预见时（霍普金斯，2009）。目前为止，最为广泛接受的理性典范是主观预期效用理论，但是该理论近年来受到心理学家（Hogarth et al.，1987）及实验经济学家（Ariely，2008）的严厉挑战。他们认为主观预期效用理论模式无法描述人们实际如何从事选择，至少在实验的环境中。此外，传统上将决策理论区分为叙述性（descriptive）、规范性（normative）及规限性（prescriptive）的选择理论，反而增加解释人们如何制订决策的困扰，并不能澄清其间的差异。这个看起来对理性选择的误解的产生，主要受到原有的简单而机械式的世界观的影响，其间因果关系一目了然而且系统朝向均衡状态演变。尤其是以主观预期效用理论模式为主的全能理论将与该理论相左的行为视为异常，但实际上，这些"异常"的行为在特定的框架下是理性的，使得传统叙述性、规范性以及规限性的区别是多余的。在此，我们提出一个理性的崭新观点，称为框架理性（framed rationality）。

有关不确定情况下决策制订的讨论已有许多。其中，主观预期效用理论与展望理论是由决策分析发展出来的。主观预期效用理论模式认为，如果选择的结果是不确定的，那么传统以计算期望货币值而从事选择的方式则无法衡量决策者对替选方案的偏好。所需要的是效用的概念，而预期效用的计算便取代期望货币值的计算来衡量决策者的偏好。根据主观预期效用理论，在面对不确定的方案时，理性的决策者将选择方案以获得最高的预期效用。1979 年，卡尼曼（Kahneman）及特佛斯基（Tversky）设计了一组决策问题，并且用它们从事心理实验。他们发现当这些问题以不同的方式建构时会导致偏好逆转，这违反了主观预期效用理论，即认为受测者会从事一致的选择，这个现象被称为框架效果（framing effects）。框架被定义为决策者行为下的决策情况。问题的框架影响了决策者所认知的选择情况。决策者无法深入发现这些以不同方式提出的决策问题背后的逻辑，进而产生了偏好逆转的现象。卡尼曼及特佛斯基提出展望理论，以便有效地解释这个现象。然而，展望理论并没有解释决策者的选择是否符合效用最大化的原则。展望理论是否能取代主观预期效用理论以解释真实的选择行为尚未定论。在此，我们认为，无论问题的框架如何界定，决策者如同主观预期效用理论定义一般，是理性的，而称这种选择行为的解释为框架理性。我们通过实验，复制了卡尼曼及特佛斯基在 1979 年设计及进行的实验，发现当问题以不同的框架展现时，受测者显露出偏好逆转的现象。然而，我们的实验更进一步衡量受测者从事选择后的效用，并证实框架理性的假说。通过分析与卡尼曼及特佛斯基实验中的相同问题，我们发现，统计上数目显著的受测者在从事选择时，无论问题如何建构，都会实现其主观预期效用最大化。换句话说，偏好逆转并未违反主观预期效用理论模式，反而在特定的框架内验证了该模式的效度。

这个发现提供了一个出发点，让我们重新思考或定义理性，以调解现有决策理论的冲突观点。例如，所观察到的偏好逆转现象可能是框架效果所造成的，但是从框架理性的观点来看，它们并未违反主观预期效用理论模式。如该模式的变型所述，包括限理性（bounded rationality）（Simon，1955a）及展望理论（prospect theory）（Kahneman et al.，1979）都是如此。传统上叙述性、规范性及规限性的分野，就框架理性的观点而言，似乎是多余的，因为如果我们能从这些理论的框架加以观察，冲突的观点便可调解。也就是说，规范观点认为主观预期效用理论模式是理性的标准，并且声称其能描述人们应该如何从事选择。任何违反该模式的行为皆被视为非理性的异常行为，而落入解释人们实际如何从事选择的叙述性观点。如同我们的实验所显示的，如果我们将这些所谓的异常行为也视为是在特定框架下的理性行为（即框架理性），那么这个区分站不住脚。如果这个逻辑成立，用规限性决策观点来帮助决策者从事选择以符合理性的标准便没有必要了，因为规范性与叙述性观点的差异并不存在。最后，与有限理性及展望理论不同，此处所提出的框架理性否定了新古典经济理论所假设的以及从实证主义者科学哲学所发展出来的综合性完全理性的概念，进而巩固了主观预期效用理论模式（或类似的概念）在特定框架下的效度。人类所居住的世界是一个复杂且远离均衡的概念正逐渐得到广泛接受，使得解释理性选择行为需要范式的转变，而框架理性或许是一个好的开始。

有关复杂系统中的理性选择的研究会对许多学科产生显著的贡献，这包括：城市规划（urban planning）、城市管理（city management）、公共政策（public policy）、公共行政（public administration）、环境设计（environmental design）、自然资源管理（natural resource management）、交通规划（transportation planning）、基础设施投资（infrastructure investment）、土地开发（land development）、社会网络（social networks）、科技竞争（technology competition）、设计方法（design method）、组织理论（organizational theory）、制度设计（institutional design）、生态模拟（ecological simulation）、空间博弈（spatial game）、博弈理论（game theory）、计算社会科学（computational social science）、人工社会（artificial society）、演化经济学（evolutionary economics）、仿真市场（simulated market）、类神经网络（neural network）、基因算法（genetic algorithm）以及社会过程（social process）。我们深切认为，以计划为基础的行动将会是面临复杂时从事理性选择的根基，兹说明如后。

四、以计划为基础的行动

一般而言，在自然且复杂系统中采取行动的方式有三种：错误控制（error-controlled）、预测控制（prediction-controlled）以及以计划为基础（plan-based）的行动（霍普金斯，2009）。错误控制指的是行动者在侦测到外在系统环境的改变时立即采取对应的措施。预测控制指的是行动者根据对系统环境的变化，预先采取防范措施。以计划为基础的行动指的是行动者预先拟订一组相关的行动，然后根据此计划逐一采取适当的措施。其中，以计划为基础的行动考虑决策的相关性，与独立考虑这些决策不同，能带来较高的效益（霍普金斯，2009）。不仅如此，当计划面临因决策的相关性（interdependence）、不可逆性（irreversibility）、不可分割性（indivisibility）以及不完全预见性（imperfect foresight）所造成的复杂性系统时也会产生作用，而这四个决策特性也是构成复杂城市系统的充分条件。相关性指的是决策的选择行动相互影响；不可逆性指的是决策一旦实施，难以恢复，或是路径相依（path-dependence）；不可分割性指的是决策变量的增量不是任意的，例如报酬递增（increasing returns）或聚集经济（agglomeration economy）便是不可分割性的连续形态；不完全预见性指的是未来是不可预知的。除此之外，波洛克（Pollock，2006）认为传统经济学的选择理论将行动方案独立考虑与比较，在逻辑上是矛盾的。任何独立的行动方案都是线性序列行动所组成简单计划的子集合，而这种行动的组合有无限多种，因此选择理论所要寻找的最优化行动并不存在。

　　基于这个概念，我们提出一个以计划为基础采取行动的分析架构，说明如表4-49所示。表中列表示包括某行动 a_i 所属最优计划 $p*$ 的内在情境（scenario），而行表示所有可能未来 s_j 的外在情境。矩阵内的元素 c_{ij} 表示依最优计划采取行动 a_i 在 s_j 的未来情况发生时所获得的报酬，该报酬可以是货币值、财产权（将在后面说明）以及效用。已知每一可能未来发生的几率是 p_j，则决策者应该选择行动 a_i 使其预期的报酬最大化，即：

$$\text{Max} \left[p_1(c_{i1}) + p_2(c_{i2}) + p_3(c_{i3}) + \cdots + p_n(c_{in}) \right], \ i = 1, 2, \cdots, m \ (4-1)$$

情境矩阵报酬表　　　　　　　　　　表4-49

	s_1	s_2	s_3	$\cdots$	s_n
$p*(a_1)$	c_{11}	c_{12}	c_{13}	$\cdots$	c_{1n}
$p*(a_2)$	c_{12}	c_{22}	c_{13}	$\cdots$	c_{1n}
$\vdots$	$\vdots$	$\vdots$	$\vdots$	$\vdots$	$\vdots$
$p*(a_m)$	c_{m1}	c_{m2}	c_{m3}	$\cdots$	c_{mn}

　　值得注意的是，这个分析架构所追求的不是在某一可能的未来中其最佳的行动为何，而是在所有未来均可能会发生的情况下，哪一个计划的子集合行动最能呈现效益的韧性（robustness），因此与传统经济选择理论不同。传统经济选择理论考虑

个别独立的行动以及可能的未来，并以预期效用最大化的标准，筛选出在这一可能的未来假设下最佳的行动为何。

五、理论基础

在表 4-49 所呈现的以计划为基础行动的分析架构下，我们可以发现计划与决策的分野实在难以一刀切。计划的拟定需要决策，而决策却又是计划的构成元素。因此，计划的拟定是一种行为，如同决策的制订。从行为的观点探讨规划现象，我们称之为行为规划理论（behavioral planning theory），并认为行为规划理论的理论基础至少包括（但不限于）四个方向：决策分析、认知科学、财产权理论及垃圾桶模式，兹分述如下。

（一）决策分析

决策分析是以计量分析的方式帮助决策者制订合理的决策。根据本研究对计划制订的定义，决策是一个关键名词。然而，一般人对决策制订缺少深入的理解。决策分析肇始于冯诺曼（von Neumann）及摩根斯坦（Morgnstern）（1974），建立了预期效用理论的基础，而萨维奇（Savage，1954）更进而建立了主观几率的理论基础。两者共同成就了现代决策分析的公理系统，嗣后心理学者的贡献（如 Kahneman et al.，2000）更将决策分析引进了行为的研究。值得注意的是，这些研究多着重于单一决策制订的研究，对于多个相关的决策如何进行安排较少探讨，更何况有关时间及空间的因素。不论如何，经过近半个世纪的努力，决策分析的理论基础已相当雄厚，可作为行为规划理论发展的踏脚石。

（二）认知科学

认知科学是探讨人类从事选择或感官的信息处理过程，面对不确定性情况的决策的制订，可以说是认知过程的一种。心理学者已累积了许多人们在决策制订过程中常犯的错误，卡尼曼（Kahneman）、斯罗维克（Slovic）及特佛斯基（Tversky）（1982）等人对其有详尽的说明，如代表性（representativeness）、可用性（availability）、调整及锚定（adjustment and anchoring）等。本研究认为计划制订考虑的是相关决策于时间及空间上的安排，同样受限于认知能力的限制，因此有必要从认知的角度探讨面对不确定性时人们在进行计划的制订时，其信息处理上心理认知的过程为何。

（三）财产权理论

决策分析中的效用理论认为，理性的决策者在从事行动的选择时，应选择使得预期效用最大的方案。然而，效用是一个抽象的概念，它是数学家建构出来的概念。决策者的心理是否有效用的存在，仍旧是一个具争议性的问题。因此，虽然效用理论在理论上是严谨合理的，但在实际操作上往往遭遇到困难。根据本研究对规划的定义，笔者认为规划者在进行计划的制订时，其主要动机在于使其拥有的财产权最大化。此处所指的财产权为广义的经济财产权（Barzel，1997），而非狭义的法定财产权。法定财产权是国家赋予且固定的。经济财产权是在交易过程中突现，且为变动的。以财产权最大化的概念来阐述规划者从事计划制订的动机，对规划行为的解释应较效用的概念更为具体与贴切。

（四）机会川流模式

如何解释规划者所面临的复杂环境？这是值得去探讨的重要问题，因为有效的模式能使得问题透明化，进而发觉有效的解决方法。霍普金斯（2009）所提的机会川流模式（stream of opportunities model）对规划者所面对的真实决策情况有着贴切的描述。他根据垃圾桶模型（garbage can model，Cohen et al.，1972）的概念，说明规划者面对复杂而不确定的环境，应在机会的川流中掌握决策情况，以适当的方案来解决问题。系统是没有秩序的，且因果关系没有直觉上的明显。方案的发生有时是在问题产生之前，而规划者在这样的处境中，不断地规划、不断地解决问题，以达成目标。机会川流模式确认了系统的动态变化不在规划者的掌控中，规划者唯一能做的是洞悉决策、问题及方案在时间及空间上的关系，不断地拟定计划、修正计划及使用计划。

六、研究方法

规划研究乃属社会科学的范畴，而社会科学的研究方法有许多，包括解经式（hermeneutic）方法及实证（empirical）方法。本研究认为欲了解所定义的规划行为内涵，至少须通过三种研究方法：公理化、实验及计算机仿真与人工智能，兹分别说明如下。

（一）公理化

公理化指的是以一套严谨的数学逻辑来描述及证明计划制订应如何展开，属于规范性（normative）的理论建构。这个方法在前述的决策分析理论中有成熟的发展。例如，肯尼（Keeney）及雷发（Raiffa）（1976）以决策树的概念为基础，建构出多目标决策中的偏好及价值取舍如何衡量及判断。笔者认为决策分析的公理系统可作为计划制订行为公理化展开的一个基础。基本构想在于从单一决策制订的逻辑，推演至多个相关决策的制订，甚至可将时间及空间因素考虑在内。

（二）心理实验

公理化的计划制订逻辑是理想的行为，实际上人们是否依照公理系统所推导出来的结果制订计划呢？这必须有赖于实验来加以验证，也就是叙述性（descriptive）的规划理论建构。一些计划制订时的判断偏差，如过度自信、在几率判断中忽略基础比率以及几率判断的保守主义等，皆可在实验中被发觉并加以解释，进而修正公理化计划制订理论的偏差，并设计规划辅助系统以弥补规范性及叙述性理论的间隙。

（三）计算机仿真与人工智能

真实的规划情况是复杂而难以驾驭的，且实证资料难以收集。此外，数理模式又有其限制。因此，计算机仿真不失为一个折中的研究方法。计算机仿真的好处是它兼具演绎（deductive）及归纳法（inductive）的优点。就演绎方面来看，计算机仿真可通过计算机模式严谨的设计及其对参数的操控，观察系统的反应及演变。就归纳方面而言，通过计算机处理大量信息的能力，计算机仿真可以就所仿真出来的数据进行分析以及研究假说的检定。目前，计算机仿真已被广泛地应用于城市空间的演变，也有针对规划对复杂系统的作用进行分析的。计算机仿真结合实验设计的研究方法，不失为一种探讨规划行为的严谨工具。同时，人工智能系以计算算法（computational algorithm）仿真人脑解决问题时信息处理的过程，其目的为一方面了解人类的认知过程，另一方面借由这项知识设计人工智能系统，以协助人们解决问题。规划在人工智能研究的领域并不陌生（例如 LaValle，2006），但是在该领域中所欲解决的问题多为充分定义的（well-defined），例如机器人动线的搜寻。然而，在复杂系统中，规划问题往往是未充分定义的（ill-defined）（例如 Hopkins，1984），故其问题解决的算法必然不同于简单系统。如果我们能设计出有效解决未充分定义问题的规划算法，并据以设计规划支持系统（planning support systems），将能有效地帮助人们在复杂系统（如城市）中解决棘手的问题。

七、研究议程

基于行为规划理论的理论基础及研究方法的说明，本研究拟建立该理论的初步研究议程如下。

首先，扩充决策分析的理论基础，考虑多个相关的决策在时间及空间上的安排。而事实上这个问题的本身也是一个决策问题，也就是说，如何在这些安排当中选择一个较佳的组合。这个问题自然比单一选择来得复杂，所涉及的层面也比较广。例如，如何界定相关的决策？如何界定计划的范畴？如何创造计划？如何选择计划？如何修改计划？以及如何使用计划？公理化的计划制订行为有助于厘清这些问题及困扰。当然，规划者可为一个人或多个人，在多个人的情况下，又必须考虑竞争、策略及计划间互动的议题。

其次，透过计划制订行为的公理化建构，我们可以发现有趣的研究议题及研究假说，并可进行实证研究以探讨这些议题与假说。例如，规划者因认知能力的限制，可同时考虑几个相关的决策？何时应在何处制订计划？规划者是否能达到公理化计划制订行为的理性标准？计划制订在实际上会遭遇哪些认知的困境？要探讨这些议题与假设，便必须通过心理实验的设计来完成。

再次，除了公理化及心理实验来进行计划制订行为的探讨外，我们也可通过计算机仿真的方式来了解在复杂情况下规划的作用及计划制订的时机等问题。多数的规划情况是复杂的，无法由数学及简化的实验来描述。计算机仿真可以将此复杂情况的精神在计算机实验中展现，其目的不在于重现真实世界，而在于了解系统的特性以及规划的作用。例如，我们通过计算机仿真可探讨规划是否能解决更多的问题？规划对系统的冲击为何？规划的最适投资为何？

当然，本研究所提的这个研究议程并不一定要按照这样的顺序进行。三个阶段也可同时进行，并可共同探讨同一议题。例如，最适的规划投资可通过公理化行为寻找，可通过心理实验验证，也可通过计算机仿真加以界定。

八、城市发展的应用

如前言所述，规划在本研究中指的是将相关的决策在时间及空间上作安排，也就是计划制订的行为。其在城市发展上的应用可以从霍普金斯（2009）所提到的四个"I"的概念作为出发点。霍普金斯认为城市发展的决策具备相关性（interdependence）、不可逆性（irreversibility）、不可分割性（indivisibility）及不完全预见性（imperfect foresight）。相关性指的是决策之间互相影响；不可逆性指的是决策一旦制订难以改变；不可分割性指的是决策变量的离散性及受规模经济的限制；而不完全预见性指的是城市发展决策的后果充满不确定性。由于这四个决策的特性与经济学的市场特性有许多差异，使得经济学的预测（如均衡理论）与城市发展的现况有出入，因此计划有其必要性。

这个概念可以由本研究所提的研究架构来探讨。具体而言，我们可以从公理化的角度来探讨，是否相关性、不可逆性、不可分割性及不完全预见性是计划制订的充分、必要或充要条件。例如，单就相关性而言，我们可界定决策间的关系为相关性、相依性（dependence）或独立性（independence）。相关性指的是甲决策与乙决策互为影响因素；相依性则指甲决策影响乙决策，但乙决策不影响甲决策；独立性则指甲、乙两决策互不影响。根据集合理论的二元关系，我们应可证明决策相关性与计划制订的逻辑关系，甚至探讨最适的计划范畴以及计划的拟订。所推导出来的结果，可作为心理实验设计的假说加以验证。通过计算机仿真，我们还可将计划间的互动视为机会川流模式的背景，观察规划者在这种机会川流的复杂情况下如何达到目标以存活下来。

九、结论

规划的研究十分广泛，而对于规划逻辑的探讨至少可分别从狭义及广义的角度来看（赖世刚，2004）。从狭义的角度来看，该逻辑是一组描述计划如何制订的公理；而从广义的角度观之，该逻辑是对规划现象的一组解释。我们认为，当面对复杂系统时，传统经济学的选择理论显然不足，取而代之的应是以计划为基础的行动。本研究所提的行为规划理论的刍议属于狭义的规划逻辑，也就是探讨计划应该以及实际如何制订。即使在这狭隘的规划逻辑定义下，仍有许多有趣的议题值得深入探讨。本研究提出行为规划理论的初步理论基础、研究方法、研究议程及在城市发展上的应用，后续的研究尚留待未来努力。

第五章 实证应用

第一节 国土空间规划体系的理论反思

摘要

基于复杂城市系统中的规划其目的是内生适应自组织的演变，而不是外生控制该系统的观点，本节从城镇发展过程论述国土空间系统的特性，并从规划与国土空间复合的复杂巨系统的视角试析国土空间规划的必要性。本节举出三个国土空间规划的必要性：解决城市发展动态失灵的问题、协调城乡／社经／生态系统间的发展以及解决快速城镇化时间压缩的问题。另外，基于一般性规划理论不可能的论述所衍生出的一贯论，本节探讨我国国土空间体系中的"多规合一"及"一张蓝图"的构想的适用性，并提出合理的政策应对建议。具体建议可通过制度与规划信息系统的设计，一方面协调多规编制的计划决策，另一方面协助不同主体从事空间决策的协商，即根据规划信息系统的基础来设计组织间规划协调的机制。

一、前言

自改革开放以来，我国城市发展历经快速的城镇化进程，使得既有的城市规划体系面临着极大的挑战。有鉴于此，中共中央、国务院于2019年5月9日发布《中共中央 国务院关于建立国土空间规划体系并监督实施的若干意见》，勾画了我国未来国土空间发展的宏伟远景。一时之间，有关国土空间规划体系编制及实施的讨论层出不穷，但是针对国土空间规划的理论论证相对比较少。本节的目的在于抛砖引玉，就我国实施国土空间规划的理论依据作一初步的探讨。纵观该《若干意见》的内容，不难看出我国国土空间规划体系建立在两个主要构想之上："多规合一"与"一张蓝图"。因此，本节就这两个构想进行较深入的理论探讨。与我国幅员相近的西方发达国家如美国，并没有实施全国性的国土空间规划，因此有必要先针对此类规划的必要性作一些梳理。本节在展开论述之前，有两个概念因常被混淆而必须厘清：计划（plans）与规划（planning）以及法规（regulations）与计划（plans）。计划是名词，而规划是动词；规划是产生计划的过程，而计划是规划的产品。法规通过权利的分配来影响人的行为，具有强制性，而计划通过信息的分享来影响人的行为，不具有强制性，两者不可混为一谈。

二、国土空间系统的特性与规划的必要性

由于递增报酬（increasing returns）的关系，城市规模不断增长。理论上，在均质的平原上而且没有科技及交通成本的限制下，人口的迁移最终会形成一个唯一的超大城市；而实际上，由于地景的变化以及科技和交通成本的限制，我们看到了大小不一的城镇及聚落分散各地。但是每个国家都有一个超大城市形成，这个事实间接证明了上述的观点。超大城市是如何形成的？以 1000 万人口的超大城市为例，如果该城市是由每个个人所组成，而每个人迁移到该城市的平均几率是 0.5，那么该超大城市形成的几率便是 $0.5^{10000000}$，几乎等于 0。但是为何世界上却仍有超大城市的出现？原因在于组成超大城市的是区块，不是个人。假设这个超大城市是由 10 个 100 万人口的区块所组成，而每个区块组成超大城市的几率也是 0.5，那么这个超大城市形成的几率便增为 $0.5^{1000000} \times 0.5^{10} = 0.5^{1000010}$，这个几率虽然不高，但显然比由个人组成的超大城市高出许多。因此，国土空间系统具有阶层性，阶层间与阶层中的互动程度不同，是几乎可分解系统（nearly decomposable system）（Simon，1998）。

设想有一个流动的城市，在那里人和建筑物都能够无成本地自由移动。城市因决策互动的关系能够迅速进入到一个动态均衡的状态，但非静态均衡，使得每个人都对其所在的位置感到满意。然而在现实生活中，无论是人还是建筑物的移动，都需要花费成本。也就是说，人和建筑物的动态调整存在摩擦，这种动态调整具有典型的四个"I"的特性，即相关性（interdependence）、不可分割性（indivisibility）、不可逆性（irreversibility）和不可完全预见性（imperfect foresight）（Hopkins，2001）。在存在摩擦的条件下，城市不可能达成理想的均衡状态，而是不断地演化，形成一个充满着惊奇与问题的复杂系统。在日常生活中，城市系统的这些诸如住房质量恶化、空气污染和土地弃置等问题随处可见。因此，规划在面对复杂系统有它的必要性（赖世刚，2018），这是国土空间规划编制与实施的理由之一。

国土空间基本上包括城乡建设系统、社经活动系统及生态环境系统，此三者皆为复杂系统（赖世刚，2018b），它们之间的互动构成了国土空间复合的复杂巨系统。

其中，城乡建设系统是物质环境系统，包括城镇、土地及建筑；社经活动系统是社会环境系统，包括市场、社会及政治；生态环境系统是自然生态系统，包括生态、园林及耕地。这三个系统皆具有自组织能力，但是其运作的机制不同，应通过规划加以协调，减少问题的产生，这是国土空间规划编制与实施的理由之二。

我国自改革开放以来，城镇化的特点可理解为时间压缩（time compression）下的城市发展（赖世刚，2018a）。时间压缩下的规划较正常情况下的规划投资要更多，也就是规划应更为频繁，但也有上限。城市规划投资的过与不及都不恰当。城市发展在正常情况下，可视为决策情况（decision situations）、问题（problems）、解决之道（solutions）、决策者（decision makers）以及区位（locations）等相对独立的元素在时间上的流转，并在一定的限制条件下发生碰撞而产生出决策（赖世刚，2006）。当在时间压缩时，不但这些元素的量加速增加，它们流转的速度也不断地增加。我们可以期待，在时间压缩下，问题不断地产生，即使决策快速的制定也无法解决问题，于是问题的积累阻碍了整个城市系统的运作。在时间压缩下的城镇化过程中，规划的投资必须在时间及空间的密度上较正常情况下增强，方能适切地解决问题。我们可以看到，我国政府所编制的空间规划在改革开放前后并没有多大的差异，显见规划投资量的不足，这是国土空间规划编制与实施的理由之三。

最后，传统认为规划是外生，以控制复杂城市系统，其实规划是内生于复杂城市系统以适应自组织的过程（赖世刚，2021），两者共同演化。我们之所以会认为规划是外生的，主要是因为规划科技的进步使得我们以为规划可以控制复杂系统。因此，国土空间规划不应被视为是控制国土空间系统的工具，而应用来引导国土空间系统的发展。计划因为国土空间系统的复杂性而制定，国土空间系统复杂性的自发秩序也因规划而赖以维持，两者互为因果。

三、"多规合一"与"一张蓝图"

西方学者早已指出要建立规划的完整性，一般性理论是不可能的（Rittel et al.，1973；Mandelbaum，1979），因此建立单一规划适用所有的情况也是不可能的。然而，丹纳西（Donaghy）及霍普金斯（Hopkins）提出了规划一贯论观点（coherentism）以回应规划的不可能定理（Donaghy et al.，2006）。他们认为规划应该是因时因地制宜，而不必寻求放诸四海皆准的大一统的规划。此外，传统的预期效用理论（expected utility theory）认为效用是一个不变的绝对概念，而实际上效用会视决策当时的情况而改变，我们称这样的效用为权变效用（contingent utility），而所有的决策是在一定的情境架构下追求权变效用的最大化，我们称这样的行为解释为框架理性（framed rationality）（Lai，2017）。

一贯论的主要观点是要打破行动理由恒定论（covering law）的解释，而认为行动的理由乃视采取行动的当时情况所作的事后解释（Hurley，1989）。这个概念与曼德邦（Mandelbaum）所提出的完全一般规划理论的不可能性是一致的（Mandelbaum，1979）。曼德邦认为一个完整且一般性的规划理论应包括所有与规划过程相关的叙述、这些过程发生的环境以及结果。而且这个理论应包括所有与过程种类、环境与结果相关的命题。曼德邦的结论是，这种理论不可能存在。根据赫利（Hurley）的一贯论以及曼德邦的不可能理论，丹纳西及霍普金斯提出一贯主义的规划理论，认为每一个计划所面对的情境不尽相同，而计划制定不在于追求行动理由的恒定论解释，而在于追求计划一贯性的逻辑（Donaghy et al.，2006）。

这个概念与笔者所提出的框架理性（framed rationality）有异曲同工之妙。框架理性认为人们的偏好判断会因问题框架的呈现方式不同而有所差异。相同的报酬在不同问题框架下，其评价会有所不同（Lai，2017）。计划可视为一组框架，因此即使针对同一结果进行偏好判断，不同的计划因框架的差异也将导致不同的偏好判断结果。由此可知，计划之间的不协调是一个常态。在城市的发展过程中会有许多计划产生，例如交通、住房、土地及基础设施等。这些计划之间往往产生冲突，例如同一块宅基地，交通计划建议作道路使用，住房计划建议作住房使用，土地计划建议作商业使用，而基础设施计划建议作污水处理厂使用。城市规划的重点不在于追求这些计划的一致性（consistency），而实际上这些计划的制定因框架理性的关系也不可能达成一致性。我们应在从事土地开发的同时，提供相关计划的信息，以作为制定最终土地使用决策的参考。

按照这个逻辑展开，目前我国国土空间规划推行的"多规合一"包括土地规划、城市规划以及环境规划等，恐难达到总体的一致性而完全没有冲突。国土空间是复合的复杂巨系统，而相应的多元规划或许比单一规划反而更能解决问题。规划单位应视计划间的矛盾为常态，因而努力的方向应该是建立计划信息系统（information system of plans），当有关单位在审批某一笔土地的使用时，该系统能及时地提供相关计划的信息，作为该单位最终制定土地使用决策的参考。否则一位追求计划的一致性，反而有走回计划经济老路之嫌。

大规模的规划具有集体财货（collective goods）或是公共财货（public goods）的特性，因为一旦公布了，它们的消费不具竞争性也不具排他性（Hopkins，2001）。因此，如前所述，土地、城市与环境等的规划投资与编制往往不足。此外，快速的城镇化更需要高密度的规划，导致规划投资与编制赶不上城市发展的脚步。规划应该因时因地制宜，而且当规划带来的利益大于规划的成本时，规划便有必要制定。因此，在"多规不一"的常态下，笔者认为必须通过制度的设计，协调各种规划投资与编制的决策，以降低规划制定的交易成本（transaction costs）。可行的方法是通过信息科技（information technology），建立计划信息系统，将土地、城市及环境的规划信息加以整合，并通过有效的组织设计使用多规信息系统，进而协助行政单位日常空间决策的制定。

另外，当面对多数人参与及不确定性充斥的情况下，需要应用战略（strategy）的思考方式（Hopkins，2001）。在战略的思考方式下，计划是一组视情况而定的决策，是信息。政府通过信息的释放来改变开发商及民众的行为，进而引导国土空间系统的发展。当然，国土空间系统的管理仅仅靠规划是不够的，其他如行政、法规以及治理，都是国土空间系统管理的手法，其目的皆在于寻求国土空间复合的复杂巨系统的有序发展。重点是，国土空间发展这样复合的复杂巨系统需要内生的大小不一、因地因时制宜的计划来适应系统自组织的演变趋势（赖世刚，2006）。

四、结论与讨论

我国国土空间规划编制规范的制定是完善国土空间管理的第一步，其他的配套机制还包括行政、法规以及治理。纵观我国国土空间规划体系，主要建立在两个构想之上："多规合一"及"一张蓝图"。国土空间规划如同在湍急的河川上划独木舟，考虑行动在时间与空间上的关系并将规划与问题作一个有效的结合（Hopkins，2001），这意味着规划是一个动态的观念。本研究建议可通过制度与规划信息系统的设计，一方面协调多规编制决策，另一方面协助不同主体从事空间决策的制定。国土空间规划应在控制发展的同时引导发展，规划与国土空间复合的复杂巨系统之间的关系是互动且共同演化的。国土空间规划应促成城乡建设系统、社经活动系统及生态环境系统的协同发展。在本书第六章第三节中，笔者将提出一个基于城市复杂性的规划理论框架，以作为国土空间规划制订与施行的参考依据。

第二节　幂次定律的普遍性与恒常性：以中国台湾地区天然灾害规模为例

摘要

本节主要探讨台湾地区天然灾害的规模是否符合幂次定律（power law），并试图解释何以天然灾害的规模会呈现此现象。所谓幂次定律就是个体的规模和其名次之间存在着幂次方的反比关系，$R(x)=ax^{-b}$。其中，x 为规模（在本节中规模定为伤亡人数），$R(x)$ 为其名次（第 1 名的规模最大），a 为系数，b 为幂次。在天然灾害规模符合幂次定律的基础下，再深入探讨其背后所代表的意义，以及讨论是否可能利用政策的手段去改变其曲线的位置或是形状，即是否可以减少大规模灾害的伤亡人数的差距。本研究主要目的为印证幂次定律的普遍性与恒常性，在天然灾害的规模中也可以获得支持，其结果亦可以作为防灾政策的参考。

一、前言

台湾岛位处环太平洋地震带，地震发生的次数频繁，并且常有强烈的地震发生。依据中央气象局过去 90 年的观测数据显示，台湾地区平均每年约发生 2200 次地震。同时台风侵袭台湾频繁，加上近年来山坡地过度开发，每有暴雨，山区便易引发泥石流，造成严重的人员伤亡。总体来看，台湾自然灾害种类众多且频繁（风灾、水灾、地震、泥石流等），因此防灾也成为台湾地区政策的重要一环，但即使做好防灾措施，当灾害发生时，仍不可避免地会有人员伤亡。因此本节尝试以二手资料搜集的方式，去检视台湾地区天然灾害所造成的人员伤亡规模，企图发现其规律，以对防灾政策有所贡献。

二、幂次率的普遍性与恒常性

幂次定律的现象最著名的便是戚普夫定律（Zipf's law）。1932 年乔治·戚普夫（George Zipf）提出一个经验法则，就是在自然语言里，一个单词出现的频率与它在频率表里的排名成反比。所以，频率最高的单词出现的频率大约是出现频率第二位的单词的 2 倍，而出现频率第二位的单词则是出现频率第四位的单词的 2 倍。例如，在布朗（Brown）语库中，"the"是最常见的单词，它在这个语库中出现了大约 7%（10 万个单词中出现 69971 次）。正如戚普夫定律中所描述的一样，出现次数为第二位的单词"of"占了整个语库中的 3.5%（36411 次），之后是"and"（28852 次）。依此类推，仅仅 135 个字汇就占了布朗语库的一半。而 1949 年戚普夫更提出等级大小法则（rank-size rule）以说明城市规模与其等级的相关性。$P(r)$ 表示第 r 级城市的人口数，q 为常数，以数学式表现则为：

$$P(r)=K \times r^{-q} \tag{5-1}$$

其中，K 为最大城市人口数，$P(r)$ 为第 r 级幂次定律序列的人口，q 称为戚普夫力（Zipf force）（通常均假设等于 1）。依据该规则，若将城市排序及城市规模均以对数化（logarithm）处理，则可产生线性关系（于如陵 等，2003）。幂次定律所运用的公式与戚普夫定律雷同。此规律普遍存在我们身边，列举如下。

1. 网站的连接人数

在中国工程院院士李幼平所发表文章《无尺度现象引发的思考》中提到各网站的连接人数是呈现幂次律的分布，文中说明巴拉巴西（Barabasi）等人设计了一种软件，可以从一个节点跳到另一节点，收集并记录网上的所有连接。其在对几十万个节点进行统计之后，发现了令人惊异的结果：当绝大多数网站的连接数很少的情况下，却有极少数网站拥有高于普通网站百倍、千倍甚至万倍的连接数。此实测结果即证明幂次律的存在（李幼平，2020）。

网络用户对网站的浏览可以说是独立、自由的，完全取决于网络用户本人的主观意愿。在做大量统计实验之前，科学家预测连接数 k 应当服从波松分布或正态分布，即每个网站的被访问量差异不会太大，就像人类身高差异不会太大那样。然而实测结果推翻了这个预测。

2. 财富分布

有钱人赚钱比穷人容易得多，主力大户炒股也比散户更容易获利，即使所有人天赋能力都相同，一开始的财富也相同，但因为几率的关系，其中有些人的财富有微小的增加，则这些人赚更多钱的几率就比其他人高了一些，于是就会越来越有钱，这就是幂次法则。对于成为亿万富翁的人，人们总会回过头来追索他成功的原因，当然会出现各种各样的说法，比如说：此人特别聪明、有毅力、不怕辛苦、眼光独到或知人善任等，但很可能是在最初的时候因为几率使之连续几次偏离到有利成长的一方罢了。如果同样这些人从头开始，最后仍然会有一批人变为赢家超级大富翁，但可能会是完全不同的一批人。世界财富的分布在经过一段时间的发展后，大致上皆会符合幂次定律。

3. 城市人口数

1977 年几位学者研究美国 2400 个最大城市的资料。人口最多的是纽约市（人口 900 多万）。人口只有其一半的城市，则有 4 个，辛辛那提就是其一（人口 400 多万）。而人口为辛辛那提这种等级的一半的城市，数目又增为 4 倍，依此类推，一直到人口只有 1 万左右的城市，这个完美的模式仍然适用。对全球 1700 个最大的城市以及瑞士 1300 个小区的人口的研究也发现这个幂次定律仍然适用。这个幂次定律最核心的意义是：美国或任何地方的城市都没有"典型"的大小，而且极大的城市之所以会兴起，背后也没有什么特殊的历史地理条件。幂次定律显示，我们无法在一个城镇形成之初就预测出它最后会发展成多大的城市。纽约、墨西哥市或东京在萌芽时期也没有任何让它们注定成为大城市的因素或特别之处。如果历史可以倒转、重新来过，世上无疑仍会有大城市，但可能是在与现今不同的地点，也有不同的名称。但是即便如此，城市的幂次定律模式仍会适用。

4. 股价波动

1998 年波士顿大学的史坦利研究标准普尔 500 指数在 1984~1996 年之间每一分钟时距内的涨跌幅度，发现涨跌幅度倍增时，发生此种幅度的涨跌的几率就变为 1/16。从很小到很大的涨跌幅之间，这个比例一直大致维持不变，也就是符合幂次定律的形式。若某一事物符合幂次定律，则就该事物而言，发生极端事件的可能性不会很低。事实上用极端一词来指称它们，甚至是不恰当的。换句话说，股市的涨跌幅度没有典型的大小，也不该有所谓的超级大崩盘这种观念，更不必为这些所谓的大崩盘去找寻什么理由。事实上，把上述研究的时距改为每小时或每天来研究其涨跌幅，或改为研究 1000 种个股的涨跌幅，都会同样得到幂次定律的特性。

每一天股市价格都在波动。但是每当股市上涨越多的时候，就越容易吸引更多人持乐观态度而买进，使涨势更强。跌的时候也一样。也就是股市涨跌的幅度符合上面所说的，幅度越大越容易变更大的特性。所以只要时间够久，不需要任何理由，自然就会发生超大的涨幅或跌幅。所以股市涨跌幅的分布符合幂次定律也并不令人意外。

5. 地震发生次数

地壳随时都在发生各种规模的摩擦。摩擦越大累积的能量越多，也越容易引发更大的摩擦，所以时间够久就会发生超级大地震。把一大段时间中地震的规模做一个统计，也会发现其分布确实遵循幂次定律。

古腾堡和芮氏将世界各地多地震的细节串联起来，记下每个地震的规模，计算多少地震的规模介于 2 和 2.5 之间，再以相同的方式得到一组数据，可以显示不同规模的地震的相对频率。将图形整理出来后发现其呈现幂次图形，其图形的意义是如果 A 型地震释放的能量是 B 型地震的两倍，则 A 型的地震发生频率是 B 型地震的四分之一。换句话说，地震的能量增为两倍，发生频率就减为四分之一，这个简单图形是适用于多种能量规模的地震的。

6. 战争规模（以死亡人数估计）

人类社会随时在发生各种冲突。从死亡一两人的个人争执，死亡数人的帮派械斗，死亡数十人的村庄火并，到死亡数百人的族群斗争，冲突的规模越大，争端进一步扩大的可能也就越大。所以只要时间够久，次数够多，只凭几率，无需任何其他的理由，就可以发生超大规模的战争。回顾过去数百年来所发生的战争，将死亡人数当作其规模大小的指针加以统计，会发现其分布也是符合幂次定律的。

7. 生物灭绝（以单位时间灭绝的物种数目作为其规模的指针）

数十亿年来，一直有生物随机地灭绝。当同时灭绝的生物种类越多的时候，对生态的影响就越大，也就越容易造成更多物种灭绝。根据化石纪录，回顾过去发生的灭绝，以单位时间灭绝的物种数目作为其规模的指针进行统计，会发现其分布果然也是符合幂次定律。

三、实证分析

目前有关灾害定义的相关文献很多，大致可以分为自然和人为灾害。而构成灾害条件成立的优先因素就是造成损失。米拉提（Mileti，1999）指出灾害的构成要件至少有二项：危害发生和造成人命、财产或资源的损失，两者缺一不可。史密斯（Smith，2013）及构斯乔克（Godschalk，1999）则以最简单的字面意义来定义灾害，"灾害系指人类生命财产或环境资源因危害发生而导致大量损失的事件。灾害是自古存于人类社会的问题。由于工业化社会变迁的迅速，以及全球媒体活动与信息交流频繁的影响，灾害的定义亦随之时常变动，内容亦日益复杂"。若从灾难管理理论上而言，弗利兹（S. Fritz）（转引自李瑞玉，2001）曾把灾难（disaster）定义为："灾难是发生于特定时空的社会事件，对社会或该社会的某一自足（self-sufficient）区域造成严重损坏，招致人员及物质损失，以致社会结构瓦解，无法完成重要功能或工作。"但实际上国际学术界对于灾害目前并没有一个共通的定义，某个"事件"会被视为灾害，往往只是因为官方宣布它是灾害。

由前述可知，目前对于灾害的定义多有不同，但仍可从中发现共同特点：灾害会造成人员的死伤，且人命也是最为宝贵的。因此，本节将以死伤人数为基准排序，死伤人数最多的为 1，其次为 2，依此排序下来，将其排序作为 Y（纵轴），死伤人数作为 X（横轴），进行幂次律的实证分析。而为计算方便，本节将依循幂次律的传统验证模式，将 X 与 Y 皆取对数之后进行回归分析，利用所得回归方程式以及判定系数（R^2）来进行解释与判定。

而在样本选取方面，碍于人力及时间的限制，本节主要是以台湾地区"灾害规模分级及应变措施探讨案"所列灾害为主，网络及相关文献的二手数据为辅，共整理出了 66 笔资料，但其中有 34 笔数据并无死伤人数，因此本节仅利用剩余的 32 笔数据进行分析验证。样本灾害的类型则包括地震、山崩、落石、台风与土石流等，并不仅局限于地震。

图 5-1 是采用 32 笔样本数据所得样本回归线图，可明显看出是呈现曲线形状，与幂次定律的图形相符合。接下来本节中为计算方便，将所有样本数据皆取对数，

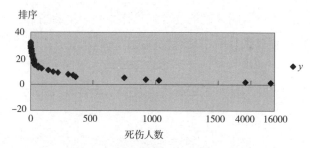

图5-1 未取对数前的样本回归分析图

注：由于样本死伤人数差距太大，本节为能更清楚表示幂次图形，第一笔与第二笔数据用示意方式呈现。

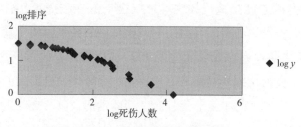

图5-2 取对数后的样本分布图

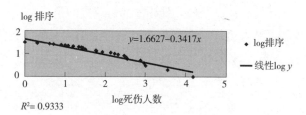

图5-3 取对数与加上趋势线后的样本回归分析图

再进行一次回归分析，所得图形与相关系数如图 5-2 所示。

由图 5-2 可看出，样本数取对数（long）后是符合幂次定律的曲线分布形态的，而由图 5-3 可更加清楚知道灾害死伤人数是为一回归直线，而判定系数（R^2）为 0.9333，极其接近完美 1 的线性关系，显然灾害死伤人数亦符合幂次定律的分布。

幂次定律的公式为 $R(x)=ax^{-b}$，将之取 log 后公式变为 $\log R(x) = \log a - b \log x$，对照本节所得回归公式 $y=1.6627-0.3417x$，可知 $\log a = 1.6627$；$-b\log x = -0.3417x$，但回归式中 $\log a = 1.6627$ 是为截距，对于本节幂次律的灾害判定并无意义；系数 b 的绝对值大小则是代表顺序排名变动的量，若绝对值越大，则第一名与第二名之间的差距就越大，反之则越小；而斜率为负数，在回归图形上则是呈现负相关的走向。

四、讨论

本节主要探讨天然灾害的规模（即灾害所造成的死伤人数）是否符合幂次定律，过去曾有学者将地震的规模排序做统计，发现其符合幂次律。而本研究与过去类似研究的不同之处在于是将各种不同的天然灾害（如水灾、风灾、地震等）视为相同属性的样本进行统计，去探究其规模与排序的关系。经由上一小节的实证分析我们发现其也符合幂次律，代表即使是防灾政策已分门别类，各种不同类型天然灾害所造成的伤亡人数仍有一定的规律，因此，我们应从整体来考虑天然灾害的防灾政策较为合理。以下将以图形的形式来探讨防灾政策所代表的意义。

（一）在总防灾成本不变的前提下，针对单一或特殊几种灾害投入较高的防灾成本

若针对单一或数种会造成较大伤亡的灾害投入较高的防灾成本，且总防灾成本不变。如图5-4所示，曲线上的两点代表的是两笔数据，若针对规模较大的灾害投入较高的防灾成本，则原本位于B点的数据会往A点的方向移动（因规模下降，故排序也往后移），但因总防灾成本不变，因此会有某些防灾成本被缩减，导致该灾害的规模会上升，而可能原本在A点的数据往B点的方向移动，此现象称为"轮转"。图5-5是将数据都取对数的示意图，实线面积代表的是减少的伤亡人数，虚线面积代表的是增加的伤亡人数。直线A是原始数据，直线B是改变防灾成本投入比例的结果，使得直线的斜率改变，但因总防灾成本不变，两直线相交点两侧的面积必相同，即总伤亡人数不变，由此看来这样的改变是没有意义的。

（二）对所有类型灾害提高其防灾成本

如果提高总防灾成本，那么就会如图5-6所示，各项数据的排序不变，但各种类型灾害所造成死伤人数皆会降低。因此曲线会从实线向左平移至虚线的位置，也

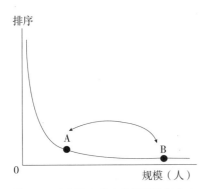

图5-4　改变防灾成本比例后数据分布

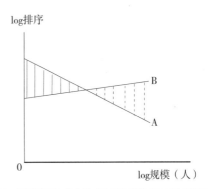

图5-5　改变防灾成本比例后数据分布（数据取对数）

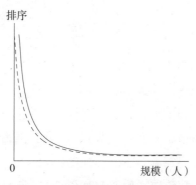

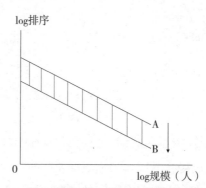

图5-6 提高总防灾成本资料分布   图5-7 提高总防灾成本数据分布（数据取对数）

就是各项灾害的排序不变，但其规模皆降低；以取对数后图来看（图5-7），提高总防灾成本会使本来的直线 A 向下平移至直线 B，斜率不变。而直线间的面积就是降低的伤亡人数。因此其比仅提高特定种类的灾害更有意义，而不是因为某几种灾害会造成重大伤亡就将重心集中于此，而忽略了伤亡人数低，但次数却较频繁的灾害，这样以结果来说是没有实质意义的。

　　灾害发生后的重建固然重要，但应更着重于事先的防灾措施上。如果只是单纯做实质上的修复，虽然短时间内就可恢复居住的环境和原本的功能，但若是下次再遭逢灾害，还是会造成相同的伤亡。由本节研究发现，若不增加总防灾成本，而只是针对某几种灾害提高其防灾成本，虽然可能遭受相同的灾害会减少伤亡，但当遭逢别种灾害时，伤亡会更严重，这样对于防灾来说是没有效率的。因此，应该提高总防灾成本，对所有种类的天然灾害作防范，才比较有意义。

五、结论

　　本研究通过灾害伤亡人数二手资料来检视其伤亡人数是否有规律存在。与先前研究最大的不同之处在于样本的选取，以往所作的灾害统计皆是以特定类型灾害为主（如地震等）。本研究则是视所有类型的天然灾害为相同的事件，结果经统计发现其排序与伤亡人数亦呈现幂次律的关系，虽因时间限制无法将所有类型的灾害作相同的统计，但从先前学者所作的地震的统计，根据幂次律的规律和自我相似性，我们可以推估若将个别灾害作统计依然会有相似的结果。因此，针对防灾我们必须考虑整体性的规划。如同上面所讨论，若不针对整体作考虑，仅仅对特定灾害制定防灾政策，仍无法改变原有数据分布的趋势，而只是改变特定数据的排序而已，因此总伤亡人数将不变，而防灾最大的意义就在于减少人员伤亡。由此看来，必须考虑所有类型的天然灾害才是防灾政策优先考虑的内容。

第三节　空间垃圾桶模型外在效度的实证检验

摘要

空间垃圾桶模型（spatial garbage-can model）视城市动态系统为一组在空间中随机游走互动的元素之间交互作用下的结果，包括决策者（decision makers）、选择机会（choice opportunities）、问题（problems）、解决方案（solutions）以及区位（locations）。其中决策者、问题及解决方案以不可预测的方式相互碰撞，丢入在特定区位的选择机会或垃圾桶中而产生模拟城市发展过程的结果（Lai, 2006）。本节尝试从地区个案资料的分析来检验空间垃圾桶模型。具体而言，采用多重个案研究的复现策略，收集西门町、信义计划区与新北投等三个地区的相关资料，通过方差分析统计检定分析，探讨四种要素结构对系统能量值的影响关系，试图验证之前的计算机仿真研究（Lai, 2006）的结果，并进一步计算结构的熵值以观察这三个地方的城市活动是否具有自组织（self-organization）的系统特性，且佐以网络科学方法，探讨这些城市活动的空间分布特性。分析结果发现与计算机仿真文献的结果大致符合：①结构限制对系统能量的变化并无显著的影响；②与空间结构相较下决策结构反而显现出较佳的自组织特性；③城市活动网络并未呈现出明显的小世界（small-world）特征。此外，研究结果并不违反制度设计较空间设计对城市发展的影响而言更为有效的最主要结论。

一、前言

各种不同的决策理论常被城市规划者运用，通过决策创造出许多不同的城市发展形态。在现实中，经常会有草率的决策情形发生，不论是个人或组织都会面临"做与不做"或"如何做"等相关的选择与决定，因此"决策"（decision）成为个人或组织活动中不可或缺的重要议题（孙本初 等，1995）。决策的定义是组织或个人在面临问题之际，依据组织目的研拟各种解决方案，就各种可行的方案中作出选择，产生决策以有效解决问题的过程（徐昌义，2000）。

垃圾桶模型（garbage can model，GCM）将组织的决策视为一个混乱的过程，这一决策的思考模式并不采用传统的逻辑步骤。换句话说，并非先界定问题，再行探究可能的解决方案，而是先评估各种方案的利弊得失，然后选择一个最佳的方案成为决策以解决问题，即选择发生在问题之前（Cohen et al., 1972）。当问题、解决方案和参与者都同时出现，决策也同时形成，此时决策与措施间产生矛盾，在垃圾桶模型中是很正常的，因为组织的目标是模糊的，目标之间是互相冲突的，达成目标的方法也具有不确定性。决策所要追求的目标越清晰，决策手段和目的之间的关系连接就越清楚，各种变通方案可能导致的后果也越明确，且相关信息越充足，容许作决策的时间越宽裕的情境下，就越能采取理性的决策模式；而当与上述几个条件相反的不利情况发生时，采取非理性决策模式——"垃圾桶模型"的可能性就越高。

城市的空间发展过程由至少两个以上有相互关系的空间决策所组成，投入的工具以及人们的活动会造成城市设施的产生（Lai，2006）。此外，将一些制度上的限制，诸如法律以及相关规定，包含正式的与非正式的、空间的以及非空间的等，把所有考虑的限制加在组织决策中，会有许多相互关联的因素相互影响而产生出决策。在城市聚集的动能中，借由公、私部门产生许多相互关联的发展决策，这些决策在地理上及制度上有相互关系的作用，产生出形形色色不同的活动，造就了城市发展的形成。活动的区位及其密度也影响了城市的发展形态，除了时间和地点，它们也影响了其他决策是如何制定与选择的。因此，城市发展的过程十分复杂，难以用传统的数理分析工具加以描绘。

空间发展决策之间的互动相当复杂，笔者（Lai，2006）为了简化城市发展的过程，仿真一个动态的城市空间发展，以传统垃圾桶模型为基础衍生出"空间垃圾桶模型"（spatial garbage-can model，SGCM）。根据该模型的决策过程，视城市动态系统为一组在空间中随机游走互动的元素，这些元素包括问题（problems）、解决方案（solutions）、决策者（decision makers）、选择机会（choice opportunities）以及区位（locations），其中决策者、问题与解决方案以不可预测的方式相互碰撞，丢入在特定区位上的选择机会中而产生模拟城市发展的结果（Lai，2006）。延伸垃圾桶模型到空间向度，并不是叙述模型本身的规划决策行为，而是借由决策行为来描述城市发展的过程。在此，有两个假设分别支撑着两个不同的理论基础：简单来说，空间垃圾桶模型就城市空间的动态发展过程被当作描述性的表现，而规划理论被狭隘地想象成一个如何去作相关决策或是规划行为的理论。根据这样简单的区分，我们可以用空间垃圾桶模型提供理论基础来检验不同的理论效力，运用该模型分解城市体系成为个别行动者以及相关要素来模拟真实世界的情形（Lai，2006）。具体而言，空间垃圾桶模型所采用的是基于个体的建模（agent-based modeling）来模拟城市的发展现象。

基于前述的想法与模式概念，本节从城市演化观点对空间垃圾桶模型提出检视：是否在城市发展的过程中都能运用空间垃圾桶模型来提出决策方针？城市演化所形成的城市空间分布是否也是根据此模式基础所形成的？目前国内对于空间垃圾桶模型的检验研究相当有限，基于这个动机，本节试图应用个案研究的策略，建立一个能检测空间垃圾桶模型外在效度的实证研究模式对其进行检验，检视其解释实际城市现象的能力，进一步强化该模式的理论基础，或用作理论修正建议的参考。

二、空间垃圾桶模型

由可汉、马区及欧尔森（Cohen et al.，1972）设计的垃圾桶模型，运用计算机仿真来描述组织的决策行为。由于决策制定的背景系处于目标模糊、决策技术不明确以及决策者偏好不稳定的模糊情境，与决策相关的要素相互混杂且难以借由明确的规律来界定它们之间的相关性，因而将决策形成的情境视为一个垃圾桶。决策过程是问题、解决方案、决策者以及选择机会等这些要素近似于随机碰撞下的结果：决策者借由参与选择机会，采用解决方案来解决问题，但问题与可将之解决的方案未必能够在适当的时机被同时提出讨论并获得处理，因此经常有无意义的决定或是未作出任何决定的情况发生。笔者（Lai，2006）提出的空间垃圾桶模型加入空间的概念，除了原垃圾桶模型中的四种要素之外，新增区位（locations）这一新的决策要素，视城市动态系统为一组随机游走的要素交互作用、互相汇合进而产生决策或有活动发生。不同于传统的空间模拟方法，在空间垃圾桶模型的模拟中，认为决策发生的场所（即区位）是种充满活力的机会要素并与其他元素相互作用。此外，空间垃圾桶模型可视为行动个体在系统内部游走的动态轨迹，而不是由外向内观察的静态结果。

在空间垃圾桶模型当中，选择机会（或称决策情境）与其他要素的结合必然影响到某种区位决策，而决策也会影响该区位内所从事的投资和活动。区位以此概念附加在空间垃圾桶模型中，与其他要素以同样的方式流动，也可以看成是区位在寻找合适的决策情境与方案、问题和决策者相互配合。更具体地说明空间垃圾桶模型，包含有下列四种要素间对应的关系：

①决策结构（decision structure）定义为决策者与选择机会之间的关系矩阵；

②管道结构（access structure）定义为问题与选择机会之间的关系矩阵；

③解决方案结构（solution structure）定义为解决方案与问题之间的关系矩阵；

④空间结构（spatial structure）定义为区位与选择机会之间的关系矩阵。

这些要素间的对应关系结构表达以矩阵的形式，以管道结构为例，不同的问题元素排列于矩阵的列，不同的选择机会元素排列于矩阵的行，而其中的元素值若为"1"，则表示该列的问题可以进入该行的选择机会以进行处理，"0"则代表该选择机会没有办法或机会解决该问题。

城市是复杂的空间系统，有许多行动者在空间里互动，空间垃圾桶模型将此系统视为一个许多独立的要素聚集的模式，这些要素以随机和不可预测的方式互动。为使这个概念更加具体，运用格状系统来表现模型中五种要素的相互流动与混合（参见图5-8）。系统中有议题（IS，即问题）、决策者（DM）、解决方案（SO）、选择机会（CH）及区位（LO）等要素，在每个时间步骤中，每个要素的涌现（emerge）都会随机地落在方格系统里，随机地往四个不同方向流动，当决策者、解决方案与区位所提供的能量超过问题与选择机会所需要的能量时，并且特定的区位以及特定的选择机会同时出现且符合结构限制的要求时，决策就此而产生；如果问题所相关联的选择机会与所需求的标准能量被满足，这些问题就被解决了。

计算机仿真结果显示，从系统总净能量的时间变化中可发现所有模拟的变化趋势都呈现出V字形曲线，且在早期的时间步骤中都快速地下降，而在后期缓慢地上升。此现象主要源自于要素流入系统的时间形态：大量的问题与选择在模拟过程早期进入，产生相当大的能量需求，而在后期有越多的决策被制定与越多的问题被解决，能量需求逐渐减少，系统就恢复了它自身的总净能量水平。结构的限制影响能量变化的形态，限制程度较大的结构使得系统比较没有能力去适应流入要素的骚动：严格的结构限制减少要素之间互相碰撞的机会，从而降低了作决策以及解决问题的几率，整个系统变得比较迟缓。

笔者（Lai，2006）设计了一个希腊拉丁方阵（graeco-latin square）的模拟，能通过方差分析来计算这个设计（表5-1）。根据检定结果，在信赖水平 $p < 0.05$ 下管道结构对系统总净能量的影响有显著的效应，其他三种结构则没有，可推论出问题与选择机会之间的关联在系统行为中是最重要的因素，类似于制度设计，这个结果很可能起因于问题与机会选择是唯二的能量需求者，并且有相关联的结构介于两者之间。因此，管道结构扮演了一个重要角色，在特定的机会选择中作决策，所有相关联的问题就会解决，进而减少系统的能量需求，增加总净能量。

空间垃圾桶模型计算机仿真的方差分析统计结果 表5-1

来源	平方和	自由度	平均平方和	F值
管道结构	1062967500	3	354322500	12.1420
空间结构	43093200	3	14364400	0.6139
解决方案结构	233988500	3	77996167	3.3333
决策结构	87632700	3	29210900	1.2483
误差	70199800	3	233999933	
总和	1497881700	15		

注：显著性 $p<0.05$。

原始垃圾桶模型是组织决策的设定，这与过去传统的决策理论大不相同，模型本身的论点来自于决策的有限理性而不是完全理性，它试图将杂乱无章的决策过程集中成为一个有组织的设定，当中混乱的要素并非全然随机，而是有一套架构可供依循，使得要素之间有机会互动，称为管道结构与决策结构。管道结构规范的是问题可以进入哪些决策情境被讨论，决策结构则是规范决策者可以参与哪些决策情境来作决策，这两种结构都可以视为制度结构，即分配权力给决策者使之有权力在某些决策情境下解决出现在该情境中的问题。因此，决策者在系统里并非任意地处理任何解决方案或是出现在任何选择机会当中，决策者本身会谨慎小心地作决策，因为很多选择机会是受到外在限制的（Lai，2006）。

延伸垃圾桶模型到空间的概念，空间垃圾桶模型可视为一种叙述的模式来表现城市空间的动态如何发展，而规划理论则是如何作相互依赖的决策的行为理论。笔者（Lai，2006）认为可以使用空间垃圾桶模型来提供一个理论基础，借以检验不同的规划理论，这个模型将聚焦在有限理性的行为模式之上，打破传统规划理论完全理性的框架，使公共部门的研究者能令计划更为有用，并且更有效地解决城市问题。传统的规划理论倾向于认定所有行动者都是相同的，描述性的城市现象则是以有限理性为基础，认为每个行动者的偏好都不同，对科学技术认知不清，没有完整的选择机会；更进一步地说，空间垃圾桶模型由个体选择模式的概念发展而成，在理解城市现象上与传统城市发展模式有相当大的差别。

规划比作决策更具有挑战性，因为其需处理拿不定主意的计划、价值观的差异以及相互冲突的目标，比作决策更加复杂。就影响空间垃圾桶模型系统的表征而论，规划者可通过至少两种方式制定计划。一方面，规划者参与可能存在的选择机会，在行动之前安排时间与空间，也就是制定计划，决策者甚至可以创造其他决策情境，如适当的预算时间选择，假如有需要可用来应对急迫性的议题，通过说服政府官员、市民及开发者，共同合作依序地解决问题，如此一来可在深思熟虑的情形下解决两个以上的问题。另一方面，规划者可以改变制度架构，为的是再分配权利来限制活动，渐进地影响城市发展过程。改变制度结构相对于有形的空间设计更有效率，人们可通过权利的公平分配来发展个人所需求的活动。此一观点主要延伸自模拟结果，空间议题如交通和土地使用的问题等，都可通过制度结构的设计来使得规划更有效率。通过不同类型的结构限制，制度结构的应用在仿真中不会完全呈现真实的情境，它们被设计出来主要是用来区分不同的结构形态以及测试结构效应在系统中发展结果的重要性。空间垃圾桶模型提供了一个新的观点来看待与解释城市空间的发展过程，模拟结果指出制度限制可以支配最终结果，因此，目前注重空间设计的城市规划须重新思考制度结构如何对真实环境更有帮助。

三、城市发展的网络科学

城市发展过程以及规划的研究相当注重空间结构的处理与分析，而在处理空间元素的研究方法当中，图论（graph theory）的应用是一种数量化方式，将空间表达为点与线的组成，形成一个联结许多节点（node）的网络，可借由许多不同意义的参数分析个体在网络中所占据的位置，以及整体网络表现出来的特性。

（一）空间型构法则

空间是一种形态的展现，就空间的静态表现而言，空间型构法则（space syntax）是最佳的分析方法之一。空间型构法则最早由西里尔（Hillier）教授提出（Hillier，1996），希望通过量化方式把空间形态具体化，并通过数字的运算来了解空间组成。其最初被使用来分析建筑物内部的空间概念，而后渐渐地延伸应用于城市空间，特别是对城市系统的分析。它也提供了描述城市空间结构的叙述架构，试图从空间结构的观点去解释人们的行为与社会活动。

空间型构法则分解空间的方式系以"点"来代表空间领域单元，以"线"代表点的连接来构成空间结构图，将空间转化成连接图后，便可使用网络分析的方法来探讨这些空间单元之间的关系，以及它们的组成形态。空间型构法则提供了一些空间属性的参数，用作空间分布形态的分析（表5-2）。

空间型构法则的空间参数公式

表5-2

参数名称（简称）	计算公式	数值意义
邻接个数值 connectivity（CN）	$C_i = k$ k 为与点 i 直接连接的点的数目	系统中每一组空间元素所邻接的元素个数值
相对控制值 （control value，CV）	$ctrl_i = \sum_{j=1}^{k} \frac{1}{C_j}$ （1÷邻接元素的总数）的总和	表示该点对于邻接元素的控制程度
总深度 （dept，D）	$D_i = \sum_{j=1}^{n} d_{ij}$ 表示 i 点到 j 点的最短路径	表示该点所居位置的便捷度
平均相对深度 （mean dept，MD）	$MD_i = \dfrac{\sum_{j=1}^{n} d_{ij}}{n-1}$	表示该点所居位置的便捷度的比较值
不对称性值 （relative asymmetry，RA）	$RA_i = \dfrac{2(MD_i - 1)}{n-2}$	表示该点居于整体性系统中的便捷程度

来源：谢子良，1998。

（二）小世界网络

过去探讨网络关联性的拓扑学，皆假设网络不是完全规律就是完全随机的，而瓦兹（Watts）与斯特罗盖兹（Strogatz）（Watts et al.，1998）则认为，大部分生物、科技与社会的网络都呈现这两种极端之间的状态。他们增加少量的无秩序进入规律的网络之中，发现这样的系统可以是高度聚集的，同时又具有很低的分隔度，称这种同时具有规律与随机两者特性的高效率链接系统为"小世界网络"（small-world network）。

瓦兹与斯特罗盖兹定义了"特征路径长度"（characteristic path length）与"群聚系数"（clustering coefficient）两个图形的属性。前者测定了网络中连接任两节点的平均距离（路径长度），是为衡量网络链接效率的整体属性；而后者测定每个节点与其相邻者的平均链接数量，是为衡量网络中节点聚集程度的局部属性。从完全规律的网络开始，瓦兹与斯特罗盖兹发现随着重接线几率 p 的增加，有个区间具有高群聚系数（C）与低特征路径长度（L）的网络链接特性。如图 5-8 所示，在标准化两个属性值之后，绘出不同几率下的两个属性，约位于 $p = 0.001$ 至 $p = 0.1$ 处，网络同时呈现了规律与随机两种极端形态的特征。瓦兹与斯特罗盖兹称此形态的网络为"小世界网络"。

小世界网络发生在仍具有高的群聚系数，但特征路径长度快速下降的阶段。此特征显示，小世界仍以规律性的网络为基础，具有大多数节点多与其相邻者连接的高度群集现象，然而经由少数几条与远程节点的连接，即可大幅降低整体网络的分

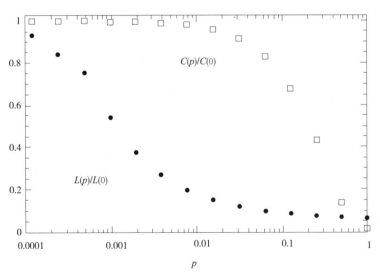

图5-8　不同重接线几率下的网络属性值变化趋势

来源：Watts et al.，1998

隔度，迅速提高网络的链接效率。此外，戴维斯（Davis）、余（Yoo）及贝克（Baker）（Davis et al.，2003）提出小世界商值（small worlds quotient，SWQ）的概念，借以衡量网络倾向小世界结构的程度，他们将群聚系数 C 与特征路径长度 L 结合成特征值比例 C/L，再进一步将所衡量网络与随机网络的 C/L 比值相比，结合成如式（5-1）：

$$(C_{actual}/L_{actual})/(C_{random}/L_{random}) > 1 \qquad (5-1)$$

其中 C_{actual} 与 L_{actual} 分别为所衡量网络的群聚系数与特征路径长度，C_{random} 与 L_{random} 分别为随机网络的群聚系数与特征路径长度。小世界具有高的 C 值与低的 L 值，故商值公式左侧的复合比例值必然大于 1；若商值明显地大于 1 许多，表示所衡量网络具有愈加明显的小世界结构，反之则无。群聚系数与特征路径长度的详细计算方式可参考原文（Watts et al.，1998），本节利用社会科学网络软件 UCINET 第 6.232 版进行上述三项小世界特征值的运算。

四、研究个案地区

本节以台北市城市活动在空间上的分布形态作为空间垃圾桶模型的验证案例，分别选定西门町、信义计划区与新北投等三个地区作为旧市区、新市区和郊区等三种城市地区类型的代表。

①西门町：东以中华路为界，西以康定路为界，南以成都路为界，北以汉口街为界。

②信义计划区：东以松仁路为界，西以基隆路为界，南以信义路为界，北以忠孝东路为界。

③新北投：东北以中和街为界，西北以永兴路为界，东南以光明路为界，西南以中央北路为界。

通过土地使用分区图将此三个地区的街廓呈现出来，按空间型构法则的空间单元原理界定出区域内的每个街廓单元，并将每个单元都标上编号。

五、研究设计

（一）个案研究策略

本节以个案研究的策略来进行空间垃圾桶模型的实证，为了探索空间垃圾桶模型的外在效度，检验描述城市发展过程的模式，必须进行多重个案研究，原因在于科学事实很少建立于单一实验上，通常是依据多组实验，在各种不同的状况中重复了同样的现象，此过程称为"复现"或"概化"。个案研究是一种非常完整的研究策略，采用一组预先制定的步骤来探究与分析实证主题，并且包含研究设计及其逻辑在内的独立研究策略（尚荣安，2001）。从个案研究推论至理论，也就是研究结果可以产生概化的层级，通常使用多重个案研究来进行；多重个案研究策略应被视为多重研究的实证，如果两个或者两个以上的个案显示出相同理论，就可以宣称有复现的现象产生。

（二）问卷调查

我们参考空间垃圾桶模式的特征设计的问卷问题如下：

①请问你对于西门町的活动决策目标清楚吗？

②请问你在西门町活动的方法明确吗？

③请问你会长时间在西门町参与活动吗？

④请问你在西门町从事什么类型的活动？

⑤请问您在西门町活动的时间起讫点？

⑥请问交通工具为何？

⑦请问你在西门町属于什么类型的活动决策角色？

⑧请问在西门町活动产生决策的机会大吗？

⑨请问你在做活动时解决什么问题？问题是否解决？解决问题的困难程度如何？

⑩请问你解决问题的可行性高吗？工具为何？

⑪请问你活动的地点区位好吗？

⑫请问你会因为自己本身阶层的不同而改变在西门町进行活动的几率吗？

⑬在西门町的活动决策中你会遇到许多的问题，例如，去哪里活动、去哪里工作、去哪里用餐、到哪里看电影、去哪里看病、选择何种路线等，请问就你而言下列何者为你的状况？

⑭请问在西门町活动时你知道如何针对所面临的问题去作决策吗？

⑮请问你在西门町活动的地点上会面临何种情形？

⑯请问您对所从事的活动满意度如何？

⑰请简单且明确地在下图上标示你今日到西门町活动的路线图。

第1题到第3题是根据垃圾桶模型的特征所设计的问题，应用叙述统计作说明，第4题到第6题则是分别针对活动类型、活动时间以及所使用的交通工具而提出的问题，目的是辅助说明，第7题到第11题是针对空间垃圾桶模型中的五个要素所提出的问题，将抽象的模型内容转化为一般性的问卷问题，而第12到第16题则是根据空间垃圾桶模型的结构所延伸出的问卷问题，而第17题则是请求受访者在地图上标示出活动的地点以及活动路线，方便我们往后的解释说明（详细的问卷设计内容可参考游凯为，2011）。

空间垃圾桶模型包含五个要素及其对应关系的四种结构，并延续原始垃圾桶模型具有的"模糊的目标""不明确的方法"与"流动性的参与"三个特征（Cohen et al.，1972）。本节的研究对象为城市中进行活动的一般游客，这些活动由众多的个体决策所产生，而决策的形成以空间垃圾桶模型的五个要素为基础，并受制于要素之间的对应结构（每两个要素形成一种结构），从而可以说城市活动系经由受结构限制五种要素的互动而涌现（图5-9）。

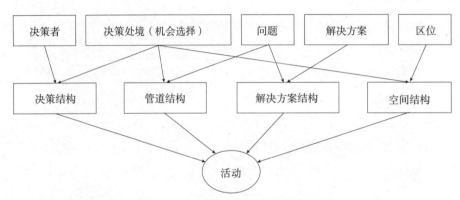

图5-9　城市活动的空间垃圾桶模型架构

本研究于三个地区各发放50份问卷，每位受访者可以填答超过一项的城市活动项目，这些活动是本节分析的基本单位，即样本数量采用该地区所有受访者填答的数量，而非受访者数量。问卷内容试图得出个别活动在四种结构矩阵中分别占据的位置，且由于所建立的要素对应结构为5×5的二维矩阵，因此所有与要素相关的问题及受访者响应的数据必须转化成五个选项，以显现程度上的差异性（例如活动的满意度），无论其具阶层性与否，用以形成结构矩阵的其中一个维度。

（三）城市活动类型

本节将问卷中所示的十多种城市活动类型进一步归纳为五大方向，分别为娱乐、经济、社会、文化与教育，形成本研究空间垃圾桶模型里的"决策情境"（选择机会）要素，并作为决策结构、管道结构以及空间结构等矩阵的横轴。

（四）决策者阶层

决策者为城市活动系统提供正能量，投入能量越高的决策者有越佳的能力影响城市活动系统的运作，通常而言也具有越多的机会参与决策情境，本研究以此定义决策者的位阶。操作方式上，借由决策者从事活动所投入的资金及时间来衡量其贡献能量的多寡：假设所有决策者的时间机会成本相同，并假设为每小时100元新台币，时间转换为资金数量后加上活动所投入的资金即为决策者所投入的能量。接着，于投入能量最高与最低者的数值之间平均划分为五个相等的级距，进而确定出每个决策者所属的位阶，此即决策者要素的五个阶层，作为决策结构矩阵中的纵轴。

（五）区位便捷度

本节定义两个相邻的街廓具有连接关系，如此整个范围内所有街廓相互连接成一个连通网络，即网络中的任何一对节点都至少存在一条路径（path）。至于街廓相邻与否的判断标准，除了同一条道路两边的街廓具有相邻关系外，本节亦定义位于十字路口中斜对角的两个街廓之间亦具有相邻关系。街廓单元于整体网络中的便捷度，按表5-2中不对称性值的空间型构法则参数公式，采用"不对称性值"作为每个街廓节点在网络中便捷程度的比较值。计算出每个街廓节点的不对称性值之后，于最高与最低者的数值之间平均划分为五个相等的级距，进而确定出每个街廓所属的便捷度阶层。此即区位要素的五个阶层，作为空间结构矩阵中的纵轴。

（六）要素结构的熵值

最早研究熵值的学者为赫利（Hartley），经由香农（Shannon）加以修改而成（叶季栩，2004）。熵值用以衡量一个系统的无秩序程度：若系统的混乱度越大（秩序性低），则熵值越大。复杂系统的自组织现象是一种从混乱到秩序的过程，依熵值的概念，展现出自组织过程的系统其熵值应会在这个过程中逐渐降低，同一系统的自组织程度于是可借由熵值的高低来相互比较。据此，本节使用熵值来衡量管道结构、决策结构、解决方案结构与空间结构等四种结构的混乱程度，观察这些结构是否产生自组织的现象，比较这些结构之间相对秩序性的高低。计算熵值的公式如下：

$$H(X) = -\sum_x P(x) \log_2[P(x)] \tag{5-2}$$

根据数学公式的定义：假设 x 代表随机变量 X 的一个可能发生的状态，又各个状态发生的几率为 $P(x)$，则变量 X 的熵值为 $H(X)$。对应至空间垃圾桶模型中的要素结构，每个活动样本发生在结构矩阵中的不同位置，相对于汇总所有样本而成的要素结构（所有活动样本的结构矩阵的和）而言，结构中不同位置的发生几率不尽相同，若视整个要素结构 X 可能发生的状态 x 为每个样本发生在结构中的某个位置，则结构中不同位置的发生几率即为 $P(x)$，该要素结构的熵值为 $H(X)$。

（七）城市活动区位分布的小世界特征

本节应用前述小世界理论中的群聚系数、特征途径长度以及小世界商值等小世界特征值，来衡量答卷者在街廓网络中活动的区位分布是否符合小世界网络的特性。

操作方法上，系结合所有答卷者绘出的路线图，对照所填答的活动地点以及行经路线上的各个街廓，抽离出这些行动者进行活动的街廓单元，保留这些节点在原有整体网络中的链接关系，接着计算此活动区位分布网络的小世界特征值，观察它们是否具备小世界网络的特征及其程度。如图 5-10 所示，左上图为西门町所有街廓的相邻关系，假设所有样本总共有两名行动者，其活动路线所经过的街廓如右上图及左下图，取两者的联集如右下图，则此图即为研究所要分析的活动街廓链接网络。

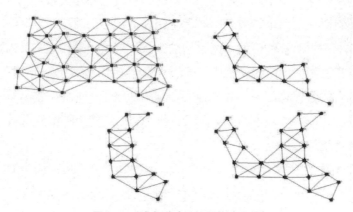

图5-10　城市活动区位网络建立示例

六、研究结果

（一）西门町个案

1. 要素结构分析

汇整西门町四种结构矩阵的数值（表 5-3），并计算这些结构的熵值（表 5-4）。

西门町城市活动的结构矩阵　　　　　　　　　　　表5-3

3	0	0	0	0	1	0	0	0	0	0	1	0	0	0	0	0	0	0	0
0	0	0	0	0	6	2	0	0	2	3	5	3	1	0	7	0	1	0	0
3	2	0	0	0	28	0	0	5	2	6	14	11	4	1	28	0	1	6	1
7	0	1	2	2	31	1	1	17	12	2	2	0	30	2	0	3	4
60	1	1	7	3	7	0	1	1	0	7	2	0	1	0	7	2	0	0	0

西门町要素结构熵值　　　　　　　　　　表5-4

决策结构	管道结构	解决方案结构	空间结构
1.576056	2.765825	3.543738	2.682472

西门町的四个要素结构呈现出一定的秩序，即这些城市活动有集中于结构里的某一部位发生的情形。而在所有的结构中，决策结构的熵值最低，相对于其他三者，决策结构的自组织能力最强，代表决策结构呈现出较高的秩序性，秩序性越佳越有助于研究者或规划者预测城市系统中的决策者在未来可能作的决策有哪些。至于熵的计算方式，以左边 5×5 的决策结构为例，算式如下：

$$-\left(3\times\frac{3}{92}\log_2\frac{3}{92}+3\times\frac{2}{92}\log_2\frac{2}{92}+3\times\frac{1}{92}\log_2\frac{1}{92}+2\times\frac{7}{92}\log_2\frac{7}{92}+\frac{60}{92}\log_2\frac{60}{92}\right)\quad(5\text{--}3)$$

2. 城市活动网络分析

使用 UCINET 软件计算出西门町活动路径街廓网的小世界特征值，包括群聚系数（C）、特征路径长度（L）与小世界商值（SWQ），并列出相同链接数量下秩序网络与随机网络的群聚系数与特征路径长度值，以兹比较（表5–5）。

西门町活动路径街廓网络小世界特征值　　　　表5–5

节点数（n）	39	连接数	110	平均链接数（K）	5.641
		秩序网络		西门町活动路径	随机网络
群聚系数（C）		0.677		0.547	0.145
特征路径长度（L）		3.457		3.072	2.118
西门町活动路径街廓网络小世界商值			2.606835		

西门町研究范围内的所有街廓都被 50 位答卷者所停留或经过，从而整个范围内全部街廓的相邻关系即为这些城市活动所建构出的路径街廓网络。与秩序网络和随机网络相互比较，可发现西门町真实活动网络的群聚系数是比较接近于秩序网络的，局部的聚集程度呈现偏高态势，而相对于局部聚集程度来说，真实网络的特征路径长度并不像小世界网络那般偏向于随机网络的低数值，因此结合两项数值而成的小世界商值并不会太大。整体而言，西门町活动路径街廓网络的真实分布情形是倾向于秩序形态网络的。

（二）信义计划区个案

1. 要素结构分析

汇整信义计划区四种结构矩阵的数值（表5–6），并计算这些结构的熵值（表5–7）。

信义计划区的四种结构当中，决策结构的熵值依然是最低的，表示决策结构最具有秩序性，自组织的倾向最强，此现象与西门町相同，显示出在这两处从事活动的个体，于活动之前已经针对自己本身所面临的问题进行初步的规划，并非随机发

信义计划区城市活动的结构矩阵　　　　　　　　　　表5-6

1	1	0	0	0	4	0	0	0	0	3	0	1	0	0	0	0	0	0	0
0	0	0	0	0	3	0	0	0	0	2	1	1	0	0	0	0	0	0	0
0	0	0	0	0	23	1	4	0	1	15	7	5	0	0	6	0	1	1	0
9	0	0	0	0	38	0	2	1	0	23	18	1	0	0	45	0	1	0	1
80	0	6	2	1	22	0	0	1	0	16	4	3	0	0	39	1	4	1	0

信义计划区要素结构熵值　　　　　　　　　　表5-7

决策结构	管道结构	解决方案结构	空间结构
1.125923	2.400601	3.119108	1.876118

生。另外，信义计划区的空间结构有一定程度的秩序性，略高于决策结构，可以说信义计划区的土地使用情形较有秩序。

2. 城市活动网络分析

信义计划区活动路径街廓网的小世界特征值如表5-8所示。信义计划区范围内的街廓，除了编号为7的街廓单元以外，其余的街廓都被50位答卷者所停留或经过。与秩序网络和随机网络相互比较，信义计划区城市活动空间所形成的真实网络，其群聚系数与特征路径长度也是比较接近于秩序网络的，与小世界网络的高群聚系数特征略相符，但也不至于非常高，反而相对于聚集程度而言，在联结效率上并不如小世界网络那般偏向于随机网络的低特征路径长度，因此也没有太大的小世界商值。

信义计划区活动路径街廓网络小世界特征值　　　　　　　　　　表5-8

节点数（n）	27	联结数	75	平均链接数（K）		5.556
		秩序网络	信义计划区活动路径		随机网络	
群聚系数（C）		0.676	0.530		0.206	
特征路径长度（L）		2.430	2.427		1.922	
信义计划区活动路径街廓网络小世界商值			2.039835			

（三）新北投个案

1. 要素结构分析

汇整新北投四种结构矩阵的数值（表5-9），并计算这些结构的熵值（表5-10）。

新北投城市活动的结构矩阵　　　　　　　　　表5-9

1	0	0	0	0	0	0	0	0	0	0	0	0	0	0	1	0	1	0	0
1	0	3	0	3	0	0	0	0	2	2	0	0	0	0	5	0	2	0	0
0	0	6	0	0	0	0	4	0	1	4	0	0	0	0	12	0	11	6	16
0	0	4	1	1	3	0	5	1	1	7	1	0	0	0	1	0	2	0	0
18	0	3	6	15	17	0	7	6	15	34	9	2	0	0	1	0	0	1	3

新北投要素结构熵值　　　　　　　　　表5-10

决策结构	管道结构	解决方案结构	空间结构
2.938935	2.895873	2.161381	3.035687

　　不同于西门町以及信义计划区，在新北投的四种结构当中熵值最低者为解决方案结构，其较佳的秩序性代表活动者大多使用特定类型的方案集中解决特定类型的问题；而熵值最高者是空间结构，表示在新北投空间的秩序性较差，或许是当地的空间规划较为无秩序，连带地影响活动者的区位分布。此外，虽然决策结构的熵值仍低于空间结构，但是差距极为微小。综合这些情况，新北投的要素结构与西门町和信义计划区相较下有很明显的差异。

　　2. 城市活动网络分析

　　新北投活动路径街廓网的小世界特征值如表5-11所示。新北投范围内的街廓，除了编号为8与22的街廓单元以外，其余的街廓都被50位答卷者所停留或经过。同西门町与信义计划区，在与秩序网络和随机网络的相互比较下，新北投的城市活动空间所形成的真实网络，其群聚系数与特征路径长度也同样比较接近秩序网络：局部聚集程度呈现出略高的态势，接近于小世界或是秩序网络的高群聚系数特征，而在链接效率上亦不如小世界或是随机网络那样具有低的特征路径长度值。

新北投活动路径街廓网络小世界特征值　　　　　　　　　表5-11

节点数（n）	23	联结数	54	平均链接数（K）	4.696
	秩序网络		新北投活动路径		随机网络
群聚系数（C）	0.661		0.519		0.204
特征路径长度（L）	2.449		2.486		2.027
新北投活动路径街廓网络小世界商值			2.073079		

（四）个案地区比较

1. 要素结构分析

新北投的管道结构与解决方案结构跟西门町以及信义计划区有很大的差异，在决策结构与空间结构的显现上也略有不同，本节认为是由于土地使用现况或规划上的不同而造成的差异，西门町与信义计划区都属于商业性质浓厚的地区，而新北投则偏向于商住混合，因此造成结构矩阵数值上的差距。加总三个个案地区四种结构矩阵的数值（表5-12），并计算这些结构的熵值（表5-13）。

综合个案地区城市活动的结构矩阵　　　　　　　　　　表5-12

5	1	0	0	0	5	0	0	0	0	3	1	1	0	0	1	0	1	0	0
1	0	3	0	3	9	2	0	0	4	7	6	4	1	0	12	0	3	0	0
3	2	6	6	0	51	1	8	5	4	25	21	17	4	1	46	0	13	13	17
16	0	5	3	3	72	1	8	5	2	47	31	5	2	0	76	2	3	3	5
158	1	10	15	19	46	0	8	8	15	57	15	5	1	0	47	3	4	2	3

综合个案地区要素结构熵值　　　　　　　　　　表5-13

决策结构	管道结构	解决方案结构	空间结构
2.225723	3.259238	3.403326	3.082803

汇总三个个案地区之后的四个结构，在熵值的表现上与西门町以及信义计划区相同，与新北投则在管道结构和解决方案结构上相反，显示出因地区性质不同，个体所接触到的问题、选择机会以及解决方案的使用上也有不同，因为新北投商业气息没有另外两个地区浓厚。从问卷所收集到的资料来看，个体于新北投所从事的活动在性质上较为单纯，或者是一些较为简单的活动。

此外，本研究应用方差分析检定，针对四种结构的差异对于系统总能量的影响是否显著来进行分析（表5-14）。分析结果显示，在信赖水平 $p < 0.05$ 下，四个结构对于整个系统的总能量都没有显著的影响，与笔者（Lai, 2006）的研究中通过计算机仿真的结果不同，其差异在于计算机仿真中管道结构对于系统能量的影响是显著的。究其原因，在于原来的计算机仿真同时考虑设施投资与活动系统，而本研究仅考虑户外活动，导致连接问题与选择机会的管道结构极其松散（可由表5-13中管道结构的熵值显示），进而使得它对总能量的影响不显著。

要素结构对系统能量影响效应方差分析表　　　　表5-14

	平方和	自由度	平均平方和	F值
决策结构	1.782356	2	0.891178	1.475646
管道结构	0.131865	2	0.065933	0.109174
方案结构	1.002821	2	0.501411	0.830255
空间结构	0.706523	2	0.353262	0.588362
误差	1.811773	3	0.603924	
总和	5.435338	11		

2. 城市活动网络分析

汇整此三个个案地区的小世界特征值如表5-15所示。在本研究所划定的范围内，三者的所有街廓数量及其间的连接数量本就不一致，从而就网络密度而言，有意义的比较是在平均链接数，而非绝对数值上的连接数。总体来说，观察受访者从事城市活动的街廓网络，西门町与信义计划区平均每个街廓节点与超过5个的其他街廓相邻，而新北投仅在4~5个之间。

三个研究个案地区的群聚系数值都在0.50~0.55之间，就整体平均而言，与某街廓相邻接的其他所有街廓，它们之间相邻关系的数量约占最大可能数量的一半以上，显示这三个地区的城市活动街廓网络的局部聚集程度并不低。

个案地区小世界特征值比较　　　　表5-15

个案地区	西门町	信义计划区	新北投
节点数	39	27	23
连接数	110	75	54
平均链接数	5.641	5.556	4.696
群聚系数（C）	0.547	0.530	0.519
特征路径长度（L）	3.072	2.427	2.486
小世界商值（SWQ）	2.607	2.040	2.073

观察活动路径的节点数量与特征路径长度之间的相对趋势，发现它们大致呈现正向关系。在三个研究范围中，整体的街廓网络与受访者从事活动的路径网络其实差异都不大，从信义计划区与新北投中所移除的三个不被活动者经过或停留的街廓单元都位于研究范围的边缘，对整体连接效率的影响应不大。此外，虽然新北投的节点数较信义计划区为少，但前者的特征路径长度却略高于后者，本研究推测应是

新北投本身的路网与街廓形状较为不整齐的关系，使得某些路径得以经过较多的街廓单元以达成两节点之间的联络。

与其他存在于现实生活中的小世界网络相较，本研究三个案例地区的城市活动显得相当接近于秩序形态的链接网络，以吕正中及笔者（吕正中 等，2008）从飞机航线与机场据点为基础的针对全球城市网络链接特性所作的研究为例，全球城市连接网的小世界商值为27.2，而本研究三个案例地区的小世界商值皆仅介于2.0~3.0之间，相较之下数值相当小。这三个活动网络相对表现出大的局部聚集程度与小的整体连接效率。

七、讨论

从本节实证资料的分析中发现这些个案地区决策结构的熵值低于空间结构，即决策结构的自组织倾向较空间结构更为明显。倘若较高的结构秩序意味着决策者或规划者对于未来的掌握上有较佳的预测能力，我们便可借由秩序性较高的结构着手，以较佳的效率对系统进行干预。例如，由于在决策结构上面临较低的不确定性，对决策者与选择机会进行安排，针对不同的选择机会进行设计，取得较佳的系统掌控能力，减少系统能量消耗。决策者或是规划者可以高秩序的结构为重点，通过仿真方法对未来的城市发展进行预测，从中获得的信息可以减少在规划与执行的过程中所投入资源的浪费，使得城市的发展更有效率。

管道结构可规范问题可于何处被讨论的议程制度，而决策结构则规范决策者有何权利、参与哪些决策情境的权利分配制度，此两种结构都可经由人为编排达到制度设计的目的，进而影响城市中的各种活动。本研究有关四种要素结构对系统总能量的影响的结果，显示管道结构在统计上未达显著，但决策结构的自组织性要比空间结构更高，也就是具有高秩序性的制度结构较空间形态更容易掌握，如果这是真实世界中的现象，则制度设计亦应比空间设计更易于对城市发展形成规划者所欲诱发的影响，换言之，投入于制度变更在引导城市发展上具有更佳的效率。

在城市活动的链接网络方面，本节就小世界理论的观点讨论城市活动的空间分布形态。群聚系数与特征路径长度不同，它是可以直接用来与其他网络相互比较的数值，不需经过标准化程序，即可如实反映出局部的聚集程度。所以可以大胆推测，个案地区偏高的群聚系数值，有一部分原因来自于棋盘状的街道系统形态与大致上整齐方正街廓形状，因为这些地理空间上的限制，相邻街廓之间多也彼此邻接（可借十字路口加以想象），从而局部上的聚集程度会呈现偏高的态势。

　　至于特征路径长度，此特征值表现出来的是整体网络的链接效率。著名的"六度分隔"假说和连锁信实验（Milgram，1967）描述与揭露的是真实社会关系网络中链接的路径长度究竟如何发挥惊人的效率，其应用的就是特征路径长度的概念。在本节的个案中，因为街廓网络的链接定义在于它们的相邻关系，经由受访者从事城市活动路径所撷取出来的网络也是建立在这个相邻关系的基础上，要形成跨越远距离的相邻关系较为不可能，从而整体上的连接效率不高。此外，由于局部聚集程度偏高的链接形态（如前段所述），受到地理空间限制的影响，特征路径长度自然也会随着网络结点数量增加，换言之，整体活动街廓网络的链接效率随着网络规模的扩大而降低。

　　现今，大多数规划行为发生在复杂的环境中，形成信息流通的复杂网络，也使得决策者面临不确定性或不完整的信息（汪礼国，1997）。根据自上而下（top down）的方法而建立的城市演变模式，忽略局部的互动，隐喻着规划亦以类似的方式进行，例如中央集权的组织形态、综合性的过程，以及土地开发的概略性决策。然而城市的实质环境是由许多发展决策相互作用而成，城市变迁实际上很难以传统的规划方式予以适当的调整与控制，反而是由复杂相关联的空间决策所造成（Batty，1995）。因此，在城市空间模式建立的方法需要有所转变，从自上而下来看城市发展变迁的整体均衡状态，转为自下而上（bottom up）来看表面上稳定的城市形态，其实是从部分行动之间的互动过程衍生而成（Batty，1995）。所谓自下而上的方法，指的是从活动个体的观点，以实际身体经验所体现的使用参与和地方认同，来了解各种城市活动决策之间的部分互动如何影响城市变迁的整体趋势。雅各布斯（Jacobs，1961）也主张自下而上的更新方式，强调混合使用，而不是截然划分的住宅区或商业区，并且强调从既有的邻里当中汲取人性的活力，而非规划手段。

　　在多元变迁的现代社会中，决策的情境瞬息万变，必须实行权变观点来面对问题，垃圾桶模型提供一个看待决策过程的模式；而空间垃圾桶模型来自于垃圾桶模型与基于个体的模型的结合，通过个体的决策观点，来探讨城市空间系统的涌现与涌现的过程，可作为空间发展决策时的参考。此两种模式皆融入了有限理性的概念，对于决策情境的不确定性有较佳的解释；缺点则是理论基础薄弱，且实际上要素之间并非完全独立，以及没有考虑决策者的能力等。无论如何，空间垃圾桶模型仍有正面且实用的一面，虽然模式的假设并非完美，但它确实能提供政府部门在城市规划上有另一个方向的思考。

八、结论与建议

本节的研究设计重点系针对笔者（Lai，2006）关于空间垃圾桶模型的计算机仿真研究的主要结论，尝试以实证数据与计算机仿真进行比较，验证真实世界的现象是否符合其研究结果，作为空间垃圾桶模型的外在效度检验，结果却发现实际城市活动情况与计算机仿真所描述者大致相符合。研究的主要结论如下。

（一）要素之间的四种关联结构对总能量的影响皆不显著

本研究问卷搜集来的资料经由方差分析方法的统计检定，发现在这些个案地区中四种要素之间的关联结构皆对系统的总能量没有显著的影响（信赖水平 $p < 0.05$），这与笔者（Lai，2006）所做的计算机仿真的管道结构的影响是显著的结果不同。推测其原因，应在于原来的计算机仿真同时考虑设施投资与活动系统，而本研究仅考虑户外活动，导致连接问题与选择机会的管道结构极其松散，进而使得它对总能量的影响不显著。

（二）决策结构的熵值较空间结构为低

经过四种要素结构熵值的计算发现，三个研究个案的决策结构熵值皆较空间结构更低，其中西门町和信义计划区的个别状况，以及三者数据综合后的决策结构熵值是四种结构中最低的。如果结构的自组织性可借由熵值所表示的秩序程度来衡量，则本节的调查结果显示决策结构具有较佳的自组织性，也就是相较于空间而言，制度的结构反而显得较有秩序，比较容易预测。

（三）三个个案地区的结构之间互有差异

空间垃圾桶模型要素之间的关联结构，在三个研究个案地区之间反映出不同的差异，其中西门町与信义计划区四个结构的熵值呈现出类似的形态；新北投则与这两者有很明显的差异，其管道结构与解决方案结构的熵值较其他两者为低，西门町与信义计划区则相反。此外，前项所述决策结构熵值较空间结构为低的情况在新北投较不明显，这两种结构在新北投地区呈现出相近的自组织程度。本研究认为这些不同结构自组织性差异的现象，是城市规划上土地使用形态的不同使然。

（四）城市活动网络未呈现明显的小世界特征

关于城市活动在空间上的分布形态，本节以受访者从事活动所经过的路径来表现，以空间上的相邻关系定义出这些街廓单元的链接网络。计算其小世界特征值的结果发现，这三个地区的城市活动街廓网络未呈现明显的小世界特征，它们虽有较高的群聚系数，但整体的连接效率相对上却没有达到相对应的低水平。究其原因，部分来自于建立在相邻关系上的连接定义，从而受到地理空间上的限制。

本节不同于通过计算机仿真的方式展现空间垃圾桶模型，采取以实际的生活体验来显示空间垃圾桶模型的四种结构，与计算机仿真的结果大致吻合，因此有助于未来如何将空间垃圾桶模型运用于现实世界当中，并且通过该模式了解区域特性，分析区域结构，以提供城市规划与土地使用计划的对策，避免造成计划完成与营运之后缺乏城市活动力的窘境，以及政府建设资源的浪费，并适时提供城市发展足够的能量。

本研究在资料收集方面的不足之处在于不能对城市活动进行追踪调查，即长时间地调查活动的发展过程，了解活动本身的决策过程与解决方案的执行，只能通过问卷调查的方式收集点状数据，若以稍微深入的方式对答卷者进行简单的访问，则攸关数据收集困难以及受访者意愿等考虑而无法进行（本研究的问卷调查拒访率大约五成），期望未来能有更合宜的方式或者运用科学调查工具，能够对活动进行长时间的数据收集与活动能量的解析。此外，本研究在范围的设定上较为狭小，也发现部分地区活动类型有集中的趋势，或许将研究范围增大可能会有不同的结果。另外在活动者的活动路线上并未针对交通工具进行个别的分析，建议未来的相关研究可以加强此设计，借以解释或提出该地区的交通问题与城市活动相关联的运作方式，了解城市与街道之间的关系。

空间垃圾桶模型的外在效度已在本研究中获得正面的验证结果，显见它是复杂城市系统中极具潜力的模式。其他建立在此模式基础上探讨城市现象的研究，也获得了具体的成果，包括城市的耗散结构特性（Lai et al., 2013）及自组织的特性（赖世刚 等，2012）。今后努力的方向将是以此叙述性模式为基础，进行城市规划与管理的规范性探讨。

第六章 复杂城市系统中的规划理论架构

第一节 面对复杂的规划

摘要

中国在过去40年来的改革开放政策指导下，城市发展及建设的工作取得了举世瞩目的成就。然而，有关城市发展中计划（plans）产生现象及效果的解释包罗万象，从土地开发个案到城市发展，从个人到团体，从私部门到公部门，从个体行为到社会选择，从空间形态到社会结构等，不胜枚举，此皆为广义规划（planning）逻辑所欲解释的现象。中国的规划界目前欠缺的是适合解决快速城镇化所带来城市问题的基础规划理论。如何有系统、严谨地解释这些规划现象，将是中国未来规划研究的一大挑战。随着复杂性科学渐趋成熟以及规划逻辑逐渐成形，本节论述这两大知识体系的关系，进而提出适合在中国文化生根的复杂性学派，作为朝此规划研究方向迈进的一个尝试。

一、规划的困境

规划无所不在，小自一天行程的安排，大到社会、城市的设计，都是规划。就后者而言，霍尔斯特·瑞特尔（Horst Rittel）及马尔文·韦伯（Melvin Webber）（1973）认为，当今规划问题变成了令人讨厌而极难处理的问题（wicked problems），而这类问题有10个特性，与科学及工程问题不同。规划问题没有公式，无定解，无对错，无法测试，无法重复，无法列举答案，具有独特性，具有关联性，多因多果以及无犯错机会等。自从1970年代瑞特尔及韦伯提出规划是棘手问题的概念以来，进入21世纪的今天，面对复杂城市环境的规划问题，学者仍然束手无策。原因在于，这10个规划问题的特性正显示出规划的对象——城市，是一个复杂系统，而面对这类问题，采用完全控制的综合性规划以及否定规划的渐进主义都不妥当。比较恰当的方式是介于两者之间，针对问题的特性，确立适当的计划范畴，以制定及使用计划，并采取以计划为基础的行动（Hopkins，2001）。此外，规划问题是棘手问题，同时也是未充分定义问题（ill-defined problems）（Hopkins，1984），这类问题跟科学及工程问题不同，它们没有明确的范畴，没有清楚的偏好，也没有标准答案，因此解答未充分定义的问题与解科学及工程问题的算法（algorithms）不同。其一般有定量及定性两种途径：定量包括多属性决策方法（multi-attribute decision making techniques），定性则包括集体决策过程（Innes et al.，2010）等。不论是定量或定性，皆有其限制及优缺点，较合理的方式应是整合定量及定性方法的优点，设计出较完善的解决未充分定义问题的算法。

除了城市本身的复杂性造成规划的困境外，规划的复杂性也使得处理城市发展问题极具挑战性。实际上，城市有数以千万计的大小计划同时在进行，并互相影响。开发商、土地所有者、地方政府、中央政府以及其他许多利益团体及个人都在为自身的利益制定不同的计划 （Hopkins，2001）。而这些计划相互影响，形成了一个极其复杂的计划网络（web of plans），使得城市发展的因果关系难以厘清。就如谁能说清楚上海的高房价是因为地铁系统的开发，或是浦东新区的设置所导致的？因此，复杂的计划网络也使得城市的发展充满了不确定性。此外，受到经典科学的影响，1960 年代，城市规划者视城市发展为趋向均衡的最佳状态，因此空间或结果显得十分重要。尤其是在 1970 年代，由于道格拉斯·李（Douglas Lee，1973）对大型城市模型的批评，同时众多学者逐渐对复杂系统有了更深入的认识，这个观点已开始受到挑战。取而代之的观点是，城市一直是处于远离均衡的开放系统，因此过去一直被忽视的时间或过程显得格外重要，这也是造成城市发展不确定的原因之一。

建筑、景观及城市规划专业分别面对街区、生态及城镇的复杂系统，而这三个复杂系统共同组合形成人居环境的复杂巨系统（刘滨谊，2015）。面对如此的挑战，传统的规划做法是将这些复杂系统简化，并分解到可处理的认知能力范围内，再各个击破，以达到彻底解决问题的规划效果。然而复杂系统是有机的组合，难以用这种分离并征服（divide and conquer）的机械手法面对。取而代之的是要了解复杂系统形成的原因，并直接面对它。本节的主旨便在于说明城市复杂性形成的原因以及我们应如何面对它以从事有效的规划。

二、四个"I"

到目前为止，学界对复杂性（complexity）的定义及其衡量方式并没有共识。然而笔者认为比较合理的定义是：复杂性是对系统描述的长度，描述长度越长，表示系统越复杂（Gell-Mann，2002）。至于复杂性的成因，目前也没有达成共识，相关学者开始尝试建构复杂系统的一般性理论（Simon，1998；Holland，2012）。复杂系统大致可分为同质构成分子的复杂系统（如金属材料），以及异质构成分子的复杂系统（如城市）。尼古拉斯普列高津（Nicolis）及（Prigogine）（Nicolis et al.，1989）曾以热力学第二定律论证不可逆性（irreversibility）为化学系统复杂性的成因。在经济体中，不可逆性是由交易成本所造成的，而交易成本同时扭曲了价格系统，导致系统无法达到均衡的状态。在城市中，导致动态调整（dynamic adjustment）失灵而无法达到均衡状态的因素除了城市发展决策的不可逆性外，还包括了相关性（interdependence）、不可分割性（indivisibility）以及不完全预见性（imperfect foresight）（Hopkins，2001）。

相关性指的是城市发展决策之间在功能及区位上是相互影响的。不可分割性指的是城市发展决策受制于规模经济的因素，不可做任意规模的开发。不可逆性指的是城市发展决策一旦制定并执行，若需要修改或回复，必须花费很大的成本。不完全预见性指的是城市系统的变量，如人口及就业，无法精准的预测。这四个"I"的特性使得城市的发展处于远离均衡、始终变动的状态，而这个观察与复杂性经济学的观点一致（Arthur，2015）。此外，霍普金斯（Hopkins，2001）认为，传统规划学者用经济学及生态学的概念来解释城市空间的演变，殊不知城市发展与经济系统及生态系统不同，因为城市发展具备四个"I"的特性，这四个条件与新古典经济学的假设不同，因此均衡理论并不适用于城市发展的过程，而规划便有它的必要性。换句话说，面对这种动态调整失灵的情况，规划便能够克服四个"I"的特性而产生作用。笔者更进一步尝试运用网络科学的概念，从演绎的角度证明了四个"I"是构成城市复杂性的原因，而规划在四个"I"特性存在时能发生有益的作用，因此规划在复杂系统中能发生有效的作用（Lai，2018）。

三、面对复杂城市环境的规划逻辑

针对面对复杂城市环境的规划，霍普金斯（Hopkins，2001）教授提出了城市发展制定计划的逻辑。这个规划逻辑是基于四个"I"而展开，而这四个"I"也是构成城市复杂性的原因，因此规划逻辑其实就是针对城市复杂环境而制定的行动指南。笔者在第五章第一节阐述了城市的复杂特性，本节拟针对规划逻辑加以深入介绍。

《城市发展规划逻辑》（*Urban Development：The Logic of Making Plans*）一书是霍普金斯教授从事规划教育、研究与实践数十载的经验结晶，内容亦十分广泛，几乎涵盖了与规划有关的所有议题。在该书中，霍普金斯教授旁征博引当代自然及社会科学的主流研究，包括生态学、微观经济学、认知心理学及决策分析等，试图解释规划在一般情况下发生的原因、对自然及社会环境的影响以及如何制定有效的计划，对规划理论与实践均提出深入的见解。因此该书对城市规划相关学者及专业人士应有许多启发之处。

该书共分十章。在第一章中，霍普金斯教授首先以美国香槟市（Champaign）附近地区沿 74 号高速公路的发展为例，说明城市发展的规划是一个经常发生的现象，不限于整个城市或都会区。开发者、民众团体及政府等都会各自针对所需而拟定计划。霍普金斯教授根据米勒（Miller, 1987）的科学哲学，提出他对规划现象的解释、预测、辩证及规范的逻辑基础，作为后续各章论述的哲学观点，其重点在于指出为什么需要规划以及如何进行规划。

在第二章中，霍普金斯教授主要阐述自然系统与以计划为基础的行动之间的关系。他首先以划独木舟作比喻，说明规划便如同在湍急的河川中划独木舟。并以此说明规划必须持续进行，必须预测，必须适时采取行动，且必须考虑相关的行动。此外，规划无法改变水往下流的系统基本特性，因此我们能做的是利用这些基本特性达到我们的目的。霍普金斯教授接着介绍经济学及生态学所经常遇到的均衡、预测、优化及动态调整的概念，因为城市发展具备四个"I"的特性，规划便有它的必要性。在该章的最后，霍普金斯教授以可汉、马区及欧尔森（Cohen et al., 1972）的垃圾桶理论为基础，将规划者所面对的规划情境称为机会川流模式。在该模式中，问题、解决方案、规划者及决策情况如同在河川中漂流的元素随机碰撞，而规划者便利用计划制定的技巧在这看似混乱的动态环境中存活下来。

在第三章中，霍普金斯教授主要说明在实际的城市及规划现象中，计划以各种形式或机制对周遭环境产生影响。他列举出五种形式，分别为议程（agendas）、政策（policies）、愿景（visions）、设计（designs）及战略（strategies）。除此之外，霍普金斯教授还解释了为什么城市发展的规划重点多放在投资与法规，其主要因为投资与法规均具备四个"I"的特性，从事规划也因此会带来利益。至于如何评价规划所产生的效果或效度（effectiveness）？霍普金斯教授认为需从四个指标来检视规划的评价：效果（effect）、净利益（net benefit）、内在效力（internal validity）及外在效力（external validity）。

霍普金斯教授接着在第四章中深入阐述五种计划形式中战略性计划的意义，因为战略最适合用来解决四个"I"的问题。霍普金斯教授认为战略性计划的形式可以用决策分析中决策树的概念加以解释，并以土地开发的例子加以说明。例如，当考虑基础设施及住房两项投资决策时，开发者可以借由个别的决策分别考虑，或是建构决策树同时考虑两个决策的互相影响。假想的数据显示，同时考虑两个决策所带来的净利益要比分开独立考虑两个决策的净利益为大，且其差异表示计划的价值。这个例子主要说明同时考虑相关决策（即规划）会带来利益。除了决策分析的战略性计划外，霍普金斯教授更举出面对不确定性的其他战略，包括韧性（robust）、弹性（flexible）、多样（portfolio）与及时（just-in-time）的战略，而这些战略的运用成功与否，也可以决策分析进行阐述。

在第五章与第六章中，霍普金斯教授从类似制度的角度介绍规划发生的背景，第五章解释为何自愿团体（voluntary group）及政府具有诱因来从事规划。在该章开始，霍普金斯教授以购物中心的开发案来说明业者、开发商、财团及政府间如何因各自的利益从事规划。接着以集体财产（collective goods）及集体行动（collective action）的逻辑，以有名的囚犯困境为例，说明为何一般人在没有干预的情况下，不愿合作共同提供集体财产。霍普金斯教授阐述了集体行动、法规与计划间的差异。该章的最终目的是说明其实计划作为信息的战略性提供也是属于集体财产的一种。

在第六章中霍普金斯教授深入介绍权利（rights）、法规（regulations）及计划（plans）之间的关系。他首先举例说明权利的特性，接着以科斯（Coase）定理说明资源分派的有效性、集体财产及外部性三个现象之关系。之后，谈到权利分配的公平性问题以及相关的社会地位象征。有关权利的探讨更深入到美国地权与投票权的关系，且由于投资的不可移动性，使得资源有效分派的经济目标难以达到。该章最后论及制定法规的诱因。

从第七章到第十章，霍普金斯教授针对计划制定与使用进行了深入的探讨。第七章从认知心理学的角度讨论人们制定计划时所具有的能力与限制。此外，他对主观、客观及主观间（intersubjective）的知识与价值的形成与区别也有着墨。对于有关计划制定所需的个人认知能力与过程，霍普金斯教授也借由文献回顾提出人们在解决问题时所遭遇的认知能力上的问题。例如，人们倾向于将注意力投注在问题的陈述或表现，而不在问题的本身。相关的研究在认知心理学的决策领域都有深入的探讨，而霍普金斯教授将其与计划制定有关的一些课题在该章中整理出来。

在第八章中，霍普金斯教授讨论到民众参与与计划之间的关系，尤其强调集体选择（collective choice）、参与逻辑（the logic of participation）及计划隐喻。与第七章不同的是，该章强调偏好整合（aggregation of preference），并说明团体是如何做决策的。在集体选择的可能性上，霍普金斯教授介绍阿罗（Arrow）著名的不可能定理（impossibility theorem），并认为虽然民主程序有如阿罗所提出的不当之处，但集体选择或决策仍然在实务上是必需的决策过程。此外，霍普金斯教授更以香槟市为例说明集体选择和制度设计的原则，并进而解释民众参与的逻辑及形式。该章最后论及民众参与应如何进行方能产生应有的效果。

第九章论述计划是如何制定的，也就是叙述性地描述规划的行为（planning behaviors），并针对其他学者所提出的规划程序作了比较。此外，就理性的部分，霍普金斯教授也就传统的综合性理性与沟通理性之间作了比较。他认为理性是绩效的标准，而不是一个过程，使得传统综合性理性得以与沟通理性、批判理论（critical theory）及所观察到的规划行为作比较。基于以上的观察，霍普金斯教授提出五项改善规划实务的方向，分别为：制定决策与计划使用并重；留意计划制定的机会；划定计划适当的范畴；着重行动与后果的联结；正式民主体制与直接民众参与的结合。在最后一章，即第十章，霍普金斯教授说明了计划应如何使用。他再度阐述了划独木舟的比喻，用以说明如何应用计划来寻找机会并借由行动的采取来达到目的。霍普金斯教授认为一般规划者的通病是忽略了计划的用处，而将注意力投注在决策情况、课题的理解及问题的解决上。该章的其余论述便针对前文所提的规划实务改善方法，提出更深入的辩解。

霍普金斯教授所著《城市发展规划逻辑》一书涵盖了有关城市发展规划的重要课题。一般探讨规划的专著不是过于深涩难懂使读者望而却步，便是过于杂陈而流于资料的收集。霍普金斯教授的书集结他数十年对城市规划的教学研究经验，历经十余年的撰写才完成，内容之精彩自不在话下。一般的规划理论学者多抱着某一种理论或概念的典范（paradigm）加以发挥，例如制度经济学、最适化及沟通理性等。霍普金斯教授的书其特色之一是找不到任何的典范依据，而其立论唯一的依据是米勒（Miller，1987）的科学哲学。该哲学针对实证主义（positivism）的限制及对事实的扭曲，提出不同而较宽松的科学哲学立论。基于规划可作为科学学门的探讨对象，霍普金斯教授对规划行为的发生，从叙述性及规范性的角度作了详尽的介绍，并最后提出改进计划制定以及利用计划的具体建议。贯穿全书的宗旨在于霍普金斯教授认为城市发展具有四个"I"的特性，即相关性、不可分割性、不可逆性及不完全的预见性，而规划考虑相关开发决策的关系进而研拟战略会带来利益。尤其是，规划的作用在面对复杂的环境时是有益的。综合而言，全书对为何要从事规划，如何制定计划，以及如何使用计划等有关规划专业的根本问题作出了详尽而具说服力的说明。因此本书适合欲对规划理论从跨领域角度进行了解的教师及学生阅读，也可作为规划实践工作者的参考资料。唯一缺憾的是霍普金斯教授大多引用美国的例子说明概念，使得对美国规划背景不了解的读者较难理解，例如有关权利系统的说明。此外，全书用字遣词言简意赅，使得有些概念的陈述过于精简，导致读者不易通晓，因此阅读本书需有专业英文能力并具基本社会科学概念，方能有效吸收本书之精华。然而本书几乎涵盖所有城市规划有关的课题，且立论中肯，逻辑清楚严谨，同时着重于对概念与个案的陈述，不失为一本有关规划理论的好书。对于规划专业怀有质疑的学者、专业人士及学生，本书应可提出较完整的答案以解决疑惑。

四、复杂性学派

基于城市复杂性及规划逻辑不冲突且一贯的概念，笔者拟提出复杂性学派的规划理念。复杂性学派（Complexity School）的提出系基于一个信念，即我们安身立命所在的城市是复杂的，而规划与决策能帮助我们在城市复杂系统中存活下来，甚至于繁盛。复杂性学派认为城市因发展决策的相关性、不可分割性、不可逆性以及不完全预测性，而使得城市复杂性涌现出来。如何规划及管理城市复杂性，成为复杂性学派的主要诉求。顾名思义，复杂性学派与复杂性运动（complexity movement）有关。复杂性运动指的是自然科学，如物理学以及社会科学。又如经济学近年来认识到巨型系统往往是复杂而非均衡的，而传统所认识到的均衡状态只是特例。同时，刘易斯·霍普金斯（Lewis Hopkins）、麦克·贝提（Michael Batty）及布莱恩·阿尔瑟（Brian Arthur）等学者的论点均指向城市为非均衡过程的结论。基于这样的认识，复杂性学派认为城市系处于非均衡状态并有自组织的能力而从个体的行为涌现出总体的隐秩序。

除了复杂性运动之外，复杂性学派另一智识来源是伊利诺规划学派（Illinois School of Planning）。该学派主要是探讨计划的逻辑，并强调在非均衡状态下的规划应注重时间的因素，此论点与复杂性经济学（complexity economics）不谋而合。传统规划强调空间（space）、共识建立（consensus building）以及政府控制（control），并以决策作为故事的终结。而伊利诺学派注重时间（time）、计划（plans）以及结盟（coalitions），并以计划作为发送信号的变量（Hopkins，2014）。

复杂性学派立基于复杂性运动与伊利诺规划学派的认知基础之上，尝试结合此两大系统，希望针对如何在复杂系统中存活的问题提出有用的见解；一方面根据复杂性科学探究城市如何运作，另一方面延伸行为决策理论，探讨规划的行为（Lai，2021）。例如，四个"I"同时是计划发生作用的必要条件以及复杂性存在的充分条件，而将计划与复杂性的概念整合起来（Lai，2018）。此外，复杂性学派亦尝试结合中、西古典与前沿科学，如《易经》与元胞自动机，试图提出更深入的洞见以面对日趋复杂的世界，因为笔者认为《易经》是目前所知最早的复杂性科学，而且它的运作与基本元胞自动机有着密切的关系（Lai，2019）。

简言之,复杂性学派与传统规划概念的主要差异是前者强调相关决策的计划,而后者关注个别的制定;复杂性学派与西方传统科学的差异在于,前者视巨型系统为非均衡状态且时间是重要的变量,而后者视巨型系统为均衡状况而时间并不重要;复杂性学派与中国传统科学的主要差异在于前者重理论与逻辑,而后者重经验与直观。

没有任何学派是由无中生有的,也就是说任何学派都有其智识根源(intellectual roots)。复杂性学派也不例外,它的智识根源来自六个方面:自然科学中以伊利亚·普列高津(Ilya Prigogine)为首的布鲁塞尔学派;社会科学中以布莱恩·阿瑟(Brian Arthur)为首的复杂性经济学(Complexity Economics);复杂性运动中以圣塔菲研究院(Santa Fe Institute)为首的复杂性科学(Complexity Science);规划学中以刘易斯·霍普金斯为首的伊利诺规划学派(Illinois School of Planning);城市学中以麦克·贝提为首的城市科学(The Science of Cities);中国哲学中以《易经》为首的中国传统科学。

以伊利亚·普列高津为首的布鲁塞尔学派以研究自然界中的复杂现象为主,通过理论与实验发现远离均衡的自组织化学现象,称之为耗散结构(dissipative structures),并认为这种非均衡现象在自然界中十分普遍(Prigogine et al.,1985),而城市也是耗散结构(Lai et al.,2013),与复杂性学派的观点相同。

以布莱恩·阿瑟为首的复杂性经济学一反新古典经济学的假设,认为人的选择是通过归纳推理(inductive reasoning)的方式,而不是演绎分析而制定的,而且经济体是非均衡状态而不是均衡状态(Arthur,2015)。此外,计算学(computation)比数学(mathematics)在探讨经济现象时更显重要。这些观点也与复杂性学派过去所做的研究雷同。

复杂性运动泛指过去几十年来自然科学以及社会科学对复杂性、非线性及非均衡系统相对于简单、线性及均衡系统所作的观念革新。其中的代表机构是20世纪80年代在美国新墨西哥州成立的圣塔菲研究院(Santa Fe Institute),该研究院成立的目的是集结自然科学(包括物理学)以及社会科学(包括经济学)的顶尖科学家,以跨学科整合的方式探讨巨型复杂系统的运作方式,包括蚁窝、大脑、网际网络、经济体、政治体以及生态系统等。如今其相关的研究成果已逐渐影响到不同领域,包括防疫、交通、城市规划、企业管理等(Ball,2012)。

以刘易斯·霍普金斯为首的伊利诺规划学派将美国伊利诺大学城市及区域规划系过去百年来所积累的研究成果作了整理(Hopkins et al.,2013)。它的特色在于视计划为以信息收集及操控为主的规划行为中的主要变量,并认为城市发展因为四个"I"特性，使得城市发展无法达到均衡，而此观点与复杂性经济学相同，因此认为规划有其必要性。

以麦克·贝提为首的城市科学将过去区域科学及城市经济学以系统的方式整理并建立在复杂性科学上，称之为新城市科学（Batty，2013a）。

复杂性学派尝试整合伊利诺规划学派以及新城市科学，以深入了解计划与城市间的关系（Lai，2021）。此外，基于复杂性科学的涌现论（emergentism）接近传统中国哲学的世界观，复杂性学派也尝试将西方前沿复杂性科学与中国传统科学做一连接，以作为复杂性学派的科学哲学基础。以上这些智识根源并非各自独立，而是形成一个庞大的关系网络，构成了复杂性学派的智识族谱。

五、结论

中国过去40年来在改革开放政策指导下的快速城镇化是时间压缩下的城市发展过程。中国的规划界目前欠缺的是适合解决快速城镇化所带来城市问题的基础规划理论。本节论述如何以四个"I"为核心来串联复杂性科学与规划逻辑两大知识体系的关系，并深入介绍规划逻辑的内涵，最后提出整合这两大知识体系的复杂性学派构思，作为朝此规划研究方向迈进的一个尝试。尤有甚者，复杂性科学的系统观与中国《易经》文化的宇宙观皆为整体论，而规划逻辑因势利导的规划理念与道家无为而治的天人合一理念相似。因此，笔者相信复杂性学派尝试整合复杂性科学与规划逻辑以提出面对城市复杂性而规划的理念，正可填补目前适合中国国情的规划理论空窗期。

第二节　面对城市复杂性的规划理性

摘要

规划逻辑必须建立在规划的理性上以面对城市复杂系统。本节从决策分析的基础上，尝试建构一种与自然同行的规划理性。本节从不确定性及变动的偏好试析如何将两者整合，以面对城市的复杂性，进而提出遵循城市自发演变秩序的规划理性。

一、前言

选择是我们日常生活必须面对的问题，不论你决定要到哪里吃饭，点哪一道菜，选择什么工作，雇用哪一个员工，在何地投资房地产，心仪哪一个对象等，都是选择。可以说我们的一生都是在作选择，而我们的人生也是由一连串的选择所构成的。

虽然决策人人都会作，要制定好的决策却不容易。本节的目的之一便是要告诉你如何作一个好的选择。然而，光是作好的决策是不够的，因为我们所面对的世界如此复杂，使得采取行动前先制定计划，并根据计划来作决定便显得格外重要。

决策与规划分析是两个不同但关联性极高的领域。简言之，决策分析的重点在于告诉你如果一生仅此一次，你应该如何从事一个选择；而规划分析则在说明，在采取行动前，如何考虑一个以上的相关决策。例如，当我们在雇用一个员工时，我们考虑的是这个员工的能力及品性是否符合职位所需要的条件，这时我们可将评选应征者当作一个独立的决策来考虑。但是，如果这个职位与公司的发展有密切的关系，例如一年后这个部门会因市场需求的增加而扩充，此时雇用员工的决策就必须与公司扩充的决策同时考虑。在这个情况下，我们在作当下的决定时，便必须考虑一个以上决策间的关系，也就是说我们必须作计划。由这个简单的例子，我们可以看出决策其实是计划的内涵，而计划是决策的展开，两者相互依存。

决策及规划的技巧是可以学习的，它们是一种思考逻辑的自我训练，也可以说是一种修炼。决策与规划是许多领域探讨的主题，不限于城市发展的规划，例如运筹学或作业研究等。它们也是我们生活上遭遇到困境时的解决方式之一，因为它们是完成艰巨任务的必胜工具。我们常讲："工欲善其事，必先利其器"。而决策与规划也是器的一种，是一种工具或手段。然而，决策分析的探讨一直被各个领域所忽视，主要的原因在于一般人不知道决策与规划的含义，不知道如何从事决策与计划制定，也不知道决策与规划分析所能带来的益处。此外，学界也多只探讨单一决策的制定，殊不知若是我们在采取行动时能考虑相关的决策，所获得的效果会更佳。与此同时，我们所面对的世界是复杂而难以用现有的科学知识加以充分描述的，城市发展尤其如此。面对这样复杂而多变的现象，一般人虽或隐然知道规划的重要性，却往往不知如何从事计划的制定，以及如何使用计划。

本节将我们所处的规划情境视为一个复杂系统，也就是由许多人制定不同的决策与计划，相互影响、交织而成的因果网络。复杂系统隐含的意义有二：第一，该系统无时无刻不在变化而无法达到均衡的状态；第二，这个特性正使得计划制定在面对多变的复杂现象时，扮演重要的角色。本节便旨在说明面对这样复杂而又不确定的情境，我们如何能制定出有用的决策与计划，据以采取适当的行动，以达到我们的目的。因此，本节有两个主题：其一，本节要说服读者，当您面对复杂多变的环境而想要采取合理的行动时，以计划制定为基础的决策是有帮助，而且会带来益处的。其二，本节尝试说明决策与规划分析的一般性原则，即如何随着自然行动。此处所谓的自然是一种广泛的定义，约略地可以说是所面对复杂而未知世界自发性或自组织规律的通称。

本节首先介绍规划理性的内涵，并提出框架理性（framed rationality），以别于目前文献上所探讨的理性，包括完全理性（perfect rationality）及有限理性（bounded rationality），进而就框架理性的基础辩证制定计划或相关决策的必要性，也就是如何制定相连的决策（linked decisions）会带给我们利益。最后点出如何顺应自然的运作，以从事计划的制定，并据以采取行动。本节主要的论点在于说明当我们面对复杂的世界时，在某些情况下，经济学的选择理论并不足以应付层出不穷的问题，取而代之的应是制定计划以采取合理的行动。

二、理性的含义

当我们说一个人的选择是理性的时候，通常指的是该选择合乎一个标准。决策分析讲究的是理性的选择，而此理性的标准为何便显得十分重要，因为这个标准构成了决策分析的理论基础。理性是有智慧的人的行事准则。当我们说某个人的行为是理性的，即不论我们是否清楚所用的标准为何，我们都用一套标准来衡量他的选择是否合乎这套标准。理性一直是经济行为追求的目标，然而由于心理学家近期的发现（例如 Kahneman，2013）推翻了新古典经济学所奉为圭臬的预期效用最大化的理性标准，选择行为理性的含义为何自此便一直处于争论之中。城市发展规划是一连串的选择行为，即使它不取决于选择一个决策，而是在选择一个计划或一组相关的决策。而计划可定义为是一组时空上相关且权宜的决策，或决策树的一个路径（path）。因此，规划也是一种理性行为。

规划是有意图的行为，也就是说规划是有目标的。例如当我们说要从事捷运系统的规划，希望达到某个载运量的目标。这些目标可以是量化的，如每日一百万人次的载运量，也可以是非量化的，例如促进土地高度利用。如何采取一连串的行动以达到所设定的目标，必须在第一个行动尚未采取之前便预先作好筹划，而这个筹划的动作便是规划。本节中视行动、选择与决策为同义词，也就是说决策一旦制定，便会依决策采取行动。

当我们说一个人的行为是理性的，指的是什么意思呢？一般人大概只有一个笼统的概念，认为符合一般大众的期待便是理性。但这个答案过于简化，无助于我们作更佳的决策。有关理性的探讨，在西方自科学革命期间因认为自然界现象可由人类的推理能力加以理解，而达到最高峰。在社会科学中，有关理性的定义有许多，但一般认为，一直到冯诺曼及摩根斯坦提出了主观预期效用理论（subjective expected utility theory，SEU）理论（von Neumann et al.，1974），该理论便主导了社会科学对理性内涵的定义。他们创立了效用（utility）的概念。与其说效用是存在人类心理层面的现象，倒不如说效用是为了方便解释人类选择行为所设立的一种数学建构（mathematical construct）。因此它应是一种虚拟的偏好衡量单位。到目前为止，预期效用最大化仍旧是经济理论与决策分析的一个基石，也就是理性的含义。由于预期效用理论被用来作为规范性的指引，告诉人们，如果你接受一些理性的基本假设，在从事选择时，你应该会接受预期效用最大化的理性标准。然而，实际上人们的选择会符合预期效用最大化的理性标准吗？心理实验的结果显示答案是否定的。因此，卡尼曼（Kahneman）及特佛斯基（Tversky）提出了"展望理论"（prospect theory），以期以叙述性的方式描述人们实际上如何作决策。尤其甚者，赫伯特·赛门（Herbert Simon）更指出人类的理性是有局限性的，并提出了"有限理性"（bounded rationality）这个概念。直到最近，心理学家与经济学者开始展开对话，试图更深入了解人类从事选择的理性含义。虽然到目前为止，对于人类的行为是否合乎理性的标准尚无一定论，本节将揭示一个"框架理性"（framed rationality）的典范（Lai，2017），认为决策者在一定的认知框架下的行为是寻求最适合化的决定。简言之，纵使有关经济行为的解释有许多种，本节所依据的观点是认为人类的经济行为是理性的，而所谓的理性指的便是最适化，即预期效用的最大化。我们所观察到的人类行为上的差异在于从事选择时的思考架构或认知框架上的不同，而这些思考架构随时间的改变而改变，引发了偏好的变化。因此，本节倾向于认为行动者是完全理性的，我们所观察到的不理性的行为完全由观察者的参考架构与行动者不同所致。就土地开发而言，其过程不外乎开发者就开发问题所形成的认知框架中，制定一系列的决策，收集信息，从事财产权的操控，以从中获益。而这些决策，在土地开发复杂的过程中具有其局限性。

三、不确定的世界

在讨论规划的必要性之前，我们先探讨如何进行个别选择或独立决策。个别选择的第一个要素是不确定性。人们在面对复杂的环境作出决定时往往会面对心理压力。例如公司的主管在雇用新人或签订新的合约时会考虑所雇用的人是否称职或所签订的合同是否带给公司利润。一般而言，这些压力来自于对环境认知上的不确定性。这里环境指的是组织的内部与外部，不同部门的人们所采取的行动以及行动间交织所造成的结果。由于这个过程极其复杂，使得人们在其所处的环境下或系统中采取行动时充满着不确定性。针对决策制定所面对的不确定性的处理方法在文献中有许多的探讨。重点在于以贝氏定理（Bayes Theorem）作为主观几率判断及修正的依据，并且从认知心学的观点就人们进行几率判断所常犯的错误提出矫正的方法。这些方法视不确定性为既存的事实，并未追究不确定性发生的原因。而降低不确定性的主要方式为收集信息，学者同时提出以信息经济学的角度规范信息收集的战略。

传统对于决策所面对的不确定性的处理是建立在理想的问题架构上，即类似萨维吉（Savage）所提出来的小世界（small world）（Savage，1954）。在这个小世界中，未来可能的状态（state）已给定，并以主观几率表示各种状态发生的可能性。而决策者可采取的行动为已知，不同的行动在不同状态下的小世界产生不同的结果。借由效用及主观几率所建构出来的效用理论定理，决策者便可从容而理性地选择最佳行动，使得决策者的效用得到最大的满足。这套理论架构十分严谨而完整，也因此目前决策分析所发展出来的方法大多不会超出这个理论架构的内容。姑且不论该理论的基本假设是否合理，萨维吉所提出的小世界的问题架构至少有两个疑问值得我们深思：①若作为叙述性的理论，小世界问题架构是否能代表决策者对决策问题的认知过程；②不确定性以主观几率来表示是否过于抽象而缺少实质意义（substantive meaning）。

认知心理学者对第一个问题已有许多的探讨，并且许多心理实验都指出人们实际在决策制定时通常会违反效用最大化的准则。学者也发现决策制定过程中常出现不可避免的陷阱（traps），例如描定（anchoring）、现状（status-quo）、下沉成本（sunk-cost）及佐证（conforming-evidence）等，并提出纠正这些判断偏差的方法（Hammond et al.，1998）。至于第二个问题，似乎仍囿于主观几率（或贝氏）理论的架构，对于不确定性的探讨仍较缺乏。

从规划的角度来看，不确定性的种类至少包括四种（Hopkins，1981）：①有关环境的不确定性；②有关价值的不确定性；③有关相关决策的不确定性；④有关方案寻找的不确定性。

若从更深入的层次来看，不确定性源自于信息经济学上所谓的信息扭曲（garbling）（Marschak et al.，1972）。更具体而言，不确定性的产生是决策者对所处系统认知不足所造成的。此外，规划与决策的制定必然发生在一个动态演化的系统中。然而，一方面由于系统具有变化多端的复杂性，另一方面由于人们认知能力的限制，使得不确定性在制定计划或决策时是不可避免的。但是如果我们能够了解认知能力的限制以及复杂系统的特性，也许就能更有效地处理规划及决策制定所面临的不确定性。举例来说，城市是一个极其复杂的系统，而由于人们信息处理能力的有限性，使得对城市意象在认知上为阶层性的树状结构（tree），而实际上该系统为半格子状结构（semi-lattice）（Alexander，1965）。另一个例子是组织。一般人认为组织结构是阶层性的，而实际上组织系统极为复杂且其演化亦难以预测。基于认知能力的限制对于复杂系统产生扭曲的意象，其所发展出的规划方法（如理性规划与决策）在解决实际问题时则显得失去效果。

预测也是处理不确定性的方式之一。预测具有一些特性，影响了它们作为信息的价值（Hopkins，2001）。这些特性具体包括：所预测事件发生前的预先时间（lead time）、预测水平（forecast horizon）、空间分辨率（spatial resolution）以及时间分辨率（temporal resolution），分别说明如下。

①所预测事件发生前的预先时间：预先时间指的是从事预测与事件发生之间的时间差。例如，基础设施提供者的预先时间必须早在基础设施被设计、核准、兴建以及需求发生之前便能预测该需求。预测的利益部分取决于其预先时间是否适合当下的决策情况。

②预测水平：预测水平是所预测的信息其所提供时间的长度。通常预测水平越长，预测的准确性越低。

③空间分辨率：预测范围在空间上的大小。例如，预测上海市人口的分辨率较预测单一行政区的人口为大。

④时间分辨率：预测范围在时间上的大小。例如，预测上海市全年人口增长的分辨率较预测单月人口增长为大。

就城市规划而言，空间及时间上个别的预测十分重要。例如通过十分具体的人口预测结果，规划师可以知道学校容量及污水系统的容量在何时及何处有需求，以便提供学校及截流设施的地点与规模。一般而言，预测越个别或分辨率越小则越难预测。如预测某省的人口相较于预测该省某城市的人口更容易；预测都会区发展较预测特定地区容易。

有关复杂系统的研究，近40年来颇受学界的重视。从混沌（chaos）、分形（fractal）、非线性动态系统（nonlinear dynamic systems）、人工生命（artificial life）到复杂性理论（complexity theory），这些研究致力于了解系统中各元素个体互动所产生的总体现象。虽然复杂性理论的架构到目前为止未臻完备，但许多领域中已开始以复杂性的概念解决实际的问题。例如，企业管理的顾问已开始从复杂系统的自组织及涌现秩序（emergent order）等概念探讨具有竞争力企业团体的组织结构的特性（Brown et al.，1998）。而城市规划界亦尝试借由复杂系统的概念解释城市空间演化的过程（Batty，1995）。复杂系统最基本的特性为其所衍生出的复杂现象乃基于极为简单的互动规则。换言之，人类社会的复杂性乃基于人们行动（或决策）之间的互动，产生系统演化的不可预测性（包括混沌理论中所提出的初始状态效应）。此亦为人们从事决策制定所面临的不确定性的主要来源之一。如果我们能了解复杂系统演化的特性，例如何种因素造成其演化的不可预测性，将可促进我们对于不确定性发生原因的了解，进而改善我们对不确定性的认知过程。

由于不确定性产生的原因包括外部环境的复杂性以及决策者对该环境认知能力的有限性，本节重点在于前者，而暂不深究不确定性的深层心理认知过程。但也不排除从现有文献中有关信息处理能力有限性的成果（例如永久记忆及暂时记忆的容量中及其间信息转换所耗费的时间），以发现不确定性发生的认知原因。研究方向可就城市系统及组织系统中从事规划与决策制定时，不确定性产生的原因进行探讨。城市及组织系统皆为复杂系统，不同之处在于决策特性。城市系统中开发决策往往是整体性的，耗时且一旦执行后很难修正，而组织系统中的决策则是片面性的，快速且较易修改。决策性质的不同自然造成系统特性的不同，但以复杂系统理论的角度来看，系统演化的不可预测性直接来自于系统中决策相互影响的错综关系，故此二系统应可再依共同的理论架构加以理解。此外，研究方向更应就计算机信息处理能力的优越性，探讨其在处理复杂系统中不确定性系统问题时应扮演的角色。

四、变动的偏好

个别选择的第二个要素是价值或偏好。偏好是根据我们的价值对事物的喜好作排序。譬如，我们在购车时，考虑不同的厂牌及车型，根据不同的因素从事可能选项的排序，进而选取排序最高的车款。这个问题看似简单，但是如果我们深入思考，会发觉其中的困难。一方面，我们也许不知道我们要的是什么，也就是说我们不清楚购车所依据的价值为何；另一方面，我们的偏好会随着时空环境的改变而改变。

这里先讨论如何衡量价值。就决策分析的角度而言，一个人的价值可由偏好结构（preference structure）来展现。所谓偏好结构最简单的形式，是一组价值函数及权重所形成的加法多属性决策规则。理论上，这是一个合理的假设，认为决策者在从事选择时是根据这样的偏好结构来进行。但是在实际操作上有其困难，因为偏好会随着时间而改变，此外人们的偏好很难去衡量。譬如，流行歌曲的排行榜为何每周都不同？股票市场的波动为何难以预测？这些都显示人们的偏好一直在变动，更何况它又是如此难以衡量。但是至少我们可以说，在作决定的当下，我们可以尝试了解我们的偏好结构，并据以制定合理的决策。

至于偏好是如何形成的以及偏好的变动是否有一定的规律，其因素相当复杂，学界目前尚无统一的解释，也不是本节的重点。但是简单地说，偏好是由决策者依特定的认知框架（frames）所型塑出来的。当认知框架有所改变时，我们的偏好也随之改变。计划可以说是一组认知框架，因此不论是计划内或计划间，偏好往往具有冲突性而不一致。主观预期效用理论建立在偏好恒常不变的假设基础上，即使是展望理论也假设价值函数（value function）是恒常不变的。而事实上，人们的偏好会随着认知框架的改变而改变。不仅如此，人们的选择可以说是在一定的认知框架下，追求预期效用的最大化，即框架理性。

五、不确定性与偏好的整合

前述不确定性与偏好必须加以整合以作出决策的判断。在决策分析中，这样的整合是通过多属性决策理论建构而进行。多属性决策理论源自于作业研究或运筹学（operations research），其主要的目的为在评估方案时同时考虑数个属性（attributes）、准则（criteria）或目标（objectives）。因此，多属性决策理论又名为多准则决策理论或多目标规划方法。这一类方法通称为多属性决策方法（multi-attribute decision making techniques）。多属性决策方法为一种结构化的决策方法，首先将决策问题分化为不同的属性，再将决策者对各方案的偏好依各属性撷取出来，最后根据特定的决策规则将方案的最终评估分数计算出来，再予以优劣排序。常用的多属性决策方法包括多属性效用理论（multi-attribute utility theory，MAUT）以及分析阶层程序法（analytic hierarchy process，AHP）。多属性决策方法于城市规划的应用大多在于方案的评估。例如重大公共设施如核能电厂的区位选择、城市更新地区优先顺序的排列以及交通设施区位的选择等。在蓝图式的规划过程中，即传统的"调查—分析—设计"式的规划理念或共识达成的集体选择过程的合作式规划过程，多属性决策方法非常适用。但是在真实世界脱序的规划行为过程中，其扮演的角色便不明确。可以说多属性决策方法对计划具有工具性价值，因为其可以被视为达成计划过程的一种工具。同时，若视多属性决策方法为社会选择（social choice）的机制，其便可以作为权利分配的机制，而这个机制可借由立法的程序来规定。

六、面对城市复杂性的规划理性

城市作为复杂系统，在不受干预的情况下，有其内生的自组织的秩序。大致来说，这个秩序是自然发生的分形几何结构，例如幂次法则。规划作为控制机制也会为城市复杂系统带来秩序，但这个秩序是外生、人为的欧氏几何结构。换句话说，规划使得人、事、物、地在时间上看似随机流转的过程变得更有序，更具决策效率，但是却解决不了所有的城市问题。城市问题还必须靠内生的自组织的机制来解决。管理城市复杂性就某个程度而言就是在城市内生的自组织的秩序与外生的规划的秩序之间作取舍，以达到一个平衡。

城市复杂性形成的原因主要是城市发展决策具有的相关性、不可分割性以及不可逆性。如果城市发展决策不具备这些特性，即城市发展决策是独立的、可逆的及可分割的话，城市发展过程将会变得极为简单而其形态也会趋向均衡，此时就没有规划的必要。但事实上，正因为城市发展具备这些特性，使得规划能发生作用，规划才显得有其必要性。

城市发展过程是人、事、物、地的独立川流以类似随机的方式碰撞而产生特定的结果。规划者如同在这样城市发展的川流中划独木舟，以规划或划舟技巧将独木舟划向目标（Hopkins，2001）。规划者没有能力控制城市发展或河川，河川的流动自有它的规律，规划者只能顺应河川往低处流动或城市发展自组织的自然趋势，搭配其所能采取的行动来移动独木舟。这看起来是被动的作为，却与随波逐流不同，因为独木舟的移动是有意图的，而不是任意的。面对城市复杂性我们应以计划制定作为决策制定的依据。不同于决策分析一次仅考虑一个决策，以计划为基础的决策制定同时考虑一个以上的决策；不同于主观预期效用理论视偏好为恒常不变的，以计划为基础的决策制定考虑偏好变动的可能性；不同于决策树仅考虑某个层级的单一决策者，以计划为基础的决策制定可同时考虑多个层级的多个决策者。在这样的思维下，以计划为基础的决策制定便成为有力的行动模式以及规划理性。

七、结论

本节中所论及面对城市复杂性的规划理性，特别强调以计划为基础的决策制定的重要性。也就是说，在采取行动前，先考虑一组相关的决策或计划，并据以制定当下的决策。这看似简单的概念，却常常被城市规划专业者忽略，因为人们在制定决策时往往陷入狭隘的思维当中，而将问题单独且独立看待。

计划的有效性在于我们所面对的世界是复杂的，而如果我们所面对的世界是简单的话，计划就不会发生作用。更具体而言，计划的必要性乃因于复杂世界中决策间的相关性所形成的复杂网络。本节所述及且一再重复的主题是，规划是在自然系统中所从事的一组有意图的行动，而规划必须遵循自然过程的基本特性，进而利用行动以及自然过程所产生的共同后果，来达到我们意图中所隐含的目的。这个概念看似简单，却也是千百年来人们追求的理想境界。最早自中国古人讲的"天人合一"，近至霍普金斯教授所阐述的城市发展制定计划的逻辑，以及赫伯特·赛门所提的设计逻辑（logic of design），都是在追求这样的理想境界。此处所谓的"自然"或"自然过程"乃是广义的定义，即通常指规划者所不能控制的事物或过程。无疑地，城市发展如同生物演化，是一种具有隐性规律的自然现象，因为它超出任何人的控制能力范围。本节的目的则是提出一些在自然系统中从事规划的原则及方法。

城市是复杂系统，它具有自组织的内生秩序。规划是人为的内在或外在干预，并给城市带来人为的秩序。城市规划必须在这两种秩序之间作取舍，以达到某种程度的平衡。城市无法被控制，而规划通常在复杂城市系统中发生，而且其所能成就的事物有限。面对城市复杂，理想的行动模式是以计划为基础的决策制定，这需要我们尊重城市作为复杂系统的内生的自组织的秩序，需要我们学习如何与自然同行。

第三节　复杂城市系统中的规划理论架构

摘要

基于城市是复杂系统的事实，本节提出复杂城市系统中规划理论架构，尝试将规划理论与城市理论建立联系。这个理论架构由 4 个模块组成：复杂性理论、复杂城市系统、制定计划的逻辑以及规划行为，其中复杂城市系统以及制定计划的逻辑通过 4 个 "I" 来联系。这个理论架构主要将城市规划研究区分为两大部分：城市理论与规划理论。其中复杂性理论是复杂城市系统的理论基础，而制定计划的逻辑是规划行为的理论基础。4 个 "I" 在这个理论架构中承担着核心联系的功能，它们既是复杂城市系统构成的核心因素，也是制定计划的逻辑发生作用的核心成分。

一、前言

城市是复杂系统这个事实往往被过去的城市规划学者忽略或简化，以至于其所构建出的规划理论一方面脱离城市的背景，独立于城市理论之外（Mandelbraum，1979），另一方面将城市视为简单的线性系统，导致所构建的规划理论无法解决复杂的城市问题，造成了规划的灾难（Hall，1980）。关于规划现象的解释，文献中有许多从不同的视角来探讨的论述，包括经济学（Intriligator et al.，1986）、博弈理论（Knaap et al.，1998）、社会学（Friedmann，1978）、数学规划（Hopkins，1974）以及生态学（Steiner，1991）。这些研究大多从哲学的层次聚焦于规划本身（Faludi，1973），从抽象层次探讨规划在社会结构背景下的隐喻（Friedmann，1978），在方法论层次上探讨如何解决规划问题（Friend et al.，1997），以及从实证层次上探讨某个领域中规划如何操作（Chapin et al.，1979）。它们倾向于将规划从实证世界中抽离出来，并将规划视为理想的、人工的，但不尽然是为达到某些事前既定目标的理性过程。规划其实是人们解决问题的自然方式，如同决策，规划是人类共有的行为，而不是构思出来的。因此，规划行为的研究显得格外重要。

从复杂城市系统的角度来看，复杂系统呈现远离均衡的非线性状态。当系统无法达到均衡的状态时，过程便显得重要，也就是说时间是重要因素，而规划能改变系统运行的轨迹，自然也显得重要。过去的规划过度重视空间，而忽略时间（Hopkins，2014），这是因为受经典科学的影响，视城市系统为静态、线性并趋向均衡状态（equilibrium state）。城市发展的动态调整决策受制于相关性、不可分割性、不可逆性以及不完全预见性，即4个"I"（Hopkins，2001），而形成了复杂系统，并使得规划能发生作用（Lai，2018；赖世刚，2018b）。在对复杂城市系统有了这个新的认识之下，我们迫切需要的是一个规划理论架构，能够同时兼顾城市理论与规划理论，并将这两套理论结合为一，作为城市规划实践的指引。本节的目的便在尝试构建这样一个理论架构，作为后续研究的基础。

二、复杂城市系统

城市是复杂系统，然而目前学界对复杂性的定义及衡量方式并没有达成共识。比较有说服力的讲法是系统的复杂度是描述该系统的叙述的长度（Gell-mann，2002），长度越长，系统越复杂。如果以这个概念来描述城市，无疑城市系统是复杂的，试想我们如何来完整地描述上海市，其长度绝对不是一本书可以叙述清楚的。与此同时，我们也可以从网络科学来定义复杂性（Newman，2010）。网络大致分为三种：有序、混乱与复杂。假设有100个节点围成一个圆圈，有序网络指的是每一节点与左右相邻两个或数个节点相连，而混乱网络指的是节点之间以随机的方式相连，其余的网络称为复杂网络。如果我们将城市中的人视为节点，显而易见地，城市网络不会是有序或混乱网络，人们之间的联系既非有序也非随机，它必定是复杂网络。此外，从复杂系统的组成分子来看，有同质性组成分子的复杂系统，比如水分子组成水，也有异质性组成分子的复杂系统，比如生态系统。城市系统无疑属于后者，因为城市系统包含了建成环境、生态环境与社会环境，分别由物质构造、生物及人类所组成。从较专业的角度来看，基本元胞自动机（elementary cellular automata）的演变规则有256个，而不同规则演变出来的结果可分为四类：死寂、规律、复杂及混乱（Wolfram，2002）。城市系统不可能是一片死寂，也不可能完全具有规律性，更不可能是一片混乱。它是处于混乱与有序之间、乱中有序的复杂状态。因此，从以上的简单说明可以论证城市系统是复杂的。

城市作为复杂系统有什么特质？在回答这个问题之前，我们先要了解城市复杂系统的动态过程。城市物质环境由许多开发项目在时间及空间上积累而成，比如小区的规划兴建、道路的建设以及各种形式的土地开发。当新的开发项目兴建完成，附近地区的土地利用亦因这新的开发项目而改变。杭州市浙江大学紫金港校区的建设导致附近地区住房的兴建，上海市新天地购物商圈的形成造成附近地区土地利用的转变等都是明显的例子。而开发项目附近地区环境的改变，又造成其他地区土地利用的转变，一直迭代扩散出去。这种因某区位的开发项目兴建，造成其他地区环境改变的过程被称为动态调整（dynamic adjustment）（Hopkins，2001）。在没有交易成本（transaction cost）的情况下，这些调整能快速地达到最优化，以至于城市复杂系统最终会呈现均衡的状态。但是实际上，开发商需要收集信息以获取开发的利益，这些信息收集的成本构成了交易成本。此外，开发决策具有相关性（interdependence）、不可分割性（indivisibility）、不可逆性（irreversibility）以及不完全预见性（imperfect foresight），即4个"I"，阻碍动态调整的最优化，使得复杂城市系统无法达到均衡的状态（Hopkins，2001）。例如，某地的商场开发项目会使得附近地区作为零售土地利用达到最优化，但是由于拆迁既有建筑（不可逆性）以及其他重大设施（如道路）的兴建（相关性），使得零售使用无法立即实现，导致土地次优化的使用。因此，4个"I"的作用类似交易成本，但是比交易成本的含义更广，使得动态调整失灵。此外，城市系统也因4个"I"而具有复杂网络的特性（Lai，2018）。

城市复杂系统最重要的特性之一是自组织（self-organization）。自组织是系统中通过许多个体的互动，涌现（emerge）出集体的秩序、形态或规律。城市中最明显的自组织现象便是聚集，许多类似的产业会聚集在某个区位，比如商圈、丝绸城及市场等。这些厂业的聚集是自发性的，并没有外力使然。城市规划也会带来秩序，但是自组织所形成的秩序是自然的、结构性的，且是分形几何状的，规划所带来的秩序是人工的、效率性的，而且是欧式几何状的。任何城市的演变都是在自组织与规划的综合力中进行，而且规划的力度会削弱自组织的力度。从另一方面而言，如果规划无法持续则将"溶解"在自组织之中。

三、制定计划的逻辑与规划行为

就规划专业而言，不论是建筑、城市规划或风景园林，当面对复杂的规划设计对象时，传统的做法是将它简化。这是由于人类受到认知能力的限制，而无法理解及面对复杂性（Alexander，1965）。于是传统的规划思维便针对一个城市制定一个综合性计划。这种用线性及简单系统的思维错置来解决非线性及复杂的城市系统，自然会带来规划的大灾难（Hall，1980）。取而代之的应是认识且接受城市系统的复杂性，并直接面对它。

前面提到过，城市发展因 4 个"I"的关系，具有复杂系统远离均衡的特性。也就是说，作为开放系统，城市会永无止境地演变。在这种情况下，演变的过程显得重要，也就是说时间是重要的因素，而考虑时间的规划作为改变系统演变的重要因素，便显得格外重要。前面也提到，有关规划的研究大多独立于城市之外而进行，使得规划研究过于抽象而与现实脱节。我们证明了在 4 个"I"决策特质存在时，规划能发挥作用，而这 4 个"I"也是城市系统复杂性的成因（Lai，2018），因此规划的逻辑若能建立在 4 个"I"的基础上，应能将规划理论与城市理论联系起来。霍普金斯（Hopkins，2001）便提出了以 4 个"I"为基础的城市发展制定计划的逻辑，强调规划在作决策时同时考虑多个决策，是解决前述因 4 个"I"造成的动态调整失灵的重要方式。前文已介绍了霍普金斯制定计划的逻辑的精髓，在此不再赘述（参见本章第一节）。重点是制定计划的逻辑指出了一个重要的探索方向，那就是规划行为研究的重要性，此处略加申述。

如前文所述，远离均衡的复杂城市系统中规划能产生作用，而规划是一种普遍的行为，规划行为的研究自然是规划理论的核心构件。计划（plans）由多个决策组成，规划（planning）便是针对这多个决策在时间及空间上加以安排。不论是住房的平面图或是城市的规划图，都是活动决策在空间上的安排。计划可以是意念，也是意图，它们可以通过议程（agenda）、政策（policy）、愿景（vision）、设计（design）及战略（strategy）等规划机制来改变城市环境（Hopkins，2001）。从最基本及最抽象的视角来看，规划是在时间及空间上协调决策，并通过信息的操控来改变城市。规划与作决策不同，前者考虑多个决策，而后者一般只达成一个决定。

基于这样的认识，规划行为的研究便在探讨人们在何种情况如何协调多个决策，并可建立在行为决策分析（behavioral decision analysis）（von Winterfeldt et al.，1986）的基础上来进行。比如，我们可以探讨：人们在从事规划时为何容易产生过度自信？人们在制定决策时为何通常会忽略其他相关的决策？邻避设施选址的博弈如何进行？环境管理的政府机制如何设计？规划者能考虑相关的决策吗？等价或比率判断何者比较可靠？这些与规划行为有关的问题，可以在实验室找到答案。

四、理论架构

综上所述，我们可以构建复杂城市系统中规划理论架构（图 6-1）。这个理论架构由 4 个模块组成：复杂性理论、复杂城市系统、制定计划的逻辑以及规划行为，其中复杂城市系统以及制定计划的逻辑通过 4 个"I"来联系，而城市复杂系统与规划行为共同形成计划。这个理论架构主要将城市规划研究分为两大部分——城市理论与规划理论，其中复杂性理论是复杂城市系统的理论基础，而制定计划的逻辑是规划行为的理论基础。4 个"I"在这个理论架构中扮演着核心联系的角色，它们既是

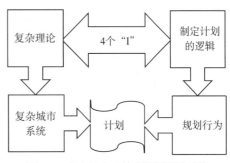

图6-1　复杂城市系统中规划理论架构

复杂城市系统构成的核心因素，也是制定计划的逻辑发生作用的核心成分。这 4 个模块的初步研究均逐渐成熟（参见本书前文及 Lai，2021），剩下的工作便是逐步填补这个理论架构的知识间隙。

五、讨论

传统城市建模（包括地理信息系统及大数据）以"鸟瞰"的角度分析城市，纵然可以从宏观的角度理解城市空间布局，但是却忽略了微观的人的行为及其与城市环境的互动。换句话说，我们还需要"人瞰"的角度来理解城市，以人的尺度从城市系统的内部来理解人们从事活动的动态轨迹。本节提出理论架构便希望能弥补这方面文献的不足。比如，在复杂城市系统建模的模组中，笔者便通过空间垃圾桶模型的构建，从城市系统内部的视角，利用计算机模拟，描绘活动动态的过程（Lai，2006a），并获得初步的验证（赖世刚 等，2018）。

在信息技术发达及快速城镇化的时代，或许有人会质疑本节所提出的复杂城市系统中的规划理论架构是否仍然有效。笔者认为其类似信息与通信技术（information and communication technology，ICT）的科技发展以及我国目前所面临的快速城镇化过程，实际上只是压缩了城市发展的时间及空间向度，并不会影响城市的基本运行机制。因此笔者相信这个规划理论架构在信息科技发达及快速城镇化的时代应仍适用。

复杂城市系统理论的特色之一是同时兼顾个体与群体的相互影响关系。以城市产业的聚集现象为例，当产业聚集时，它影响了附近地区的土地利用决策的制定，并产生了外溢效果，扩散出去，造成整个城市的土地利用空间分布的重组，进而又回头影响了个别开发商的决策行为，周而复始。因此，本节所提出的复杂城市系统中的规划理论架构，尝试以整体的观点看待城市，而不是将城市切割为零碎的子系统，从片面的观点来理解城市并解决问题。从更广的角度来看，一反经典科学的还

原论（将系统切割成基本构成单元）或整体论（忽略了这些构成系统的基本单元），本节所提出的复杂城市系统中的规划理论架构兼顾还原论及整体论，从个体及整体的对偶性（duality）来理解复杂城市系统的运作。

六、结论

目前我国规划学界正处于百家争鸣的时代，各种特定目标的规划理论层出不穷，让人眼花缭乱。我们需要的是具有前瞻性、基础性并适合我国国情的规划理论。已故知名的物理学家霍金曾经说过，21世纪是复杂性科学的世纪。本节立基于此科学前沿，大胆地提出客观及理性的复杂城市系统中的规划理论架构，以推进学科发展，并以作为后续研究发展的开端。最后要说明的是，规划不是万灵丹，要改善城市环境除了规划外，还必须同时从行政（administration）、法制（regulations）以及治理（governance）入手，方能竟其功（赖世刚，2018a）。

参考文献

[1] 蔡允栋，2002. 新治理与治理工具的选择：政策设计的层次分析 [J]. 中国行政评论，11（2）：47-76.

[2] 蔡宜鸿，1999. 以 GIS 及 CA 为基础的土地使用发展预测模拟方法 [D]. 台南：成功大学 .

[3] 曹寿民，1997. 城际运输建设与地方发展之整合 [R]. 台湾"行政院国家科学委员会"专题研究计划成果报告（NSC86-2621-E-002-003）.

[4] 陈柏廷，1994. 嫌恶性设施合并再利用之研究——以福德坑垃圾掩埋场及富德公墓再利用为例 [D]. 台中：中兴大学 .

[5] 陈慧秋，2001. 建构"流域用水管理机构"提高部门间用水移转之初探 [J]. 台湾土地金融季刊,38（1）：133-149.

[6] 陈建元，游繁结，罗俊雄，陈天健，李文正，2005. 元胞自动机的介绍及其在土石流灾害模拟的初步应用 [J]. 中华水土保持学报，36（3）：293-300.

[7] 陈明灿，2001. 财产权保障、土地使用限制与财产损失补偿 [M]. 台北：翰卢图书出版有限公司 .

[8] 陈树衡，程永夏，1994. 自我实现预期、贝氏学习与经济谎言：细胞互动模型的仿真与分析 [C]. 台湾经济学会年会论文集：123-150.

[9] 陈彦光，2006. 中国城市发展的自组织特征与判据——为什么说所有城市都是自组织的 ?[J]. 城市规划，30（8）：24-30.

[10] 陈增隆，1999. 厂商空间聚集之计算机仿真实验——以报酬递增观点为基础之探讨 [D]. 台北：台北大学 .

[11] 邓东滨，1984. 谈判手册——要领与技巧 [M]. 台北：长河出版社 .

[12] 邓聚龙，2002. 灰理论基础 [M]. 武汉：华中科技大学出版社 .

[13] 丁秋霞，1998. 邻避性设施外部性回馈原则之探讨——以台北市垃圾处理设施为例 [D]. 新北：淡江大学 .

[14] 董献洲，胡晓峰，2007. 无尺度网络在互联网新闻分析中的应用研究 [J]. 系统仿真学报，19（16）：3664-3666.

[15] 段进，2006. 城市空间发展论 [M]. 南京：江苏科学技术出版社 .

[16] 樊沁萍，1996. 国民小学德育教材设计：实验赛局理论之应用 [J]. 思与言，34（1）：263-282.

[17] 樊沁萍，刘素芬，1995. 企业经营与理性决策：1960 年唐荣失败案例 [J]. 思与言，33（4）：107-142.

[18] 樊霞，朱桂龙.2008.基于小世界模型的企业创新网络研究 [J]. 软科学，22（1）：126-128.

[19] 方锦清，2007.网络科学的诞生与发展前景 [J]. 广西师范大学学报：自然科学版，25（3）：2-6.

[20] 方锦清，汪小帆，郑志刚，毕桥，狄曾如，李祥，2007.一门崭新的交叉科学：网络科学（上）[J]. 物理学发展，27（3）：239-343.

[21] 方世荣，2002.基础统计学 [M]. 台北：华泰文化事业公司.

[22] 方溪泉，1994.AHP 与 AHP 实例运用比较——以高架桥下土地使用评估为例 [D]. 台中：中兴大学.

[23] 冯士森，2007.基于耗散结构理论的区域主导产业选择研究 [D]. 大连：大连理工大学.

[24] 高宏轩，1998.都市复杂空间系统演化自我组织临界性之探索——有限理性典范之应用 [D]. 台中：中兴大学.

[25] 古宜灵，吴庆烜，1997.台湾区域空间结构之变迁及展望 [J]. 台湾土地金融季刊，34（2）：1-15.

[26] 辜永奇，1994.多属性决策方法中偏好强度的意义与测定 [D]. 台中：中兴大学.

[27] 国家统计局，2000.中国城市统计年鉴2000[M]. 北京：中国统计出版社.

[28] 国家统计局，2011.中国城市统计年鉴2011[M]. 北京：中国统计出版社.

[29] 韩昊英，赖世刚，吴次芳，2009.中国当代城市规划的战略观——复杂城市系统中设计与战略型规划的解析 [J]. 浙江大学学报（人文社会科学版），39（6）：187-194.

[30] 胡宝林，1998.都市生活的希望：人性都市与永续都市的未来 [M]. 台北：台湾书店.

[31] 黄仲毅，1998.居民对邻避性设施认知与态度之研究——以垃圾资源回收焚化厂为例 [D]. 台北：中国文化大学.

[32] 黄仲由，2007.中部科学工业园区之设置对台湾中部区域经济影响 [D]. 高雄：中山大学.

[33] 黄仲由，柯博晟，赖世刚，2012.城市发展理论之回顾与展望 [C]. 2012 世界华人不动产学会（GCREC）年会暨论文研讨会.

[34] 黄仲由，赖世刚，2012.台湾城市增长之缩放幂律及其启示 [C]. 台湾都市计划学会、区域科学学会、住宅学会、地区发展学会联合年会暨论文研讨会.

[35] 黄仲由，赖世刚，2013.城市缩放幂律之自组过程及其启示——台湾地区之实证 [D]. 台湾都市计划学会、区域科学学会、住宅学会、地区发展学会联合年会暨论文研讨会.

[36] 金家禾，1997.都市成长界线对地价与公共服务成本之影响 [R]. 台湾"行政院国家科学委员会"专题研究计划成果报告.

[37] 柯博晟，2009.从城市发展区块规模探讨幂次系数变化：复杂性科学与经济观点之探索 [D]. 台北：台北大学.

[38] 柯博晟，2012.NTU 101 年度下学期地理模拟课程期末 netlogo model——公主与狩猎者 model 说明 [Z]. http：//140.112.64.86：8081/netlogomodels/810073103.pdf.

[39] 柯博晟，赖世刚，2012.城市是否为耗散性结构？以空间垃圾桶模式为观点之探讨 [C]. 2012 都市计划学会联合年会暨论文研讨会.

[40] 柯博晟，赖世刚，2013.基于耗散结构观点的城市发展之探索：模拟、实证及实验设计 [C]. 2013 都市计划学会联合年会暨论文研讨会.

[41] 柯博晟，赖世刚，2014.小尺度的区域空间发展之聚集机制探讨 [C]. 成功大学国土规划论坛.

[42] 赖世刚，1994.多属性决策理论在都市计划之应用 [J]. 人与地，130（10）：20-29.

[43] 赖世刚，1999.重大开发计划对城乡发展与区域均衡影响之研究子计划五：重大交通建设对城乡发展及区域均衡影响之研究——政府部门 [C]. 台湾"行政院国家科学委员会"可持续发展研究计划成果研讨会.

[44] 赖世刚，2004.规划逻辑——评介 Hopkins 教授所著 Urban Development：The Logic of Making

Plans[J]. 台湾大学建筑与城乡研究学报（11）：67-71.

[45] 赖世刚，2002. 开发许可制与土地使用分区管制比较研究——从财产权与信息经济分析入手 [J]. 规划师（4）：64-67.

[46] 赖世刚，2006. 都市、复杂与规划：理解并改善城市发展 [M]. 台北：詹氏书局.

[47] 赖世刚，HOPKINS L D，2009. 都市发展——制定计划的逻辑 [M]. 北京：商务印书馆.

[48] 赖世刚，2010. 透视复杂——台湾城市社会事件簿 [M]. 台北：詹氏书局.

[49] 赖世刚，2018a. 时间压缩下的城市发展与管理 [J]. 城市发展研究（3）：1-5.

[50] 赖世刚，2018b. 面对复杂的规划 [J]. 城市发展研究（7）：84-89.

[51] 赖世刚，陈建元，1996. 信息收集对单维元胞自动机中模仿行为的影响：以囚徒困境空间模式为基础的计算机仿真 [C]. 台湾都市计划学会年会论文集.

[52] 赖世刚，陈建元，2004. 应用单维元胞自动机仿真空间博弈互动系统以检视规划作用的影响 [J]. 台湾土地研究，7（1）：49-70.

[53] 赖世刚，陈增隆，2002. 厂商聚集的区域锁定效果：递增报酬的模拟观察 [J]. 地理学报（台湾大学），31：17-34.

[54] 赖世刚，高宏轩，2001. 都市空间系统自组织临界性之初探 [J]. 台湾大学建筑与城乡研究学报，10：31-44.

[55] 赖世刚，郭修谦，2010. 突现：建构复杂城市系统模式 [R]. 台湾"行政院国家科学委员会"专题研究计划成果报告（NSC97-2410-H305-064-MY2）.

[56] 赖世刚，郭修谦，游凯为，2010. 秩序、复杂与规划：空间垃圾桶模式外在效度之实证检验 [C]. 2012 世界华人不动产学会年会暨论文研讨会.

[57] 赖世刚，郭修谦，游凯为，2018. 空间垃圾桶模式外在效度之实证检验：以台北市为例 [J]. 都市与计划，45（1）：1-24.

[58] 赖世刚，韩昊英，2009. 复杂：城市规划的新观点 [M]. 北京：中国建筑工业出版社.

[59] 赖世刚，韩昊英，吴次芳，2009. 城市管理的学科设计——架构与内涵 [J]. 公共事务评论，10（2）：35-72.

[60] 赖世刚，韩昊英，于如陵，柯博晟，2010. 城市聚落系统的形成规律——递增报酬与幂次法则的计算器与数理仿真 [J]. 地理学报，65（8）：961-972.

[61] 赖世刚，黄仲由，2012. 基于权变效用模式的行为规划理论建构与应用 [R]. 台湾"行政院国家科学委员会"专题研究计划期末成果报告（NSC99-2410-H305-068-MY2）.

[62] 赖世刚，王昱智，韩昊英，2012. 都市自组织：制度与空间演变的模拟比较 [J]. 地理学报（台湾大学），67：49-71.

[63] 赖世刚，曾喜鹏，1995. 规划的逻辑——以萨维吉效用理论为基础的解释 [J]. 规划学报，22：85-97.

[64] 李翠兰，许婧婧，2006. 区域经济系统的耗散结构特征分析 [J]. 广东财经职业学校学报（6）：42-46.

[65] 李建中，2001. 水资源开发回馈之研究 [J]. 国家政策论坛，1（5）：158-162.

[66] 李瑞玉，2001. 重大灾难事件中央政府危机沟通策略之研究——以九二一大地震的新闻报道为例 [D]. 台北：台湾师范大学.

[67] 李世杰，1994. 污染性设施对居住质量影响之研究——以台中火力发电厂为例 [D]. 台中：逢甲大学.

[68] 李幼平，2020. 无尺度现象引发的思考 [Z]. https：//www.16lo.com/article/273046.

[69] 黎夏，叶嘉安，2005. 基于神经网络的元胞自动机及模拟复杂土地利用系统 [J]. 地理研究，24（1）：

19–27.

[70] 黎夏,叶嘉安,刘小平,杨青生,2007.地理仿真系统:元胞自动机与多智能体[M].北京:科学出版社.

[71] 李显峰,陈俪文,2001.台湾地方财政不均与区域发展之研究[J].财税研究（1）:47–104.

[72] 李小建,李庆春,1999.克鲁格曼的主要经济地理学观点分析[J].地理科学发展,18（2）:97–102.

[73] 梁定澎,1982.多属性效用模式在消费者选择行为之应用[D].高雄:中山大学.

[74] 林德福,1992.区域不平等发展之研究:论屏东地区槟榔之资本积累性质与机制[D].台北:台湾大学.

[75] 林如珍,1998.以准分形空间混合度指标探讨都市土地使用形态之自我组织——整体发展受限模式之应[D].台中:中兴大学.

[76] 林士弘,2002.结合宫格自动机与地理信息系统在台北盆地土地使用变迁模拟之研究[D].台北:台湾大学.

[77] 林舒予,1988.风险下决策的讯息整合历程之探讨——以偏好逆转现象为例[D].台北:台湾大学.

[78] 林佑任,1996.议价谈判策略模式之研究——以汽车交易之议价过程为例[D].台中:中兴大学.

[79] 林瑜芬,1994.以博弈理论为架构探讨核四争议中台电公司与环保联盟冲突互动之研究[D].新北:辅仁大学.

[80] 刘滨谊,2015.人居环境研究方法论与应用[M].北京:中国建筑工业出版社.

[81] 刘锦添,1989.污染性设施设置程序之研究报告[R].台湾"经济建设委员会".

[82] 刘明广,2013.珠三角区域创新系统的复杂适应性及演化机理[J].技术与创新管理（3）:181–184.

[83] 刘妙龙,陈雨,陈鹏,2008.基于等级钟理论的中国城市规模等级体系演化特征[J].地理学报,63(12):1235–1245.

[84] 刘乃全,刘学华,赵丽岗,2011.中国城市体系规模结构演变:1985–2008[J].山东经济（2）:5–14.

[85] 刘思峰,蔡华,杨英杰,曹颖,2013.灰色关联分析模型研究进展[J].系统工程理论与实践,33（8）:2041–2046.

[86] 刘思峰,党耀国,方志耕,谢乃明,2010.灰色系统理论及其应用(第五版)[M].北京:科学出版社.

[87] 刘思峰,谢乃明,2013.灰色系统理论及其应用(第六版)[M].北京:科学出版社.

[88] 刘思峰,杨英杰,吴利丰,2014.灰色系统理论及其应用(第七版)[M].北京:科学出版社.

[89] 刘兴堂,梁炳成,刘力,何广军,2008.复杂系统建模理论、方法与技术[M].北京:科学出版社.

[90] 刘晓丽,王发曾,2006.经济转型期中原城市群地区城镇规模结构演变分析[J].人文地理（3）:1–4.

[91] 陆大道,2011.人文经济地理学的方法论及其特点[J].地理研究,30（3）:387–396.

[92] 卢能彬,苏文慧,2007.部落格群落之网络分析——以 BLOG 乡村台湾站为例[J].台湾警察大学信息、科技与社会学报（2）:63–80.

[93] 吕育诚,2005.地方治理意涵及其制度建立策略之研究——兼论县市推动地方治理的问题与前景[J].公共行政学报,14:1–38.

[94] 吕正中,赖世刚,2008.全球城市网络联结形态之探讨——以飞机航线为例[J].建筑与规划学报（2）:123–140.

[95] 罗登旭,1999.都市可持续发展之空间策略研究——以台湾地区为例[D].台北:台北大学.

[96] 钱宏胜,梁留科,王发曾,2007.中部六省城市体系规模序列研究[J].地域研究与开发（2）:56–61.

[97] 秦孝伟,王世棱,1998.自来水水源水质水量保护区管理策略[J].自来水会刊,17（3）:65–81.

[98] 丘昌泰,2000.公共政策:基础篇[M].高雄:复文出版社.

[99] 屈双双,2007.小世界理论及其在企业人际网络中的应用[J].情报探索（4）:112–115.

[100] 邵波,潘强,2006.浙江省城乡建设用地规模和优化布局研究[M].杭州:浙江大学出版社.

[101] 孙本初，黄新福，1995. 决策模式的权变运用与整合 [J]. 中国行政，57：47-66.

[102] 台北市政府，2009. 台北市年鉴 [R]. 台北市政府 .

[103] 台北市都市设计及土地开发许可审议委员会，2012. 台北市都市设计及土地开发许可审议委员会第 349 次会议记录 [Z]. 台北市政府都市发展局 .

[104] 台北市政府都市发展局，2012. 台北市都市发展年报 [R]. 台北市政府都市发展局 .

[105] 台北市都市计划委员会，2008. 台北市都市计划委员会第 581 次会纪录 [Z]. 台北市都市计划委员会 .

[106] 台北县政府，2001. 变更台北水源特定区计划（含南、北势溪部分）第二次主要计划通盘检讨 [R]. 台北县政府 .

[107] 台北水源特定区协助地方建设小组，2004. 维护水源政策与居民权益 [R]. 协建小组决定出版报道专刊 .

[108] 谈明洪，李秀彬，2010. 20 世纪美国城市体系的演变及其对中国的启示 [J]. 地理学报，65（12）：1488-1495.

[109] 方大春，2007. 区域经济耗散结构系统的构建研究 [J]. 进步与对策，24（10）：54-56.

[110] 王保进，2012. 中文窗口版 SPSS 与行为科学研究 [M]. 台北：心理出版社 .

[111] 王法辉，1989. 我国城市规模分布的统计模式研究 [J]. 城市问题（1）：14-20.

[112] 王飞跃，史蒂夫·兰森，2004. 从人工生命到人工社会——复杂社会系统的现状和展望 [J]. 学会月刊（5）：42-47.

[113] 王江海，1992. 耗散结构理论与地质学研究 [J]. 地球科学进展，7（2）：5-11.

[114] 王君学，2006. 图书馆学五定律、帕累托原则与 4Rs 理论 [J]. 现代情报（5）：171-173.

[115] 汪礼国，1997. 细胞自动体模式与都市空间演化 [D]. 台中：中兴大学 .

[116] 王克先，1993. 学习心理学 [M]. 台北：桂冠图书公司 .

[117] 王淑莉，2006. 新经济地理与区域经济学研究述评——以区域为例 [J]. 广西社会科学（6）：43-47.

[118] 王颖，张婧，李诚固，2011. 东北地区城市规模分布演变及其空间特征 [J]. 经济地理，31（1）：55-59.

[119] 王昱智，2008. 以 Agent-based model 重现空间垃圾桶模型——城市自组织的探讨 [D]. 成功大学城市计划研究所硕士论文 .

[120] 王振玉，2003. 城市及区域发展统计汇编 [R]. 台湾"经济建设委员会".

[121] 汪礼国，赖世刚，2008. 复杂科学与都市发展理论:回顾与展望 [J]. 台湾公共工程学刊，4（3）:1-11.

[122] 翁久惠，1994. 嫌恶性设施对生活环境质量影响之研究——以台北市内湖、木栅、士林三个垃圾焚化厂为例 [D]. 台北：政治大学 .

[123] 巫和懋，夏珍，2002. 赛局高手——全方位策略与应用 [M]. 台北：时报出版社 .

[124] 夏锦文，廖英杰，2005. 不平衡增长理论与耗散结构论 [J]. 系统辩证学学报，13（7）：34-35.

[125] 萧代基，1998. 环境经济与政策 [M]// 于幼华 . 环境与人 . 台北：远流出版社 .

[126] 萧代基，洪鸿智，黄德秀，2005. 土地使用管制之补偿与报偿制度的理论与实务 [J]. 财税研究，37（3）：22-34.

[127] 萧代基，张琼婷，郭彦廉，2003. 自然资源的参与式管理与地方自治制度 [J]. 台湾经济预测与政策，34（1）：1-37.

[128] 谢明瑞，2007. 行为经济学理论的探讨 [J]. 空大商学学报，15：253-298.

[129] 谢子良，1998. 以 Space Syntax 理论分析国内三大美术馆空间组织之研究 [D]. 台中：东海大学 .

[130] 徐昌义，2000. 垃圾桶模式在教育行政上之应用 [J]. 教育社会学通讯，36：5-9.

[131] 许明华、黄妙如，2002. 我国水源保护区划设现况与因应对策 [J]. 自来水会刊，21（4）：26-52.

[132] 许文杰，2000. 公民参与的理论论述与公民性政府的形成 [J]. 政大公共行政学报（4）：65–97.

[133] 许天威，2003. 个案实验研究法 [M]. 台北：五南出版社 .

[134] 许学强，1982. 我国城镇规模体系的演变和预测 [J]. 中山大学学报（哲学社会科学版）（3）：40–49.

[135] 许学强，周一星，宁越敏，1997. 城市地理学 [M]. 北京：高等教育出版社 .

[136] 薛领，杨开忠，沈体雁，2004. 基于 Agent 的建模——地理计算的新发展 [J]. 地球科学发展，19（2）：305–311.

[137] 薛明生，赖世刚，2001. 人口分布自组性之时空尺度特性——台湾本岛之实证研究 [C]. 台湾"区域科学学会"研讨会论文集 .

[138] 薛晓源，陈家刚，2007. 全球化与新制度主义 [M]. 台北：五南出版社 .

[139] 颜月珠，1991. 商用统计学 [M]. 台北：三民书局 .

[140] 颜月珠，1990. 实用统计方法——圈解与实例 [M]. 台北：三民书局 .

[141] 颜种盛，2003. 以赛局理论观点探讨无线局域网络设备产业之竞争策略 [D]. 桃园：元智大学 .

[142] 杨维哲，1990. 微积分 [M]. 台北：三民书局 .

[143] 叶季枒，2004. 复杂系统中规划的作用——以细胞自动体理路为基础的解释 [D]. 台北：台北大学 .

[144] 叶名森，2002. 环境正义检视邻避性设施选址决策之探讨——以桃园县南区焚化厂设置抗争为例 [D]. 台北：台湾大学 .

[145] 叶俊荣，1997. 环境理性与制度抉择 [M]. 台北：三民书局 .

[146] 叶玉瑶，张虹鸥，2008. 城市规模分布模型的应用——以珠江三角洲城市群为例 [J]. 人文地理（3）：40–44.

[147] 游凯为，2011. 空间垃圾桶模式外在效度之实证检验 [D]. 台北：台北大学 .

[148] 于如陵，赖世刚，2001. 聚落体系形成之计算机仿真实验——以报酬递增观点为基础之探讨 [J]. 台湾土地研究（3）：83–106.

[149] 于如陵，赖世刚，2003. 报酬递增理论对聚落体系影响之计算机仿真实验 [J]. 建筑与规划学报，4（2）：160–177.

[150] 余致力，2000. 民意与公共政策：表达方式的厘清与因果关系的探究 [J]. 中国行政评论，9（4）：81–110.

[151] 曾明逊，1992. 不宁适设施对住宅价格影响之研究——以垃圾处理场个案为例 [D]. 台中：中兴大学 .

[152] 曾波，张德海，孟伟，2013. 基于累加生成的灰色关联分析模型拓展研究 [J]. 世界科技研究与展望，35（1）：146–149.

[153] 张宏旭，2000. 基因算法在设施配置规划上之应用 [D]. 台南：成功大学 .

[154] 张锦宗，朱瑜馨，曹秀婷，2008. 1990—2004 中国城市体系演变研究 [J]. 城市发展研究，15（4）：84–90.

[155] 张世贤，陈恒钧，2001. 公共政策——政府与市场的观点 [M]. 台北：商鼎出版社 .

[156] 张松田，赖世刚，2009. 混沌与涌现在西门市场（红楼）——城市不是一棵树 [J]. 中华大学建筑学刊，3（3）：33–46.

[157] 张延光，2001a. 台湾重要水源保护区问题分析与经营管理策略之探讨 [D]. 台中：中兴大学 .

[158] 张延光，2001b. 运用都市计划进行水源区分级分区管理之研究 [C]. 九十年度农业工程研讨会 .

[159] 张涛，李波，邓彬彬，2007. 中国城市规模分布的实证研究 [J]. 西部金融（10）：5–9.

[160] 赵晓男，刘霄，2007. 制度路径依赖理论的发展、逻辑基础和分析框架 . 当代财经（7）：118–122.

[161] 卓武雄，1992. 多重准绳决策 [M]. 台北：晓园出版社 .

[162] ADELMAIIJ L, STICHA P J, DONNELL M L, 1984. The role of task properties in determining the relative effectiveness of multiattribute weighting techniques[J]. Organization Behavior and Human Decision Process, 33: 243–262.

[163] ALCHIAN A A, 1965. Some economics of property rights[J]. Il Politico, 30（4）: 816–829.

[164] ALCHIAN A A, DEMSETZ H, 1972. Production, information costs, and economic organization[J]. American Economic Review, 62（5）: 777–795.

[165] ALEXANDER C, 1965. A city is not a tree[J]. Architectural Forum, 122（1–2）: 58–61.

[166] ALEXANDER C, ISHIKAWA S, SILVERSTEIN M, 1977. A pattern language: towns, buildings, construction [M]. New York: Oxford University Press.

[167] ALLEN G E, 2005. Mechanism, vitalism and organicism in late nineteenth and twentieth–century biology: the importance of historical context[J]. Studies in History and Philosophy of Biological and Biomedical Sciences, 36（2）: 261–83.

[168] P. M. ALLEN P M, 1997. Cities and regions as self–organizing systems: models of complexity[M]. Amsterdam: Gordan and Breach.

[169] ALONSO W, 1964. Location and land use: towards a general theory of land rent[M]. Cambridge: Harvard University Press.

[170] ANAS A, ARNOTT R, SMALL K A, 1998. Urban spatial structure[J]. Journal of Economic Literature, XXXVI（September）: 1426–1464.

[171] ANDERSON P, 1999. Perspective: complexity theory and organization science[J]. Organization Science, 10（3）: 216–32.

[172] ANDERSON P W, 1972. More is different[J]. Science, 177（4047）: 393–96.

[173] ANDERSON P W, 2001. More is different–one more time[M]//ONG NP, BHATT R N. More is different: fifty years of condensed matter physics. Princeton, Oxford: Princeton University Press.

[174] ARCAUTE E, HATNA E, FERGUSON P, YOUN H, JOHANSSON A, BATTY M, 2015. Constructing cities, deconstructing scaling laws[J]. Journal of the Royal Society Interface, 12（102）.

[175] ARIELY D, 2008. Predictably irrational: the hidden forces that shape our decisions[M]. New York: Harper Collins.

[176] ARROW K J, 1963. Social choice and individual values[M]. New York: Wiley.

[177] ARROW K J, 1979. Exposition of the theory of choice under uncertainty[M]//MCGUIRE C B, RADNER R. Decision and organization. Minneapolis: University of Minnesota Press.

[178] ARTHUR W B, 1990a. "Silicon valley" locational clusters: when do increasing returns imply monopoly?[J]. Mathematical Social Sciences, 19: 235–251.

[179] ARTHUR W B, 1990b. Positive feedbacks in the economy[J]. Scientific American, 262（2）: 92–99.

[180] ARTHUR W B, 1991. Designing economic agents that act like human agents: a behavioral approach to bounded rationality[J]. American Economic Review, 81（2）: 353–359.

[181] ARTHUR W B, 1994. Complexity in economic theory: inductive reasoning and bounded rationality[J]. American Economic Association Papers and Proceedings, 84（2）: 406–411.

[182] ARTHUR W B, 1997. Increasing returns and path dependence in the economy[M]. Ann Arbor: University of Michigan Press.

[183] ARTHUR W B, 1999. Complexity and the economy[J]. Science, 284（5411）: 107–109.

[184] ARTHUR W B, 2000. Complexity and the economy[M]//COLANDER D. The complexity vision and the

teaching of economics. Northampton：Edward Elgar Publishing.

[185] ARTHUR W B. Out-of-equilibrium economics and agent-based modeling[M]//TESFATSION L,JUDD K L. Handbook of computational economics，volume 2. North-Holland：Elsevier B.V.

[186] ARTHUR W B，2015. Complexity and the economy[M]. Cambridge：Oxford University Press.

[187] ARTHUR W B，ERMOLIEV Y M，KANIOVSKI Y M，1987. Path-dependent processes and the emergence of macro-structure[J]. European Journal of Operational Research，30：294-303.

[188] AXELROD R，1984. The evolution of cooperation[M]. New York：Basic Books.

[189] AXELROD R，1997. The Complexity of Cooperation[M]. Princeton：Princeton University Press.

[190] BAERWALD T，1981. The site selection process of suburban residential builders[J]. Urban Geography，2（4）：339-357.

[191] BAK P，1991. Self-organizing criticality[J]. Scientific American，1：26-33.

[192] BAK P，1996. How nature works：the science of self-organised criticality[M]. New York：Copernicus Press.

[193] BAK P，CHEN K，1989. Self-organization criticality phenomenon[J]. Journal of Geophysical Studies，94：15635-15637.

[194] BAK P，CHEN K，1991. Self-organized criticality[J]. Scientific American，1：26-33.

[195] BAK P，CHEN K.，CREUTZ M，1989. Self-organized criticality in the game of life[J]. Nature，342：780-781.

[196] BALL P，2012. Why society is a complex matter：meeting twenty-first century challenges with a new kind of science[M]. Berlin，Heidelberg：Springer-Verlag.

[197] BARABASI A，ALBERT R，1999. Emergence of scaling in random networks[J]. Science，286：509-512.

[198] BARABASI A，BONABEAU E，2003. Scale-free networks[J]. Scientific American（May）：50-59.

[199] BARENBLATT G I，2003. Scaling[M]. Cambridge：Cambridge University Press.

[200] BARNES T J，PECK J，SHEPPARD E，TICKELL A，2008. Reading economic geography[M]. Oxford：Blackwell Publishing.

[201] BARNETT J，2007. Smart growth in a changing world[M]. Chicago：Planners Press.

[202] BARZEL Y，1997. Economic analysis of property rights[M]. Cambridge：Cambridge University Press.

[203] BATTY M，1976. Urban modelling：algorithms，calibrations，predictions[M]. Cambridge：Cambridge University Press.

[204] BATTY M，1995. New ways of looking at cities[J]. Nature，19：574.

[205] BATTY M，1997. Cellular automata and urban form：a primer[J]. Journal of the American Planning Association，63（2）：266-274.

[206] BATTY M，2000. Less is more，more is different：complexity，morphology，cities，and emergence[J]. Environment and Planning B：Planning and Design，27（2）：167-168.

[207] BATTY M，2001. Cities as small worlds[J]. Environment and Planning B：Planning and Design，28：637-638.

[208] BATTY M，2003. Agent，cells and cities：new representational modeling for simulating multi-scale urban dynamics[R]. Centre for Advanced Spatial Analysis Working Paper Series，65.

[209] BATTY M，2005a. Cities and complexity：understanding cities with cellular automata，agent-based modeling，and fractals[M]. Cambridge：MIT Press.

[210] BATTY M, 2005b. Agents, cells, and cities: new representational models for simulating multiscale urban dynamics[J]. Environment and Planning A, 37（8）: 1373–1394.

[211] BATTY M, 2006. Rank clock[J]. Nature, 444: 592–596.

[212] BATTY M, 2008a. The size, scale, and shape of cities[J]. Science, 319（5864）: 769–771.

[213] BATTY M, 2008b. The dilemmas of physical planning[J]. Environment and Planning B: Planning and Design, 35（5）: 760–761.

[214] BATTY M, 2008c. Fifty years of urban modeling: macro–statics to micro–dynamics[M]//ALBEVERIO S, ANDREY D, GIORDANO P, VANCHERI A. The dynamics of complex urban systems. Heidelberg, New York: Physica–Verlag.

[215] BATTY M, 2009. Urban modeling[M]//KITCHIN R, THRIFT N. International encyclopedia of human geography. London: Elsevier Science.

[216] BATTY M, 2012. Building a science of cities[J]. Cities, 29（1）: 9–16.

[217] BATTY M, 2013a. The new science of cities[M]. Cambridge: The MIT Press.

[218] BATTY M, 2013b. A theory of city size[J]. Science, 340（6139）: 1418–1419.

[219] BATTY M, LONGLEY P, 1994. Fractal cities: a geometry of form and function[M]. London: Academic Press.

[220] BATTY M, MARSHALL S, 2012. The origins of complexity theory in cities and planning[M]//PORTU- GALI J, MEYER H, STOLK E, TAN E. Complexity theories of cities have come of age. Berlin, Hei- delberg: Springer–Verlag.

[221] BATTY M, TORRENS P M, 2001. Modeling complexity: the limits to prediction[R]. http://www.casa. ucl.ac.uk/paper36.pdf.

[222] BATTY M, TORRENS P M, 2005. Modelling and prediction in a complex world[J]. Futures, 37（7）: 745–66.

[223] BATTY M, XIE Y, 1994. From cells to cities[J]. Environment and planning B: Planning and Design, 21: 31–48.

[224] BATTY M, XIE Y, 1999. Self–organized criticality and urban development[J]. Discrete Dynamics in Nature and Society, 3（2–3）: 109–124.

[225] BELL D E, RAIFFA H, 1989. Marginal value and intrinsic Risk Aversion[M]//BELL D E, RAIFFA H, TVERSKY A. Decision making: descriptive, normative, and prescriptive interactions. Cambridge: Cambridge University Press.

[226] BELL S, MORSE S, 2003. Measuring sustainability: learning from doing[M]. London: Earthscan Publications Ltd.

[227] BENENSON I, 1998. Multi–agent simulations of residential dynamics in the city[J]. Computers, Environment and Urban Systems, 22（1）: 25–42.

[228] BENENSON I, OMER I, HATNA E, 2002. Entity–based modeling of urban residential dynamics: the case of Yaffo, Tel Aviv[J]. Environment and Planning B: Planning and Design, 29（4）: 491–512.

[229] BENENSON I, TORRENS P M, 2004. Geosimulation: automata–based modeling of urban phenomena[M]. West Sussex: John Wiley & Sons.

[230] BENGSTON D N, FLETCHER J O, NELSON K C, 2004. Public policies for managing urban growth and protecting open space: policy instruments and lessons learned in the United States [J]. Landscape and Urban Planning, 69（2–3）: 271–286.

[231] BENGSTON D N, YOUN Y C, 2006. Urban containment policies and the protection of natural areas: the case of Seoul's greenbelt[J]. Ecology and Society, 11（1）.

[232] BERGSTROM C T, DUGATKIN L A, 2012. Evolution[M]. New York: W.W. Norton & Company.

[233] BERKE P R, GODSCHALK D R, KAISER E J, 2006. Urban land use planning [M]. Urbana: University of Illinois Press.

[234] BERTALANFFY L V, 1968. General systems theory: foundations, development, applications[M]. New York: George Braziller.

[235] BETTENCOURT L M, 2013. The origins of scaling in cities[J]. Science, 340（6139）: 1438-1441.

[236] BETTENCOURT L M, LOBO J, HELBING D, KÜHNERT C, WEST G B, 2007. Growth, innovation, scaling, and the pace of life in cities[J]. Proceedings of the National Academy of Sciences, 104（17）: 7301-7306.

[237] BETTENCOURT L M, LOBO J, STRUMSKY D, 2007. Invention in the city: increasing returns to patenting as a scaling function of metropolitan size[J]. Research Policy, 36（1）: 107-120.

[238] BETTENCOURT L M, LOBO J, STRUMSKY D, WEST G B, 2010. Urban scaling and its deviations: revealing the structure of wealth, innovation and crime across cities[J]. Plos One, 5（11）: e13541.

[239] BETTENCOURT L M, LOBO J, WEST G B, 2008. Why are large cities faster? universal scaling and self-similarity in urban organization and dynamics[J]. The European Physical Journal B, 63（3）: 285-293.

[240] BETTENCOURT L M, LOBO J, WEST G B, 2009. The self similarity of human social organization and dynamics in cities[M]//LANE D, PUMAIN D, VAN DER LEEUW S, WEST G B. Complexity perspectives in innovation and social change. Dordrecht: Springer.

[241] BETTENCOURT L M, WEST G B, 2010. A unified theory of urban living[J]. Nature, 467（7318）: 912-913.

[242] BIBBY P, SHEPHERD J, 2000. GIS, land use, and representation[J]. Environment and Planning B: Planning and Design, 27（4）: 583-598.

[243] BONNER J T, 2006. Why size matters: from bacteria to blue whales[M]. Princeton: Princeton University Press.

[244] BOUCHAUD J P, 2008. Economics needs a scientific revolution[J]. Nature, 455（7217）: 1181.

[245] BOURNE L S, 1971. Internal structure of the city: readings on space and environment[M]. New York: Oxford University Press.

[246] BRIASSOULIS H, 2008. Land-use policy and planning, theorizing, and modeling: lost in translation, found in complexity?[J]. Environment and Planning B: Planning and Design, 35（1）: 16-33.

[247] BROCAS I, CARRILLO J D, 2003. The psychology of economic decisions[M]. New York: Oxford University Press.

[248] BROWN J H, WEST G B, 2000. Scaling in biology[M]. New York: Oxford University Press.

[249] BROWN S L, EISENHARDT L M, 1998. Competing on the edge[M]. Boston: Harvard Business School Press.

[250] BUCHANAN M, 2009. Economics: meltdown modelling[J]. Nature, 460（7256）: 680-682.

[251] BUCHANAN M, 2007. 联结 [M]. 胡守仁, 译. 台北: 天下文化.

[252] BUONANNO R, 2014. The stars of Galileo Galilei and the universal knowledge of Athanasius Kircher[M]. BUONANNO R, GIOBBI G（transl.）. Cham: Springer International Publishing.

[253] BURGESS E W, 1925. The growth of the city: an introduction to a research project[M]//THEODORSON G A. Urban patterns: studies in human ecology. Revised Edition in 1982. University Park, London: Pennsylvania State University Press.

[254] CAMERER C F, 2003. Behavioral game theory: experiments in strategic interaction[M]. Princeton: Princeton University Press.

[255] CARUSO G, PEETERS D, CAVAILHES J, ROUNSEVELL M, 2009. Space-time patterns of urban sprawl, a 1D cellular automata and microeconomic approach[J]. Environment and Planning B: Planning and Design, 36 (6): 968-988.

[256] CASTI J L, 1997. Would-be worlds: how simulation is changing the frontiers of science[M]. New York: John Wiley & Sons, Inc.

[257] CASTI J L, 1999. Would-be worlds: the science and surprise of artificial worlds[J]. Computers, Environment, and Urban Systems, 23 (3): 193-203.

[258] CECCHINI A, VIOLA F, 1990. Eine Stadtbausimulation[J]. Wissenschaftliche Zeitschrift der Hochschule fur Architecktur und Bauwesen, 36: 159-162.

[259] CECCHINI A, VIOLA F, 1992. Ficties-fictitious cities: a simulation for the creation of cities[C]. International Seminar on Cellular Automata for Regional Analysis.

[260] CHAPIN F S JR, KAISER E J, 1979. Urban land use planning[M]. Urbana: University of Illinois Press.

[261] CHAVE J, LEVIN S, 2003. Scale and scaling in ecological and economic systems[J]. Environmental and Resource Economics, 26 (4): 527-557.

[262] CHEN H P, 2000. Zipf's law and the spatial interaction models[C]. Proceedings of Annual Meeting for Regional Science Association.

[263] CHEUNG S N S, 1969. A theory of share tenancy[M]. Chicago: University of Chicago Press.

[264] CHO S H, CHEN Z, YEN S T, 2008. Urban growth boundary and housing prices: the case of Knox County, Tennessee[J]. The Review of Regional Studies, 38 (1): 29-44.

[265] CHO S H, WU J J, BOGGESS W G, 2003. Measuring interactions among urban development, land use regulations, and public finance[J]. American Journal of Agricultural Economics, 85: 988-999.

[266] CHRISTALLER W, 1933. Central places in southern Germany[M]. BASKIN C W (transl. in 1966). London: Prentice Hall Press.

[267] CHRISTIANSEN P, 1999. Long bone scaling and limb posture in non-avian theropods: evidence for differential allometry[J]. Journal of Vertebrate Paleontology, 19 (4): 666-680.

[268] CLARK D, 1982. Urban geography: an introductory guide[M]. London, Canberra: Croom Helm.

[269] CLARK W C, DICKSON N M, 2003. Sustainability science: the emerging research program[J]. Proceedings of the National Academy of Sciences, 100 (14): 8059-8061.

[270] CLARKE K C, HOPPEN S, GAYDOS L, 1997. A self-modifying cellular automaton modeling of historical urbanization in the San Francisco Bay Area[J]. Environment and planning B: Planning and Design, 24: 247-262.

[271] COASE R H, 1960. The problem of social cost[J]. Journal of Law and Economics, 3 (1): 1-44.

[272] COHEN M D, MARCH J G, OLSEN J P, 1972. A garbage can model of organizational choice[J]. Administrative Science Quarterly, 17 (1): 1-25.

[273] COLANDER D, 2000. The complexity vision and the teaching of economics[M]. Northampton: Edward Elgar Publishing.

[274] COLANDER D, 2005. What economists teach and what economists do[J]. The Journal of Economic Education, 36（3）：249–260.

[275] CONWAY J H, GUY R K, BERLEKAMP E R, 1985. Winning ways: for your mathematical plays, volume 2[M]. New York：Academic Press.

[276] COUCLELIS H, 1985. Cellular worlds: a framework for modeling micro–macro dynamics[J]. Environment and Planning A, 17：585–596.

[277] COUCLELIS H, 1988. Of mice and men: what rodent populations can teach us about complex spatial dynamics[J]. Environment and Planning A, 29：99–109.

[278] COUCLELIS H, 1989. Macrostructure and microbehavior in a metropolitan area[J]. Environment and Planning B: Planning and Design, 16：141–154.

[279] COUCH C, KARECHA J, 2006. Controlling urban sprawl: some experiences from Liverpool[J]. Cities, 23（5）：353–363.

[280] COWAN G A, 1994. Conference opening remarks[M]. In Complexity: metaphors, models, and reality, eds. COWAN G A, PINES D, MELTZER D. Boulder, Colorado: Westview Press.

[281] COWAN G A, PINES D, MELTZER D, 1994. Complexity: metaphors, models, and reality[M]. Boulder, Colorado: Westview Press.

[282] COX W, 2001. American dream boundaries: urban containment and its consequences[R]. Georgia Public Policy Foundation.

[283] CRISTELLI M, BATTY M, PIETRONERO L, 2012. There is more than a power law in Zipf[J]. Scientific Reports, 2：812.

[284] DAVIS G F, YOO M, BAKER W E, 2003. The small world of the American corporate elite, 1982–2001[J]. Strategic Organization, 3：301–326.

[285] DAWES R M, 1988. Rational choice in an uncertain world[M]. New York：Harcourt Brace Jovanovich.

[286] DEAL B, FOURNIER D F, 2000. Ecological urban dynamics and spatial modeling[R]. http: //www.rehearsal.uiuc.edu/NSF/report/Sstarlogo2000.html.

[287] DEGROVE J M, MINESS D A, 1992. The new Frontier for land policy: planning and growth management in the States[R]. Lincoln Institute of Land Policy.

[288] DENG J, 2010. Introduction to grey mathematical resource science[M]. Wuhan：Huazhong University of Science & Technology Press.

[289] DEUTSCH K W, 1951. Mechanism, organism, and society: some models in natural and social science[J]. Philosophy of Science, 18（3）：230–252.

[290] DEVLIN K, 1996. Good–bye Descartes?[J]. Mathematics Magazine, 69（5）：344–349.

[291] DIANA T, CARMEN C, 2013. Why society is a complex problem? a review of Philip Ball's book—meeting twenty–first century challenges with a new kind of science[J]. Journal of Economic Development, Environment and People, 2（1）：85–94.

[292] DIXIT A K, SKEATH S, 2002. Game of strategy[M]. New York：W. W. Norton & Company.

[293] DIXIT A K, STIGLITZ J E, 1977. Monopolistic competition and optimum product diversity[J]. American Economic Review, 67（3）：297–308.

[294] DONAGHY K P, HOPKINS L D, 2006. Coherentist theories of planning are possible and useful[J]. Planning Theory, 5（2）：173–202.

[295] DURLAUF S N, 1998. What should policymakers know about economic complexity?[J]. Washington

Quarterly, 21（1）：155-165.

[296] DYER J S, SARIN R K, 1979. Measurable multiattribute value functions[J]. Operations Research, 27(4): 810-822.

[297] DYER J S, SARIN R K, 1982. Relative risk averse[J]. Management Science, 28（8）：875-886.

[298] ECKEL C, HOLT C A, 1989. Strategic voting in agenda-controlled committee experiments[J]. American Economic Review, 79（4）：763-773.

[299] ECKEL C C, 2004. Vernon Smith: economics as a laboratory science[J]. The Journal of Socio-Economics, 33（1）：15-28.

[300] EDWARDS W, 1992. Utility theories: measurements and applications[M]. Dordrecht: Springer.

[301] EPSTEIN J M, 2009. Modelling to contain pandemics[J]. Nature, 460（7256）：687.

[302] EPSTEIN J M, AXTELL R, 1996. Growing artificial societies: social science from the bottom up[M]. Cambridge: The MIT Press.

[303] FAGGINI M, LUX T, 2009. Coping with the complexity of economics[M]. Milano: Springer-Verlag.

[304] FALUDI A, 1973. Planning theory[M]. Oxford: Pergamon.

[305] FARMER J D, FOLEY D, 2009. The economy needs agent-based modelling[J]. Nature, 460（7256）：685-686.

[306] FARQUHAR P H, KELLER L R, 1989. Preference intensity measurement[J]. Annals of Operations Research, 19：205-217.

[307] FIORETTI G, LOMI A, 2008. Agent-based representation of the garbage can modeling of organizational choice[J]. Journal of Artificial Societies and Social Simulation, 11（1）.

[308] FISCHER M M, NIJKAMP P, 2013. Handbook of regional science[M]. Berlin Heidelberg: Springer-Verlag.

[309] FISCHER G W, 1979. Utility for multiple objective decisions: do they accurately represent human preferences[J]. Decision Science, 10：451-471.

[310] FISCHHOFF B, SLOVIC P, LICHTENSTEIN S, 1979. Knowing what you want: measuring labile values[M]//WALLSTCN T. Cognitive processes in choice and decision behavior. Hillsdale: Lawrence Erlbaum Associates .

[311] FISHER L, 2011. Crashes, crises, and calamities: how we can use science to read the early-warning signs[M]. New York: Basic Books.

[312] FISHMAN R, 1977. Urban utopias in the twentieth century: Ebenezer Howard, Frank Lloyd Right, and Le Corbusier[M]. New York: Basic Books.

[313] FRAGKIAS M, LOBO J, STRUMSKY D, SETO K C, 2013. Does size matter? scaling of CO_2 emissions and US urban areas[J]. Plos One, 8（6）：e64727.

[314] FRAMBACH H, 2012. Johann Heinrich von Thünen : a founder of modern economics[M]//BACKHAUS J G. Handbook of the history of economic thought. New York: Springer.

[315] FRANKENBERRY N K, 2008. The faith of scientists: in their own words[M]. Princeton: Princeton University Press.

[316] FRANKHAUSER P, SADLER G, 1991. Fractal analysis of agglomerations[C]. International Symposium des Sonderforschungsbereich 230: Naturliche Konstruktionen-Leichtbau in Architektur und Natur.

[317] FREY H, 1999. Designing the city: towards a more sustainable urban form[M]. London, New York: Taylor & Francis Group/Spon Press.

[318] FRIEDMAN A，1971. Advanced calculus[M]. New York：Holt，Rinehart & Winston.

[319] FRIEDMANN J，1978. Innovation，flexible response and social learning：a problem in the theory of meta-learning[M]//BURCHELLM R W，STERNLIEB G. Planning theory in the 1980s. New Brunsky：The Center for Urban Policy Research.

[320] FRIEND J，HICKLING A，1997. Planning under Pressure[M]. Oxford：Butterworth/Heinemann.

[321] FUJITA M，2010. The evolution of spatial economics：from Thünen to the new economic geography[J]. Japanese Economic Review，61（1）：1-32.

[322] FUJITA M，2012. Thünen and the new economic geography[J]. Regional Science and Urban Economics，42（6）：907-912.

[323] FUJITA M，KRUGMAN P R，VENABLES A J，1999. The spatial economy：cities，regions and international trade[M]. Cambridge：The MIT Press.

[324] FUJITA M，THISSE J F，2002. Economics of agglomeration：cities，industrial location，and regional growth[M]. New York：Cambridge University Press.

[325] FURUBOTN E G，RICHTER R，2001. 制度与经济理论 [M]. 颜爱静，译. 台北：五南出版社.

[326] GARDNER M，1970. Mathematical games：the fantastic combinations of John Conway's new solitaire game "life" [J]. Scientific American，223：120-123.

[327] GATES C，2003. Ancient cities：the archaeology of urban life in the ancient Near East and Egypt，Greece，and Rome[M]. New York：Routledge.

[328] GEDDES P，1915. Cities in evolution：an introduction to the town planning movement and to the study of civics[M]. London：Williams and Norgate.

[329] GELL-MANN M，2002. The quark and the jaguar：adventures in the simple and the complex[M]. New York：Henry Holt and Company.

[330] GELL-MANN M，2010. Transformations of the twenty-first century：transitions to greater sustainability[M]//SCHELLNHUBER H J，MOLINA M，STERN N，HUBER V，KADNER S. Global sustainability：a Nobel cause. Cambridge：Cambridge University Press.

[331] GENNAIO M P，HERSPERGER A M，BURGI M，2009. Containing urban sprawl-evaluating effectiveness of urban growth boundaries set by the Swiss land use plan[J]. Land Use Policy，26（2）：224-232.

[332] GIBAIX X，1999. Zipf's law for cities：an explanation[J]. Quarterly Journal of Economics，14（3）：739-67.

[333] GLAESER E，2012. Triumph of the city：how our greatest invention makes us richer，smarter，greener，healthier，and happier[J]. Economic Geography，88（1）：97-100.

[334] GODSCHALK D，TIMOTHY B，BERKE P，BROWER D J，KAISER E J，1999. Natural hazard mitigation：recasting disaster policy and planning[M]. Washington，D. C.：Island Press.

[335] GOLDBERG D E，1985. Dynamic system control using rule learning and genetic algorithms[J]. Proceedings of the International Joint Conference on Artificial Intelligence，9：588-592.

[336] GORE T，NICHOLSON D，1991. Models of the land-development process：a critical review[J]. Environment and Planning A，23：705-730.

[337] GOTTDIENER M，HUTCHISON R，2011. The new urban sociology[M]. Boulder：Westview Press.

[338] GRABENHORST F，SCHULTE F P，MADERWALD S，BRAND M，2013. Food labels promote healthy choices by a decision bias in the amygdala[J]. Neuroimage，74：152-163.

[339] GREEN D G，1993. Complex systems：from biology to computation[M]. Amsterdam：IOS Press.

[340] GUIMERA R，AMARAL L A N，2004. Modeling the world-wide airport network[J]. Physics of Condensed Matter，387540（89）：381-385.

[341] HAEFELE E T，1971. A utility theory of representative government[J]. American Economic Review，61：350-365.

[342] HAEFELE E T，1973. Representative government and environmental management[M]. London：The John Hopkins University Press.

[343] HALL P，1980. Great planning disasters[M]. Berkeley：University of California Press.

[344] HALL P，1988. Cities of tomorrow：an intellectual history of city planning and design in the twentieth century[M]. New York：Blackwell.

[345] HAMMOND J S，KEENEY R L，RAIFFA H，1998. The hidden traps in decision making[J]. Harvard Business Review（Sept.-Oct.）：47-58.

[346] HAN H，LAI S-K，2011. Decision network：a planning tool for making multiple，linked decisions[J]. Environment and Planning B：Planning and Design，38：115-128.

[347] HAN H，LAI S-K，DANG A，TAN Z，WU C. Effectiveness of urban construction boundaries in Beijing：an assessment[J]. Journal of Zhejiang University SCIENCE A，10（9）：1285-1295.

[348] HANLEY P F，HOPKINS L D，2007. Do sewer extension plans affect urban development? a multiagent simulation[J]. Environment and Planning B：Planning and Design，34（1）：6-27.

[349] HARDIN G，1968. The tragedy of the commons[J]. Science，162：1243-1248.

[350] HARGROVES K J，SMITH M H，2005. The natural advantage of nations：business opportunities，innovation and governance in the 21st century[M]. London：Earthscan.

[351] HARKER P T，VARGAS L G，1987. The theory of ratio estimation：Saaty's analytic hierarchy process[J]. Management Science，33（11）：1383-1403.

[352] HARRIS C D，ULLMAN E L，1945. The nature of cities[J]. The Annals of the American Academy of Political and Social Science，242（1）：7-17.

[353] F. HARRISON，1894. The meaning of history and other historical pieces[M]. London：Macmillan and Co..

[354] HELBING D，JOST J，KANTZ H，2008. Nonlinear physics everywhere：from molecules to cities[J]. The European Physical Journal B，63（3）：283.

[355] HELBING D，KÜHNERT C，LÄMMER S，JOHANSSON A，GEHLSEN B，AMMOSER H，WEST G B，2009. Power laws in urban supply networks，social systems，and dense pedestrian crowds[M]//LANE D，PUMAIN D，VAN DER LEEUW S，WEST G B. Complexity perspectives in innovation and social change. Dordrecht：Springer.

[356] HILL W F，1990. Learning：a survey of psychological interpretations[M]. New York：Harper and Row.

[357] HILLIER B，1996. Space is the machine[M]. Cambridge：Cambridge University Press.

[358] HOBBS B F，1980. A comparison of weight methods in power plant siting [J]. Decision Sciences，11（4）：725-737.

[359] HOCH C，2007. Making plans：representation and intention[J]，Planning Theory，6（1）：16-35.

[360] HOEKSTRA A G，KROC J，SLOOT P M A，2010. Simulating complex systems by cellular automata[M]. Berlin，Heidelberg：Springer-Verlag.

[361] HOGARTH R M，REDER M W，1987. Rational choice：the contrast between economics and

psychology[M]. Chicago：The University of Chicago Press.

[362] HOLLAND J H, 1995. Hidden order：how adaptation builds complexity[M]. New York：Addison-Wesley.

[363] HOLLAND J H, 1998. Emergence：from chaos to order[M]. New York：Oxford University Press.

[364] HOLLAND J H, 2012. Signals and boundaries：building blocks for complex adaptive systems[M]. Cambridge：The MIT Press.

[365] HOPKINS L D, 1974. Plan, projection, policy-mathematical programming and planning theory[J]. Environment and Planning A, 6：419-430.

[366] HOPKINS L D, 1981. The decision to plan：planning activities as public goods[M]//LIEROP W R, NIJKAMP P. Urban infrastructure, location, and housing. Alphen aan den Rijn：Sijthoff and Noordhoff.

[367] HOPKINS L D, 1984. Evaluation of methods for exploring ill-defined problems[J]. Environment and Planning B：Planning and Design, 11：339-348.

[368] HOPKINS L D, 2001. Urban development：the logic of making plans[M]. Washington D. C.：Island Press.

[369] HOPKINS L D, 2014. It is about time：dynamics failure, using plans and using coalitions[J]. Town Planning Review, 85（3）：313-318.

[370] HOPKINS L D, KNAAP G J, 2013. The 'Illinois School' of thinking about plans[C]. Joint AESOP/ACSP Congress.

[371] HOPKINS L D, SCHAEFFER P, 1985. The logic of planning behavior[R]. Urbana-Champaign：Department of Urban and Regional Planning, University of Illinois.

[372] HOPKINS L D, 2005. 都市发展——制定计划的逻辑 [M]. 赖世刚，译. 台北：五南图书出版公司.

[373] HOPPELER H, WEIBEL E R, 2005. Scaling functions to body size：theories and facts[J]. Journal of Experimental Biology, 208（9）：1573-1974.

[374] HORN R A, JOHN G R, 1993. Matrix analysis[M]. Cambridge：Cambridge University Press.

[375] HOTELLING H, 1929. Stability in competition[J]. Economic Journal, 39：41-57.

[376] HOYT H, 1939. The structure and growth of residential neighborhoods in American cities[M]. Washington D. C.：Federal Housing Administration.

[377] HUANG J-Y, LAI S-K, 2012. In search of the urban scaling exponent in urban growth and its implications-a case study in Taiwan[C]. The 9th International Symposium and Scientific Committee of Asia Institute of Urban Environment.

[378] HURLEY S L, 1989. Natural reasons：personality and polity[M]. Oxford：Oxford University Press.

[379] INNES J E, BOOHER D E, 2010. Planning with complexity：an Introduction to collaborative rationality for public policy[M]. New York：Routledge.

[380] INTRILIGATOR M, SHESHINSKI E, 1986. Toward a theory of planning[M]//HELLER W P, STARR R M, STARRETT D A. Social choice and public decision making. Cambridge：Cambridge University Press.

[381] ISARD W, 1956. Location and space-economy：a general theory relating to industrial location, market areas, land use, trade, and urban structure[M]. New York：The Technology Press of MIT, John Wiley & Sons.

[382] JACOBS J, 1961. The death and life of great American cities[M]. New York：Vintage Books, Random House.

[383] JUN M J, 2004. The effects of Portland's urban growth boundary on urban development patterns and

commuting[J]. Urban Studies，41（7）：1333–1348.

[384] KAHNEMAN D，2013. Thinking，fast and slow[M]. New York：Farrar，Straus and Giroux.

[385] KAHNEMAN D，KNETSCH J，THALER R，1991. Anomalies：the endowment effect，loss aversion，and status–quo bias[J]. Journal of Economic Perspectives，5（1）：193–206.

[386] KAHNEMAN D，LOVALLO D，1993. Timid choices and bold forecasts：a cognitive perspective on risk taking[J]. Management Science，39（1）：17–31.

[387] KAHNEMAN D，SLOVIC S，TVERSKY A，1982. Judgment under uncertainty：heuristics and biases[M]. New York：Cambridge University Press.

[388] KAHNEMAN D，TVERSKY A，1979. Prospect theory：an analysis of decision under risk[J]. Econometrica，47：263–291.

[389] KAHNEMAN D，TVERSKY A，2000. Choices，values，and frames[M]. New York：Cambridge University Press.

[390] KAISER E J，GODSCHALK D R，CHAPIN F S，1995. Urban land use planning[M]. Chicago：University of Illinois Press.

[391] KAUFFMAN S，1995. At home in the universe：the search for the laws of self–organization and complexity[M]. New York：Oxford University Press.

[392] KEEN S，2003. Standing on the toes of pygmies：why conophysics must be careful of the economic foundations on which it builds[J]. Physica A：Statistical Mechanics and its Applications，324（1–2）：108–116.

[393] KEENEY R L，1992. Value focused thinkings[M]. Cambridge：Harvard University Press.

[394] KEENEY R L，RAIFFA H，1976. Decisions with multiple objectives：preferences and value tradeoffs[M]. New York：John Wiley.

[395] KELLER L R，1985. An empirical investigation of relative risk aversion[J]. IEEE Transactions on Systems，Man，and Cybernetics，15：475–482，

[396] KERMIT W，1992. Cooperative in regional transportation planning：planning the Lake–Will North expressway[D]. Chicago：University of Illinois.

[397] KHARE A，LACHOWSKA A，2015. Beautiful，simple，exact，crazy：mathematics in the real world[M]. New Haven，London：Yale University Press.

[398] KINGDON J W，2003. Agendas，alternatives，and public policies[M]. New York：Longman.

[399] KIRCHGÄSSNER G，2008. Homo economicus：The economic model of behaviour and its applications in economics and other social sciences[M]. New York：Springer.

[400] KLINE D，2001. Positive feedback，lock–in，and environmental policy[J]. Policy Sciences，34（1）：95–107.

[401] KLINE J，ALIG R，1999. Does land use planning slow the conversion of forest and farm lands[J]. Growth and Change，30：3–22.

[402] KLINE M，1990. Mathematical thought from ancient to modern times[M]. New York，Oxford：Oxford University Press.

[403] KLUGER J，2008. Simplexity：Why simple things become complex（and how complex things can be made simple）[M]. New York：Hyperion.

[404] KNAAP G J，HOPKINS L D，DONAGHY K P，1998. Do plans matter？A game–theoretic model for examining the logic and effect of land use planning[J]. Journal of Planning Education and Research，18：

25–34.

[405] KO P-C, LAI S-K, 2013. The study on dissipative structural characteristics of urban development: simulated observation and advanced analysis[C]. The 7th International Association for China Planning （IACP）Conference.

[406] KOSTOF S, 1991. The city shaped urban patterns and meaning throughout history[M]. London: Thames & Hudson.

[407] KRANTZ D H, KUNREUTHER H C, 2007. Goals and plans in decision making[J]. Judgment and Decision Making, 2（3）: 137–168.

[408] KRANTZ D H, LUCE R D, SUPPES P, TVERSKY A, 1971. Foundations of measurement[M]. New York: Academic Press.

[409] KREPS D M, 1990. Game theory and economic model[M]. New York: Oxford University Press.

[410] KRUGMAN P, 1991. Increasing returns and economic geography[J]. Political Economy, 99（3）: 483–499.

[411] KRUGMAN P, 1996a. The self-organizing economy[M]. Cambridge: Blackwell.

[412] KRUGMAN P, 1996b. Confronting the mystery of urban hierarchy[J]. Journal of the Japanese and International Economies, 10: 399–418.

[413] KÜHNERT C, HELBING D, WEST G B, 2006. Scaling laws in urban supply networks[J]. Physica A: Statistical Mechanics and its Applications, 363（1）: 96–103.

[414] LAI S-K, 1990. A comparison of multi-attribute decision making techniques using an iterative procedure to derive a convergent criterion[D]. Champaign: University of Illinois.

[415] LAI S-K, 1997. Relation between additive multidimensional and unidimensional measurable value functions[Z].

[416] LAI S-K, 1998. From organized anarchy to controlled structure: effects of planning on the garbage-can decision processes[J]. Environment and Planning B: Planning and Design, 25: 85–102.

[417] LAI S-K, 2001. Property rights acquisitions and land development behavior[J]. Planning Forum, 7: 21–27.

[418] LAI S-K, 2002. Information structures exploration as planning for a unitary Organization[J]. Planning and Market, 5（1）: 31–42.

[419] LAI S-K, 2003. On transition rules of complex structures in one-dimensional cellular automata: some implications for urban change[J]. The Annals of Regional Science, 37（2）: 337–352.

[420] LAI S-K, 2006a. A spatial garbage-can model[J]. Environment and Planning B: Planning and Design, 33（1）: 141–156.

[421] LAI S-K, 2006b. Emergent macro-structures of path-dependent location adoptions processes of firms[J]. The Annals of Regional Science, 40（3）: 545–558.

[422] LAI S-K, 2017. Framed rationality[J]. Journal of Urban Management, 6（1）: 1–2.

[423] LAI S-K, 2018. Why plans matter for cities[J]. Cities, 73: 91–95.

[424] LAI S-K, 2019. A binary approach to modeling complex urban systems[J]. International Journal of Sino-Western Studies, 16: 59–67.

[425] LAI S-K, 2021. Planning within Complex Urban Systems[M]. London: Routledge.

[426] LAI S-K, HAN H. 2014. Urban complexity and planning: theories and computer simulations[M]. Surrey: Ashgate Publishers.

[427] LAI S-K, HAN H, KO P-C, 2013. Are cities dissipative structures[J]. International Journal of Urban Sciences, 17（1）: 46-55.

[428] LAI S-K, HOPKINS L D, 1989. The meanings of trade-offs in multiattribute evaluation methods: A comparison[J]. Environment and Planning B: Planning and Design, 16: 155-170.

[429] LAI S-K, HOPKINS L D, 1995. Can decision makers express preferences using MUT and AHP: an experimental comparison[J]. Environment and Planning B: Planning and Design, 22: 21-34.

[430] LAI S-K, HUANG J-Y, 2019. Differential effects of outcome and probability on risky decision[J]. Applied Economics Letters, 26（21）: 1790-1797.

[431] LAI S-K, HUANG J-Y, HAN H, 2017. Land development decisions and lottery dependent utility[J]. Real Estate Finance, 34（2）: 39-45.

[432] LALL A S, 1966. Modern international negotiation: principle and practice[M]. New York: Columbia University press.

[433] LANGTON C G, 1984. Self-reproduction in cellular automata[J]. Physica D: Nonlinear Phenomena, 10（1）: 135-144.

[434] LANGTON C G, 1995. Artificial life: an overview[M]. Cambridge: The MIT Press.

[435] LAUGHLIN R B, 2005. A different universe: reinventing physics from the bottom down[M]. New York: Basic Books.

[436] LAVALLE I H, 1992. Small world and sure things: consequentialism by the back door[M]//EDWARDS W. Utility theories: measurement and applications. Dordrecht: Kluwer Academic Publisher.

[437] LAVALLE S M, 2006. Planning algorithms[M]. New York: Cambridge University Press.

[438] LEE D B, 1973. Requiem of large-scale models[J]. Journal of the American Institute of Planners, 39（3）: 163-178.

[439] LEE I, HOPKINS L D, 1995. Procedural expertise for efficient multiattribute evaluation: a procedural support strategy for GEA[J]. Journal of Planning Education and Research, 14（4）: 255-268.

[440] LEPAGE J D, 2002. Castles and fortified cities of medieval Europe: an illustrated history[M]. London: McFarland & Company.

[441] LEUNG L, 1987. Developer behavior and development control[J]. Land Development Studies, 4: 17-34.

[442] LIGTENBERG A, BREGT A K, VAN LAMMEREN R, 2001. Multi-actor-based land use modelling: spatial planning using agents[J]. Landscape and Urban Planning, 56（1-2）: 21-33.

[443] LIU S, LIN Y, 2006. Grey information: theory and practical applications[M]. London: Springer-Verlag.

[444] LIU S, FANG Z, LIN Y, 2006. A new definition for the degree of grey incidence[J]. Scientific Inquiry, 7（2）: 111-124.

[445] LOBO J, BETTENCOURT L M, STRUMSKY D, WEST G B, 2013. Urban scaling and the production function for cities[J]. Plos One, 8（3）: e58407.

[446] LÖSCH A, 1954. The economics of location[M]. WOGLOM W H（tranl.）. New Haven, London: Yale University Press.

[447] LOTKA A J, 1925. Elements of physical biology[M]. Baltimore: Williams and Wilkins.

[448] LUCY W H, PHILLIPS, D L, 2000. Confronting suburban decline: strategic planning for metropolitan renewal[M]. Washington D. C.: Island Press.

[449] LYNCH K, 1981. A theory of good city form[M]. Cambridge: The MIT Press.

[450] LYNCH K, 1989. Good city form[M]. Cambridge: The MIT Press.

[451] MACAL C M，NORTH M J，2010. Tutorial on agent-based modelling and simulation[J]. Journal of Simulation，4（3）：151-162.

[452] MAINZER K，2005. Symmetry and complexity：the spirit and beauty of nonlinear science[M]. Singapore：World Scientific.

[453] MAINZER K，2007. Thinking in complexity：the computational dynamics of matter，mind，and mankind[M]. Berlin，Heidelberg：Springer-Verlag.

[454] MANDELBAUM S J，1979. A complete general theory of planning is impossible[J]. Policy Sciences，11：59-71.

[455] MANSON S，O' SULLIVAN D，2006. Complexity theory in the study of space and place[J]. Environment and Planning A，38（4）：677-692.

[456] MARCH J G，1978. Bounded rationality，ambiguity and the engineering of choice[J]. The Bell Journal of Economics，9：587-608，

[457] MARCH J G，1993. A primer on decision making[M]. New York：The Free Press.

[458] MARCUZZO M C，2003. The "first" imperfect competition revolution[M]//SAMUELS W J，BIDDLE J E，DAVIS J B. A companion to the history of economic thought. Oxford：Blackwell.

[459] MARSHALL J U，1989. The structure of urban systems[M]. Toronto：University of Toronto Press.

[460] MARSCHAK J，1974. Towards an economic theory of organization and information[M]//MARSCHAK J. Economic information，decision，and prediction：selected essays volume II. Dordrecht：D. Reidel Publishing Company.

[461] MARSCHAK J，RADNER R，1972. Economic theory of teams[M]. New Haven：Yale University Press.

[462] MAYR E，1982. The growth of biological thought：diversity，evolution and inheritance[M]. Cambridge，London：Belknap Press and Harvard University Press.

[463] MAYR E，1997. This is biology：the science of the living world[M]. Cambridge：Harvard University Press.

[464] MAZZOCCHI F，2008. Complexity in biology：exceeding the limits of reductionism and determinism using complexity theory[J]. EMBO Reports，9（1）：10-14.

[465] MCCANN P，1995. Rethinking the economic s of location and agglomeration[J]. Urban Study，32（3）：536-577.

[466] MCDONALD I M，SOLOW R M，1981. Wage bargaining and employment[J]. American Economic Review，71（5）：896-908.

[467] MCELROY T，SETA J J，2007. Framing the frame：how task goals determine the likelihood and direction of framing effects[J]. Judgment and Decision Making，2（3）：251-256.

[468] MCMICHAEL S L，BINGHAM R F，1923. City growth and values[M]. Cleveland：The Stanley McMichael Publishing Organization.

[469] MILETI D S，1999. Disasters by design：a reassessment of natural hazards in the United States[M]. Washington D. C.：The National Academies Press.

[470] MILGRAM S，1967. The small-world problem[J]. Psychology Today，1：60-67.

[471] MILLER N R，1977. Logrolling，vote trading，and the paradox of voting：a game-theoretical overview[J]. Public Choice，30（1）：51-75.

[472] MILLER R W，1987. Fact and method：explanation，confirmation and reality in the natural and the social Sciences[M]. Princeton：Princeton：University Press.

[473] MILLS E S，1972. Studies in the structure of the urban economy[M]. Baltimore：Johns Hopkins University Press.

[474] MILLWARD H，2006. Urban containment strategies：a case-study appraisal of plans and policies in Japanese，British，and Canadian cities[J]. Land Use Policy，23（4）：473-485.

[475] MITCHELL M，2009. Complexity：a guided tour[M]. New York：Oxford University Press.

[476] MITCHELL M，CRUTCHFIELD J P，HRABER P T，1994. Evolving cellular automata to perform computations：mechanisms and impediments[J]. Physica D：Nonlinear Phenomena，75（1）：361-391.

[477] MOHAMED R，2006. The psychology of residential developers：lessons from behavioral economics and additional explanations for satisficing[J]. Journal of Planning Education and Research，26（1）：28-37.

[478] MORRIS A E J，1994. History of urban form：before the industrial revolutions[M]. Essex：Longman Scientific & Technical.

[479] MOSES L N，1958. Location and the theory of production[J]. The Quarterly Journal of Economics，72（2）：259-272.

[480] MUMFORD L，1961. The city in history：its origins，its transformations，and its prospects[M]. New York：Houghton Mifflin Harcourt.

[481] MUTH R，1969. Cities and housing[M]. Chicago：University of Chicago Press.

[482] NELSON A C，DUNCAN J B，1995. Growth management principles and practices[M]. Chicago：Planners Press.

[483] NELSON A C，MOORE T，1993. Assessing urban growth management：the case of Portland，Oregon，the USA's largest urban growth boundary[J]. Land Use Policy，10：293-302.

[484] NELSON H J，1971. The form and structure of cities：urban growth patterns[M]//BOURNE L S. Internal structure of the city：readings on space and environment. New York：Oxford University Press.

[485] NEWMAN M，2010. Networks：an Introduction[M]. Oxford：Oxford University Press.

[486] NEWMAN P，BEATLEY T，BOYER H，2009. Resilient cities：responding to peak oil and climate change[M]. Washington D. C.：Island Press.

[487] NICOLIS G，PRIGOGINE I，1989. Exploring complexity：an introduction[M]. New York：W. H. Freeman and Company.

[488] NORTH D C，1990. Institutions，institutional change and economic performance[M]. Cambridge：Cambridge University Press.

[489] NORTH D C，1998. Institutions，ideology，and economic performance[M]// DORN J A，HANKE S H，WALTERS A A. The revolution in development economics. Washington D. C.：Cato Institute.

[490] NOWAK M A，MAY R M，1992. Evolutionary games and spatial chaos[J]. Nature，359：826.

[491] NOWAK M A，MAY R M，1993. The spatial dilemmas of evolution[J]. International Journal of Bifurcation and Chaos，3（1）：35-78.

[492] ORDESHOOK P C，1986. Game theory and political theory：an introduction[M]. New York：Cambridge University Press.

[493] OSTROM E，1990. Governing the commons：the evolution of institutions for collective action[M]. Cambridge：Cambridge University Press.

[494] O'FLAHERTY B，2005. City economics[M]. Cambridge：Harvard University Press.

[495] O'SULLIVAN A，2007. Urban economics[M]. New York：McGraw-Hill Press.

[496] OTTO S B，RALL B C，BROSE U，2007. Allometric degree distributions facilitate food-web stability[J]. Nature，450（7173）：1226-1229.

[497] PACAULT A，VIDAL C，1978. Synergetics，far from equilibrium：proceedings of the conference far from equilibrium：instabilities and structures[M]. Bordeaux：Springer.

[498] PARK R E，1936a. Human ecology[J]. American Journal of Sociology，42（1）：1-15.

[499] PARK R E，1936b. Succession，an ecological concept[J]. American Sociological Review，1（2）：171-179.

[500] PARK R E，1940. Physics and society[J]. The Canadian Journal of Economics and Political Science，6（2）：135-152.

[501] PARK R E，BURGESS E W，MCKENZIE R D，1967. The city[M]. Chicago：University of Chicago Press.

[502] PARKER S，2004. Urban theory and the urban experience：encountering the city[M]. London：Routledge.

[503] PIRENNE H，1969. Medieval cities：their origins and the revival of trade[M]. Princeton：Princeton University Press.

[504] PARTANEN J，2015. Indicators for self-organization potential in urban context[J]. Environment and Planning B：Planning and Design，42（5）：951-971.

[505] PATTERSON J，1999. Urban growth boundary impacts on sprawl and redevelopment in Portland，Oregon[R]. University of Wisconsin-Whitewater.

[506] PENDALL R，MARTIN J，FULTON W，2002. Holding the line：urban containment in the United States[R]. Washington，D. C.：The Brookings Institution Center on Urban and Metropolitan Policy.

[507] PHILIPSON T J，SNYDER J M，1996. Equilibrium and efficiency in an organized vote market[J]. Public Choice，89（3-4）：245-265.

[508] PHILLIPS，J，GOODSTEIN E，2000. Growth management and housing prices：the case of Portland，Oregon [J]. Contemporary Economic Policy，18：334-344.

[509] PILE S，BROOK C，MOONEY G，2009. 无法统驭的城市？秩序 / 失序 [M]. 王志弘，译 . 台北：群学出版社 .

[510] POLLOCK J L，2006. Thinking about acting：logical foundations for rational decision making[M]. New York：Oxford University Press.

[511] PORTER D R. 1986. Growth management keeping on target?[R]. Washington，D. C.，Urban Land Institute and Lincoln Institute of Land Policy.

[512] PORTER D R，DUNPHY R T，SALVESEN D，2002. Making smart growth work [R]. Washington，D. C.，Urban Land Institute.

[513] PORTUGALI J，2000. Self-organization and the city[M]. Berlin，Heidelberg：Springer-Verlag.

[514] PORTUGALI J，2011. Complexity，cognition and the city[M]. Berlin，Heidelberg：Springer-Verlag.

[515] PORTUGALI J，MEYER H，STOLK E，TAN E，2012. Complexity theories of cities have come of age：an overview with implications to urban planning and design[M]. Berlin，Heidelberg：Springer-Verlag.

[516] POUNDS N J G，2005. The medieval city[M]. London：Greenwood Press.

[517] PRATT J W，1964. Risk aversion in the small and in the large[J]. Econometrica，32（1-2）：122-136.

[518] PRANGE H D，ANDERSON J F，RAHN H，1979. Scaling of skeletal mass to body mass in birds and

mammals[J]. The American Naturalist，113（1）：103–122.

[519] PRIGOGINE I，1969. Structure，dissipation and life[M]//MAROIS M. Theoretical physics and biology. Amsterdam：North Holland Pub. Co..

[520] PRIGOGINE I，STENGERS I，1985. Order out of chaos：man's new dialogue with nature[M]. London：Fontana Paperbacks.

[521] PRUITT D G，1983. Strategic choice in negotiation[J]. American Behavioral Scientist，2（2）：167–194.

[522] PUMAIN D，2006. Hierarchy in natural and social sciences[M]. Dordrecht：Springer.

[523] RABIN M，THALER R H，2001. Anomalies：risk aversion[J]. Journal of Economic Perspectives，15（1）：219–232.

[524] RADNER R，1979. Normative theory of individual decision：an introduction[M]//MCGUIRE C B，RADNER R. Decision and Organization. Minneapolis：University of Minnesota Press.

[525] RASMUSEN E，2002. Game and information：an introduction to game theory[M]. New York：Wiley–Blackwell.

[526] RASMUSEN E，2003. 赛局理论与讯息经济 [M]. 杨家彦，张建一，吴丽真，译. 台北：五南图书公司.

[527] RICCARDO M，PULSELLI F M，CARLO R，ENZO T，2005. Dissipative structures for understanding cities：resource flows and mobility pattern[C]. The 1st International Conference on Built Environment Complexity.

[528] RICHARDSON H W，1973. Regional growth theory[M]. London：MacMillan.

[529] RICHARDSON H W，GORDON P，2001. Portland and Los Angeles：beauty and the beast[C]. Portland：The 17th Pacific Regional Science Conference.

[530] RIKER W H，ORDESHOOK P C，1973. An introduction to positive political theory[M]. Englewood Cliffs：Prentice–Hall，Inc.

[531] RITTEL H W J，WEBBER M M，1973. Dilemmas in a general theory of planning[J]. Policy Sciences，4：155–169.

[532] ROBIN M H，MELVIN W R，1987. Rational choice[M]. Chicago：The University of Chicago Press.

[533] ROBSON B T，1969. Urban analysis：a study of city structure with special reference to Sunderland[M]. London：Cambridge University Press.

[534] RUDEL T K，1989. Situations and strategies in American land–use planning[M]. New York：Cambridge University Press.

[535] SAATY T L，1980. The analytic hierarchy process[M]. New Yock：McGraw–Hill.

[536] SAATY T L，1986. Axiomatic foundation of the analytic hierarchy process[J]. Management Science，32：841–855.

[537] SAATY T L，VARGAS L G，1984. Inconsistency and rank preservation[J]. Journal of Mathematical Psychology，28（2）：205–214.

[538] SAMET R H，2012. Complexity science and theory development for the futures field[J]. Futures，44（5）：504–513.

[539] SAMET R H，2013. Complexity，the science of cities and long–range futures[J]. Futures，47：49–58.

[540] SAMUELSON P A，1983. Thünen at two hundred[J]. Journal of Economic Literature，21（4）：1468–1488.

[541] SAMUELSON W, ZECKHAUSER R, 1988. Status quo bias in decision making[J]. Journal of Risk and Uncertainty, 1: 7–59.

[542] SARIN R K, 1982. Strength of preference and risky choice[J]. Operations Research, 30（5）: 982–997.

[543] SAVAGE L, 1954. The foundations of statistics[M]. New York: Dover.

[544] SAVAGE S H, 1997. Assessing departures from log–normality in the rank–size rule[J]. Archaeological Science, 24: 233–244.

[545] SCHAEFFER P V, HOPKINS L D, 1987. Behavior of land developers: planning and the economics of information[J]. Environment and Planning A, 19: 1221–1232.

[546] SCHMIDT–NIELSEN K, 1984. Scaling: why is animal size so important?[M]. Cambridge: Cambridge University Press.

[547] SCHOEMAKER P J H, WAID G G, 1982. An experimental comparison of different approaches to determining weights in additive utility models[J]. Management Science, 28: 182–196.

[548] SCHWAB W A, 1982. The sociology of cities[M]. Upper Saddle River: Prentice Hall.

[549] SCHWARTZ T, 1986. The logic of collective choice[M]. New York: Columbia University Press.

[550] SELTEN R, STOECKER R, 1986. End behavior in sequence of finite prisoner's dilemmas supergames[J]. Journal of Economics Behavior and Organization, 7: 47–70.

[551] SHAFER G, 1988. Savage revised[M]//BELL D E, RAIFFA H, TVERSKY A. Decision making. New York: Cambridge University Press.

[552] SHANNON C E, 1948. A mathematical theory of communication[J]. The Bell System Technical Journal, 27: 379–423, 623–656.

[553] SHAPIN S, 1996. The scientific revolution[M]. Chicago: The University of Chicago Press.

[554] SIMON H A, 1955a. A behavioral model of rational choice[J]. The Quarter Journal of Economics, 691: 99–118.

[555] SIMON H A, 1955b. On a class of skew distribution functions[J]. Biometrika, 52: 425–440.

[556] SIMON H A, 1986. Rationality in psychology and economics[J]. Journal of Business, 59（4）: S209–S224.

[557] SIMON H A, 1999. Can there be a science of complex systems?[M]//BAR–YAM Y. Unifying themes in complex systems. Cambridge: Perseus Press.

[558] SIMON H A, 1998. The sciences of the artificial[M]. Cambridge: The MIT Press.

[559] SINDEN J A, WORRELL A G, 1978. Unpriced values[M]. New York: John Wiley & Sons.

[560] SMITH K, 2013. Environmental hazards: assessing risk and reducing disaster[M]. New York: Routledge.

[561] SMITH V L, 2005. Behavioral economics research and the foundations of economics[J]. The Journal of Socio–Economics, 34（2）: 135–150.

[562] SMITH V L, 2008. Rationality in economics: constructivist and ecological forms[M]. New York: Cambridge University Press.

[563] STEIN J M, 1993. Growth management: the planning challenge of the 1990s[M]. Newbury Park: Sage Publications.

[564] STEINER F, 1991. The living landscape: an ecological approach to landscape planning[M]. New York: McGraw–Hill.

[565] STRATMANN T, 1992. The effects of logrolling on congressional voting[J]. American Economic Review,

82（5）：1162–1176.

[566] STUMPF M P H，PORTER M A，2012. Critical truths about power laws[J]. Science，335（6069）：665–666.

[567] SZOLD T S，CARBONELL A，2002. Smart growth: form and consequences[R]. Cambridge：Lincoln Institute of Land Policy.

[568] TANSEY M M，1998. How delegating authority biases social choices[J]. Contemporary Economic Policy，16（4）：511–518.

[569] THALER R，1980. Toward a positive theory of consumer choice[J]. Journal of Economic Behavior and Organization，1：39–60.

[570] THEODORSON G A，1982. Urban patterns: studies in human ecology[M]. University Park，London：Pennsylvania State University Press.

[571] TIEBOUT C M，1956. A pure theory of local expenditure[J]. The Journal of Political Economy，64：416–424.

[572] TERHUNE K W，1968. Motives，situation，and interpersonal conflict within prisoner's dilemmas[J]. Journal of Personality and Social Psychology Monograph Supplement，8（3）：1–24.

[573] TOBLER W R，1979. Cellular geography[M]//GALE S，OLSSON G，REIDEL D. Philosophy in geography. Dordrecht：Springer.

[574] TORRENS P M，2010. Agent–based models and the spatial sciences[J]. Geography Compass，4/5：428–448.

[575] TROITZSCH K G，2008. The garbage can model of organisational behaviour: a theoretical reconstruction of some of its variants[J]. Simulation Modelling Practice and Theory，16（2）：218–230.

[576] TROITZSCH K G，2009. Perspectives and challenges of agent–based simulation as a tool for economics and other social sciences[C]. Budapest：The 8th International Conference on Autonomous Agents and Multiagent Systems（AAMAS 2009）.

[577] TULLOCK G，1967. The welfare costs of tariffs，monopolies and theft[J]. Western Economic Journal，5：224–232.

[578] TVERSKY A，KAHNEMAN D，1981. The framing of decisions and the psychology of choice[J]. Science，211（4481）：453–458.

[579] TVERSKY A，KAHNEMAN D，1982. Judgment under uncertainty: heuristics and biases[M]//KAHNEMAN D，SLOVIC P，TVERSKY A. Judgement under uncertainty: heuristics and biases. New York：Cambridge University Press.

[580] TVERSKY A，KAHNEMAN D，1991. Loss aversion in riskless choice: a reference–dependent model[J]. The Quarterly Journal of Economics，106（4）：1039–1061.

[581] TVERSKY A，KAHNEMAN D，1992. Advances in prospect theory: cumulative representation of uncertainty[J]. Journal of Risk and Uncertainty，5（4）：297–323.

[582] UNDERWOOD B J，SHAUGHNESSY J J，1997. 心理学实验研究法 [M]. 洪兰，曾志朗，译 . 台北：远流出版社 .

[583] URBAN LAND INSTITUTE，1998. Smart growth economy，community，environment[R]. Washington D. C.：Urban Land Institute.

[584] VAN DE MIEROOP M，1997. The ancient Mesopotamian city[M]. New York：Oxford University Press.

[585] VERNON R，1966. International investment and international trade in the product cycle[J]. Quarterly

Journal of Economics，80（2）：190–207.

[586] VON NEUMANN J，1966. Theory of self–reproducing automata[M]. Champaign：University of Illinois Press.

[587] VON NEUMANN J，MORGENSTERN O，1974. Theory of games and economic behavior[M]. Princeton：Princeton University Press.

[588] VON THÜNEN J H，1826. Der Isolierte Staat in Beziehung auf Landwirtschaft und Nationalökonomie[M]// WARTENBERG C M. Von Thünen's Isolated State. Oxford：Pergamon Press.

[589] VON WINTERFELDT D，EDWARDS W，1986. Decision analysis and behavioral research[M]. New York：Cambridge University Press.

[590] WAKKER P，DENEFFE D，1996. Eliciting von Neumann–Morgenstern utilities when probabilities are distorted or unknown[J]. Management Science，42（8）：1131–1150.

[591] WALASEK L，STEWART N，2015. How to make loss aversion disappear and reverse：tests of the decision by sampling origin of loss aversion[J]. Journal of Experimental Psychology：General，144（1）：7–11.

[592] WALDROP M M，1992. Complexity：the emerging science and the edge of order and chaos[M]. New York：Simon and Schuster.

[593] WALKER D A，2003. Early general equilibrium economics：Walras，Pareto，and Cassel[M]// SAMUELS W J，BIDDLE J E，DAVIS J B. A companion to the history of economic thought. Oxford：Blackwell.

[594] WANG L–G，HAN H，LAI S–K，2014. Do plans contain urban sprawl? a comparison of Beijing and Taipei[J]. Habitat International，42：121–130.

[595] WATSON J B，1966. Behavorism[M]. Chicago：University of Chicago Press.

[596] WATSON S R，BUEDE D M，1987. Decision synthesis[M]. New York：Cambridge University Press.

[597] WATTS D J，2004. The 'new' science of networks[J]. Annual Review of Sociology，30：243–270.

[598] WATTS D J，STROGATZ S H，1998. Collective dynamics of 'small–world' networks[J]. Nature，393（6684）：440–442.

[599] WEAVER W，1948. Science and Complexity[J]. American Scientist，36（4）：536–544.

[600] WEBB R，2007. Social science：the urban organism[J]. Nature，446（7138）：869.

[601] WEBER A，1909. Theory of the location of industries[M]. Chicago：Chicago University Press.

[602] WEBSTER C J，WU F，1999a. Regulation，land–use mix，and urban performance. part 1：theory[J]. Environment and Planning A，31：1433–1442.

[603] WEBSTER C J，WU F，1999b. Regulation，land–use mix，and urban performance. part 2：simulation[J]. Environment and planning A，31：1529–1545.

[604] WELTER V M，2002. Biopolis：Patrick Geddes and the city of life[M]. Cambridge：The MIT Press.

[605] WEST B J，GRIGOLINI P，2011. Complex webs：anticipating the improbable[M]. Cambridge：Cambridge University Press.

[606] WEST G B，1999. The fourth dimension of life：fractal geometry and allometric scaling of organisms[J]. Science，284（5420）：1677–1679.

[607] WEST G B，2006. Size，scale and the boat race；conceptions，connections and misconceptions[M]// PUMAIN D. Hierarchy in natural and social sciences. Dordrecht：Springer.

[608] WEST G B，2010. Integrated sustainability and the underlying threat of urbanization[M]//

SCHELLNHUBER H J，MOLINA M，STERN N，HUBER V，KADNER S. Global sustainability：a nobel cause. Cambridge：Cambridge University Press.

[609] WEST G B，BROWN J H，2005. The origin of allometric scaling laws in biology from genomes to ecosystems：towards a quantitative unifying theory of biological structure and organization[M]. Journal of Experimental Biology，208（9）：1575-1592.

[610] WEST G B，BROWN J H，ENQUIST B J，1997. A general model for the origin of allometric scaling laws in biology[J]. Science，276（5309）：122-126.

[611] WHITE R，ENGELEN G，1993. Cellular automata and fractal urban form：a cellular modelling approach to the evolution of urban land-use pattern[J]. Environment and Planning B：Planning and Design，25：1175-1199.

[612] WHITE R，ENGELEN G，ULJEE I，1997. The use of constrained cellular automata for high-resolution modeling of urban land-use dynamics[J]. Environment and planning B：Planning and Design，24：323-343.

[613] WHITFIELD J，2006. In the beat of a heart：life，energy，and the unity of nature[M]. Washington D C.：Joseph Henry Press.

[614] WILSON A，2012. The science of cities and regions[M]. Dordrecht：Springer.

[615] WINER B J，1971. Statistical principles in experimental design[M]. New York：McGraw-Hill.

[616] WOLF T D，HOLVOET T，2005. Emergence versus self-organisation：different concepts but promising when combined[M]//BRUECKNER S A，DI MARZO SERUGENDO G，KARAGEORGOS A，NAGPAL R. Engineering self organising systems：methodologies and applications. Berlin：Springer-Verlag.

[617] WOLFRAM S，1984. Cellular automata as models of complexity[J]. Nature，311：419-424.

[618] WOLFRAM S，1994. Universality and complexity in cellular automata[M]//WOLFRAM S. Cellular automata and complexity：collected papers by Stephen Wolfram. Boulder：Westview Press.

[619] WOLFRAM S，2002. A New Kind of Science[M]. Champaign：Wolfram Media，Inc.

[620] WU F，WEBSTER C J，2000. Simulating artificial cities in a GIS environment：urban growth under alternative regulation regimes[J]. International Journal of Geographical Information Science，14（7）：625-648.

[621] WUENSCHE A，LESSER M，1992. The global dynamics of cellular automata：an atlas of basin of attraction fields of one-dimensional cellular automata[M]. Reading：Addison-Wesley & Co.

[622] YIN R K，2001. 个案研究 [M]. 尚荣安，译 . 台北：弘志文化事业有限公司 .

[623] YOFFEE N，2005. Myths of the archaic state：evolution of the earliest cities，states，and civilizations[M]. New York：Cambridge University Press.

[624] YOFFEE N，COWGILL G L，1988. The collapse of ancient states and civilizations[M]. Tucson：University of Arizona Press.

[625] YUAN X L，XU J X，2010. A study on dissipative structure model of enterprise low-carbon competitiveness system[J]. Advanced Materials Research，452-453：654-658.

[626] ZHU S-H，ANDERSON N H，1989. Self-estimation of weight parameter in multiattribute analysis[J]. Organization Behavior and Human Decision Process，48：36-54.

[627] ZIPF G K，1949. Human behavior and the principle of least effort[M]. New York：Addison-Wesley Press.

后 记

本书及其姊妹作 Planning within Complex Urban Systems （Routledge 出版社于 2021 年出版）汇整了笔者过去 35 年来的研究心得。记得 1985 年笔者刚进入美国伊利诺大学香槟校区城市与区域规划系攻读区域规划博士学位时，便以决策理论为博士论文研究的核心。1990 年笔者的博士论文题目便是《有关多属性决策方法 （multi-attribute decision making techniques）的比较》。在 1995 年自台返回母校访问时，笔者从指导教授 Lewis Hopkins 那儿得知 Mitchell Waldrop 写的 Complexity: The Emerging Science at the Edge of Order and Chaos （Simon & Schuster 出版社于 1992 年出版）一书，感到十分有趣，返台后便与学生积极投入城市复杂性的研究。与此同时，以博士论文为基础，笔者持续与学生探索以决策理论为核心的规划行为现象。在这双轨探索的过程中，笔者并没有一个清晰的目标，完全是随着研究带来的灵感而起舞，因此这一路走来，除了不时与 Lewis Hopkins 教授讨论外，是有些许孤寂的感觉。一直到 2018 年底，笔者在同济大学建筑与城市规划学院担任高峰计划国际 PI 教授时，突然发现过去一直在作并积累的研究成果其实可以整合在一个理论框架当中（详见本书第六章第三节），于是便开始将一些英文研究成果根据该框架系统性地编修成书，也就是本书的姊妹作。该书的重点是从逻辑及实验的角度阐述城市复杂系统中规划理论框架的内容，因此理论性比较强。在此同时，笔者另有一些中文研究成果也按照同样的理论框架汇集成本书，因此性质比较像是系统性的研究报告。这两本书一起阅读，学习效果会更佳。值得一提的是，这两本书的内容都是笔者自主研发的成果，没有"掐脖子"的顾虑，而且相辅相成，同时也说明一件事实：城市复杂性科学是有用的，应该与规划行为理论紧密结合在一起。最后，希望这两本书的出版能在城市规划科学发展的进程中作出一些贡献。